Alexandra Morton
Die Sinfonie der Wale

SERIE PIPER

Zu diesem Buch

In einem Fischerdorf in der Echo Bay nördlich von Vancouver, Kanada, betreibt Alexandra Morton ihre eigene Walforschungsstation. Zusammen mit ihrem Mann, einem Dokumentarfilmer, und ihrem kleinen Sohn beobachtet sie die intelligenten Riesen in freier Natur, begleitet sie mit dem Boot und belauscht ihr Familienleben. Die »Sprache« der Wale ist atemberaubend menschlich: Bei der Partnersuche oder nach der Geburt eines Walkälbchens geben sie glückliche Laute von sich, manchmal klingen ihre Gesänge verzweifelt und tieftraurig. Als Alexandra Morton ihren Mann bei einem tragischen Tauchunfall verliert, stellt sie ihr Leben in der abgelegenen Bucht in Frage, doch ihr Sohn und die Liebe zu den Walen überzeugen sie, weiter zu forschen und für den Schutz der Meeressäuger zu kämpfen. »Ein wunderschönes Buch von einer Frau, die nicht bereit ist, die Natur einfach aufzugeben.« (Brigitte)

Alexandra Morton, geboren 1957, begann ihre wissenschaftlichen Arbeiten über Meeressäugetiere Mitte der siebziger Jahre bei dem renommierten Delphinforscher John C. Lilly. Seit 1984 lebt sie in einer abgeschiedenen Bucht nördlich von Vancouver, Kanada, wo sie ihre eigene Walforschungsstation betreibt. Weiteres zur Autorin: www.raincoastresearch.org

Alexandra Morton
Die Sinfonie der Wale

Mein Leben mit den Riesen der Meere

Aus dem Englischen von
Thomas Bertram

Mit 16 Seiten farbigem Bildteil

Ein MALIK Buch

Piper München Zürich

Ungekürzte Taschenbuchausgabe
Dezember 2004

Titel der amerikanischen Ausgabe:
»Listening to Whales«

erschienen im Verlagsprogramm Malik
Umschlagkonzept: Büro Hamburg
Umschlaggestaltung: Birgit Kohlhaas
Umschlagfoto: Alexandra Morton (oben)
und Chris Bennett (unten)
Fotos, Illustrationen, Karte: Alexandra Morton
Satz: seitenweise, Tübingen
Druck und Bindung: Clausen & Bosse, Leck
Printed in Germany ISBN 3-492-24291-X

www.piper.de

Für meine liebe Schwester Woodleigh

Zum Gedenken an John C. Lilly

1

In manchen Nächten höre ich Wale in meinen Träumen. Sie fangen fern an, wie das Geräusch des Windes in den Bäumen, werden aber allmählich stärker, bis ich nichts anderes mehr hören kann. Meist kann ich ausmachen, welche Pod oder Schule ruft – die Schwestern, die Nichtansässigen (»Transient«), der G-Clan oder irgendeiner von einem Dutzend anderer Orcas, denen zu lauschen ich beinahe ein Vierteljahrhundert zugebracht habe. In einer schönen Nacht ist es der für die Familie der vierundfünfzigjährigen Matriarchin Tsitika typische feine Dialekt, eine Serie plätschernder Obertöne, so vollkommen, daß sie mir ein tiefes Gefühl inneren Friedens vermittelt, wie ein bebender Seufzer.

In manchen Nächten erwache ich aus einem dieser Träume und stelle fest, daß es gar kein Traum war.

Auf Strümpfen tappe ich die Treppe hinunter, lege mein Ohr an den Lautsprecher des Hydrophons und höre Tsitika nach ihren Kindern rufen. Ich drücke den Aufnahmeknopf an meinem Tonbandgerät und notiere im Laut-Logbuch Uhrzeit und Datum. Und so beginnt ein neuer Arbeitstag.

In dem Bett aus Seetang, das draußen vor meinem Fenster schwimmt, baumelt in etwa viereinhalb Metern Tiefe ein Hydrophon im Wasser der Cramer Passage. Ein schwarzes Kabel schlängelt sich durch den Tang, über den felsigen Strand, durch Heidekraut-Gestrüpp, um meinen Kohlgarten herum, an Gewächshaus und Hühnerstall vorbei und nach oben durch die Dielenbretter hinein in mein Haus, das auf einem flachen Kliff an der Westküste Kanadas thront.

Ich beginne meine Vormittage mit einer starken Tasse Kaffee an meinem Schreibtisch, während ich schreibe, Daten eingebe oder Schwarzweißfotos von Rückenfinnen durchsehe. Sind an dem betreffenden Tag keine Wale da, ist das erste Geräusch, das ich höre, häufig das Knacken der Garnelen, die mit dem heller werdenden Himmel zum Leben erwachen. Manchmal höre ich, wie Otter zirpen oder Delphine dieses hohe Schnattern loslassen, mit dem sie klingen wie Affen, die Helium eingeatmet haben. Das Hydrophon unterscheidet nicht. Meist höre ich das Heulen von Außenbordmotoren. In der Gemeinde, in der ich wohne, Echo Bay, gibt es keine Straßen. Jeder fährt mit dem Boot.

Um ein wildes Tier zu erforschen, muß man das eigene Leben dem Rhythmus des jeweiligen Tieres anpassen. Es ist die einzige Möglichkeit, die Chancen auf eine Begegnung mit seinem Studienobjekt zu vergrößern, und – was vielleicht noch wichtiger ist – die einzige Möglichkeit, allmählich zu verstehen, wie dieses Studienobjekt der Welt gegenübertritt. Wir von Land umgebenen Menschen erleben unsere Umwelt in erster Linie durch unsere Augen: Land und Sehkraft. Die Wasserwelt eines Schwertwals erschließt sich ihm fast ausschließlich über seinen Gehörsinn: Wasser und Schall. Die Tatsache, daß ich in der Echo Bay lebe, hat mich in eine Welt versetzt, wo ich der des Schwertwals am nächsten kommen kann, ohne tatsächlich unter Wasser zu leben.

Ich lausche ständig auf Wale und halte Ausschau nach ihnen. Während ich meine sechs Jahre alte Tochter wecke, Frühstück mache, mir die Zähne putze, telefoniere, hänge ich mit den Ohren weiter am Lautsprecher. Meine Augen suchen ständig das Wasser nach der Dunstwolke eines Walblases ab. Siebzigmal am Tag presse ich einen astronomischen Hochleistungs-Feldstecher an meine Augen und fahre langsam über das Wasser, hin und her, stets auf das Heben und Senken der schwarzen Rückenfinne eines Orca hoffend. Ich habe Wale entdeckt, während ich im Garten arbeitete, Brot backte, Aufsätze schrieb oder meiner Tochter das Haar flocht. Ich habe Orcas entdeckt, während ich duschte. Und wenn ich einen entdecke, bin ich weg. Ab in mein Boot – die *Blackfish Sound,* ein Sechseinhalb-Meter-Dory – und raus aufs Wasser, wo ich den Walen folge, ganz gleich, wohin sie mich führen. Ich beobachte ihre Atemintervalle, nehme die Laute auf, die sie äußern, und sehe zu, wie sie mit der sie umgebenden Welt interagieren. Ich bin ihr Schatten.

Ich kam hierher, als ich zweiundzwanzig Jahre alt war. Jetzt bin ich vierundvierzig. Als ich anfing, Schwertwale zu beobachten, dachte ich, ich könne am Becken eines Meeresparks sitzen und durch bloßes Zuhören den Code der Sprache knacken, die von den dressierten Orcas, die in den Aquarien gehalten wurden, benutzt wurde. Heute sehe ich ein, daß ich weit besser verstehen muß, wer sie sind und wie sie sich ihrer Umwelt anpassen. Es gibt so viele andere Dinge, die über die Schwertwale zu lernen sind.

Nicht lange bevor ich das erste Mal hierherkam, schossen die Leute Orcas zum Vergnügen ab. Man hielt sie für Raubtiere, Wölfe der Tiefe. Kleine Kinder wurden angefeuert, wenn sie vom Ufer aus Steine nach ihnen warfen. Meeresparks bezahlten Fischer dafür, daß sie die neugeborenen Wale ihren Müttern stahlen, sie in Trucks quer über den Kontinent schafften und in Betonbecken sperrten. Die Regierung versuchte ihre Population mit Maschinengewehren zu reduzieren.

Die Dinge haben sich geändert. Heute ist es ein Bundesverbrechen, einen Schwertwal zu quälen. Meeresparks dürfen keine Orcas aus US-amerikanischen und kanadischen Gewässern mehr fangen, obwohl das Grauen der Gefangenschaft weitergeht. Unser Verständnis der Welt des Schwertwals ist sprunghaft gewachsen. Wir wissen heute, daß Orcas sich in differenzierten sozialen Gruppen organisieren und eine der stärksten Mutter-Kind-Bindungen im Tierreich entwickeln. Sie jagen mit erstaunlicher List und sind zu ungeheuren Lernleistungen fähig. Doch ihr Verstand bedarf noch einer entsprechenden Analyse; möglicherweise sind ihre kognitiven Fähigkeiten für uns tatsächlich zu komplex, um sie genau messen zu können. Vielleicht übertreffen sie uns an Intelligenz.

Der Schwertwal, *Orcinus orca,* ist von der Beaufort Sea bis zum Weddellmeer und in jedem Ozean dazwischen einschließlich des Mittelmeers anzutreffen. Schwertwale sind als »kosmopolitische Spezies« bekannt, weil sie gelernt haben, in unterschiedlichen Lebensräumen zu überleben. Vor der Küste Neuseelands ernähren sie sich von Stachelrochen. In der Antarktis ernähren sie sich von Walen und Pinguinen. Vor der norwegischen Küste ernähren sie sich von Heringen; in Patagonien von Seelöwen; im offenen Pazifik von Haien; in Japan von Tintenfischen; in den Gewässern der Antillen von Meeresschildkröten; im Indischen Ozean von Thunfisch. So wie sich menschliche Jäger-Sammler-Gesellschaften je nach Geographie, Klima und Nahrungsgrundlage voneinander unterschieden, so haben die unterschiedlichen Bedingungen, denen verschiedene Orca-Populationen sich gegenübersahen, unterschiedliche Orca-»Kulturen« hervorgebracht. So wie Polynesier sich von Eskimos unterscheiden, so unterscheiden Mittelmeer-Orcas sich von den Orcas, die regelmäßig die Gewässer draußen vor meinem kleinen Haus durchqueren.

Die Schwertwale von British Columbia sind in vier Gemeinden organisiert: nördliche Ortstreue, südliche Ortstreue, Nichtansässige und Offshore-Orcas. *Gemeinde* bezieht sich auf eine Fortpflanzungs-Population – Wale, von denen man weiß, daß sie zusammen schwimmen und sowohl die gleichen Rufe verwenden als auch ein Nahrungsgebiet friedlich gemeinsam nutzen. Ich arbeite überwiegend mit den nördlichen Ortstreuen, die von Pender Harbour, ein paar Meilen nördlich von Vancouver, bis rauf nach Prince Rupert im Norden, unmittelbar südlich von Ketchikan, Alaska, zu finden sind. Innerhalb dieser Gemeinde gibt es sechzehn Pods, die grundlegende soziale Einheit eines Orca, eine Gruppe von fünf bis zwanzig Walen, die ihr ganzes Leben lang zusammen reisen.

In den fünfundzwanzig Jahren, die ich mit wilden Orcas zugebracht habe, lernten sie mich ebenfalls kennen. Sie wissen, wo ich lebe, wie weit mein häuslicher Radius reicht, und wissen, daß ich nach Hause eile, wenn es dunkel wird. Meist ignorieren sie mich, und mir ist es recht so. Ich kam, um zu beobachten, wie Wale sind, und nicht, wie Wale auf Menschen reagieren. Aber es sind viel zu kluge Tiere, als daß sie nicht ein paar Dinge über die Frau gelernt hätten, die ihnen mit dem herabbaumelnden Hydrophon folgt.

Sie dürften uns für eine äußerst merkwürdige Spezies halten. Vor nur zwei Generationen war das Verhältnis der Menschen zu den Orcas gänzlich von Aggression und Angriff geprägt. Heute möchten wir sie zu Tode lieben. In den 1970er Jahren war die Walbeobachtung kein nennenswerter Wirtschaftsfaktor. Heute ist sie ein Multimillionen-Dollar-Geschäft, durch das den Gewässern der Johnstone Strait jeden Sommer der Verkehrsinfarkt droht.

Unsere direkten Handlungen fügen den Walen keinen Schaden mehr zu. Aber in den vergangenen zehn Jahren sind uns die indirekten Handlungen stärker bewußt geworden, die auf lange Sicht eine ebenso große Bedrohung für die Existenz der Wale darstellen können. Statt sie mit Harpunen und Gewehren zu töten, verseuchen wir langsam ihren Lebensraum und rotten ihre Nahrungsgrundlage aus. Der industrielle Holzeinschlag zerstört die Stromgebiete, die den für diese Küste lebenswichtigen Lachs hervorbringen; die Erschließung bringt den Lärm und die Chemikalien der Zivilisation vor ihre Haustür; Mißwirtschaft beim kommerziellen Fang und die starke Zunahme industrieller Lachsfarmen machen vereint den großen Wildlachs-Schwärmen den Garaus, von denen die Orca-Pods der kanadischen und amerikanischen Küste leben.

Jeden Tag, den ich weiter nach Schwertwalen Ausschau halte und ihnen lausche, hoffe ich, daß ich nicht mit ansehen muß, wie sie aussterben. Im Laufe meines Erwachsenenlebens, das ich damit zugebracht habe, ihre Verhaltensweisen zu dokumentieren und zu beschreiben, habe ich aus erster Hand erlebt, daß der Orca – wie jede andere Spezies – nicht für sich existiert. Um seine Existenz aufrechtzuerhalten, bedarf es eines ganzen Netzwerks aus Leben. In einer Zeit, in der tagtäglich vielleicht Hunderte von Spezies aussterben, steht im Grunde jeder, der ein wildes Tier erforscht, vor der schwierigen Aufgabe, Argumente für dessen Leben auf Erden vorzubringen. Ich hoffe, meine sind stark genug.

2 Lakeville, Connecticut, war so klein, daß es bloß eine Ampel hatte, und die schaltete nur auf Gelb. Das Neuengland-Dorf, das sich in der oberen linken Ecke von Connecticut an die Ausläufer der Berkshires schmiegt, hatte lange vor der Ankunft meiner Familie in den 1950er Jahren jeden Anschein von Wildheit verloren. Mais- und Tabakfelder zerteilten das Land in ordentliche Quadrate, die von kniehohen Steinmauern begrenzt wurden, während jenseits der Mauern hartnäckige Flecken Wald überdauerten. Zwei Jahrhunderte früher hatten Eisenhüttenarbeiter hier Kanonen für die Armee George Washingtons produziert; heute ist Lakeville vermutlich am besten bekannt als Sitz der exklusiven privaten Hotchkiss-Vorbereitungsschule auf das College. Rückblickend kann ich mir schwerlich eine »wallosere« Umgebung vorstellen. Und doch entwickelte ich genau hier, in diesem gezähmten Land, an den winzigen Bächen, die sich durch das Housatonic Valley schlängeln, an den Ufern trüber Teiche, die sich hier und da ansammeln, in den herrenlosen Gärten voller Apfelbäume und auf den Winterfeldern, wo Weißwedelhirsche grasen und Rotfüchse Feldmäuse jagen, eine lebenslange innige Zuneigung zur Tierwelt.

Wir zogen wegen des besonders schönen Lichts in diesen stillen Winkel Connecticuts. Ich stamme aus einer Familie von Künstlern und Schriftstellern, und mein Vater meinte, die Straßenschluchten von New York seien einfach zu dunkel, um darin zu malen. Ich liebte Neuengland, denn dort ist jede Jahreszeit reich an einer eigenen Art Leben.

Als ich größer wurde, stellte ich fest, daß ich die Gesellschaft von Tieren stärker suchte als die von Menschen. Meine Eltern waren sehr gesellig und luden eine bunte Mischung von Leuten in unser Haus ein, um über das Entwicklungspotential der Menschheit zu sprechen. Ich lernte Nonnen, Musiker, Geschäftsleute und Hippies kennen. Ed Sullivan, Wernher von Braun, Timothy Leary und viele andere waren Gäste bei uns zu Hause. Die Gespräche an unserem Eßtisch waren niemals banal, dennoch ließ ich das meiste an mir vorüberrauschen. Was meine Aufmerksamkeit fesselte, war die Art und Weise, wie ein Reh die Ohren aufstellte, wenn ein Zweig knackte, waren die Schreie einer Eule, nachdem sie eine Beute geschlagen hatte, waren die Laute, die Krähen von sich gaben, wenn sie einen Falken attackierten. In der Tierwelt wirkte alles klar und unkompliziert. Wenn Tiere sprachen, verstanden sie einander. Ich vermute, daß ich es dennoch zu schätzen wußte, außerhalb ihrer sozialen Hackordnung zu existieren. Ich paßte nicht ganz zu meiner eigenen Spezies und stand verloren am unteren Ende der menschlichen Gesellschaftsordnung.

Was mich unterschied, war meine Begeisterung für alles Glitschige, Pelzige, Schuppige und Gefiederte. Besonders für alles Glitschige. Die Felder und Wälder hinter unserem Haus waren voll von Tieren. Weißwedelhirsche knabberten an den zarten Trieben von Gräsern; Waschbären hinterließen im sauberen weißen Schnee ihre Fährten; im dichten Blätterdach des Zuckerahorns konnte man flüchtig Beutelratten erspähen; in den Bächen und Teichen in der Nähe unseres Besitzes lebten glänzende Grünliche Wassermolche und unzählige Arten von Schildkröten.

Was mich am meisten faszinierte, waren Reptilien und Amphibien. Neuengland ist die Heimat einer wunderbaren Vielfalt dieser Spezies, eine eigene Welt, die ich erkunden konnte. Eines Tages brachte ich eine schöne rot, weiß und schwarz gebänderte Milchschlange mit, um sie meiner Klasse zu zeigen. Als ich nach dem Sportunterricht feststellte, daß der winzige Houdini aus meinem Spind entkommen war, schrie ich: »Wo ist meine Schlange?!« Augenblicklich sprangen fünfundzwanzig halb angezogene Mädchen kreischend auf die Bänke. So kam ich zu dem Ruf, ziemlich merkwürdig zu sein.

Ein anderes Mal schaute ich mitten im Unterricht aus dem Fenster, wo ich einen streunenden Hund auf dem Boden scharren und nach etwas schnappen sah. Als der Hund den Kopf hob, sah ich, daß ihm eine Schlange aus der Schnauze hing. Ich stürmte ohne eine Erklärung aus dem Klassenzimmer, um den Hund wegzuscheuchen; meinen Lehrer ließ ich wütend zurück, und mir selber handelte ich eine Stunde Nachsitzen ein. Ich wurde als das Mädchen, das Schlangen liebte, bekannt – nicht gerade der schnellste Weg, um an der Grundschule beliebt zu sein.

Jeden Tag ging ich nach der Schule nach Hause, warf meine Bücher in die Ecke und flüchtete mit Wade, meinem jüngeren Bruder und treuen Gefährten, in den Wald. Wir stauten winzige Bäche auf und spielten in den Tümpeln, bauten Forts, in denen wir uns jedoch nicht getrauten über Nacht zu schlafen, und einmal gruben wir ein Skelett aus, von dem wir sicher waren, daß es ein Dinosaurier sei. (Wir brachten fast eine Woche damit zu, unseren aufregenden Fund auszugraben, bis wir den Kopf freilegten. Es war bloß eine Kuh.) Unsere größte Leidenschaft war der Froschteich, ein ruhiger Tümpel voller Möglichkeiten. Um dorthin zu gelangen, mußten Wade und ich über die Nachbarsweide flitzen, auf der jede Woche neue, unbekannte Pferde standen. Wir wußten nie, wie sie darauf reagieren würden, wenn wir durch den Zaun schlüpften und zwischen ihnen hindurchmarschierten. Oft kamen sie mit hängenden Köpfen hinter uns her, manchmal neugierig, manchmal drohend, und wir wehrten sie mit unseren langstieligen Käschern ab.

Wie schlaue junge Hunde durchquerten Wade und ich den Sumpf am Ende des Teichs, indem wir über die schwarzen Massen von Kaulquappen hinwegstiegen, von denen es zwischen dem Schilfrohr wimmelte. Das hohe Sumpfgras brachte uns Striemen und Schnitte an den Beinen bei, und die Moskitos bohrten sich in unsere Haut, aber für uns war der Froschteich himmlisch. Jeder unserer Schritte setzte irdische Modergerüche frei. Sobald der Boden unter unseren Füßen fester wurde, suchten wir die schaumigen grünen Algeninseln nach Fröschen ab. Frösche waren schwer zu fangen. Sie lagen auf der Wasseroberfläche, und ihre Hinterbeine unter dem Wasserunkraut strampelten heftig, während über dem Wasser nur ihre wunderbar kugelförmigen Augen zu sehen waren. Durch die starke Wölbung dieser goldgesprenkelten Augen können Frösche das Herannahen eines natürlichen Feindes aus jeder Richtung bemerken. Klopfenden Herzens krochen Wade und ich näher, bis die kleinen Periskope mit einem »Blubb!« verschwanden. Darauf stürmten wir voran und schwangen unsere Netze über den Matten aus Süßwasserpflanzen. Jedem Frosch, den wir fingen, gaben wir einen Namen und integrierten ihn in unser Fang-und-Freilaß-Programm. Das heißt, wir fingen die Frösche, nahmen sie für ein paar Tage mit nach Hause und brachten sie dann zurück zu ihrem Platz am Ufer des Teichs. Im Laufe der Jahre entdeckten wir, daß jeder Frosch sein eigenes Territorium hatte. Wir lernten, die verschiedenen Arten von Fröschen an ihren Rufen zu unterscheiden. Einige der Laute, die sie von sich gaben, schienen unvorstellbar gewaltig für so kleine Geschöpfe. Wade lernte, diese Rufe mit unglaublicher Präzision zu imitieren. Und in den vornehmsten Situationen machte mein engelhaft aussehender kleiner Bruder sich einen Heidenspaß daraus, die an das Rumoren von Gedärmen erinnernden Rufe täuschend echt nachzuahmen. Ich weiß, daß es unsere arme Mutter manches Mal bedauerte, nach Connecticut gezogen zu sein.

Der Froschteich wimmelte von dunklem, geheimnisvollem Leben. Wir wußten nie, was in unseren Netzen auftauchen würde. Wir fingen grüne Frösche mit gelben Kehlen, braune Frösche mit schwarzen Rallyestreifen und spektakuläre gefleckte Leopardfrösche. Manchmal flitzten riesige schwarze Wasserkäfer wütend gegen das Netz, oder wir brachten Salamander herauf oder – am besten von allem – Schildkröten: östliche Zierschildkröten mit wunderbar rot geränderten Panzern, Schlammschildkröten mit Kuppelpanzern oder die wilden Schnappschildkröten. Einmal fingen Wade und ich in einem Teich in der Stadt eine gewaltige Schnappschildkröte. Ihr Panzer hatte einen Durchmesser von fünfzig Zentimetern. Es war ein fantastischer Kampf, der beide Netze und ein wahnsinniges Gerangel und Festhalten an Wurzeln erforderte, um sie auf das schlammige Ufer zu bekommen. Als wir sie an Land gezogen hatten, banden wir sie an einem Baum fest und riefen zu Hause an, damit uns jemand abholte. Diese Schildkröte paßte in keinen Fahrradkorb.

Die Städter versammelten sich um uns und unsere Schildkröte. Wade und ich waren Helden: Wir hatten den schrecklichen Mörder der geliebten Stockentchen Lakevilles gefangen. Die Zeitung erschien am Ort des Geschehens und machte ein Foto von uns. Dann erschien der Koch des White Heart Inn und fragte, ob wir ihm das Ungeheuer verkaufen würden, damit er Suppe draus machen könne. Entsetzt blickten Wade und ich auf das uralte Reptil, das sich, immer noch an der jungen Weide festgebunden, mit mächtigen Klauen durch den Rasen wuchtete. Ich weiß noch, wie es sich in diesem Augenblick veränderte. Aus dem mächtigen Gegner wurde ein armes, mitleiderregendes Opfer. Als Hilfe von Zuhause eintraf, hievten wir das Tier hinten in den Buick und brachten es zu einem kleinen Teich weit draußen im Hügelland. Später wurde mir klar, daß wir das zerbrechliche Gleichgewicht dieses Teichs wahrscheinlich zerstört hatten, als wir ein derart gefräßiges Raubtier dort aussetzten. Ich lernte früh, daß es schwierige Entscheidungen mit sich bringt, Anspruch auf irgendein wildes Tier zu erheben.

Das größte Geheimnis »unseres« Teichs war ein Geschöpf, das an seinem äußersten Ende lebte, dort, wo das Wasser am tiefsten war und keine große Binsen oder Büsche unser Heranpirschen verbargen: der riesige blaue Ochsenfrosch.

Ich kann mich noch erinnern, als wir Bluey zum ersten Mal erspähten. Wade, der einen guten Meter vor mir am Teichrand war, flüsterte so laut, daß es beinahe ein Schreien war. »Alex, ein blaaaaaaaaaaaaaaaaauer Frosch! Schau, direkt hier!«

Ich kroch neben ihn und erblickte den größten Frosch, den wir je gesehen hatten, und er *war* blau, ein höchst erstaunliches Karibisch-Hellblau. Und mindestens so leuchtend wie sein Körper war Blueys Kehle, die hellgelb gefärbt war, wie das Stoplicht im Stadtzentrum.

Als wir zu Hause aufgeregt mit unserem Bericht herausplatzten, wollten die meisten Erwachsenen einfach nicht glauben, dass Bluey echt war. Ein blauer Frosch? Also bitte. Das veranlaßte uns, diesem Frosch unablässig nachzustellen. Wade und ich versuchten uns so langsam zu bewegen, daß es selbst den Augen eines Frosches entginge. Mit unseren Netzen in Stellung versuchten wir abzuwarten, daß er wieder auftauchte, aber vergeblich. Bluey hatte den besten Platz im Teich. Er war unschlagbar. Es war einfach nicht an ihn heranzukommen. Obwohl wir ins Wasser stürzten, sobald er untertauchte, tauchte er zu tief für unsere Netze. Einmal aufgestört, blieb er den Rest des Tages außer Sicht. Wir fingen ihn nie. Wir kamen nie auch nur in seine Nähe. Schließlich, nach jahrelangen Versuchen, verloren wir gegen die Natur selbst. Als der nächste Frühling kam, erwachte Bluey nie mehr aus dem Winterschlaf. Unsere Chance war vertan.

Jahre später las ich in einer wissenschaftlichen Zeitschrift, daß zwei Pigmente, gelb und blau, durch Vermischung die grüne Haut des Frosches erzeugen. Hin und wieder könne es vorkommen, daß einem Frosch eines der beiden Pigmente fehle, und wenn Gelb fehle, sehe der Frosch eben blau aus. Es gab eine Erklärung für Bluey – er war echt! Jahre nach unserer gescheiterten Jagd rief ich Wade an, um ihm die Neuigkeit zu erzählen.

»Wade, stell dir vor! Ich habe gerade rausgekriegt, warum blaue Frösche blau sind. Es sind wirklich blaue Frösche!«

»Jetzt hör aber auf, Alex.« Wade brach in schallendes Gelächter aus. »Du hast dir damals von *Erwachsenen* nicht ausreden lassen, zu glauben, was du gesehen hast, nicht wahr? Wir wußten bereits, daß blaue Frösche existieren.«

Mir wurde bewußt, daß ich genau das getan hatte. Wade hatte recht, und ich lernte an diesem Tag eine Lektion, an die ich mich seitdem oft erinnert habe: Wenn wir außergewöhnliche Informationen, die uns manchmal über unsere gewöhnlichen Sinne erreichen, nicht erklären können, ist das kein Grund, sie zu vergessen, zu modifizieren oder zu leugnen. Das Unglaubliche ist geheiligtes Wissen, das man behalten muß.

In meiner Familie standen wir uns sehr nahe. Wir waren fünf Kinder. Meine Mutter schrieb Bücher über die Gespräche, die sie mit meinem Vater führte. Manchmal redeten die beiden den ganzen Tag, während sich Unterlagen rings um ihr Frühstücksgeschirr ausbreiteten wie die Blütenblätter einer Blume. An jedem Heiligabend schoben meine Brüder, Schwestern und ich zwei Betten zusammen, um in dieser besonderen Nacht in einem einzigen glücklichen Haufen zu schlafen. Im Winter saßen wir nach dem Abendessen am Feuer, während mein Dad uns mit einer warmen, fesselnden Stimme, die ich in meinen Gedanken noch immer hören kann, die *Schatzinsel* und *Die Schweizer Familie Robinson* vorlas.

Im Sommer unternahm unsere Familie abends oft Spaziergänge, und bei einem dieser Spaziergänge wurde meine Begeisterung für Schlangen geboren. Wir stießen eines Abends auf eine Schlange, die einen schmalen Weg überquerte. Es war eine harmlose Ringelnatter, aber Dad, der einen Teil seiner Kindheit in Florida, dem Territorium des nordamerikanischen Kupferkopfs und der Amerikanischen Wassernatter, verbracht hatte, ging, wenn es um die Sicherheit seiner Kinder ging, kein Risiko ein. Er schnappte sich eine Axt und hieb sie mit einem einzigen Streich in zwei Stücke. Während ich sprachlos zusah, verwandelte Dad sich von einem äußerst zivilisierten Mann in einen dominanten männlichen Primaten, der seine Familie beschützte. Dieser Augenblick erstarrte in meiner Erinnerung wie eine Fliege im Bernstein. Ich war fasziniert und tief beeindruckt. Niemand, den ich kannte, hatte in den zivilisierten

Hügeln Neuenglands jemals vor irgend etwas beschützt werden müssen. Die Affekthandlung meines Dads nötigte mich, alles über Schlangen zu lernen, was ich konnte.

Es ist merkwürdig, daß Kinder scheinbar genau von den Dingen angelockt werden, vor denen ihre Eltern sie beschützen wollen. Als Überlebensstrategie einer ganzen Spezies erscheint es völlig unzureichend, aber es erklärt, warum wir uns über den ganzen Erdball ausgebreitet haben. Man sage einem Kind, es solle sich nicht ins Unbekannte wagen, und es wird genau das tun. Man schirme es mit dem eigenen Körper ab, und es geht um einen herum.

Ich ging in die Präsenzabteilung der Bibliothek in der nahegelegenen Stadt Salisbury. Als ich die eiserne Wendeltreppe hinaufstieg, die zu den schweren Bänden führte, fand ich ein gewaltiges, ausschließlich Schlangen gewidmetes Buch. Die Bibliothekare weigerten sich zuerst, mich das Buch ausleihen zu lassen, doch ich verbrachte so viele Stunden darüber brütend auf dem kalten Glasfußboden der Bücherei, daß einer von ihnen schließlich Mitleid mit mir bekam und es auf meinen Ausweis eintrug. Zuversichtlich, bald alles zu wissen, was es über Schlangen zu wissen gab, ließ ich das Buch in meinen Fahrradkorb fallen. Welch ein Hochgefühl – im Besitz von so viel Wissen zu sein! Ich radelte nach Hause, nahm das Buch mit in mein Zimmer, schloß die Tür und betrat die Welt der Herpetologie.* Ich las, wie einige Schlangengifte unsere Nerven angreifen und andere unser Blut. Daß Schlangen ihren Unterkiefer aushängen können, um große Beute zu schlucken, und daß sie im Gaumen ein Bündel von Nervenenden haben, gegen die sie ihre Zunge drücken, um die Welt vermittels ihres Geschmackssinns zu deuten. Ich war schockiert und fasziniert, zu erfahren, daß ihr Penis genauso gegabelt ist wie ihre Zunge.

Ruhig inspizieren die ausdruckslosen Augen der Schlange die Welt; keine blinzelnden oder umschließenden Augenlider

* Kriechtierkunde (Wissenschaft von den Amphibien und Reptilien)

verraten ihre Gedanken. Ihre vorschnellende Zunge tastet die herumschwebenden Moleküle ab, und sie bewegt sich nur, wenn sie will. Wenn sie zubeißen will, schlägt sie blitzartig zu, ohne zu zögern; wenn sie nicht hungrig ist, läßt sie die Maus an sich nagen. Schlangen waren so vollkommen, so stromlinienförmig, so anders als der sich mühende, ständig zweifelnde Mensch, der ich war. Schlangen verkörperten die Leichtigkeit und Vollkommenheit, die mich an der Tierwelt anzog. Tiere wußten immer, was zu tun war und wo sie hingehörten. An ihnen war keinerlei Unbeholfenheit. Welch ein beneidenswerter Seinszustand! Als ich zusah, wie die Krähen sich in den krummen Zweigen der Ulmen in der Nähe unseres Hauses versammelten, erlebte ich ein funktionierendes soziales System; jeder war Teil der Gruppe. Manchmal, wenn ich allein im Wald war, hielt ich inne, lauschte reglos wie ein Reh und ließ den Wirrwarr aus Worten und menschlichen Gedanken von mir abfallen, damit er durch die Sprache der süßen, lebendigen Gerüche und Geräusche des Waldes ersetzt werden konnte.

Ich wollte nicht unbedingt Teil der Tierwelt werden; ich wollte sie bloß beobachten und mich an ihrer Vollkommenheit ergötzen. Meine Vorstellung eines perfekten Tages sah so aus, daß ich an der Scheibe meines Aquariums kauerte, um zu beobachten, wie eine Kaulquappe ihr viertes Bein bekam. Der winzige Jungfrosch nahm das Wunder seines neuen Gliedes mit völliger Selbstverständlichkeit hin. Sobald der Arm sich von seinem Häutchen befreit hatte, verstaute der kleine Bursche seine pummelige, brandneue Gliedmaße unter seinem Körper und setzte sein Leben fort.

Kurz nachdem ich zwölf Jahre alt geworden war, wurde mir klar, daß ich ein Alter erreicht hatte, in dem man von mir erwartete, daß ich mir abgewöhnte, Frösche zu beobachten, und anfing, mich wie ein normaler Teenager zu benehmen. In meiner Umgebung verwendeten nur Kinder Zeit darauf, mit Tieren zu spielen – Kinder, die viel jünger waren als ich. Mit zunehmendem Alter verspürte ich die erdrückende Last, »normal« zu sein, so zu sein, wie alle jungen Mitglieder einer Spezies sein müssen, die so gesellig ist wie der *Homo sapiens*. Wäre ich ein junges Huhn gewesen, hätte man mich mit Sicherheit totgepickt, aber trotz natürlicher xenophober Neigungen läßt der Mensch in seiner Definition von »normal« doch – wenn auch widerwillig – einen erheblichen Spielraum zu.

Für kurze Zeit versuchte ich meine Tierbesessenheit zu zügeln. Ich legte meine Schlangenbücher beiseite und lieh mir Bände über ein anderes, respektableres Wissenschaftsgebiet aus: Astronomie. Ich lernte die Reihe der Planeten und die Namen von Sternen auswendig. Aber sobald ich ins Freie trat, verflüchtigte sich mein Interesse am Firmament. Jedes Knistern im Gras wirkte wie ein Magnet. Jedes verfaulende Stück Holz rief aus: »Wirf einen Blick unter mich.« Das Leben auf der Erde übte eine unvorstellbare Anziehungskraft auf mich aus.

Unser Sportplatz an der Indian Mountain School lag direkt unterhalb der Wanderroute des Monarchfalters. An jenen atemberaubenden Oktobertagen, wenn das hügelige Land von den roten, gelben und intensiv orangefarbenen Blättern der Zuckerahornbäume und Birken entflammt wurde, war ich jedes Jahr aufs neue verzaubert von diesen leuchtenden Insekten, die über unseren Köpfen flatterten. Sie schlingerten vorwärts und sahen bei jeder Brise so hilflos aus, daß ich mich fragte, wie sie nur ihren Kurs halten konnten. Leider war dann meist gerade ein Feldhockeyspiel im Gange, und ich sollte mitspielen.

»Alex! Der Ball, *der Ball,* schau auf den Ball! Was treibst du denn da?!«

»Tut mir leid!« sagte ich jedesmal, entschlossen, auf das Spiel zu achten.

Die Monarchfalter hatten ihre sommerlichen Reviere gerade erst verlassen und waren zu einer abenteuerlichen Reise Richtung Florida, New Mexico und Südamerika aufgebrochen. Stets tauchten sie aus der weit entfernten nordöstlichen Ecke des Spielfeldes auf und flogen diagonal auf das kleine Tal zwischen den Bergen hinter der Schule zu. Während ich mit dem Hockeyschläger in der Hand dastand und die Falter zählte, fragte ich mich, woher sie wußten, wie man wanderte, wie viele überleben würden, woher ein so unglaublich kleines Geschöpf die Kraft nahm, oft genug mit den Flügeln zu schlagen, um Tausende von Kilometern in ziemlich gerader Linie zurückzulegen, und woran sie sich orientierten. Allzuoft wurde meine Träumerei von einer auf mich zudonnernden Stampede von Mädchen in roten Pumphosen unterbrochen.

Zwei Frauen waren meine Rettung. Heutzutage werden Wissenschaftlerinnen als selbstverständlich hingenommen, aber in den Sechzigern war die einzige Wissenschaftlerin, von der ich je gehört hatte, Marie Curie. In unseren Schulbüchern erschien Curie auf unscharfen Schwarzweißfotos, wie sie stämmig und streng in ihrem Laborkittel dastand, das Haar kurz geschnitten, inmitten einer Welt, die sich auf Räume voller Reagenzgläser beschränkte. Offengestanden machte sie mir angst.

Die erste Rettungsleine wurde mir durch mein Abonnement des *National Geographic* zugeworfen. Auf dem Cover einer Ausgabe war eine Wissenschaftlerin abgebildet, wie ich noch keine zuvor gesehen hatte. Großgewachsen und feminin, das Haar zu einem Pferdeschwanz zurückgebunden, verkörperte Jane Goodall all das, was ich sein wollte: eine selbstbewußte, anmutige Frau, die Tiere in freier Wildbahn erforschte.

Goodall hat meinen Geist befreit. Sie stand für unvorstellbare Abenteuer und Schönheit; sie war eine Göttin. Ich verschlang jedes Wort dieser *Geographic*-Story und versuchte alles über ihr Leben in Erfahrung zu bringen. Ich konnte nicht glauben, daß diese junge Frau es gewagt hatte, in den Dschungel zu gehen, um wilde Schimpansen in deren natürlichem Lebensraum zu erforschen. Sie hatte als erster Mensch mit angesehen, wie Schimpansen Werkzeug benutzten und Krieg führten, zwei Aktivitäten, die man davor für eine ausschließlich menschliche Domäne gehalten hatte. Jane Goodall wurde zum Leitstern für ein Mädchen, das ohne ein Vorbild verloren war. Jetzt wußte ich, wohin mein Weg mich führte. Ich wußte, daß es möglich war, in der Wildnis ein Leben mit der Beobachtung von Tieren zu verbringen.

Es kam mir nie in den Sinn, daß dem tatsächlichen Erreichen dieses Lebens Hindernisse entgegenstehen könnten – das Fehlen von Gleichgesinnten, mein wenig beneidenswerter Status und meine gezähmte Connecticut-Umgebung. Angesichts einer Jane Goodall, zu der ich aufblicken konnte, wurde all dies zu einem Teil der Vergangenheit.

Während mein Vater und meine Mutter malten und schrieben, kümmerte sich eine nüchterne Französin, Jacqueline Baldet, um meine Geschwister und mich. Obwohl sie sehr streng war, las Baldet in den Herzen von Kindern so sicher, wie sie Verkehrsschilder las. Sie wußte, was wir brauchten, bevor wir selbst es wußten, und sie wußte, daß ich Gleichgesinnte brauchte, und besorgte mir eine zweite Rettungsleine. Nachdem sie sich ein wenig umgehört hatte, machte sie eine einheimische Gruppe von Amateur- und professionellen Reptilien- und Amphibienforschern – Herpetologen – ausfindig, die sich einmal im Monat in verschiedenen Gemeindezentren überall im Bundesstaat trafen. Die Connecticut Herpetological Society hatte viele Mitglieder, aber keines, das die stundenlangen Gespräche über Schlangen mehr genoß als ich. Einheimische Naturforscher befürchteten damals, daß die Klapperschlangen der Gegend ausgerottet würden, da der Bau von Häusern, Straßen und Einkaufszentren ihre Verstecke zerstörte. Damit erhielten meine Waldwanderungen einen Schwerpunkt: Wade und ich wurden zu Kundschaftern, die das Hügelland nach abgestreiften Häuten und anderen Hinweisen durchkämmten – nach allem, was möglicherweise ein Hinweis auf das Höhlenversteck einer Klapperschlange war.

Die Verzeichnisse von Ehemaligen der Milton Academy, einer am Stadtrand von Boston gelegenen zweihundert Jahre alten Institution, lasen sich wie ein Who's Who amerikanischer Kunst, Wissenschaften und Politik: T. S. Eliot, Buckminster Fuller, Robert und Edward Kennedy. Mir war das vollkommen schnuppe. Ich wollte nur eines wissen: Hatte die Anstalt ein gutes Wissenschaftsprogramm?

Der Eintritt in Milton war aufregend für mich. Mir gefiel allein schon der Geruch des Ortes – die langen, dunklen, gebohnerten Flure, die imposanten Steingebäude, die feuchte Herbstluft. Ich erinnere mich nicht einmal, wer mich die vier Stunden rauf zu der Schule fuhr. Ich blickte nur nach vorn. »Hier bin ich«, dachte ich, »endlich bereit. Ich werde Wissenschaftlerin!«

Ich bekam Bestnoten, aber für meinen Geschmack enthielt der Lehrplan von Milton zu wenig harte Wissenschaft. Da ich wild entschlossen war, dem Karriereweg von Jane Goodall und Dian Fossey zu folgen, wollte ich mich direkt hineinstürzen und mit einer richtigen Forschungsarbeit loslegen – sofort. Aber die Vorbereitungsschule auf das College war nicht das, was ich mir erhofft hatte. Ich hatte das Gefühl, daß es hier mehr darum ging, in die obere Schicht der Gesellschaft gezwängt zu werden, und dieses Ziel – Debütantin zu werden – war nichts für mich. Wenn die Schulverantwortlichen mich nicht weiter das Gebiet tierischen Verhaltens erkunden ließen, sagte ich zu meiner Mutter, würde ich die Schule ganz abbrechen. Meine Eltern vergeudeten hier nur ihr Geld.

Während meines zweitens Jahrs in Milton gestattete die Schule mir tatsächlich, im Wissenschaftsbau ein kleines Labor einzurichten. Ich entwarf ein Experiment über die Wahrnehmung bei Mäusen, indem ich ihnen die Wahl zwischen zwei Türen ließ: eine mit waagerechten Linien und eine mit senkrechten. Wählten sie die senkrechte Tür, wurden sie mit Futter belohnt. Durch allmähliches Ausrichten der Linien wollte ich herausfinden, an welchem Punkt die Mäuse nicht mehr zwischen senkrecht und waagerecht unterscheiden konnten. Ich beschrieb die Versuche ausführlich und verfaßte einen Bericht.

Als es diese Weihnachten Zeugnisse gab, lautete der einzige Hinweis auf meine Forschungsarbeit, daß ich »zu viel Zeit unten im Labor« zugebracht und »mit Mäusen gespielt« hätte.

Ich traute meinen Augen nicht. »Jetzt reicht's!« dachte ich. »Ich habe genug – ich werde nicht zurückgehen.« Ich schmiedete Pläne, mich per Bus Richtung Westen abzusetzen. Obwohl die Aussicht, eigene Wege zu gehen, mich damals freudig erregte, erscheint mir das Vorhaben heute so unausgegoren, daß ich nicht weiß, was ich mir eigentlich dabei dachte. Meine Mutter besitzt ein untrügliches mütterliches Gespür, und an diesem Punkt begann sie mich zur Rede zu stellen.

»Alexandra, ist alles in Ordnung mit dir?« wollte sie von mir zwischen zwei Zusammenkünften wissen (Mom war immer unterwegs).

»Klar doch, Mom. Mir geht's gut.« Aber sie glaubte mir nicht und hakte nach.

Auf Drängen der liebsten Freundin meiner Kindheit, Jenny Spring, sagte ich schließlich: »Mom, auf der Schule nehmen sie mir jeglichen Schwung. Ich komme mir vor wie ein Würfel, der durch einen Schlauch gezwängt wird. Ich kann dort nicht bleiben.«

Meine Mutter wußte genau, wovon ich redete. Sie hatte als Jugendliche genau das gleiche durchgemacht und hatte es damals noch schwerer als ich. Wenigstens hatte ich die Liebe zur Wissenschaft und die Goodalls und Fosseys dieser Welt, die vor mir Neuland erschlossen hatten. Mom hatte nach ihrer Rolle im Leben als soziale Architektin suchen müssen, ohne eine Ahnung zu haben, wie sie aussehen könnte. Und so gab die Mutter ihrer eigensinnigen siebzehnjährigen Tochter eine Antwort, die ich niemals erwartet hätte.

»Du kannst von der Schule abgehen«, sagte sie zu mir. »Aber du mußt irgend etwas mit deinem Leben anfangen.«

Ich erinnere mich, wie ich innerlich auf die Bremse trat: »Was nun?«

3 Ich kannte John C. Lilly nur aus seinen Büchern – *Man and Dolphin, The Dolphin in History* und *The Mind of the Dolphin** –, die ich als junges Mädchen aus der Bücherei in Salisbury ausgeliehen und mit großem Interesse gelesen hatte. In meinem eigenen Pantheon wissenschaftlicher Helden erreichte er zwar nicht den Status von Jane Goodall und Dian Fossey, aber in meiner Fantasie blieb Lilly eine mythische Gestalt: der Mann, der versuchte, mit Delphinen zu sprechen.

Als ich ihm Mitte der 1970er Jahre begegnete, galt Lilly als einer der kühnsten und umstrittensten Denker des 20. Jahrhunderts. Doch für jemanden, der mit derart unkonventionellen Ideen und risikofreudiger Forschung in Verbindung gebracht wird, war Lillys wissenschaftliche Ausbildung überraschend konventionell verlaufen. Der an den Ivy-League-Eliteuniversitäten im Osten der USA ausgebildete Neurologe hatte in den 1950er Jahren an der medizinischen Fakultät der University of Pennsylvania und den National Institutes of Health Methoden entwickelt, um die elektrische Aktivität des Gehirns zu stimulieren und aufzuzeichnen. Im Jahr 1955 schloß er sich dann einer Gruppe von Neurophysiologen an, die einen Ausflug zum Marineland, einem Meeres-Themenpark in St. Augustine, Florida, machte, um Tests an den großen Säugetier-Gehirnen von Delphinen durchzuführen. Was als einfacher Abstecher in die Feldforschung begann, entwickelte sich rasch zu einer lebenslangen Berufung. Nachdem er die komplexen Interaktionen zwischen den Delphinen und ihren menschlichen Trainern beobachtet hatte, vermutete Lilly, daß die Tiere eine enorme Intelligenz besäßen. Damals ging man

* dt. *Delphin – ein Geschöpf des 5. Tages?*, München 1969.

davon aus, daß Delphine etwa so schlau seien wie ein ganz gewöhnlicher Hund.

Doch je mehr Lilly forschte, desto überzeugter wurde er, daß diese Auffassung falsch war. Nicht nur, daß das Gehirn eines Delphins größer war als das menschliche, seine Hirnhemisphären besaßen auch tiefe Spalten, eine Eigenschaft, von der Wissenschaftler glauben, daß sie für hochentwickelte kognitive Fähigkeiten notwendig ist. Je tiefer gefaltet die äußere Oberfläche des Gehirns desto komplexer der Denkprozeß. Wenngleich das menschliche Gehirn gefurchter ist als die Gehirne anderer Primaten, übertrifft das Gehirn des Delphins selbst unser eigenes. Für jemanden, dessen Forschungen das Einsetzen von Elektroden in lebende Tiere einschloßen, war dies beunruhigend. Statt abzustreiten, daß er vielleicht ein empfindsames Geschöpf verletzt hatte, besaß Lilly die Integrität, seine Methoden zu ändern. »Ein großes, komplexes Gehirn«, argumentierte Lilly, »beinhaltet große, komplexe Fähigkeiten und eine beträchtliche geistige Empfindsamkeit.«

Das Gehirn des Delphins wollte erforscht werden, und Lilly machte sich daran, das Territorium kartographisch zu erfassen, aber auf eine Weise, die dem Lebewesen keinen Schaden zufügte. Er gab seine reguläre Karriere auf und gründete auf den Virgin Islands sein eigenes Laboratorium, in dem er eine Reihe von Experimenten durchführte, die viele langgehegte Überzeugungen über die Einmaligkeit der menschlichen Intelligenz zerstören sollten. Lilly glaubte, wir würden die Intelligenz von Delphinen niemals wirklich begreifen, bevor wir nicht mit ihnen sprechen könnten, also probierte er unterschiedliche Methoden aus, um ihnen beizubringen, Englisch zu sprechen. Seine jungen Assistenten verbrachten Stunden damit, vor Chee-Chee, Elvar, Sissy und Peter, vier Großen Tümmlern, die in eigens konstruierten Becken in Lillys Communication Research Institute in St. Thomas lebten, die phonetischen Elemente der Sprache zu wiederholen.

Bestärkt wurde Lilly durch die Fähigkeit des Delphins, sich »einzuklinken«. Im Gegensatz zu einem Papagei, der die Laute einfach nachahmt, hörte der Delphin den Lauten, die ihm beigebracht wurden, wirklich zu und reproduzierte sie mit einer Genauigkeit von 92 Prozent, wobei er höflich abwartete, bis er mit der Antwort an der Reihe war. Kein anderes Tier (mit Ausnahme ungewöhnlich begabter Menschen) erreiche diese Leistung, schrieb Lilly in *Delphin – ein Geschöpf des 5. Tages?* Es gebe lediglich drei Arten von Säugern, die neue Laute erlernen könnten – Menschen, Delphine und Fledermäuse.

Lilly und andere stellten fest, daß der für die Lautverarbeitung zuständige Teil des Delphinhirns zehnmal so groß war wie derselbe Bereich im menschlichen Gehirn. Die phänomenale Fähigkeit von Delphinen, sich an Lautfolgen zu erinnern, war also nicht völlig überraschend, was Lilly jedoch faszinierte, war die Begeisterung, mit der Delphine sich auf die Nachahmungsexperimente einließen. Sie spornte ihn zu einer lebenslangen Suche nach einer Sprache an, die Menschen und Delphine gemeinsam nutzen könnten.

An Lillys erfolgreichstem Experiment nahm eine junge Frau namens Margaret Howe teil, die eingewilligt hatte, im Sommer 1965 zehn Wochen lang mit Peter, einem fünfjährigen Großen Tümmler, zu leben. Die beste Möglichkeit, einen Delphin zur Kommunikation mit einem Menschen zu bewegen, dachte Lilly, sei die Schaffung einer Situation, in welcher der Mensch der einzige für den Delphin verfügbare soziale Kontakt wäre. Er nannte es das *Mutter-Kind-Lehr-Lern-Modell.* Lilly beraubte Klein-Peter jeglicher Delphin-Gesellschaft, ersetzte diese durch Margaret Howe und verschaffte dem Delphin dadurch einen Rund-um-die-Uhr-Kontakt mit der Frau. Lilly wußte, daß auch Margaret aus lauter Einsamkeit gezwungen wäre, mit dem Delphin zu interagieren. Es waren mißliche Umstände sowohl für den Land- als auch für den Meeressäuger.

Howe war keine erfahrene Wissenschaftlerin. Lillys Wahl fiel auf sie, weil er wollte, daß seine menschliche Versuchsperson völlig unvoreingenommen in das Experiment ginge, frei von wissenschaftlichem Skeptizismus. Falls die menschliche Testperson glaubte, der Delphin könnte trainiert werden, dann würde Training stattfinden. Falls der Mensch jedoch glaubte, der Delphin könnte ihm intellektuell ebenbürtig sein, dann könnte es zu Kommunikation kommen.

Es waren dieselben Kriterien, die Louis B. Leakey angewendet hatte, als er eine andere junge Frau, Jane Goodall, für die Erforschung wilder Schimpansen ausgesucht hatte. Obwohl beide Männer eine akademische Ausbildung respektierten, hatten sie erlebt, wie sie die Wahrnehmung einer Person prägte und diese veranlaßte, Möglichkeiten zu verwerfen, bevor sie geprüft worden waren. Außerdem waren beide der Ansicht, daß Frauen mit ihrem angeblich erhöhten Einfühlungs- und Durchhaltevermögen und ihrer verstärkten Intuition für die Aufgabe, Tiere zu verstehen, besser geeignet seien.

Howe schlief in einem Bett, das auf einer erhöhten Plattform in dem Becken aufgestellt worden war, und arbeitete auf einem Stuhl an einem Schreibtisch, die beide im seichten Wasser standen. Die zwei Gefährten spielten einen Großteil ihrer Zeit und versuchten, einen gemeinsamen englischen Wortschatz aufzubauen. Peter warf Howe so lange einen Ball zu, bis sie mitmachte, und wenn sie müde wurde, erfand er jedesmal neue Spiele mit anderen Spielzeugen. Howe ermunterte Peter, Wörter zu benutzen, indem sie auf jeden seiner Versuche, ein Wort auszusprechen, sowohl mit Begeisterung und Zuwendung als auch mit Futtergaben reagierte. Wie Lilly 1961 in einem Artikel für *Science* schrieb, wurden die besten Resultate erzielt, wenn der Delphin die Forscherin berühren, nach Belieben kommen und gehen und die Sitzungen sowohl einleiten als auch beenden konnte.

Mit viel Mühe lernte Peter schließlich, Howes Vornamen und ein paar andere Wörter ansatzweise verständlich auszusprechen. Aber Delphine und Menschen sind mit völlig unterschiedlichen Mechanismen zur Lauterzeugung ausgestattet, und das Englische paßt schlecht zur Stimmphysiologie eines Delphins. Delphine haben einfach keine Stimmbänder. Statt dessen besitzen sie einen komplizierten Muskel, die sogenannten Dorsal Bursae (»Monkey Lips«), über denen sich der Nasengang mit den beiden oberen Nasalsäcken (Luftsäcken) befindet, die in den Raum zwischen Schädel und abgerundetem Stirnwulst hineinreichen. Peter wollte unbedingt mit Howe Verbindung aufnehmen. Er produzierte spontan und passend ein paar Wörter, wurde aber durch die fehlende Übereinstimmung des akustischen Apparats behindert. Gegen Ende ihrer zehn Wochen in dem Becken war Howe ziemlich deprimiert. Ihr feuchtkaltes Bett war ständig von Salzwasser durchnäßt, und ihre aufgeweichte Haut begann rissig zu werden und sich abzulösen. Lilly erklärte, das Experiment sei ein Anfang. Er glaubte, es beweise, daß eine enge Interaktion Delphine ermuntere, von Menschen zu lernen. Lilly meinte, das Experiment wäre sehr viel weiter gegangen, wäre da nicht das schlichte Problem gewesen, daß Delphine nicht die Laute erzeugen können, aus denen die englische Sprache besteht. Die Überwindung dieses physischen Unterschieds habe sich am Ende als zu schwierig erwiesen.

Mitte der 1960er Jahre wandte Lilly sich von der Delphinforschung ab und konzentrierte sich auf ein näherliegendes Thema: seine eigene Innenwelt. Fasziniert von den Möglichkeiten der Erschließung des Unterbewußtseins, begann Lilly jahrelange Selbstversuche, wobei er LSD mit den Isolationstanks kombinierte, die er in den 1950er Jahren erfunden hatte.

Lilly zog nach Westen und schloß sich den Mitarbeitern am Esalen Institute an, einem Zufluchtsort für Körper und Geist und einer Brutstätte alternativer Kultur in der Nähe von Big Sur, Kalifornien. Lillys Ideen über interspezifische Kommunikation und das Potential des menschlichen Geistes paßten haargenau nach Esalen, wo Philosophen, Psychologen, Künstler und spirituelle Denker die amerikanische Kultur mit Praktiken wie Rolfing, Tai Chi, Gestalttherapie, Yoga, Meditation und Zen-Buddhismus bekanntmachten.

Als ich John Lilly 1976 in Los Angeles an einem Community College bei Vorlesungen erlebte, war er gerade dabei, zu seiner ersten Liebe zurückzukehren. Mit Unterstützung seiner neuen

Organisation, der Human Dolphin Foundation, hoffte Lilly, Computer einsetzen und dadurch einen großen Sprung nach vorn in der Kommunikation zwischen Mensch und Delphin machen zu können. Lilly sagte, er sitze an der Entwicklung eines Systems namens JANUS (Joint Analog Numerical Understanding System; gemeinsames analog-numerisches Verständigungssystem), das als eine Art Mensch-Delphin-Übersetzer fungieren würde. Er hoffe, eine Sprache zu entwickeln, die der Computer Delphinen und Menschen auf ihrer je eigenen Frequenz ausgeben könne. Damit, so hoffte Lilly, ließen sich die Probleme, mit denen er auf den Virgin Islands konfrontiert gewesen war, überwinden. Es wäre, sagte er uns, dasselbe, wie Schimpansen die Zeichensprache beizubringen.

Als ich den Hörsaal an jenem Abend verließ, war ich Feuer und Flamme. Ich fuhr in meinem kleinen Corolla nach Hause und fing sofort an, auf einem Blatt Papier mit Feder und Tusche zwei Köpfe, Delphin und Mensch, zu skizzieren, die einander überlagerten und dadurch in einer Art geistigen Verschmelzung ein gemeinsames Auge hatten. (Ja, es sah seltsam aus.) Am nächsten Tag schickte ich Lilly die Zeichnung, zusammen mit einem Brief, in dem ich um einen Job in seiner neuen Stiftung bat.

Ich wartete auf seinen Anruf. Und wartete. Nach einer Woche konnte ich es nicht mehr aushalten. Ich nahm das Telefon ab und wählte. So berühmt Lilly auch war, seine Nummer stand noch immer im Telefonbuch – »Lilly, John C.«. Aber bevor irgend jemand drangehen konnte, legte ich wieder auf. Wem wollte ich hier etwas vormachen? Was würde ich zu ihm sagen? Ich wählte und legte auf, wählte und legte auf. Schließlich nahm jemand ab, bevor ich eine Chance hatte, in Panik zu geraten. Es war Lilly selbst. Ja, er habe mein Paket bekommen. Wir sprachen ein bißchen über Delphine, und dann platzte ich damit heraus, daß ich ihn kennenlernen wollte.

»In Ordnung«, sagte er. »Wie wär's mit heute nachmittag?«

Ein paar Stunden später fuhr ich in die mit Salbeigestrüpp bewachsenen Hügel oberhalb von Malibu. Neben mir lag meine Kunstmappe, meine einzige Referenz. Lilly und seine Frau Toni wohnten am Ende einer staubigen Straße, die über steile Serpentinen anstieg und sich durch trockenes, sprödes Hügelland wand. Ein Avocado-Wäldchen umgab ihr elegantes, tiefgelegenes Haus, das so gebaut war, daß es die kühle Brise vom Ozean optimal nutzte. Kaskaden roter und orangefarbener Bougainvillea-Sträucher beschatteten die Veranden, und überall gab es Glasschiebetüren, die in kühle, geflieste Räume führten. Ich war entschlossen, dieses Haus nicht ohne einen Job zu verlassen.

John Lilly war ein beeindruckender Mann. Groß und schlank, mit spitzer Nase und spitzem Kinn, sah er mit seinen zweiundsechzig Jahren aus wie ein Farmer, den ein Leben in den Wintern des Mittelwestens gegerbt hatte. Er redete nicht viel, und wenn doch, in einem tiefen, monotonen Tonfall. Bekleidet mit einem himmelblauen Overall, empfing Lilly mich in der Küche und warf an der Bar einen Blick auf meine Arbeit. Viel war es nicht – ein paar Tuscheskizzen von Delphinen und Walen, einige Grafiken, die ich für Fernsehsendungen angefertigt hatte. Wir verstanden uns keinesfalls blendend. Er besitzt einen schlagfertigen, trockenen Sinn für Humor, und ich bin bei Witzen immer etwas schwer von Begriff. Während wir uns über Delphine und die Möglichkeiten intraspezifischer Kommunikation unterhielten, hoffte ich, Lilly würde in mir vielleicht eine neue Margaret Howe sehen. Aber er brauchte eine Malerin, keine Forscherin.

»Wir haben diesen Flur hier, der soll gestaltet werden«, sagte er mir. »Wir haben an irgendeine Art Wandgemälde gedacht. Ich muß meine Frau fragen, aber könnten Sie sich ein paar Skizzen einfallen lassen und damit wiederkommen?«

Es war nicht das, was ich mir erhofft hatte, aber zumindest hatte ich einen Fuß in der Tür.

Ich malte jeden Sonntag. Nachdem ich die ganze Woche in meinem Apartment in Santa Monica vor Hitze umgekommen war, flüchtete ich in Lillys kühles Refugium in den Wolken des

Küstennebels. Ich lieferte einen Entwurf, der an die Arbeit meines Vaters erinnerte, mit den schlichtesten Elementen eines menschlichen Gesichts auf der einen Wand und dem eines Delphins auf der anderen, wobei ihr Geist sich um eine Lampe aus buntem Glas unter der Decke traf.

Während ich den nackten Flur in ein Fresko delphinisch-menschlicher Koexistenz verwandelte, lernte ich die Lillys ein bißchen kennen. Johns Frau Toni, eine schöne armenisch-amerikanische Gebieterin, führte den Haushalt mit starker Hand; sie sorgte dafür, daß John außer Atmen und Denken nichts zu tun brauchte. Toni war alles andere als dumm. Sie liebte John leidenschaftlich und machte deutlich, daß eine achtzehnjährige Bewunderin in ihrem Haus keinesfalls besonders willkommen war. Um keine Zweifel an meinen eigenen Absichten aufkommen zu lassen, sprach ich ihren Mann stets mit »Dr. Lilly« an. Ich war vielleicht jung, aber die Dynamik des Hauses entging mir nicht gänzlich. Hier und da erhaschte ich kurze Blicke auf Lilly, der in seinem Overall – ich weiß nicht, ob der Mann überhaupt ein Hemd oder eine Hose besaß – gedankenverloren im Haus umherwanderte.

Der glückliche Zufall spielte bei meiner Erfahrung mit Lilly eine große Rolle. Je mehr Zeit ich in dem Haus verbrachte, desto stärker fiel mir auf, wie selten Lilly oder irgend jemand sonst das Telefon abnahm. Unsere anfängliche Unterhaltung vor so vielen Wochen dürfte so selten gewesen sein wie ein Blitzschlag. Was auch für meine Einführung in seine Welt der Delphine galt.

Als ich eines Sonntags meine Farbpalette aufstellte, spürte ich, wie mir ein kühler Luftzug übers Gesicht strich. Er kam von einer Tür am Ende des Flurs, die jemand einen Spaltbreit offen gelassen hatte. Ich hätte sie schließen sollen, aber ich konnte einem flüchtigen Blick nicht widerstehen. Alle Vorhänge in dem kühlen, dunklen Zimmer waren zugezogen. Ich knipste die Lichter an und erblickte Versandkisten – Dutzende, bis zur Decke gestapelt. In jeder Kiste waren Regalbretter, auf jedem Brett standen Spule neben Spule Tonbänder, und an jedem Tonband war ein Etikett: Chee-Chee. Elvar. Jobe. Peter. Mein Gott – das waren die Bänder der Virgin-Islands-Delphine! Ich war unversehens auf Lillys Schatz gestoßen. Hier lagerten die Daten, aus denen sich seine Delphinbücher speisten. Einmal mehr empfand ich gewaltigen Respekt vor einer derart geballten Ladung Wissenschaft, vergleichbar dem Reptilien-Folianten, den ich vor so vielen Jahren in meinen Fahrradkorb gelegt hatte.

Vielleicht war hier ein Stein von Rosette* der intraspezifischen Kommunikation vergraben, einer, der uns aus der Isolation unserer menschlichen Existenz herausführen könnte. Vielleicht konnte ich ihn finden, wo andere gescheitert waren. Diese 1280 Tonbänder lockten mich wie die Sirenen den Odysseus.

Ich mußte an mich halten, um sie nicht gleich auf der Stelle einzulegen und abzuspielen. Kaum fähig, meine Erregung zu zügeln, schloß ich die Tür und kehrte an mein Gemälde zurück. Als ich mich an diesem Abend zum Gehen fertig machte, brachte ich den Mut auf, Lilly nach dem Lagerraum zu fragen.

»Übrigens«, sagte ich, »die Tür zum Hinterzimmer war offen, und ich habe eine Menge Tonbänder da drin gesehen. Es sah aus wie Ihre Arbeit auf den Virgin Islands. Dürfte ich sie mir anhören?«

Lilly blickte erschrocken. »Nein«, gab er zurück.

Mein Gesicht muß meine Enttäuschung verraten haben, weil er sofort noch einmal überlegte. »Na ja … wir brauchen jemanden, der sie katalogisiert.«

Mein Herz machte einen Sprung, und ich nutzte meinen Vorteil. »Könnte ich sie nicht beim Katalogisieren abhören?«

* Im Jahr 1799 wurde östlich der ägyptischen Hafenstadt Rosette eine Steintafel mit parallelen Inschriften in Griechisch, ägyptischen Hieroglyphen und volkstümlichen Schriftzeichen gefunden, was die Entzifferung der antiken ägyptischen Hieroglyphen ermöglichte.

Er ging darauf ein, weil er sich dachte, daß ich bessere Arbeit leisten würde, wenn ich wüßte, was tatsächlich auf jedem Band war. Begeistert fuhr ich an diesem Abend heim. Soweit es mich betraf, fing ich jetzt erst an zu leben, es war der erste konkrete Schritt zur Erforschung nichtmenschlicher Intelligenz als Beruf. Als ich von der Milton Academy abgegangen war, hatten die Schuloffiziellen mir gesagt, ich würde es nie zu etwas bringen. Diese Worte verblaßten nun, während ich die Serpentinen der Malibu-Hügel hinunterfuhr.

Den Delphinen zu lauschen war wie der Eintritt in eine andere Welt. Um die empfindlichen Bänder vor dem Verfall zu schützen, sorgte Lilly dafür, daß der Lagerraum so eiskalt war, daß ich mich in Pullover einpacken mußte, die ich seit meiner Abreise aus Neuengland nicht mehr angehabt hatte. Drinnen stülpte ich mir den Kopfhörer über die Ohren und betrat eine verlockende Welt aus Klicks, Zwitscher- und Pfeiflauten. Ich höchstpersönlich hörte die Bänder mit der Arbeit von Margaret Howe ab, einem Experiment, von dessen Wiederholung ich träumte. Ich lauschte Peter, dem Delphin, bei seinen Versuchen zu kommunizieren. Wenn Margaret auf den Plan trat, schwamm er jedesmal unter großem Platschen und Zischen zu ihr hin und rief mit einer Donald-Duck-Stimme »Hiiiii!«. Peter konnte außerdem sein Lieblingsspielzeug »Baaaallllll« rufen. Ich war mir sicher, daß Peter, hätte er nur die physischen Voraussetzungen gehabt, um Englisch zu sprechen, einen sehr viel umfassenderen Wortschatz erlernt hätte.

Bei anderen Versuchen sprach der Forscher Scott McVay Delphinen, die darauf trainiert waren, die Laute zu wiederholen, lange Reihen unsinniger Silben vor – »ra, tee, cha, fa, che …«. Obwohl die Delphine keine genauen Reproduktionen zustande brachten, waren ihre Antworten so dicht dran, daß ich den Sequenzen folgen konnte. Ich mußte die Silben aufschreiben, um das überprüfen zu können, aber die Delphine reproduzierten die langen Lautfolgen mit unfehlbarer, bemerkenswerter Präzision. Obwohl mein Gehirn die zehnfache visuelle Verarbeitungskapazität des Delphingehirns besaß, stand außer Frage, daß die Delphine meine akustischen Fähigkeiten bei weitem übertrafen.

Die Bänder stellten einen der ersten wissenschaftlichen Versuche dar, unser interspezifisches Schweigen zu beenden. Von Forschern wie Allen und Beatrix Gardner, den angesehenen experimentellen Psychologen an der University of Nevada in Reno, wurden ähnliche Versuche auch mit Primaten durchgeführt. Zuerst zog man junge Schimpansen wie Menschenkinder auf, um ihre Fähigkeit zur Aneignung der menschlichen Sprache zu testen. Aber wie bei Lillys Delphinen trat auch hier schnell ein grundlegendes Problem zutage. Jedes speziesübergreifende Gespräch wäre komplizierter, als einem Tier Englisch beizubringen. Delphine konnten die Frequenzen und Laute nicht reproduzieren, die unsere Sprache verlangt; Schimpansen fehlten die für die gesprochene Sprache erforderlichen Hirnstrukturen, so daß sie eine Sprache brauchten, die auf Gesten beruhte. Die Gardners und nach ihnen ihr Schützling Roger Fouts kommunizierten dann durch Zeichensprache mit Schimpansen. Lilly gelang kein ähnlicher Durchbruch, aber mit seinem JANUS-Projekt hoffte er, diese Hürde zu überwinden.

Die Laute von Delphinen, die sich an Englisch versuchten, waren interessant, aber am meisten faszinierten mich die Tonaufnahmen von Delphinen, die mit Delphinen kommunizierten. Die Delphin-Kommunikation besteht aus schnellen, hellen, dünnen Pfiffen an der oberen Grenze unseres Hörspektrums und jenseits davon. Delphine sprechen nicht mit dem Mund; sie projizieren mit Hilfe der sogenannten Melone, dem abgerundeten, knolligen Teil ihres Schädels, Schall ins Wasser und empfangen Schall mit Hilfe der ölgefüllten Säcke in ihrem Unterkiefer. Ich hörte, wie Delphine Objekte mit dem durchdringenden Brummen der Echoortung untersuchten, einzelne Klicks, die in so schneller Folge erzeugt wurden, daß sie sich zu einem Geräusch vereinten, das an das Öffnen einer quietschenden Tür erinnerte. Während Delphine sich der Echoortung bedienen, um zu »sehen«, benutzen sie für die soziale Kommunikation Pfeif-, Quak- und Zwitschertöne.

Noch immer hatte ich keinen echten, lebenden Delphin zu Gesicht bekommen, aber manchmal hatte ich das Gefühl, als befände ich mich tatsächlich im Schädelinnern dieses großartigen Tieres. Lilly hatte direkt auf dem Schädel eines Delphins namens Jobe Saugnapf-Mikrophone plaziert. Bei diesen Tonaufnahmen fegten Pfiffe zwischen meinem linken und rechten Ohr hin und her und vermischten sich dazwischen in meinem Gehirn.

Während ich monatelang sonntags die Bänder abhörte, wurde klar, daß ich nicht mit Lilly arbeiten würde. Ich war mehr daran interessiert, wie Delphine zu Delphinen sprachen, als an den Versuchen, ihnen unsere Sprache beizubringen. Die furchtbar schwerfälligen »Wörter«, die Peter gelernt hatte, waren nichts im Vergleich zu den lebhaften Pfiffen, die zwischen Delphinen hin und her flitzten, die »Delphinisch« miteinander sprachen, wie Lilly es nannte.

Während ich den Unterhaltungen von Delphin zu Delphin lauschte, wünschte ich mir oftmals eine plötzliche Eingebung. »Dies ist der Klang zweier miteinander kommunizierender hochentwickelter Gehirne«, dachte ich. »Und ich höre mit einem weiteren hochentwickelten Gehirn zu. Wir sollten imstande sein, die Kluft zu überwinden.«

Wurden die Informationen in ihren Lauten transportiert? Waren sie in den Pfiffen selbst, in ihrer Geschwindigkeit, in dem Schweigen zwischen den Pfiffen enthalten, in etwas, das ich nicht hören konnte oder an das ich einfach noch nicht gedacht hatte? Das einzige, was ich sicher wußte, war, daß es zwingend erforderlich war, weiter für alles aufgeschlossen zu bleiben, um keinen eventuell dargebotenen Hinweis zu ignorieren. Dies schärfte Lilly mir ein. Als ich die Universität beendete, warnte er mich: »Achten Sie darauf, wie Sie sich ausbilden. Es hat Auswirkungen darauf, wie Sie die Welt sehen.«

Die Arbeit mit Lilly war eine nicht enden wollende Serie von Begegnungen mit dem Unerwarteten. Eines Tages bat er mich, ihn durch einen merkwürdigen Spiegelaufbau hindurch zu interviewen, in dem ich mein Gesicht sehen konnte, das Lillys Gesicht überlagerte. Eine Kamera zeichnete unseren Dialog auf. Zur gleichen Zeit in Lillys ungerührtes Starren und mein eigenes Gesicht zu blicken war einfach schrecklich. Ich habe Spiegel immer gemieden, so daß ich die Situation als unglaublich hemmend empfand. Mir fiel nicht eine einzige Frage ein, die ich dem Mann stellen konnte.

Ein anderes Mal kam Lilly mit einem Paar Gummiohren zu mir. »Hier«, sagte er, »setzten Sie die auf.« Er tat immer so, als müßte mir der Zweck dieser Projekte von alleine einleuchten. Lilly war kein Mensch von Erklärungen. In diesem konkreten Fall hatte er aus Gummi Nachbildungen seiner Ohren geformt und anschließend winzige Mikrophone hineinmontiert. Er wollte gern wissen, ob ich mich mit den Ohren von jemand anderem orientieren könnte. Ich konnte, aber es war, als trüge man eine fremde Brille. Ich hatte Schwierigkeiten, Geräusche zu orten. Lilly sagte mir, menschliche Ohren seien auf den Raum unmittelbar vor unseren Füßen ausgerichtet. Für einen Landsäuger sei dies die wichtigste Zone – der Raum, den man gleich betreten werde. Delphine, folgerte er, seien dieser Notwendigkeit enthoben und hätten einen viel umfassenderen, mehrdimensionalen Gesichtskreis entwickelt. Er meinte, dies sei wahrscheinlich der Grund dafür, daß das Bewußtsein von Delphinen sich vollkommen von unserem unterscheide. Unsere Kulturen lägen so weit auseinander, daß es nur bei größter Aufgeschlossenheit möglich sei, die Kluft zwischen den Spezies zu überbrücken.

Zusätzlich zu seiner Arbeit mit Delphinen kehrte Lilly etwa um diese Zeit auch zu seinen Isolationstanks zurück. Zwei davon hatte er in seinem Haus in Malibu konstruiert, und er verlangte von jedem, der zu Besuch war, sich einer Sitzung zu unterziehen und seine Gedanken aufzuschreiben, die später in seinem Buch *The Deep Self* gesammelt wurden. Lilly stellte seine Tanks in einiger Entfernung vom Haus in einem Bunker aus Schlackensteinen auf, um zu verhindern, daß irgendein Laut durchdrang. Jeder der 2,40 m langen und 1,20 m breiten Tanks war etwa 25 Zentimeter hoch mit Wasser gefüllt, das so sehr von Bittersalzen gesättigt war, daß es mit der Konsistenz von Sirup hin und her schwappte. Man durfte einen Badeanzug tragen, aber kaum jemand tat das; schließlich befanden wir uns im Kalifornien der Siebziger. In dem Tank, erklärte Lilly einmal, »können jetzt alle Muskeln, die wir darauf trainiert haben, uns gegen die Schwerkraft oben zu halten«, in einem, wie er es nannte, »Ablassen von totaler Aktivität gelockert werden«. Totale Inaktivität, so glaubte er, würde Massen von Neuronen von ihrer lästigen Aufgabe der Stützung des Körpers freimachen und dem im Wasser Schwebenden gestatten, in neue Tiefen des geistigen Raumes vorzustoßen.

Selbst von Flurmalerinnen und Audioarchivarinnen wie mir selbst wurde verlangt, in die Tanks zu gehen, und mein erster Versuch war vielleicht einer der schlimmsten, die Lilly je dokumentiert hat. Mein damaliger Freund war freiberuflicher Inspizient. Als Mitglied der Directors Guild, der »Regisseurs-Zunft«, stimmte er jedes Jahr über die Academy Awards (Oscars) ab und erhielt freien Eintritt zu allen nominierten Filmen. Zu den für 1976 nominierten Filmen gehörten *Der weiße Hai* und *Hundstage.* Aus irgendeinem Grund lief in einem örtlichen Filmtheater noch immer *Der Exorzist.** Wir schauten uns alle drei in einer Woche an. Ein paar Tage später begab ich mich in den Tank.

Das Salzwasser in den Tanks ist so tragfähig, daß der Körper wie ein Korken hin und her schaukelt. Das Wasser ist auf perfekte 34 Grad Celsius temperiert. (Man sollte meinen, es würde auf Körpertemperatur, 37 Grad Celsius, gebracht, aber der Körper selbst produziert Hitze, die entweichen muß. Was-

* *Jaws,* USA 1974, Regie: Steven Spielberg; *Dog Day Afternoon,* USA 1976, Regie: Sidney Lumet; *The Exorcist,* USA 1973, Regie: William Friedkin.

ser absorbiert diese Hitze bei 34 Grad, ohne den Körper zu kühlen oder zu erwärmen.) Die Luft riecht feucht, salzig, und die erste Reaktion besteht darin, sich völlig entspannt auszustrecken. Doch der menschliche Verstand verabscheut jedes Vakuum. Er verlangt nach einer gewissen Stimulation und beginnt nach Beschäftigung zu suchen. Mein Verstand wanderte zurück zu den anregendsten Bildern, die er in dieser Woche gesehen hatte, und leider gehörten dazu ein Killerhai, der an die Oberfläche kommt, um eine Schwimmerin zu beißen, Besessenheit vom Teufel und ein wahnsinniger Al Pacino. Die letzte Halluzination, an die ich mich erinnere, bevor ich mich aus dem Tank freistrampelte, war ein riesiger grüner Augapfel, der sich herabsenkte, um mich zu verschlingen.

Trotz meines anfänglichen Schreckens stellte ich fest, daß die Tanks mich erneut anlockten. Lilly glaubte, daß das Schweben in den Tanks dem Dasein im Mutterleib am nächsten käme, und ich muß zugeben, da war etwas dran. Bei späteren Sitzungen verspürte ich ein solches Gefühl der Vertrautheit und Behaglichkeit, daß ich jegliches Zeitgefühl verlor. Manchmal ging ich fünf Minuten hinein, andere Male vierzig. Unter der Woche zwischen den Besuchen sehnte ich mich oft danach, zur Behaglichkeit dieses salzigen Kokons zurückzukehren. Ich wollte Delphinlaute in den Tank leiten, weil ich glaubte, mich in einer Umgebung ohne irdische Zwänge besser auf die Laute konzentrieren zu können. Doch Lilly lehnte ab. Die Tanks dienten lediglich dem sensorischen Entzug, und an diesem Experiment gäbe es keinerlei Änderungen.

Unterbrochen wurde die gedämpfte Stille des Malibu-Hauses nur von ätherischer Musik, dem leisen Bimmeln von Windspielen und dem mächtigen Lachen von Burgess Meredith. Wenn er im Haus vorbeischaute, erfüllte er die Flure mit dem wunderbarsten Frohsinn. Ich wurde nicht eingeladen, mich diesen gemütlichen Runden anzuschließen, also brauchte ich mir niemals Sorgen zu machen, einen Witz nicht zu kapieren. Ich konnte einfach die Heiterkeit genießen, während sie das

Haus erfüllte. Meredith war stets ein gutes Gegenmittel für den stillen Ernst Lillys, und ich konnte verstehen, warum die Lillys seine Freundschaft schätzten. Meredith war vielleicht der geselligste und vergnügteste Besucher (und nicht ohne Grund: *Rocky** war gerade angelaufen und lockte gewaltige Zuschauermassen in die Kinos), aber er war keineswegs das einzige Mitglied der Hollywood-Schickeria, das Lillys Zufluchtsort einen Besuch abstattete. Jeff Bridges tauchte auf, um ein kurzes Bad im Isolationstank zu nehmen; auf einem Buckminster-Fuller-Seminar gesellte sich einmal John Denver zum Lunch zu uns. Lilly faszinierte die Hollywood-Clique; er schien im Zentrum so vieler bewußtseinserweiternder Bewegungen zu stehen, er trug den Stempel eines wissenschaftlichen Genies, und just in dieser Zeit begann die Öffentlichkeit, eine Schwäche für Delphine zu entwickeln. Ein Film war bereits von Lillys Arbeit inspiriert worden – der George-C.-Scott-Thriller *Der Tag des Delphins*, und zwei weitere, *Projekt Brainstorm* und *Der Höllentrip,*** sollten in späteren Jahren in Produktion gehen.

Lilly genoß die Aufmerksamkeit, aber er war kein enthusiastischer Fan. Sein Werben um die Reichen und Berühmten war aus der Not geboren. Als er in den Sechzigern anfing, konsequent seinen eigenen Weg zu gehen, hatte die wissenschaftliche Gemeinschaft ihn zunehmend geächtet. Seine Ideen waren immer schon umstritten gewesen. Doch als er mit seinen Untersuchungen des Delphingehirns anfing, entwickelte er die Theorie, daß Delphine ihr Gehirn für eine differenzierte Kommunikation nutzten, die eine komplexe Gesellschaft zusammenhalte. Er gab sich nicht damit zufrieden, zu belegen, daß sie intelligent waren; nein, er bestand leichtfertig darauf, daß sie intelligenter seien als Menschen. Seine Kollegen in der

* USA 1976, Regie: John C. Avildsen.

** *Day of the Dolphin*, USA 1973, Regie: Mike Nichols; *Altered States*, USA 1980, Regie: Ken Russell; *Brainstorm*, USA 1982, Regie: Douglas Trumbull.

wissenschaftlichen Welt hielten Lillys Ideen für absonderlich und unbewiesen.

Wissenschaft baut auf einem sorgfältig bewiesenen Schritt nach dem anderen auf, aber John Lilly unternahm große, unbegründete Sprünge ins Unbekannte. Wissenschaftler können eine unbarmherzige Gruppe sein; sie müssen die Reinheit der Wissenschaft schützen, die auf dem unwiderlegbaren Beweis beruht. Während seine Gegner Lilly vorwarfen, er anthropomorphisiere (Übertrüge menschliche Eigenschaften auf Tiere), warnte Lilly sie, nicht zu »zoologisieren«. Außerdem hatte Lilly nicht nur keinen Beweis, er stand auch auf gefährlichem theoretischem Grund. Niemand wird einen/eine Wissenschaftler/in leicht davon überzeugen, daß er oder sie weniger intelligent sei als ein Tier.

Seine Drogenexperimente waren nicht hilfreich. Nachdem er mit dem Intelligenzpotential des Delphins konfrontiert worden war, benutzte Lilly zunehmend seinen eigenen Körper als wichtigstes experimentelles Werkzeug. Spätestens als er anfing, psychedelische Drogen wie LSD und Ketamin, das er »Vitamin K« nannte, zu erforschen, verabschiedete er sich von dem selbstgehegten Anspruch auf einen seriösen wissenschaftlichen Ruf. Für Lilly waren diese Experimente immer auch Entdeckungsreisen. Er wollte Intelligenz und das Organ, das sie beherbergte, das Gehirn, verstehen, und er hatte nicht vor, zuzulassen, daß das Stigma illegaler Drogen seine Erkundungen behinderte. Die Arbeit mit Drogen, die Isolationstanks und die Delphinforschung waren bloß unterschiedliche Wege zur Lösung desselben Rätsels. Lilly wollte sowohl von innen nach außen als auch von außen nach innen schauen.

Daß die wissenschaftliche Welt ihn mied, verletzte Lilly tief. Während der Zeit, als ich für ihn arbeitete, verbrachte Lilly Monate mit der Abfassung eines Stipendiumsantrags an die National Science Foundation, in der Hoffnung, sich die finanzielle Unterstützung zu sichern, die das Projekt auf die Beine und zum Laufen brächte. Die Ablehnung der NSF kam wie ein furchtbarer Schlag. Wegen seiner Drogenvergangenheit wollten die Stiftungen nichts mit ihm zu tun haben. Ehrgeizige Projekte wie JANUS würden Hunderttausende von Dollar kosten; das einzige, was seinen Traum von einer interspezifischen Kommunikation am Leben erhielt, war Geld aus Hollywood.

Wegen des dringend benötigten Bargeldes nahm Lilly mit ziemlich vielen prominenten Schauspielern, Musikern und Produzenten Kontakt auf. Olivia Newton-John (Erinnern Sie sich an ihre Phase, wo sie mit Delphinen schwamm?), Robin Williams, Lee Majors, die Songschreiber Paul Williams und John Sebastian, est-Gründer Werner Erhard*, der Science-fiction-Autor Frank Herbert und Dutzende anderer hielten die Human Dolphin Foundation über Wasser. Gegen Ende meiner Zeit bei Lilly wurde ich selbst zur Spendenbeschafferin und überzeugte andere, Geld für die Sache zu stiften.

Ironischerweise erwies mein Erfolg als Spendensammlerin sich als mein Untergang. Zu Anfang, als ich als Wandmalerin eingestiegen war, hatte Toni Lilly erwartet, daß ich, wie so viele der anderen jungen Anhängerinnen ihres Mannes, das Interesse verlieren und mich abwenden würde. Aber je mehr Geld ich beschaffte, desto sicherer fühlte ich mich bei der Stiftung. Ich fing an, Lillys Organisation bei Umweltmessen und bei Talkshows im Rundfunk zu vertreten. Ich wurde unverzichtbar für den Betrieb, und solange Toni den Laden schmiß, würde dies stets eine gefährliche Position für eine junge Frau sein. Da ich die wachsende Spannung spürte, fragte ich Toni eines Tages, ob alles in Ordnung sei. Nein, sagte sie. Gar nichts sei in Ordnung. Sie fiel über mich her wie eine Wildkatze. Unter einem Schwall von Worten warf Toni mich aus dem Nest.

* »est«: Erhard-Seminar-Training, umstrittenes »Erleuchtungs-Programm« (*Das Buch EST,* 1983) zur psycho-sozialen Beeinflussung, in den 1970er Jahren von dem ehemaligen Autoverkäufer und Scientology-Anhänger Werner Erhard (eigentl. Jack Rosenberg) begründet.

Ihre Abschiedsworte werde ich nie vergessen: »Sie sind von einer solchen Intensität, Alexandra, wie ein Laserstrahl«, sagte Toni, als wollte sie mich verfluchen. »Eines Tages werden Sie Wale beobachten, während neben Ihnen Ihr Mann ertrinkt.«

4 Nachdem ich zwei Jahre damit verbracht hatte, mir in Lillys Kühlraum Delphinlaute anzuhören, war es Zeit für eine Begegnung mit der Realität. Oft sah ich wilde Delphine, wenn ich zum Black's Beach in La Jolla ging, schwarze Torpedos, die mit beneidenswerter Kraft und Leichtigkeit auf den Wellen ritten. Aber ohne Boot waren sie für mich unerreichbar. Die Delphine, die ich in nächster Nähe finden konnte, waren im Marineland, einem Ozeanarium auf der Palos-Verdes-Halbinsel südlich von Los Angeles. Ich fuhr hin, kaufte eine Eintrittskarte und wurde zusammen mit einem Strom aufgeregter Kinder in den üppigen, tropischen Park geschoben. Marineland roch nach Fisch und Sonnencreme. Die Ausdünstungen von Delphinen, Walen, Robben, Seelöwen und Walrössern vermischten sich mit dem Geräusch plätschernden Wassers. Zur Delphin-Show um zehn Uhr vormittags erschien ich rechtzeitig. Ich wollte einen guten Platz ergattern.

Von den Rängen hoch über dem Becken konnte ich sehen, wie vier Delphine im Wasser Achten schwammen. Als die Musik einsetzte, sprangen sie abwechselnd hoch in die Luft. Delphine sind faszinierende Geschöpfe – sauber, muskulös, mit einer Haut von der Farbe einer Handvoll Perlen. Sie schienen in einem fort zu lächeln. Ich war wie gebannt. Als die Delphine der Zuschauermenge zuwinkten, Fische aus dem Mund eines Trainers schnappten und durch Reifen sprangen, kam mir überhaupt nicht in den Sinn, daß diese Delphine in der Wildnis vielleicht besser dran wären. Es sah so aus, als machte es ihnen Spaß.

Nach der Vorstellung bahnte ich mir einen Weg durch die Touristen, um am seeseitigen Rand des Parks ein ruhiges Delphinbecken zu finden. Ich stand direkt am Wasser und sah zu, wie acht von ihnen anmutig Runden durch ihr kleines Gehege drehten. Wenn sie vorbeischwammen, schnellten ihre Augen hoch zu mir. Sie waren riesig, viel größer, als ich sie mir vorgestellt hatte. Einige waren hellgrau, andere schwarz. Einer war so zerkratzt, daß jeder Zentimeter seiner Haut kreuzweise mit Narben schraffiert war. Verzaubert von ihren Bewegungen stand ich da und atmete die Seeluft ein. Ich verliebte mich in den Ort.

An diesem Abend entwarf ich einen Antrag zur Erforschung der Laute der acht Delphine in dem Zusatzbecken. Nachdem ich den Direktor vom Marineland, Tom Otten, zu einem Termin überredet hatte, warb ich bei Otten und Brad Andrews, seinem Stellvertreter, für meine Idee. Ottens Büro lag versteckt auf dem Mitarbeiterareal, wo Wasser über Betonflure lief und den Geruch nach Vitaminen und Desinfektionsmitteln mit sich trug. Sowohl Otten als auch Andrews trugen kurze Hosen – im Park die normale Werktagskluft –, und beide Männer waren erstaunlich groß. Als sie aufstanden, um mir die Hand zu schütteln, hatte ich das Gefühl, in ein Land von Riesen geraten zu sein.

In der Welt der Ozeanarien schlug meine Erfahrung mit John Lilly nicht zu meinen Gunsten zu Buche. Wissenschaftler standen seiner Arbeit skeptisch gegenüber, und die Burschen vom Meerespark waren doppelt argwöhnisch. Obwohl er selbst Versuche an gefangenen Delphinen durchgeführt hatte, sprach Lilly sich in späteren Jahren gegen die Haltung der Tiere in Becken aus. Er war der Ansicht, ein so kluges Tier verdiene die Freiheit. Ich war froh, daß Tom Otten und Brad Andrews sich überhaupt die Mühe machten, sich mit mir zu treffen. Vielleicht waren sie neugierig auf Lilly. Ich stellte fest, daß die Leute entweder seine Prinzipien mit mir erörtern oder mich bewegen wollten, sie mit ihm bekannt zu machen. Einmal lud Timothy Leary mich zum Lunch ein, um mehr über ihn zu erfahren. Lilly ließ niemanden kalt.

Während ich den beiden von meiner Arbeit mit Lilly erzählte, stellte ich klar, daß ich die Delphine erforschen, nicht ihnen Englisch beibringen wollte. Mein Plan war einfach. Mit Hilfe eines Unterwassermikrophons, eines sogenannten Hydrophons, wollte ich die Laute der Delphine aufzeichnen, während ich gleichzeitig zahlreiche schriftliche Notizen über ihr Verhalten machte. Laute und Notizen würden später in einen Computer eingegeben, um herauszufinden, welcher Laut mit welchem Verhalten korrespondierte.

Otten und Andrews gingen ein beträchtliches Risiko mit mir ein. Zweifellos war ich noch grün hinter den Ohren, aber die Meeressäugerforschung steckte selber noch so sehr in den Kinderschuhen, daß beide einen gewissen Vorteil darin sahen, einer »Wissenschaftlerin«, ganz gleich wie unerfahren sie war, zu gestatten, ihre Tiere zu studieren. Sie gaben mir die Erlaubnis, den Park zu jeder Tages- und Nachtzeit zu betreten, solange ich vorher anriefe. Ich durfte eine akustische Überwachungsstation mit Hydrophonen aufbauen, obwohl sie darauf bestanden, daß ein Trainer mich anfangs begleitete, damit die Delphine sich nicht in dem Kabel verfingen. Ich war so glücklich, daß ich den beiden beinahe um den Hals gefallen wäre.

Gerade als ich gehen wollte, sagte Otten: »Oh, und Alex, ehe ich 's vergesse: Der Park wurde kürzlich von Hanna-Barbera gekauft, und wir werden für ein Jahr wegen Renovierungsarbeiten schließen.«

Er erklärte, daß die Delphine, mit denen ich arbeiten würde, nicht in den Vorstellungen aufträten – es seien die ganz jungen, die ganz alten und die Ausgebrannten, und sie lebten in einem Becken abseits der Showdelphine. Otten sorgte sich, daß sie sich ohne einen ständigen Nachschub an Touristen, die über ihren Becken hingen, langweilen und unruhig werden könnten.

»Die Trainer und Pfleger haben nicht genug Zeit für sie«, sagte er, »also frage ich mich, ob Sie vielleicht gelegentlich mit den Delphinen schwimmen würden?«

Ich traute meinen Ohren nicht. »Sicher«, erwiderte ich.

Ich schwebte auf Wolke sieben aus Ottens Büro. Alles, was ich jetzt tun mußte, war, mir einen Kassettenrekorder, einen Satz Hydrophone und einen Computer zu besorgen.

Theoretisch wußte ich, wozu ein Hydrophon gut war. Aber ich hatte noch nie wirklich eines gesehen. Natürlich hütete ich mich, das Tom Otten zu erzählen. Ich besaß keine Ausrüstung, aber ich wußte, an wen ich mich um Hilfe wenden konnte: John Gale.

John war ein kreativer Technohippie. Angelockt von Lillys Arbeit in der intraspezifischen Kommunikation, hatte er hin und wieder in John Lillys Haus vorbeigeschaut. John und sein Geschäftspartner, Dan Slater, beide Anfang Zwanzig, hatten eine Firma namens Magicam gegründet, die Special Effects für Fernsehsendungen wie *Wonder Woman, The Greatest American Hero* und Carl Sagans *Cosmos* schuf. Das von dem Special-Effects-Visionär Douglas Trumbull (dessen Arbeit in *2001 – Odyssee im Weltraum, Unheimliche Begegnung der dritten Art* und *Blade Runner** zu sehen ist) entworfene Magicam-Slave-System konnte einen Menschen durch ein Nadelöhr befördern oder jemanden mitsamt Schatten an Bord eines Miniatur-Raumschiffmodells versetzen. Im Sommer 1976 hatten John und Dan mit Hilfe eines selbstkonstruierten Hydrophonsystems, das von einem Boot in den Gewässern der Robson Bight, British Columbia, herabgelassen wurde, einige der frühesten Tonaufnahmen von wilden Orcas gemacht.

»John, ich darf die Delphine im Marineland erforschen«, erzählte ich ihm am Telefon. »Ich weiß nicht genau was, aber ich brauche irgendeine Ausrüstung.«

»Kann ich auch kommen?« fragte er.

»Wohin kommen?«

»Die Delphine hören.«

»Wieso nicht?«

»Bin gleich da.«

John, ein unverbesserlicher Ausrüstungsfreak, trug eine Brille mit dicken Gläsern und Turnschuhe. In seinem Büro

* *2001: A Space Odyssey*, GB 1965–68, Regie: Stanley Kubrik; *Close Encounters of the Third Kind*, USA 1977, Regie: Steven Spielberg; *Blade Runner*, USA 1982, Regie: Ridley Scott.

lagen Flugzeugmotoren herum, weil er Spaß daran hatte, sie auseinanderzunehmen. Wenn die Ausrüstung, die man brauchte, überhaupt irgendwo im Großraum Los Angeles existierte, dann wußte John, wo sie zu finden war. Das erste, was er mir beibrachte, war, wie man preiswert einkauft. Hydrophone wurden meist von der Navy hergestellt, um nach Unterseebooten zu horchen, und ein neuer Satz konnte leicht Tausende von Dollar kosten. John nahm mich mit in die Innenstadt, in die Läden mit Armeebeständen, die elektronische Ausrüstung pfundweise verkauften. Er wühlte sich durch Berge von schwarzen Kabeln mit Gummiummantelung, seltsamen Schalttafeln und alten Verteilerkästen, um meine ersten Hydrophone zu finden. Sie kosteten 1,50 Dollar. Ich hatte das Gefühl, wir würden sie stehlen.

Ich hatte immer noch keinen Rekorder, aber auch hier kam John mir zu Hilfe. Er war ein technologischer Robin Hood. Wenn jemand, den er mochte, irgendein Teil einer Tonausrüstung brauchte, spendete John es einfach. Für mich trieb er ein professionelles Nakamichi-Tonbandgerät auf und lieferte es kostenlos – eine Leihgabe, die ich mehr als fünfundzwanzig Jahre später noch immer besitze.

An unserem ersten Aufnahmetag kamen John, ich und ein drittes Mitglied unseres Teams, Renée Prince, mit Kisten voller Ausrüstung, aus denen überall Drähte hingen, im Marineland an. Renée und ich hatten uns kennengelernt, als ich die Human Dolphin Foundation bei einer Walfeier vertrat. Renées Ausbildung in Statistik war unverzichtbar, damit wir Schlußfolgerungen irgendwelcher Art aus unseren Daten ziehen konnten. Sie war Kognitionspsychologin und hatte mit einem Delphin namens Julio gearbeitet, doch im Augenblick plagte sie sich in einem fensterlosen Labor mit Tests an Tauben ab. Renée hatte weißblondes Haar, einen großartigen Sinn für Humor und eine Taube namens Speedo, die sie aus dem Labor gerettet hatte. Sie wollte sich unbedingt unserem unbezahlten Team anschließen und wieder mit Delphinen arbeiten.

Tom Otten lagen seine Delphin-Schützlinge am Herzen. Weder John noch Renée noch ich war älter als zweiundzwanzig, also schickte John uns einen Trainer hinterher, der darauf achten sollte, daß wir weder uns selbst noch den Delphinen schaden konnten. Wir bauten das Tonbandgerät in einem kleinen Verschlag neben dem Becken auf, ließen das Hydrophon ins Wasser und sahen zu, wie das Kabel sich ins Becken hinabschlängelte. Und schlängelte. Und schlängelte. Die Delphine waren mächtig gut aufgelegt; von dem Moment an, wo wir das Mikrophon ins Wasser ließen, waren sie begeistert zum Mitmachen bereit.

Wir befestigten das Hydrophon an dem Verschlag. Das funktionierte so lange, bis die Delphine zum ersten Mal daran zogen. Darauf stellte ich einen behelfsmäßigen Galgen auf und führte das Kabel durch eine Röhre, die das Hydrophon im Wasser stabilisierte und von der Beckenwand fernhielt. Die Delphine verbogen mehrere Galgen zu Brezeln, bis ich mir aus dem örtlichen Baumarkt eine Klemme besorgte, die den Untersuchungen der Delphine standhielt.

Zum ersten Mal konnte ich Delphine gleichzeitig hören und sehen. Sie waren viel schneller und interagierten viel mehr mit uns, als ich erwartet hatte. Meine Ohren waren durch das jahrelange Abhören von Lillys Bändern vorbereitet, aber dies hier war, als würde plötzlich das Licht eingeschaltet: Ich war geblendet.

Die Kakophonie aus Pfeif- und Summtönen war vertraut und ließ sich leicht aufzeichnen. Notizen über das Verhalten der Delphine zu machen erwies sich indes als schwieriger. Kein Mensch kann so schnell schreiben, wie acht Delphine sich bewegen können. Schnappend, drehend und sich gegenseitig berührend, jagten sie an mir vorbei. Es war, als würde man versuchen, die Schläge eines Kolibriflügels zu dokumentieren.

Flüchtig wurde mir die ungeheure Größe der vor uns liegenden Aufgabe bewußt. John Lilly hatte nur zwei oder drei Delphine gleichzeitig aufgenommen. Verglichen mit jenen Tonbändern, klangen die hektischen Laute, die aus dieser Gruppe von acht erklangen wie städtischer Durchgangsverkehr. John Gale beruhigte mich. »Mach dir keine Sorgen, Alex«, sagte er. »Ich verlangsame sie später für dich.«

Die weitverbreitete Annahme, Delphine seien eigentlich sanftmütig, stimmt nur teilweise. Delphine sind Dreihundertfünfzig-Pfund-Torpedos, ausgestattet mit ineinandergreifenden, kegelförmigen Zähnen und einem Baseballschläger anstatt einer Nase. Sperrt man acht von ihnen in ein Becken von der Größe eines mittleren Swimmingpools, versagt ihre soziale Dynamik. Wenn ein Mensch in das Becken stieg, begegnete er oder sie als erstes einem gewaltigen Fleischberg, bekannt als Old Girl. Old Girl, ein pazifischer Großer Tümmler, war das dominante Weibchen, aber sie fügte sich Lindy und White Pec, zwei Alpha-Männchen, die nicht davor zurückscheuten, gewaltsam dafür zu sorgen, daß die anderen Delphine nicht aus der Reihe tanzten. Besonders brutal waren sie zu Zippy, einem uralten Delphin, der aussah, als hätte er einen Kampf mit einer Käsereibe verloren. Lindy oder White Pec schwamm hin und wieder zu Zippy hin, schlitzte ihn mit den Zähnen auf oder schubste ihn mit dem Körper gegen die Beckenwand. Wären die Delphine im offenen Meer geschwommen, hätte Zippy den Wink verstanden und sich aus eigenem Antrieb zurückgezogen, und vielleicht hätte er ein paar neue Freunde gefunden, um sich mit ihnen zusammenzutun. Aber in den Grenzen des Beckens blieb ihm nichts anderes übrig, als zu versuchen, den dominanten Burschen aus dem Weg zu gehen. Er tat mir leid.

Als ich zum ersten Mal in das Becken stieg, nahm das kalte Wasser mir den Atem. Ich trug einen kurzen Taucheranzug, Flossen und eine Maske. Lilly hatte mir geraten, eine Maske mit durchsichtigen Seiten zu tragen, um die Delphine im Auge zu behalten, die von hinten herankamen. Ich konnte seitlich nicht klar sehen, aber Bewegungen konnte ich ausmachen. Sobald ich mit dem Gesicht ins Wasser tauchte, war das einzige, was ich sehen konnte, das Auge von Old Girl, das, groß und braun, direkt neben mir schwebte und mich ansah. Ihre geschmeidige Tochter Angel, eine Mischung aus atlantischem und pazifischem Großen Tümmler, glitt zwischen uns. Ich begann mit wellenförmigen Schwimmbewegungen, so wie sie es taten, und die beiden kamen genau längsseits.

Als mein Selbstvertrauen stieg, begann ich zu tauchen und mich um die eigene Achse zu drehen. Dann fing der Spaß an. Pepe, der jüngste der Gruppe, schnappte sich mit seiner Rükkenfinne meine Achselhöhle und fing an, mich zu ziehen. Als er spürte, wie ich seine Finne packte, zerrte er mich kräftig durchs Wasser, das gegen meine Maske schäumte. Alles, was ich sehen konnte, waren Blasen – und dann prallte mein Gesicht gegen die Beckenwand.

»Au! Das tat weh.«

Mit vor Entzücken geweitetem Auge tauchte Pepe wieder an meiner Seite auf. Als er das nächste Mal meine Achselhöhle anstupste, packte ich mit einer Hand seine Finne und streckte die andere aus. Obwohl das Gefühl, als ich mit der Wand kollidierte, nicht viel besser war, wußte ich zumindest, was auf mich zukam. Mit den Delphinen zu schwimmen war das Gegenteil von Lillys Tanks für den sensorischen Entzug, aber merkwürdigerweise war meine Reaktion ähnlich. Nach jeder Sitzung konnte ich es nicht erwarten, wieder hineinzukommen. Irgendwann lernte ich, sowohl Pepes Rückenfinne als auch seine Brustflosse (Flipper) festzuhalten, so daß ich, wenn er kopfüber untertauchte, mit ihm tauchte und dadurch vermied, gegen die Beckenwand zu prallen. Seine erste Prüfung hatte ich bestanden. Als nächstes schleppte er mich auf den Grund und beäugte mich aufmerksam, um zu sehen, wie lange ich die Luft anhalten könnte. Hier imponierte ich dem jungen Delphin nicht im geringsten.

Schiere Körperkraft ist nicht das einzige Mittel eines Delphins, das ihm für Angriff und Verteidigung zu Gebote steht. Mehrere Monate nach Beginn der Studie gelang es den Delphinen eines Morgens, das gesamte Hydrophonkabel in das Bekken zu zerren. Ich zog einen Taucheranzug an und ging hinterher. Tim Desmond, einer der Delphintrainer, behielt mich im Auge, während ich tauchte. In dem Moment, als ich ins Wasser stieg, bildeten die Delphine eine so dichte Traube unter mir, daß ich den Beckenboden nicht sehen konnte. Ich verfluchte meine Dummheit. Das Becken war zehn Meter tief und hatte einen dunklen Boden, und das Kabel war schwarz.

Nachdem ich das Kabel in einem großen Knäuel über dem zentralen Beckenabfluß entdeckt hatte, atmete ich mehrere Male ein und aus, füllte meine Lunge und strampelte mit den Füßen kräftig Richtung Beckengrund. Gerade als ich mich dem Kabel näherte, begannen zwei der Delphine neben meinem Kopf zu brummen. Sie bombardierten mich im Sturzflug; sie sandten tatsächlich einen schmerzhaft lauten Ton aus, der direkt auf mich zielte. Da ich nicht die Absicht hatte, die Sache hier zweimal zu machen, trat ich heftig um mich, schnappte mir eine Kabelschleife und machte mich auf den Weg nach oben.

Als ich an die Oberfläche schwamm, stoben die Delphine auseinander. Tim schnappte sich das Kabel und half mir aus dem Becken. »*Was war das?!*« fragte ich. Für Tim war das Brummen nichts Neues. Er schätzte, daß die Delphine mich davon hatten abhalten wollen, das Hydrophon zurückzuholen, das sie als ihr neues Spielzeug betrachteten und als Köder, um Taucher in ihr Becken zu locken. Jahre später sollte diese Zufallsbegegnung mit der akustischen Kraft von Cetaceen mir einen großartigen Einblick in die Art und Weise verschaffen, wie Schwertwale ihre Beute ausfindig machen.

Das moderne Ozeanarium ging im Jahr 1938 aus einem gescheiterten Filmstudio hervor. Die Schöpfer der Marine Studios in St. Augustine, Florida – wo sich John Lilly in den 1950er Jahren zum ersten Mal mit dem Delphingehirn beschäftigte –, stellten sich ein geschäftiges Filmstudio voller Regisseure, Schauspieler und Wasser-Stuntmen vor. Die Idee war, Geld mit dem Verleih lebender Haie und Delphine als Stars von Tierspielfilmen und -dokumentationen zu verdienen;

wenn zufällig einige Touristen vorbeikämen und ein paar Dollar bezahlten, um den Ort zu sehen, um so besser. Die Filmidee wurde nie in die Tat umgesetzt, aber am Eröffnungstag strömten zwanzigtausend zahlende Besucher in den Park. Delphine waren ursprünglich nur eine von vielen Spezies, die gezeigt wurden, aber die Besitzer erkannten rasch, daß abgerichtete Cetaceen die Hauptattraktionen waren.

Während des Nachkriegsbooms der frühen 1950er Jahre erbauten die Besitzer der Marine Studios zur Unterhaltung der jüngst zu Wohlstand gekommenen und mobilen Familien der geburtenstarken Jahrgänge südlich von Los Angeles das Marineland of the Pacific. Als es 1954, ein Jahr vor Disneyland und zehn Jahre vor dem SeaWorld in San Diego, öffnete, war das Marineland of the Pacific einer der ersten modernen Themenparks in Südkalifornien. Touristen kamen, um die Fische in dem vierstöckigen 1,9 Millionen-Liter-Becken des Parks anzustarren, die Delphine in den Shows anzufeuern und möglichst nahe an Bubbles, den Indischen Grindwal, heranzukommen.

Um die Zeit, als ich ins Marineland kam, waren dessen ursprüngliche Eigentümer längst verschwunden und durch eine Fernsehgesellschaft ersetzt worden, die außerdem die Rechte an den Hanna-Barbera-Zeichentrickfiguren, wie Jogi Bär und Familie Feuerstein, besaß. Die neuen Besitzer hofften, eine gewisse Synergie zwischen ihren Cartoons und Marineland zu erzeugen, so daß der Park nach dem einjährigen Umbau mit kostümierten Jogi-Bär-Figuren wiedereröffnete, die um das Delphinbecken spazierten.

John, Renée und ich sammelten an den Wochenenden Daten, und ich versuchte während der Woche mit den unterschiedlichsten Kunstjobs finanziell über die Runden zu kommen. Wir erhielten eine Menge Material, aber ich war mir nicht im klaren über den nächsten Schritt. Das Problem mit dem Aufnehmen von acht Delphinen in einem Becken war, daß man nicht unterscheiden konnte, wer gerade Laute von sich gab. Ich konnte nie sicher sein, welcher Laut mit welchem Verhalten zusammenhing. Ich lag nächtelang wach und zerbrach mir den Kopf darüber, wie man unseren wachsenden Datenbestand organisieren könnte. Wäre ich von einem anderen Planeten gekommen und wollte aus der menschlichen Sprache schlau werden, wie würde ich es anstellen? Vielleicht würde ich meinen Versuchsobjekten überallhin folgen, jedes Verhalten zu jedem Laut aufschreiben und allmählich sinnvolle Muster herausziehen. Beugte eine Mutter sich herab, um ihr Kind zu küssen, könnte ich häufiger als jeden anderen Satz vermerken: »Gute Nacht, schlaf schön!« Die Nahrungsaufnahme könnte von einem »Guten Appetit« und einer von der Hand zum Mund führenden Geste begleitet sein. Irgendwann würde sich eine Beziehung zwischen bestimmten Lauten und Handlungen herauskristallisieren.

Zur Umsetzung dieser Ideen verzichtete ich auf Füller und Papier und holte mir ein Mikrophon. Gesprochene Notizen waren viel schneller. Zum Glück verfügte das Nakamichi über zwei Spuren. Ich schloß das Hydrophon an der einen und ein Mikrophon an der anderen an und fing an, Stimmnotizen auf Band zu sprechen, wie ein Sprecher, der ein Pferderennen ansagt: »Old Girl schlägt in der Beckenmitte mit der Fluke, tiefer Annäherungsversuch von Zip, halbes Springen von Lindy und White Pec, Spray und Merlin mischen kräftig mit, Angel und Pepe in entgegengesetzter Richtung, White Pec trifft Zec mit seiner Fluke, schneller Annäherungsversuch von Spray, Zip schnauft an der Oberfläche, Old Girl taucht ...«

Im Laufe der folgenden Monate besuchte ich die Marineland-Delphine an jedem Wochenende. Als ich ein paar Tonbänder voll hatte, fuhr ich zu John Gales Büro bei Magicam auf dem Gelände von Paramount Pictures, wo es stets von Technikern wimmelte, die die ganze Nacht durch an Modellraumschiffen für Science-fiction-Filme arbeiteten. John verlangsamte die Bänder auf halbe Geschwindigkeit, ein Tempo, bei dem ich den Unterschied zwischen einem Pfiff, der zweimal, und einem, der dreimal anschwoll und abnahm, hören konnte, eine Unterscheidung, die bei normaler Geschwindigkeit völlig verlorenging. Mit Hilfe eines großen elektronischen Pads zeichnete ich Kästen, die das optische Erscheinungsbild jedes Pfiffs in seinem frequenzmäßigen An- und Abschwellen enthielten. Wenn ich einen Pfiff abspielte, mußte ich bloß den Lichtstift berühren, um es in den Computer einzugeben. Die Arbeit ging sehr langsam voran, es war zum Verrücktwerden. Um einen ereignisreichen Zwei-Minuten-Abschnitt auf dem Band zu analysieren, brauchte man eine ganze Nacht. Jeder neue Laut mußte identifiziert und mit den bereits beschriebenen verglichen werden. Die Delphine sprachen ständig alle durcheinander, und jeder Delphin besaß die Fähigkeit, zwei Laute auf einmal von sich zu geben. Immer wieder mußte das Band mit halber Geschwindigkeit abgespielt werden, während ich versuchte, jeden Laut einzugeben. Anschließend übersetzte ich meine Stimmnotizen in einen Code, der in den Computer eingegeben werden konnte. Daß meine Tippkünste sich auf das Zwei-Finger-Suchsystem beschränkten, war keine große Hilfe.

Schließlich entwarfen John und ich auch für das Touchpad eine Dokumentvorlage zum Delphinverhalten. Wir entwickelten eine Syntax, die die Einträge verständlich machte: »Merlin stupst Spray mit seinem Rostrum [Schnabel oder Schnauze] in die Flanke.« Damit konnte ich zehnmal schneller arbeiten. Doch bald stieß ich auf ein grundlegenderes Problem: Die acht Delphine machten kaum jemals zu einem bestimmten Zeitpunkt das gleiche. Da ich nie erkennen konnte, welcher Delphin welchen Laut von sich gab, konnte ich nicht mit Sicherheit sagen, welches Verhalten einem bestimmten Laut entsprach. Ein Delphin fraß vielleicht gerade, während ein anderer seinem Beckenkumpel nachjagte und wieder ein anderer stillte: ein Laut, fünf Delphine, drei unterschiedliche Handlungen.

Nachdem dies ein paar Monate so gegangen war, stellte ich fest, daß meine Verzweiflung sich so hoch auftürmte wie mein Stapel Tonbänder. Die Delphine bewegten sich weiterhin schneller, als ich sprechen konnte, produzierten rascher Laute, als ich (selbst bei halber Geschwindigkeit) hören konnte, und kommunizierten in einem Frequenzspektrum miteinander, das weit über mein Hörvermögen hinausging. Nach einem Tag bei den Delphinen kehrte ich mit rasenden Kopfschmerzen, körperlich erschöpft und mutlos heim in mein Apartment.

Den beiden Schwertwalen im Marineland, Corky und Orky, schenkte ich nie viel Aufmerksamkeit. Sie wurden in einem Becken auf der anderen Seite des Parks gehalten, und jedesmal, wenn ich vorbeiging, machten sie, Seite an Seite an der Oberfläche liegend, einen reglosen Eindruck.

»Sie sehen langweilig aus«, sagte ich einmal zu einem Freund. »Sie machen nie irgend etwas.«

Mein Freund lächelte und sagte: »Denk nicht immer, daß du alles weißt, Alex. Vielleicht sind sie nicht so langweilig, wie du denkst.«

Zu dieser Zeit – 1978 – hatte ein Schwertwal nur zweimal in Gefangenschaft Nachwuchs zur Welt gebracht. In den frühen 1970er Jahren war ein in der Wildnis empfangenes Junges im Marine World Africa USA in der Nähe von San Francisco tot geboren worden. Um dieselbe Zeit hatte Corky vom Marineland ein Jungtier geboren, das nur ein paar Wochen später gestorben war.

Nach dem Verlust von Corkys erstem Jungen begann man im Marineland damit, monatlich ihr Blut auf Veränderungen im Progesteron(Gelbkörperhormon)spiegel zu testen. Mit Hilfe dieser Tests stellten die Veterinäre des Parks 1977 fest, daß Corky erneut trächtig war. Ich arbeitete damals gerade mit den Delphinen des Parks, und mir fiel ein, daß die Tonaufnahme von der Geburt eines Schwertwals ein nützlicher Beitrag zur wissenschaftlichen Literatur sein könnte. Ich bat das Personal, mich anzurufen, wenn es so aussah, als ob bei Corky die Wehen einsetzten. Am 3. September 1978 erhielt ich den Anruf und flitzte zum Park.

Das Schwertwal-Stadion ragte hoch über dem Rest des Parks auf. Das Becken von Corky und Orky war kleiner als das Becken für die Delphinvorführungen und lag mit seinen drei Etagen Unterwasserfenstern vollkommen über der Erde. Oberhalb des Beckens stieg eine sichelförmige, nicht überdachte blaue Zuschauertribüne an. Ich baute meine Ausrüstung in einem kleinen Fischerhüttenersatz auf, aus dem heraus die Waltrainer arbeiteten. Das Hydrophon ließ ich hinter einer an der Beckenwand befestigten Leiter hinabgleiten, um zu verhindern, daß die Wale sich in dem Kabel verhedderten. Die Delphine hatten das Gerät seinerzeit sofort attackiert, doch die Wale reagierten anders. Orky, das große Achteinhalb-Meter-Männchen, schwamm herüber zu dem Hydrophon, verharrte mit seinem linken Augapfel nur wenige Zentimeter vor dem Kabel und starrte es einfach zwanzig Minuten lang an. Seine Aufmerksamkeit und Geduld beeindruckten mich. Das Hydrophon war nichts weiter als ein schwarzes Kabel mit einem leichten Wulst am Ende. Daß ein Wal so viel Zeit darauf verwenden konnte, ein so einfaches Gebilde anzustarren, war mein erster Hinweis auf die gewaltigen Unterschiede zwischen den beiden Cetaceen-Spezies.

Wale, Delphine und Schweinswale spalteten sich während des Paleozäns (vor ca. 57–67 Millionen Jahren) von der Gruppe der sogenannten Huftiere ab und kehrten vor 50 Millionen Jahren in ihre aquatische Umwelt zurück. Unsere plausibelste Vermutung lautet, daß sie ins Wasser zurückgingen, um sich reiche Nahrungsressourcen zu erschließen und dem harten Kampf an Land zu entkommen. Sobald sie zurück in den Meeren waren, paßte ihr Körper sich den neuen Lebensverhältnissen an. Ihre Nasenlöcher wanderten an die Oberseite des Schädels, so daß sie elegant an der Wasseroberfläche dahinziehen und atmen konnten, ohne den Kopf zu heben. Ihre Hände – die mit sämtlichen Knochen, wie wir sie in unseren Armen haben, noch vorhanden sind – wurden in ein paddelähnliches Gebilde eingeschlossen, das wir heute als Flipper bezeichnen. Ihre Beine verkümmerten gänzlich.

Die Cetaceen spalteten sich bald in zwei Typen auf: Mystacoceti (Bartenwale) und Odontoceti (Zahnwale). Zur letzteren Unterordnung gehören Pottwale, Schnabelwale, sämtliche Delphine und der Kleine Tümmler (Schweinswal). Der biologische Hauptunterschied zwischen einem Schweinswal und einem Delphin ist die Form der Zähne. Ein Schweinswal hat spatenförmige, abgeflachte Zähne, wohingegen ein Delphin kegelförmige, ineinandergreifende Zähne besitzt. Am leichtesten auseinanderhalten kann man sie an der geringeren Größe und der stumpfen Schnauze des Schweinswals. Die meisten Delphine haben ein stärker ausgeprägtes Rostrum.*

Cetaceen-Namen können schrecklich verwirrend sein. Der »Northern und Southern Rightwhale Dolphin« (Nördlicher und Südlicher Glattdelphin) ist überhaupt kein Wal, sondern ein Delphin. Der Kleine Pottwal (»Owen's Pygmy Sperm Whale«) ist kein Pottwal. Und der Schwertwal ist in Wirklichkeit das größte Mitglied der Familie der Delphiniden.

Obwohl Schwertwale Delphine sind, nehmen sie einen völlig anderen Platz in der Nahrungskette ein. Orcas sind die einzigen Delphine, von denen man weiß, daß sie Delphine, Wale und Schweinswale fressen. Sie rangieren an der obersten Spitze der aquatischen Nahrungskette: Ein Orca macht auch vor einem Hai nicht halt. Dieser erhabene Hochsitz in der Hierarchie scheint dafür zu sorgen, daß Orcas sehr viel selbstbewußter und weit weniger nervös sind als ihre kleineren Vettern. Ich habe mich oft gefragt, ob Orcas überhaupt so etwas wie Furcht empfinden.

Corky hatte im Abstand von mehreren Stunden Wehen. Der Wal schwamm mit heftig zu einem C verbogenem Körper an die Oberfläche. Von Corkys bebenden Flanken aus kräuselte sich das Wasser quer durch das Becken. Ich blieb fünf Tage im

* Grundsätzlich werden bei den Meeresdelphinen zwei Gruppen unterschieden: Arten mit vorstehender Schnauze und Arten ohne vorstehende Schnauze; siehe dazu: Mark Carwardine: *Wale und Delphine*, Stuttgart 1996, S. 29 (Erlebte Unterwasserwelt).

Park; meinen Schlafsack hatte ich in einer Ecke der Trainerhütte verstaut. Tom Otten schien froh zu sein, daß er jemanden hatte, der sich freiwillig erbot, seine Nächte damit zu verbringen, den Wal zu beobachten. Am fünften Morgen waren die Wehen stärker und kamen schneller; weniger als eine Stunde waren sie jetzt auseinander. Um 4 Uhr 30 morgens rief ich Otten an, und er traf rechtzeitig ein, um zu erleben, wie Corky einschlief. Die Wehen hörten auf. Es waren eine Art Scheinwehen gewesen. Ich war niedergeschlagen.

Ich packte meine Ausrüstung zusammen. Doch bevor ich ging, hinterließ ich überall meine Telefonnummer und bat die Mitarbeiter, mich wieder anzurufen, wenn es so aussah, als stünde die Geburt bevor.

Der zweite Anruf erfolgte ein paar Wochen später, am Abend von Halloween. Als ich, außer Atem und mit meiner Ausrüstung bepackt, im Park ankam, war die Geburt vorbei. Mit schlaffen und unkoordinierten Bewegungen und noch zur Seite gebogener Rückenfinne schwamm Corkys Tochter neben ihrer Mutter her. Corky bugsierte das Junge ständig von der Wand weg. Das kleine Becken zwang die Wale, in engen Kreisen zu schwimmen, etwas, das die Fähigkeit des Neugeborenen überstieg, also verfolgte ich, wie Corky das Junge von den Betongrenzen ihrer Welt wegschubste. Zufällig bekam ich mit, wie Tom, Brad und der Veterinär des Parks, Jay Sweeney, sich unterhielten.

»Hier fangen die Probleme an«, murmelte Tom. »Jedesmal wenn das Kalb in die Nähe der verflixten Wand kommt, hat es Corkys Schnauze vor sich.«

»Ich sehe es«, sagte Jay, »aber wir sollten jetzt sofort noch nicht hineingehen. Geben wir den beiden eine Chance, allein dahinterzukommen.«

»Du hast recht«, sagte Tom. »Wir lassen ihr zwei Tage.« Er klang nicht zuversichtlich.

Ich fand Tish, einen der Trainer, und fragte ihn, was das Problem sei.

»Siehst du, wie Corky das Junge von der Wand fernhält,

indem sie den weißen Fleck hinter ihrem Auge vor die Schnauze des Kalbes schiebt?« fragte Tish. »Wir glauben allmählich, daß genau dies das Kalb daran hindert, die richtige Stelle zum Trinken zu finden.«

Leise ließ ich das Hydrophon in das Walbecken hinab und setzte den Kopfhörer auf. Die Wale sprachen. Ihre Rufe waren so melodisch und überaus schön, daß es schwer war, zu glauben, daß irgend etwas nicht stimmte. Mein Kopf füllte sich mit langen, schleppenden, getragenen Tönen, die immer wieder von metallischen Crescendos unterbrochen wurden. Selbst angesichts des plötzlichen Auftauchens eines neuen Jungtiers waren die Stimmen der Wale ruhig und überlagerten sich niemals. Mir wurde klar, daß ich, würde ich statt mit Delphinen mit Schwertwalen arbeiten, ihre Stimmen nicht verlangsamen müßte.

»Corky war noch ein Jungtier, als sie gefangen wurde«, sagte einer der Trainer. »Vielleicht wurde sie ihrer Mutter zu jung weggenommen, um schon gelernt zu haben, wie man ein Neugeborenes nährt.«

Daran hatte ich nicht gedacht. Die Intelligenz des Walverstandes arbeitete gegen diese Mutter mit ihrer Tochter. Säuger mit kleineren Gehirnen verlassen sich viel stärker auf den Instinkt. Eine Spitzmausmutter hätte sich nicht in der mißlichen Lage gesehen, nicht zu wissen, wie sie ihr eigenes Junges nähren soll.

»Sollen wir schwarze Schuhcreme auf Corkys Augenfleck reiben?« schlug jemand vor.

»Nein«, sagte Tom Otten. »Es ist zu spät, und es wäre ein zu starker Eingriff.«

Im Hintergrund probierten aufgeregte Public-Relations-Mitarbeiter Namen für den kleinen, am Halloweenabend geborenen Wal aus. »Spooky«, schlug einer vor. »Wie wär's mit Goblin oder Devil?«

Zwei Tage später entschied Jay Sweeney, das Junge mit der Flasche zu füttern, bevor es verhungerte. Tom, Brad und Cheftrainer Tim Desmond ließen sich mit Seilen um die Taille in das

Becken hinab. Andere Trainer hielten die Leinen fest, bereit, die drei jederzeit herauszuziehen. Selbst mit den Seilen ließen die Männer sich auf eine potentiell lebensgefährliche Aktion ein. Jede Annäherung an ein Tier mit einem Neugeborenen ist ein riskantes Unterfangen; die leiseste Andeutung, man wolle dem Nachwuchs etwas Böses, kann eine heftige Attacke auslösen. Wir alle kennen die Warnung, nicht zwischen eine Bärenmutter und ihre Jungen zu geraten. Die drei Männer waren im Grunde dabei, zwischen einen mächtigen Wal-Grizzly und sein ausgehungertes Junges zu geraten. Auch unabsichtlich konnte Corky einen der Männer zermalmen, wenn sie herumwirbelte, um sich so nahe wie möglich neben ihrem Jungen zu plazieren. Niemand hätte eine Chance, rechtzeitig an dem Sicherheitsseil zu ziehen. Obwohl Corky und Orky gut ausgebildet waren, waren sie keine Haustiere. Noch einige Monate vor der Geburt waren die Waltrainer bei der zweimal täglich stattfindenden Show auf Corky und Orky geritten. Dann war Orky während einer Trainingssitzung rebellisch geworden und hatte sich geweigert, eine Trainerin namens Jill Straton zu tragen, die die Verlobte von Tom Otten war. Als die Sitzung ausartete, tauchte Orky ab und ließ seine Passagierin an der Wasseroberfläche schwimmen. Mit diesem leichten Verstoß noch nicht zufrieden, kam der Wal neben Jill wieder an die Oberfläche, klemmte sie sich unters Kinn und zog die Frau unter Wasser. Da es nichts gab, wonach sie greifen konnte, gelang es Jill nicht, unter der glatten Kehle des Wals hervorzukommen. Tom erreichte das Becken, als Jill gerade das Bewußtsein verlor. Ohne auf die Tatsache Rücksicht zu nehmen, daß er in ein Becken mit Walen sprang, die dabei waren, einen Menschen zu töten, hechtete Tom mit einem Kopfsprung ins Wasser und zog Jill an die Oberfläche. Erstaunlicherweise tauchte Orky auf und stieg gerade so weit hoch, daß Tom eine Plattform hatte, auf der er stehen konnte, während er sich mit dem reglosen Körper seiner geliebten Verlobten abmühte. Dies verkürzte Jills Zeit im Wasser und half, ihr Leben zu retten. Ein paar Sekunden später wurde sie mittels

CPR* wiederbelebt und kam ohne große nachteilige Folgen wieder zu Bewußtsein. Im Park war man weithin der Auffassung, daß der Wal nicht die Absicht gehabt habe, Jill zu töten, sondern einfach keine Ahnung hatte, daß ein Mensch die Luft nicht so lange anhalten konnte wie ein Wal. Trotzdem war dies das Ende des Walreitens im Marineland.

Die Zwangsfütterung von Corkys Neugeborenem war seit damals das erste Mal, daß Menschen wieder zu den Walen ins Wasser stiegen. Wie durch ein Wunder akzeptierten beide Orcas die Hilfe der Männer. Orky ließ sich unter die Männer treiben und verschaffte ihnen eine Plattform, auf der sie stehen konnten, so wie er es für Tom Otten getan hatte. Corky schwamm neben ihrem Jungen her, während die Männer es bändigten, ihm eine weiche Plastikflasche in den Hals schoben und eine Mischung aus Milch, Grundfisch** und Vitaminen verabreichten. Niemand wußte, wie man ein Walrezept mischte, aber sie rieten einfach auf Grundlage dessen, was anderen Meeressäuger-Jungen in anderen Parks gegeben worden war.

Am 7. November erhielt ich einen Anruf vom Marineland. »Wir werden das Jungtier herausnehmen«, erzählte mir ein Mitarbeiter. Sie wollten es in ein anderes Becken verfrachten, wo sie es leichter mit der Flasche füttern konnten. Das Kalb sehe dünn aus.

Ich kam rechtzeitig nach Sonnenuntergang, als der Park geschlossen war, um die Verlegung zu dokumentieren. Dies war keine öffentliche Veranstaltung. Der Ausleger eines Krans schwenkte über das Becken und transportierte das Jungtier in einer Schlinge. Am einen Ende guckte seine kleine, stumpfe Schnauze heraus, am anderen die Spitzen seiner Fluke. Das kleine Neugeborene schrie mit krächzender Stimme. Corky zog besorgt Kreise. Als die Stimme des Jungtiers das Wasser verließ und an die Luft kam, warf die Mutter ihren gewaltigen

* *cardiopulmonary resusciation;* Herz-/Lungen-Wiederbelebung.

** Am Meeresboden lebende Fische, beispielsweise Plattfische oder Welse.

Körper immer wieder gegen die Beckenwände und brachte damit das ganze Stadion zum Erzittern. Ich brach in Tränen aus. Etwa eine Stunde lang malträtierte Corky ihren Körper. Obwohl das Ganze ein Ausdruck von Wut zu sein schien, stieg sie niemals hoch, um einem der Leute, die in der Nähe des Beckenrands arbeiteten, einen Schlag zu versetzen.

Das Junge wurde zusammen mit dem Delphin Old Girl in ein flaches Becken gesetzt. Erschrocken über das riesige, jammernde Kalb, hielt Old Girl Abstand. Sämtliche Marineland-Mitarbeiter, vom Direktor bis zu den Sekretärinnen, »führten« das Kalb vierundzwanzig Stunden täglich abwechselnd in dem seichten Wasser herum. Solange es mit irgend jemandem in Körperkontakt war, hörte es auf zu schreien.

Als alle das Schwertwal-Stadion verlassen hatten und das Flutlicht ausging, rollte ich meinen Schlafsack auseinander, setzte meinen Kopfhörer auf und ließ mich im Schneidersitz nieder. Ich mußte diese Sache zu Ende bringen. Die Walmutter begann zu rufen.

Ich hatte beim Aufnehmen von Corkys Scheinwehen ein paar Orca-Rufe gelernt, aber der Laut, den Corky in der Nacht wiederholte, als sie ihr Junges verlor, war mir neu. Dies hier war keine süße an- und abschwellende Leier. Dies hier klang durchdringend, guttural und eindringlich, wie ein Hund, der am Ende einer Kette jaulte. Nach jedem Luftholen kehrte Corky auf den Grund des Beckens zurück. Während ihre feingeschwungene Schnauze den Zementboden streifte, nahm sie ihr Klagelied wieder auf. Jede Faser ihres Seins bettelte um die sanfte Berührung ihres neugeborenen Nachwuchses. Orky kreiste langsam über ihr, wobei sein mondheller Schatten die klagende Mutter verdunkelte. Gelegentlich antwortete er ihr mit der Stakkato-Erwiderung von Gewehrschüssen in einem alten Western. Das Walstadion blieb geschlossen. Ich blieb bei den Orcas und lauschte ihrer kummervollen Wache, die sich über weitere drei Tage und Nächte hinzog. Während die Stunden verstrichen, wurden Corkys Rufe heiser, und allmählich spürte ich die Trauer, als wäre es meine eigene.

Als die dritte Nacht in den Tag überging, hellte der kalifornische Himmel sich mit zart-rosafarbenen Streifen auf. Noch einmal ertönte Orkys kurzer, scharfer Ruf, aber diesmal hüllte Corky sich in Schweigen. Mit einem mächtigen Abwärtshub stieß sie sich vom Grund des Beckens ab, um ihre Lunge zu füllen, dann antwortete sie ihrem Gefährten mit demselben schallenden *pituuuuuuuuuu*. Orky wirbelte neben sie und erwiderte den Ruf in gleicher Weise. Die beiden Wale bewegten sich im perfekten Gleichklang. Ihre Blaslöcher öffneten sich im selben Moment, ihre Rückenfinnen durchbrachen gleichzeitig die Wasseroberfläche, und ihre Rufe erklangen nacheinander durch die Morgendämmerung. Als die Trainer eintrafen, akzeptierte Corky die erste Nahrung, seit sie ihr Junges verloren hatte. Nach drei Tagen und Nächten der Totenklage war sie zurück ins Leben gelockt worden.

Völlig erschöpft und für immer verändert schritt ich die Stufen des Stadions hinunter. Ich wollte irgend jemanden fragen: »Bin ich tatsächlich soeben Zeugin von Kummer, Trauer und Heilung zwischen zwei Walen geworden?« Mein Herz kannte die Antwort. Ohne es zu wissen, hatte ich das grundlegende Prinzip der Orca-Gesellschaft beobachtet: die familiäre Bindung. Nichts, nicht einmal das Leben selbst, gilt diesen Säugern mehr. Bei einem bestimmten Laut wußte ich sogar, was er für einen Wal bedeutete – Kummer. Meine Zeit mit den Delphinen war nun zu Ende. Es war an der Zeit, die Welt der Orcas zu betreten.

Gegen Ende dieser Woche sprach ich Tom wegen einer Verlagerung meiner Forschungen von Delphinen auf Schwertwale an. Er war begeistert von der Idee. Tom, Brad und Jay dachten, Corky würde wieder schwanger werden, und in meiner Forschungsarbeit sahen sie eine Chance, eine solide Grundlage, bestehend aus den Lauten ausgewachsener Orcas, zu schaffen. Wenn das nächste Mal ein Jungtier geboren würde, wären wir in der Lage, die Rufe des Neugeborenen von denen seiner Eltern zu unterscheiden. Ich dachte, es könnte darüber hinaus faszinierend sein, ein Waljunges dabei zu studieren, wie es seine eigene Sprache erlernte.

In den ersten Jahren der ursprünglichen Marine Studios in Florida starben viele Haie und Delphine, weil niemand auch nur die leiseste Ahnung von ihrer Biologie hatte. Einmal fingen die dortigen Direktoren einen Manta, ein Tier, das sich in erster Linie von Plankton ernährt. Sie versuchten den Rochen mit Meeräschen zu füttern, und er verhungerte. Ebenso wie die Wissenschaft von den Meeressäugern steckte auch das Wissen, wie man sie am Leben erhält, noch in den Kinderschuhen.

Nach dem Verlust ihres zweiten Jungen hatte Corky angefangen, vor dem Fenster zu dem Raum zu liegen, wo die Ware für den Geschenkartikelladen gelagert wurde. Stundenlang ruhte Corky neben winzigen Plüsch-Orcas, die sich hinter dem Fenster stapelten. Wir waren uns niemals sicher, ob die flaumigen Stofftiere sie an ihr Junges erinnerten, oder ob sie dachte, eines von ihnen sei tatsächlich ihr gestohlenes Junges.

Die Marineland-Mitarbeiter bemerkten Corkys Interesse und versuchten es nutzen, um ihr nächstes Junges am Leben zu erhalten. Als Corky ein paar Monate später wieder schwanger wurde, formten die Trainer das Modell eines Jungtieres und fingen an, Corky beizubringen, sich auf die Seite zu rollen und ihre Milchdrüsen der Schnauze des kleinen Wals darzubieten. Das Stillen eines Wals geschieht nicht so instinktiv, wie man meinen könnte. Wenn eine Primatenmutter ihr Neugeborenes aufhebt, drückt sie das Junge instinktiv nahe an die Milch in ihren Brüsten. Selbst bei einer unerfahrenen Mutter hat das Junge eine gute Chance, die Milch zu riechen und die Nahrung durch ein wenig Wühlen ausfindig zu machen. Neugeborene Wale müssen die Milchdrüsen ihrer Mütter finden, während beide schwimmen, und der Sitz der Drüsen, im Innern von zwei Falten zu beiden Seiten des Genitalschlitzes, kann schwer zu finden sein. In der Woche, als das Halloween-Junge bei Corky war, hatten wir gesehen, wie es sich auf einen bestimmten weißen Fleck am Kopf seiner Mutter, hinter dem Auge, fixierte. Wir glaubten daraufhin, daß neugeborene Orcas durch ihren Instinkt auf eine weiße Stelle hingelenkt werden, genau wie eine junge Möwe nach der roten Stelle auf dem Schnabel der Mutter pickt. Doch weil Corky ständig ihren Kopf benutzen mußte, um das Junge von dem runden Beckenrand wegzuschubsen, hatte das Neugeborene sich auf die falsche weiße Stelle fixiert – die hinter Corkys Auge statt auf den Fleck unterhalb ihrer Schwanzwurzel, der den Sitz der Milchdrüsen markiert. Ich erinnere mich, daß ich verfolgte, wie das Junge sich an den weißen Augenfleck seiner Mutter kuschelte und dann, als es Corkys Mundwinkel fand, versuchte, dort zu saugen. Und deshalb hatte man erwogen, Corkys Augenfleck mit Schuhcreme einzureiben.

Ein Teil des Problems lag in der außerordentlichen Hydrodynamik eines Schwertwalkörpers. Die Oberfläche eines Orca zeigt eine sogenannte Laminarströmung, was bedeutet, daß der Wal zwar durchs Wasser gleitet, dabei aber kaum ein Kräuseln verursacht. In Wirklichkeit fließt das Wasser durch die oberste Schicht der Walhaut hindurch. Während der Wal schwimmt – was er sein ganzes Leben lang fast ohne Unterbrechung tut –, stößt er diese Schicht ab und läßt in seinem Kielwasser einen dünnen Film aus äußeren Zellen zurück. Die Haut eines Orca ist so glatt wie ein Wasserball, lediglich hier und da unterbrochen von ein paar groben Stellen. Bei diesem groben Material handelt es sich um Verdickungen abgestreifter Hautzellen. Um sie abzubekommen, lieben Wale es, sich kräftig zu reiben. Um zu verhindern, daß an irgendeinem Teil ihres Körpers Wasser haften bleibt, haben Wale im Laufe ihrer Evolution eine unglaublich glatte Haut entwickelt. Je weniger Unebenheiten eine Walhaut aufweist, desto weniger Kraft braucht ein Wal, um im Wasser voranzukommen. Die äußeren Ohren, Haare und Finger des Wals sind über Jahrtausende der Evolution verschwunden, ebenso wie alles andere, wodurch Wasser sich kräuselt und Wirbel verstärkt werden. Die Brustwarzen eines Cetaceen-Weibchens sind von Natur aus in Taschen versteckt, um die hydrodynamische Strömung zu maximieren.

Für den Stillvorgang muß das Weibchen sie zum Vorschein bringen und dem Kalb darbieten, das sich – ohne den Vorteil beweglicher Lippen – an sie hängen muß, indem es die Zunge einrollt. Das Ganze ist ein recht komplexer Vorgang.

Kein noch so intensives Training konnte Corky dazu bewegen, ihre Zitzen zu entblößen, aber Trainer und Pfleger taten alles in ihren Kräften Stehende, sie darauf vorzubereiten. Da sie wußten, daß Corky nicht den Blick von ihrem Neugeborenen abwenden würde, um ein menschliches Handzeichen zu empfangen, dressierte man sie darauf, dem Modelljungtier ihre – verborgenen – Milchdrüsen auf ein besonderes akustisches Unterwasser-Signal hin darzubieten.

Heute wissen wir, daß Schwertwale eine lange, sechzehnmonatige Tragezeit haben. Doch in den späten 1970er Jahren hatten wir keine Ahnung, wie lange es dauern würde, bis Corky gebar. Jay Sweeney hatte erst kürzlich, bei Corkys erstem Kalb, herausgefunden, wie man den Bluttest eines Orca auf Anzeichen einer Schwangerschaft hin interpretierte. Da ein Wal keine Beckenstruktur besitzt, ist ein heranwachsender Fötus nicht, wie bei Primaten und Huftieren, zwischen Lunge und Becken eingesperrt. Es gibt keine sichtbare Wölbung.

Um vor der nächsten Geburt Basisdaten über die ausgewachsenen Wale zu sammeln, fing ich an, Orky und Corky einmal im Monat zwölf Stunden hintereinander zu beobachten, abwechselnd von 6 Uhr morgens bis 18 Uhr abends und von 18 Uhr abends bis 6 Uhr morgens. Bei den Nachtschichten leisteten mir oft Renée Prince und John Gale Gesellschaft: Wir schoben dann unsere Schaumstoffmatten und Schlafsäcke dicht an den Rand des Walbeckens.

Die nächtlichen Sitzungen enthüllten Ereignisse, die so bizarr waren, daß ich mir sicher war, niemand würde glauben, sie hätten sich tatsächlich zugetragen. Es war, als würde man versuchen, zu beweisen, daß der blaue Frosch echt war. Diesmal jedoch war ich besser vorbereitet. Während die Sonne unterging, machten die Wale es sich für eine lange Nacht bequem, indem sie Seite an Seite dahintrieben. Dieses Dahintreiben ist ein in Gefangenschaft erlerntes Verhalten. Wale in freier Wildbahn lassen sich selten treiben; sie bewegen sich auch, wenn sie schlafen, wobei sie zu einem rhythmischen Atemmuster von vier bis fünf kurzen (weniger als 30 Sekunden) Tauchgängen, gefolgt von einem langen, drei- bis fünfminütigen Tauchgang, überwechseln. Das Becken im Marineland war zu klein, um im Schlaf zu steuern, also mußten die Wale lernen, sich mittels winziger Ruderbewegungen treiben zu lassen. Das hypnotische Geräusch fließenden Wassers und die Seufzer der Wale sorgten häufig dafür, daß ich mit aufgesetztem Kopfhörer einschlief. Wenn der Himmel sich beim ersten Anflug des Morgengrauens aufhellte, rissen die Wale mich mit ihren Rufen aus dem Schlaf. Schwertwale gehören zu den lautesten Meeresgeschöpfen; um meine Ohren zu schützen, mußte ich darauf achten, die Lautstärke leise zu stellen.

Da das Wal-Stadion so angelegt worden war, daß man einen atemberaubenden Blick Richtung Westen auf den Ozean hatte, fungierten die Tribünen jeden Morgen bei Sonnenaufgang als gewaltige, schattenspendende Mauer. Es konnte mehr als eine Stunde dauern, bis die aufgehende Sonne endlich über der höchsten Stelle des Stadions erstrahlte. Während dieser Zeit spritzten die Wale Wasser auf eine bestimmte Stelle auf der Beckenmauer, direkt in Wasserhöhe. Sie leckten diese Stelle mit ihren dicken, rosafarbenen Zungen und streckten unmittelbar daneben ihre Köpfe senkrecht aus dem Wasser, um sich umzuschauen (»spyhopping«). Als die Sonne schließlich über dem Stadionrand erschien, krochen die ersten Lichtstrahlen den Beckenrand hinab und berührten das Wasser exakt an der Stelle, welche die Wale markiert hatten.

Niemand, dachte ich, würde mir glauben. Hatte ich es hier mit einer Art von Ritual zu tun?

Als Antwort auf die Drehung der Erde verlagerte sich die Stelle im Laufe der Monate, aber die Wale wußten einfach immer, wo der erste Lichtstrahl auf das Wasser treffen würde. Sobald die Sonne das Wasser berührte, wurde Corky aktiv.

Orky hingegen war ein rechter Morgenmuffel. Während er versuchte, noch ein paar letzte Sekunden Schlaf zu erwischen, fuhr Corky mit der Spitze ihrer Flipper von der Spitze seines Kiefers an seinem Bauch hinab und über seinen Genitalschlitz. Falls dies noch nicht zu einer sofortigen Wölbung in der glatten Tasche führte, die seinen Penis beherbergte, ließ Corky sich weitere Tricks einfallen. Sie schwamm unter ihn und schob ihn in die Luft, wie ein Gabelstapler, der einen zusammengerollten Teppich aufhebt. Wenn ihr Gefährte davon immer noch nicht wach wurde, durchquerte sie das Becken, schoß anschließend auf ihn zu und rammte ihn mit dem Kopf. Sein Körper erbebte bei dem Aufprall. Die Hoffnung auf mehr Schlaf war dahin.

Was Corky wollte, war Geschlechtsverkehr, und Geschlechtsverkehr bei Walen ist eine turbulente Angelegenheit. Wasser schäumte aus dem Becken, während die beiden sich umschlangen, in die Höhe schraubten und über die gesamte Länge ihrer Körper berührten. Der eigentliche Akt der Paarung war bloß eine schnelle Bauch-an-Bauch-Bewegung, aber das Vorspiel dauerte ganz schön lange. Corkys Genitalbereich glühte rötlich vor Erregung. Ich habe nie erlebt, daß Orky beim Sex die Initiative ergriff, aber wenn er stimuliert wurde, war seine sexuelle Erregung unmöglich zu übersehen. Sein ein Meter langer, leuchtend rosafarbener Penis sprang jedesmal aus seiner Tasche und suchte die Wärme von Corkys Körper. Was wirklich sonderbar war, daß Orky, sobald Corky schwanger wurde, es vermied, sich tatsächlich mit ihr zu paaren, und statt dessen den gewaltigen Wasserdüsen am Beckenboden zustrebte. Wußte er durch Echoortung an ihrem Körper oder durch die Geschmacksspuren von Hormonen in dem Wasser des Beckens, daß sie schwanger war? Ich weiß es nicht. Aber es machte Corky rasend.

Orky und Corky erfanden für ihr Leben gern komplizierte, aufeinander abgestimmte Nummern. Zu einer gehörte es, mit der Beckenwand zusammenzustoßen, den Buckel zu krümmen wie ein Windhund und sich gemeinsam in einer Gleitbewegung mit den Schwänzen abzustoßen. Bei einer anderen lagen sie schmusend Seite an Seite, während ihre Fluken auf der Trainingsplattform ruhten und die rechten Flipper hoch in die Luft gestreckt waren. Monatelang arbeiteten sie an der Vervollkommnung dieser Esther-Williams-Nummer. Es konnte passieren, daß der eine am Ende der falschen Richtung zugewandt war oder der andere seinen Schwanz zu nahe an den Rand bewegte und abrutschte. Offensichtlich verständigten sie sich miteinander über das, was sie taten. Aber wie? Wer hatte die Einfälle? Kommunizierten sie stimmlich oder durch »Vorturnen«?

Als ich zum ersten Mal über die Synchronisation und das Bespritzen der Mauer bei Tagesanbruch berichtete, waren die Waltrainer skeptisch. Ich sei jung, naiv und schmückte die Sache sicherlich aus. Nach Ansicht der Trainer übertrafen diese morgendlichen Darbietungen die Komplexität sämtlicher Verhaltensweisen, zu denen sie die Wale bewegen konnten. Es muß ein wenig ärgerlich gewesen sein, zu erfahren, daß die Wale ihre besten Kunststücke für sich selbst aufhoben.

Diesmal war ich entschlossen, das Blaufrosch-Syndrom mit Beweisen zu bekämpfen. Ich fing an, aus jedem möglichen Blickwinkel Fotos zu machen. Da waren sie, zwei Seite an Seite liegende Wale bei ihrem seltsamen Morgengruß. Da war Corky, wie sie die Stelle leckte, und ein paar Minuten später war da der Lichtstrahl. Ich hatte meine Lektion gelernt: Beweise, Beweise, Beweise.

Die Orcas gaben sich nicht damit zufrieden, immer wieder nur eine Nummer aufzuführen. Sobald sie sie perfektioniert hatten, hörten sie auf und begannen bald mit der Arbeit an einer neuen Produktion. Um die Nummern selbst ging es fast gar nicht; das Vergnügen erwuchs, so schien es, aus der gemeinsamen Erschaffung und Vervollkommnung. Die Beobachtung von Tieren ähnelt ein wenig dem Graben nach Bodenschätzen. Wenn man ein Verhalten zum ersten Mal erlebt, kann man nie wissen, ob es verschwinden oder sich zu einer Mutterader entwickeln wird. Wie sich herausstellte, war der Vorgang der Synchronizität eine Mutterader – ein weiteres grundlegendes Prinzip der Orca-Gesellschaft. Das Verhalten selbst schien für diese Wale zweitrangig zu sein; worauf es ankam, war, es exakt zur selben Zeit mit jemand anderem zu praktizieren.

Während meiner Zeit im Marineland beschlich mich ein wachsendes Unbehagen angesichts der eingesperrten Delphine und Wale. Ich kannte John Lillys Argumente gegen diese Praxis, hatte mich aber gefragt, ob wir die goldene Regel* wirklich auf ein Tier anwenden sollten. Lilly hatte einmal gesagt, daß man einen Ort, an dem man zwar freie Verpflegung und medizinische Versorgung erhalte, an dem man aber eingesperrt sei, »ein Gefängnis« nenne. Obwohl sein Kommentar mir Gewissensbisse verursachte, fand ich Lilly ein wenig unaufrichtig. Für ihn war es leicht, die Praxis zu verdammen, Jahre nachdem er von seinen eigenen in Gefangenschaft gehaltenen Säugern die Daten bekommen hatte, die er brauchte.

Die Folgen des Eingesperrtseins konnte ich aus erster Hand erleben, und ich wußte, daß ich zur Komplizin (und Nutznießerin) der Praxis geworden war. Ich konnte nicht anders, aber mir taten die Delphine leid, die – bloß ein paar hundert Meter von ihrer wilden pazifischen Heimat entfernt – dazu verurteilt waren, in einer zementierten Welt ihre Runden zu drehen. Besonders Corky, das Schwertwal-Weibchen, brauchte Platz. Corky war eine Reisende und brachte Stunden damit zu, unablässig im Becken des Wal-Stadions ihre Kreise zu ziehen. Mit dem pumpenden Auf und Ab ihrer Fluke erzeugte sie eine Dünung und ritt auf ihrer eigenen Welle. Während ich ihr zusah, wie sie stundenlang kreiste, fragte ich mich, ob ihr Körper sich nach den großen Entfernungen sehnte, die der Rest ihrer Familie zurücklegte. Sowohl Corky als auch Orky waren in

* Ethisches Grundprinzip nach Matt 7,12: »Alles nun, was ihr wollt, daß euch die Leute tun sollen, das tut ihnen auch!« und Lk 6,31: »Und wie ihr wollt, daß euch die Leute tun sollen, so tut ihnen auch!«

den späten 1960er Jahren in British Columbia gefangen worden. Wie gut, fragte ich mich, erinnerten sie sich noch an diese heimischen Gewässer? Hätten Corkys Junge gelebt, wenn ihre eigene Mutter an ihrer Seite gewesen wäre? Es gab keinen Grund, das zu bezweifeln.

Als eines der stärksten Argumente für die Gefangenschaft von Meeressäugern verweisen Verteidiger der Ozeanarien oft auf ihre Bedeutung für die Kinder. »Schauen Sie, was wir den Kindern alles über sie beibringen können«, heißt es. Als jemand, der miterlebt hat, wie die Kinder die Wale wahrnahmen, muß ich widersprechen. Corky oder Orky wählten hin und wieder ein Kind aus, dem sie durch das Becken folgten, dieses Kind war begeistert, das komische Spiel des gewaltigen Wals mitzumachen. Öfter jedoch wurde ich Zeugin einer anderen Form von Interaktion. Manche Kinder hänselten die Wale und warfen Popcorn nach ihren Blaslöchern. Wenn die Orcas ihre Kommandos zu springen ignorierten, nannten die Kinder sie blöd. Sie stritten darüber, ob die Wale echt seien. »Mensch, die sind wie aus Gummi. Guck sie dir an: genau wie die Dinosaurier in Disneyland. Sie sind blöd, fett, abgestumpft, künstlich ...«

Was genau lernten diese Kinder? Vor dem Aufkommen der Meeresparks waren Schwertwale allzuoft als Wölfe des Meeres betrachtet worden, als nomadische Menschenfresser, zu nichts nutze außer als Zielscheibe für eine Kugel. Aber dank Parks wie Marineland und SeaWorld – vor allem SeaWorld, der die Orcas als knuddelige Mickey Mäuse präsentierte – war die öffentliche Meinung ins andere Extrem umgeschlagen. Gegen Ende der 1970er Jahre war die Disneyfizierung der Orcas perfekt. Nun hielt man sie für gehorsame, schlaue, mit der Zunge wackelnde Darsteller, zahm genug zum Streicheln. Die Kinder, die ich beobachtete, lernten, daß es ein Menschenrecht war, eine andere Kreatur bloß zum Spaß zu versklaven, ihr Schaden zuzufügen und sie zu verspotten. Im Laufe einer einzigen Generation war die menschliche Erinnerung an die Orcas als gefährliche Raubtiere verblaßt – und mit ihr der Respekt, den Raubtiere einflößen.

5 Während meiner Zeit im Marineland lernte ich einen jungen Mann namens Jeff Norris kennen und verliebte mich in ihn. Jeff arbeitete am Hubbs SeaWorld Research Institute, dem wissenschaftlichen Arm des San-Diego-Ozeanariums, das der Hauptkonkurrent des Marineland war. Gleichzeitig absolvierte er an der University of California in San Diego ein Magisterstudium. Jeff teilte mein Interesse an Walen und Delphinen, und beide unternahmen wir oft Campingausflüge zur Sea of Cortés in Mexiko, wo wir stundenlang über die Meeressäuger redeten, die wir erforschten. Zu Jeffs Arbeit gehörte damals die Untersuchung der Laute von Schweinswalen, um sie von den Lamellennetzen kommerzieller Fischer fernzuhalten. Durch Jeff wurde ich mit SeaWorld und der Forschergemeinschaft von San Diego bekannt gemacht.

Marineland und SeaWorld hatten im Laufe der Jahre zwei unterschiedliche Unternehmenskulturen entwickelt. Marineland war aus der Marine-Studios-Tradition des aquatischen Themenparks hervorgegangen. Sein Gründungsdirektor, der angesehene Delphinexperte Kenneth Norris, hatte einen unkomplizierten Führungsstil, der sich im Park durch eine lokkere Atmosphäre bemerkbar machte. SeaWorld öffnete 1964, elf Jahre nach Marineland und neun Jahre nach Disneyland. Die Stadt, in welcher der Park lag, war ein US-Navy-Stützpunkt; dort herrschte eine Militär-Hierarchie, über die die Marineland-Mitarbeiter entsetzt gewesen wären. In Palos Verdes tendierte die Kleiderordnung zu saloppem Surfer-Outfit; in San Diego trug das Personal Bürstenschnitt.

Natürlich hatte auch das SeaWorld Schwertwale – Shamu, den berühmtesten Wal der Welt, bevor Willy kam. Oder vielmehr mehrere Shamus.

Das San-Diego-Ozeanarium erwarb im Jahr 1965 einen der ersten gefangenen Schwertwale und machte den Orca rasch zu einem der größten Erfolge im Themenpark-Entertainment. Sobald man herausgefunden hatte, daß »Shamu«, wie dieser erste Wal genannt wurde, abgerichtet werden konnte, Kunststücke nach Delphinart zu vollführen, drängelten sich die Menschenmassen im San-Diego-Park. Tanzende Delphine waren eine Sache – aber ein abgerichteter Schwertwal! Für diesen Anblick würden die Leute Schlange stehen. Als das Marineland ein paar Jahre später Corky und Orky bekam, war es zu spät. Um 1970 übertraf das SeaWorld an Eintrittsgeldern und Profiten das Marineland und eröffnete nach und nach neue Parks in Texas, Ohio und Florida, jeder mit seinem eigenen »Shamu«. Schwertwale bei ihrer Gefangennahme und während der darauffolgenden Zeit des Eingesperrtseins am Leben zu erhalten erwies sich besonders in jenen frühen Jahren als knifflige Angelegenheit, deren Ergebnis buchstäblich Tonnen toter Wale waren. Schwertwale in Gefangenschaft starben regelmäßig, bevor sie ausgewachsen waren. SeaWorld vertuschte dieses Problem, indem man alle Wale dort Shamu nannte, obwohl ihre Trainer sie mit ihren individuellen Namen kannten. Die Tatsache daß SeaWorld eine Reihe von Parks besaß, half zusätzlich bei der Verschleierung sämtlicher potentieller Walprobleme. Da das Wasser im SeaWorld von Ohio jeden Winter gefror, wurden alle Meeressäuger während der kalten Jahreszeit in andere Parks verfrachtet und im darauffolgenden Frühjahr nach Ohio zurückgebracht. Wegen dieser ganzen Hin- und Herverlegerei war es schwierig, zu erfahren, ob ein Tier gestorben oder nach Ohio verreist war. Tatsächlich starben im SeaWorld niemals Tiere; sie »verreisten« bloß »nach Ohio«. Leider hat diese Geschichte kein glückliches Ende. Mitte der 1980er Jahre kaufte SeaWorld das finanziell angeschlagene Marineland, bloß um Orky zu bekommen, der als eines der wenigen Männchen, die sich in Gefangenschaft fortpflanzten, äußerst wertvoll war. Die Pazifikküste war inzwischen für den Walfang gesperrt worden. Mit Orky konnte Sea-

World weitere Wale zeugen, statt sowohl die öffentliche Empörung als auch die hohen Kosten des Imports von Walen aus Island zu riskieren. Orky starb im Jahr 1988, bald nach seiner Verlegung ins San Diego SeaWorld, nachdem er nur wenige Junge gezeugt hatte.

Sogar zusammen mit Jeff erlaubte man mir niemals, mit den Walen im SeaWorld zu interagieren. In den Augen der Parkmanager verkörperte ich doppeltes Ungemach: Nicht genug, daß ich mit der Konkurrenz Umgang pflegte, ich hatte meine Ausbildung auch noch bei dem radikalen Schwärmer John Lilly begonnen. Zum Glück gestattete einer der leitenden Wissenschaftler bei Hubbs, Dr. Bill Evans, mir freundlicherweise, die Rufe von Corky und Orky an dem institutseigenen Spektrographen zu analysieren. Die visuelle Darstellung von Schall am Spektrographen ermöglichte mir, die verwirrenderen Lautäußerungen der Orcas graphisch auszuwerten.

Während die Delphine ständig alle durcheinanderredeten, wahrten Corky und Orky ein höfliches Protokoll. Sie fingen Unterhaltungen mit einem einzelnen Signal an, bildeten Töne und machten dann mit demselben Signal Schluß. Es erinnerte mich daran, wie Menschen über CB-Funk miteinander kommunizierten: »Verstanden! Roger! Ende, aus« – sehr knapp und präzise.

Frühere Forscher hatten sich darauf konzentriert, spezielle Rufe für bestimmte Handlungen oder Vorgänge herauszufinden – einen Laut fürs Fressen, einen anderen für die Paarung, einen weiteren, um Kummer zu signalisieren. Bei Hühnern und Halbaffen funktionierte das vielleicht, aber Wale waren nicht so simpel gestrickt. Sie konstruierten ganze Gesprächsreihen – und mit was für Lauten! Die Rufe der Schwertwale waren atemberaubend. Der Reihe nach lockten, warnten und verführten sie. Ihre Rufe waren langsam und so differenziert, daß ich jeden einzelnen kodieren konnte. Das tat ich oft stundenlang. Ich gewann völlige innere Ruhe, und mein Geist wurde in einen meditativen Zustand versetzt. Sobald die Wale von mir Besitz ergriffen hatten, konnte ich sie nicht mehr abschütteln. Nach einer langen Kodiersitzung sah ich einen Menschen den Mund aufmachen und hörte Elemente der Orca-Sprache hervorsprudeln. In einem einfachen »Wie geht's?« oder »Oje!« hörte ich jedesmal Corkys Tonfall, Timing und Modulation. Nachts träumte ich von Walen, die tatsächlich mit mir redeten und mir verrieten, wie sie in ihrer Sprache Informationen vermittelten.

Es wäre töricht, bei der Untersuchung der Kommunikation von Walen davon auszugehen, daß bei jedem Ruf alle Informationen in eigenständigen Päckchen geliefert werden. Selbst in unseren vokabelreichen Sprachen schmücken wir Worte mit dem Tonfall unserer Stimme, dem Tempo unserer Rede und durch Unterbrechung aus. Wale entschieden sich vielleicht für einen wie auch immer gearteten Ruf, der am besten einer lauten, ruhigen oder einer Situation über große Entfernungen entsprach, und modifizierten anschließend diesen Ruf oder die Pausen zwischen den Rufen, um tatsächlich etwas zu sagen. Es war unerläßlich, alle Möglichkeiten zu untersuchen und dabei für alles aufgeschlossen zu bleiben.

Dr. Lou Herman, der Gründer des Dolphin Institute auf Hawaii, brachte zwei Delphinen bei, eine eigens bearbeitete Zeichensprache zu erkennen, und stellte fest, daß Delphine tatsächlich auf syntaktische Strukturen reagierten. Sie verstanden den Unterschied zwischen »Hol dir den Ring von John und gib ihn Susan« und »Hol dir den Ring von Susan und gib ihn John«. Jeder Anhaltspunkt war wichtig. Ich nahm an, daß die Abfolge der Walrufe entscheidend für den Kontext ihrer Kommunikation sein könnte. In der Tat hatte ich dafür Belege gefunden. Während ich die Laute von Corky und Orky in den Computer eingab, stellte ich fest, daß der Ruf, den ich »A« getauft hatte, unmittelbar auf den Ruf vom Typ »D« folgte.

Eine weitere verblüffende Entdeckung war die angeborene Fähigkeit von Delphinen, Namen zu erkennen. Viele Forscher waren der Ansicht, daß sie bei Großen Tümmlern Pfiffe aufgenommen hätten, die quasi eine »Unterschrift« darstellten, und daß diese Laute scheinbar zu einem einzelnen Tier gehörten. Es könnte sein Name sein. Diane Reiss, eine andere Forscherin, die mit der Sprachfähigkeit von Delphinen experimentierte, fand heraus, daß Delphine den Laut für »Ball«, den sie ihnen beigebracht hatte, untereinander benutzten, um nach dem Ball zu verlangen.

Ein umstrittenes, von Dr. J. Bastian durchgeführtes Experiment deutete darauf hin, daß Delphine tatsächlich unter ausschließlicher Verwendung von Schall detaillierte Informationen übermitteln konnten. Zwei Delphine in getrennten Becken erhielten ein Unterwassertelefon und wurden angewiesen, eine Aufgabe auszuführen, die von einem Delphin verlangte, den anderen mit Informationen zu versorgen. Sie schafften es ohne Probleme.

Die von der gesamten Familie der Delphine erzeugten Laute enthalten die universellen Merkmale akustischer Kommunikation, die von allen Lebensformen auf der Erde, auch von Menschen, benutzt werden – ein knapper Anfang ihrer Rufe, der gemeinsame Gebrauch einer Wellenlänge und die »prosodischen [das Silbenmaß betreffenden] Elemente Rhythmus und Pause« – aber der Teufel steckt im Detail.

Obwohl ich es geschafft hatte, von der American University einen B. A. in Naturwissenschaften zu erhalten, besaß ich keinen höheren akademischen Grad. Trotzdem wurde mir gestattet, Ideen mit einigen der weltweit führenden Cetaceen-Forschern zu erörtern. Dr. Sam Ridgeway, ein am Naval Ocean Systems Center von San Diego für die Delphinforschung verantwortlicher Wissenschaftler, lud mich zu einem informellen Diskussionsforum ein, das er in regelmäßigen Abständen veranstaltete. Alle paar Wochen tauschten sich zehn bis zwanzig Forscher über ihre neuesten Erkenntnisse aus. Die meisten der Wissenschaftler taten Lillys Theorien als lächerlich ab, aber in ihrer leidenschaftlichen Jagd nach Wissen über Delphine und Wale unterschieden sie sich, wie ich fand, nicht sonderlich von Lilly. Bei einem Glas Wein diskutierten diese hochbegabten Männer und Frauen über die Funktionsweise eines Delphin-Innenohrs, die richtige Nahrung für Seeleoparden und die beste Möglichkeit, Schweinswale von Fischernetzen fernzuhalten.

Innerhalb der wissenschaftlichen Gemeinschaft existiert eine strenge Hierarchie, die ich bewußt ignorierte. Ich weiß nicht, ob es die zwei Jahre waren, die ich freiwillig bei John Lilly gedient hatte, oder meine eigene eklektische Ausbildung mit einem Sprung von der Middle High School zur Universität bis zum Abschluß magna cum laude oder die einzigartigen Interessen meiner Eltern, jedenfalls ließ mich während meiner Zeit in San Diego die Tatsache vollkommen unbeeindruckt, daß ich für die Forschung, die ich betrieb, nicht bezahlt wurde. Um mich herum arbeiteten überragende Wissenschaftler, die gezwungen waren, die Innenohr-Parasiten bei Schweinswalen oder Probleme im Umgang mit Cetaceen und Fischfang zu erforschen – Themen, die ihnen zwar ihren Lebensunterhalt sicherten, aber weit von den Fragen entfernt waren, die sie in Wahrheit untersuchen wollten. Sie taten mir leid.

Zu meinem Vorteil war ich ein Neuling, der so weit unten auf der Karriereleiter stand, daß ich auf ihrer Skala nicht einmal registriert wurde. Niemand wurde je von mir bedroht. Die Wissenschaftler bei Hubbs wußten, daß ich sie bewunderte, und ihre Bereitschaft, meine Fragen zu erwägen, verschaffte mir eine der großartigsten Lernerfahrungen meines Lebens. Ich hatte das Glück, unter Frank Awbreys Fittiche genommen zu werden, einem Meeresbiologen und Akustiker, dessen zwei große Leidenschaften das Studium von Fröschen und Debatten mit orthodoxen Verfechtern der biblischen Schöpfungslehre waren. Awbrey gewährte mir Zugang zu den Aufnahmen, die er in der Antarktis von Schwertwalen gemacht hatte, und ich durfte ihn auf seinen nächtlichen Ausflügen in die Wüste begleiten, wo er Frösche aufnahm. In einem Sommer schlossen Jeff und ich uns ihm auf einer Expedition nach Alaska an, um die Laute von Dall-Hafenschweinswalen aufzuzeichnen. Dort machte Awbrey mich mit den Härten der Feldforschung und dem Grundsatz der Redundanz hinsichtlich der Ausrüstung im Gelände bekannt. Nachdem wir auf einer entlegenen Insel Alaskas abgesetzt worden waren, gab sein Haupttonbandgerät den Geist auf. Wenn er nicht daran gedacht hätte, ein Ersatzgerät mitzunehmen, wäre unsere ganze Reise vergebens gewesen.

Die Themen, die auf den informellen Zusammenkünften von Sam Ridgeway die hitzigsten Debatten auslösten, waren unweigerlich Intelligenz und Sprache. Die Wissenschaftler teilten sich prinzipiell in zwei Lager. Eines behauptete, Delphine seien etwa so intelligent wie Schweine; das andere hielt sie für intelligenter als Hunde, aber vielleicht nicht für so intelligent wie Menschen. Die meisten der San-Diego-Forscher standen mit beiden Beinen fest im Schweinelager. Vielleicht war dies eine Gegenreaktion auf Lillys These von der Superintelligenz bei Delphinen. In seinem bahnbrechenden Werk *Sociobiology* hielt der Biologe Edward O. Wilson die Haltung der wissenschaftlichen Gemeinschaft gegenüber Lilly fest: »Lillys Bücher«, schrieb er, »sind irreführend bis zur Unverantwortlichkeit.«

Für einen Cetaceen-Forscher war es eine aufregende Zeit. Neueste Studien über die Echoortungs-Fähigkeiten von Delphinen hatten gezeigt, daß sie zwischen zwei im Sand vergrabenen Objekten von gleicher Größe und Form, die aus unterschiedlichen Metallen bestanden, unterscheiden konnten. Ein Schweinswal konnte einen Draht von nur 0,5 mm Durchmesser wahrnehmen und ihm ausweichen. Wissenschaftler hatten bemerkenswerte Entdeckungen hinsichtlich der Physiologie des Gehörs von Cetaceen gemacht. Während das Ohr eines Delphins nur ein paar mehr von den Sinneszellen des Innenohrs mit ihren Sinneshärchen enthält, mit deren Hilfe Menschen Schallschwingungen aufnehmen, besitzt der Wal die fünffache Anzahl an Nervenzellen, die zwischen diesen Sinneshärchen und der akustischen Region des Gehirns verlaufen. Das schallverarbeitende Zentrum eines Delphingehirns wiederum ist durch einen Nerv mit dem Neocortex verbunden, der unserem ähnelt, aber in der Lage ist, sehr viel größere Datenmengen zu transportieren. Verglichen mit unserem »Fahrradweg«, sind die Nerven, die ein Delphingehirn mit seinem Gehörzentrum verbinden, eine regelrechte Autobahn. Sie sind doppelt so groß wie menschliche Nerven und sehr viel zahlreicher. Diese Hochgeschwindigkeitsverbindung zum gut entwickelten Außenhirn, von dem wir wissen, daß es mit dem höheren Denken verknüpft ist, macht deutlich, daß Delphine möglicherweise Kapazitäten der Informationsverarbeitung besitzen, die unsere kühnste Vorstellungskraft übersteigen. Es bedeutet auch, daß sie vielleicht dafür ausgestattet sind, ein Ich-Bewußtsein zu besitzen, aber diese Pandora-Büchse an Möglichkeiten wollte niemand öffnen.

Der eine Punkt, in dem Einmütigkeit unter den San-Diego-Forschern herrschte, betraf das chronische Fehlen finanzieller Mittel. Ein Umstand, der dazu führte, dem ureigensten Zweck der Treffen entgegenzuarbeiten. Da normalerweise der Forscher mit den meisten Daten das Geld bekam, waren nur wenige bereit, ihre wichtigsten unveröffentlichten Entdeckungen weiterzugeben.

Auch ich benötigte Drittmittel. Corky und Orky bestimmten weiter meine Wochenenden, aber unter der Woche mußte ich die Miete verdienen. Zum Glück brauchte Sam Ridgeway einen Laborassistenten, ich besaß eine neu entdeckte Fähigkeit, die zu der Stelle paßte, und ich war kürzlich nach San Diego gezogen, um mir ein Zimmer mit Jeff zu teilen.

Ridgeways Laboratorium befand sich im Naval Ocean Systems Center in San Diego, einer auf einer Halbinsel gelegenen Forschungseinrichtung, die eine atemberaubende Aussicht auf den Pazifik bot. Ridgeway hatte bemerkenswerte Untersuchungen über die Funktionsweise des Delphingehirns durchgeführt. In den Anfangsjahren der Meeresparks war der Schlaf des Delphins ein kleines Rätsel gewesen. Als der Veterinär eines Ozeanariums zum ersten Mal einen Delphin betäubt hatte, starb dieser. Man fand heraus, daß die Atmung bei Cetaceen keine unwillkürliche Reaktion ist. Wale und Delphine müssen jedesmal bewußt Luft holen. Ein bewußtloser Wal würde untergehen und ertrinken. Ridgeway entdeckte Mitte der 1970er Jahre, daß Delphine jeweils nur mit halbem Gehirn schliefen, was erklärte, wie sie »schlafen« konnten, während sie vorwärts schwammen.

Als ich in seinem Labor anfing, versuchte Ridgeway gerade herauszufinden, ob man den Eisprung eines Delphins anhand seiner Lautäußerungen vorhersagen könnte. Mein Job bestand darin, zwischen zwei Delphinbecken zu sitzen und auf einem Seismographen, der auf ein Hydrophon in jedem Becken reagierte, »Pfiff« oder »Klick« zu markieren. Das rechte Becken teilten sich zwei Große Tümmler, und in dem linken lebten zwei Gemeine Delphine (eine kleinere, gestreifte Spezies). Einmal pro Woche überwachte ich den Seismographen zwölf Stunden hintereinander, einmal während der Tag- und einmal während der Nachtschicht. Das war meine Art von Job; und ich hatte jede Menge Erfahrung darin, Walen auf Zwölf-Stunden-Schichten zuzuhören. Den Rest der Woche stellte ich Daten graphisch dar und erledigte andere öde Aufgaben. Die Delphine selber faßte ich niemals an. Sie wurden von zwei jungen Frauen versorgt, die ihre Schützlinge liebten. Als ich die Delphine einmal nach einer Zwölf-Stunden-Schicht beobachtete, sprach eine von ihnen mich an.

»Wenn Sie sich mit dem Gedanken tragen, mit ihnen zu schwimmen«, sagte sie, »sollten Sie wissen, daß Slan zum Töten abgerichtet ist.«

Autsch. »Danke für die Warnung«, sagte ich. In dieses Bekken setzte ich keinen Fuß.

Ridgeway und andere Wissenschaftler versuchten im Naval Ocean Systems Center, die sensorischen Fähigkeiten von Delphinen zu zergliedern. Wenn es ihnen gelänge, das komplexe Sonarsystem des Wals zu verstehen, könnten sie ihre Erkenntnisse vielleicht auf die nationalen Verteidigungsmaßnahmen der Marine anwenden. Die Fähigkeit von Delphinen, mit Schall zu betäuben, war überaus faszinierend. Darüber hinaus wurden Versuche durchgeführt, um zu erforschen, inwieweit

Delphine bei der Navigation und Nahrungsbeschaffung auf Schall angewiesen waren. Wenn man den Delphinen Saugnäpfe aus Latex über die Augen stülpte, waren die Säuger keinesfalls beunruhigt und schwammen fehlerfrei durch einen Hindernisparcours. Wenn jedoch der hohle, mit Öl gefüllte Kanal im Unterkieferknochen mit akustischen Dämpfern abgedeckt wurde, protestierten die Delphine zunächst, indem sie bei dem Versuch, das Aufsetzen zu verhindern, die Köpfe schüttelten, und kollidierten später in ihrem verdunkelten Becken mit diversen Objekten. Ihr Unterkiefer war eine unverzichtbare Antenne. Die US-Navy sah im Delphin ein lebendiges, schallgelenktes Geschoß und brannte darauf, diese biologische Technologie nachzubauen. Die Admiräle hatten seit langem ein Interesse an Delphinen; tatsächlich hatte die Marine in John Lillys frühen Jahren seine Arbeit teilweise finanziert.

Ridgeway erforschte den Verstand des Delphins, indem er Elektroden in die Gehirne von lebenden Delphinen einführte. Als ich Ridgeway gestand, daß ich dies zutiefst erschreckend fände, lachte er auf freundliche, väterliche Art, stellte jedoch klar, daß eine einundzwanzigjährige Laborassistentin ihn nicht umstimmen oder seine Methoden ändern würde.

Die Studien Sam Ridgeways zwangen mich, meine eigenen Forschungsmethoden zu bewerten. War ich einen Deut besser? Zwei neugeborene Orcas waren in der eingehegten Umgebung, auf die meine Forschungsarbeit angewiesen war, gestorben. Darüber hinaus hegte ich Zweifel hinsichtlich der Voraussetzungen für meine Studien. Wenn Corky und Orky gefangen worden waren, bevor sie die Gelegenheit gehabt hatten, zu lernen, wie man seine Jungen aufzog, was sagte das dann über ihr Sprachvermögen aus? War es ebenfalls beeinträchtigt? War irgend etwas an ihrem Benehmen repräsentativ für einen Orca in seinem natürlichen Lebensraum? Ich fragte mich, ob ich Wale in einer Umgebung erforschte, die so unnatürlich und einengend war, daß die armen Geschöpfe geisteskrank waren.

Die Frage war nicht vollkommen abwegig. Ein paar Monate

zuvor hatte ich ein Tuscheporträt von einem Marineland-Delphin namens Dudley angefertigt. Mit Hilfe einer feinen Haarfeder hatte ich Dudley bis ins letzte Detail nachgebildet. Doch als ich das Ergebnis einem älteren Forscher bei Hubbs zeigte, reagierte der verwundert.

»Was ist das?« sagte er. »So sehen keine Gemeinen Delphine aus.«

Es stellte sich heraus, daß Dudley einen extrem deformierten Unterkiefer hatte, der sich über die Spitze seines Oberkiefers schob. Ich hatte es nicht besser gewußt: Für mich hatte er schön ausgesehen. Was, wenn ich bei Corky und Orky den gleichen Fehler machte? Mir wurde klar, daß ich keine Ahnung hatte, was »normal« war.

Etwa um diese Zeit erfuhr ich von einem faszinierenden Forschungsvorhaben, das ein Bursche namens Mike Bigg gerade in British Columbia durchführte.

Bis Mitte der 1970er Jahre waren Schwertwale zu einer derart beliebten und lukrativen Touristenattraktion geworden, daß einige Fischer im pazifischen Nordwesten anfingen, sich auf den Fang lebender Wale zu spezialisieren. Im Jahr 1965 verkaufte ein Fischer, der nördlich des Queen Charlotte Sound von British Columbia zufällig in seinem Lamellennetz ein ausgewachsenes Orca-Männchen gefangen hatte, den Wal für 8000 Dollar – die Kosten des Netzes – an das Seattle Aquarium. Fünfzehn Jahre später konnte ein lebender Schwertwal einen Preis irgendwo zwischen 150000 und 300000 Dollar erzielen. Bis in die späten 1970er Jahre, als der Handel mit gefangenen Walen sich wieder nach Island verlagerte, stammte der Großteil der weltweit gefangenen Orcas aus dem nordwestlichen Pazifik. Zwischen 1962 und 1973 wurden vor den Küsten British Columbias und des US-Bundesstaates Washington 263 Schwertwale gefangen. Von diesen 263 wurden schließlich fünfzig an Aquarien oder Meeresparks verschickt. Die Gefangennahme von Walen war eine brutale Angelegenheit; zwölf Wale wurden bei ihrer Gefangennahme getötet, meistens, weil sie in den Netzen ertranken. Meeresparks hatten es auf entwöhnte Jungtiere abgesehen, frei nach der Theorie, daß Jungtiere sich einfacher an das Leben in einem Becken anpaßten.

Schwertwale waren so große Publikumslieblinge, daß jedes Aquarium und jeder Themenpark mit einem Becken einen haben wollten, aber nur wenige waren für deren Haltung und Pflege so gut ausgerüstet wie Marineland und SeaWorld. Von den fünfzig Orcas, die an Meeresparks und Aquarien verschickt wurden, überlebten sechzehn ihr erstes Jahr in Gefangenschaft nicht. Die Nachfrage nach Ersatzwalen vergrößerte den Orca-Markt weiter. Die Verabschiedung eines Gesetzes zum Schutz der Meeressäuger im Jahr 1972 machte es schwierig, Orcas in amerikanischen Gewässern zu fangen, also zogen die Käufer Richtung Norden nach Kanada. Das kanadische Ministerium für Fischereiwesen und Ozeane, das die Meeresressourcen des Landes verwaltet und schützt, entschied, daß es besser wäre, die Population der Schwertwale schätzen zu lassen, um eine nachhaltige Ertragshöhe festsetzen zu können.

Niemand hatte irgendeine Ahnung, wie viele Orcas vor der Küste British Columbias lebten. Schätzungen gingen in die Tausende. Bewohner der nordöstlichen Küste von Vancouver Island berichteten an manchen Tagen, daß sie Hunderte von Walen in der Johnstone Strait gesehen hatten. Kommerzielle Lachsfischer behaupteten, die Orcas erschienen manchmal in so großer Zahl, daß man im Blackfish Sound an der Nordostküste von Vancouver Island über ihre Rücken spazieren könne. Da die Wale nicht die ganze Zeit über sichtbar waren, nahm man an, daß sie, wie der Lachs, einen Teil ihres Lebens im offenen Meer verbrachten. Und weil aus dem gesamten pazifischen Becken, von der Arktis bis zur Antarktis, von Japan bis Kalifornien, Schwertwale gemeldet worden waren, glaubte man, die an der Küste von British Columbia gesichteten Exemplare gehörten zu einer Population, die sich möglicherweise über den gesamten Pazifischen Ozean erstreckte.

Im Jahr 1971 stellte das kanadische Ministerium für Fischereiwesen und Ozeane Mike Bigg ein, einen hochbegabten einunddreißigjährigen Meeresbiologen, der frisch von der University of British Columbia kam. Bigg hatte seine Abschlußarbeit über die Physiologie von Seehunden geschrieben, und das Ministerium brauchte jemanden, der mithalf, die Population der Hochsee-Bärenrobben in der Nähe der Pribylow-Inseln in der Beringstraße vor der Küste Südwest-Alaskas zu schätzen. Zu dieser Art von Forschung gehörte damals das Fangen und Töten von Robben, um sie zu untersuchen. Bigg bediente sich der Fähigkeit, für die er bekannt war, nämlich Forschungsfragen in radikal neuem Licht zu sehen, und bewies dadurch, wie dieselbe Forschungsarbeit bewältigt werden konnte, ohne Robben zu töten, während sie trotzdem unser Wissen über den Lebenszyklus der Bärenrobbe vergrößerte. Als das Fischereiministerium den Auftrag erhielt, die Population der Schwertwale vor Kanadas Westküste zu zählen, wandte die Behörde sich natürlich an Bigg.

Für ein Fischereiministerium, das nur ein Jahrzehnt zuvor versucht hatte, Schwertwale mit Maschinengewehren, Wasserbomben, Splitterbomben, Dynamit und Granaten zu erlegen, um den Bestand zu reduzieren, bedeutete das Zählen von Walen einen gewaltigen kulturellen Paradigmenwechsel. Mike Bigg brachte einen Assistenten namens Graeme Ellis mit, einen ehemaligen Walberater für verschiedene Ozeanarien in Kanada. In drei aufeinanderfolgenden Jahren verschickten Bigg und Ellis mehr als sechzehntausend Fragebögen an Fischer, Schlepperkapitäne, Besitzer von Grundstücken an der Küste, Leuchtturmwärter – kurz, an jeden, der auf dem Wasser oder in dessen Nähe sein könnte – und baten sie, alle Wale zu zählen, die sie an an einem bestimmten Sommertag zu Gesicht bekämen. Bigg bat seine »Volkszähler«, die Anzahl der Orcas, die Tageszeit und die Richtung, in die sie reisten, zu notieren.

Ende August 1973 hatten Bigg und Ellis einen Schätzungswert über die Anzahl der Wale in den Gewässern British Columbias: zwischen 200 und 250. Wenn Mike Biggs Zahlen stimmten, dann war möglicherweise ein Fünftel der gesamten

Population im Nordwesten gefangengenommen oder bei der Gefangennahme getötet worden. Diese Art brutaler Aufmerksamkeit konnte keine Spezies überleben.

Im ersten Jahr der Zählung machten Bigg und Ellis ein paar Schnappschüsse von Walen. Als sie die Fotos entwickeln ließen, bemerkten sie ein Walweibchen mit einer höchst charakteristischen schartigen Rückenfinne. Als sie im darauffolgenden Sommer erneut auf denselben Wal stießen und ihnen klarwurde, wie leicht er wiederzuerkennen war, fragten die beiden Forscher sich, wie viele andere Wale wohl an der Form ihrer Rückenfinne identifiziert werden konnten. Im Sommer 1974 begannen Bigg und Ellis, systematisch Fotos von Walen zu machen.

Die beiden entdeckten, daß jeder Wal einzigartige Markierungen besaß. Anfangs erkannten sie nur Wale mit schartigen Rückenfinnen wieder. Bei genauerem Hinsehen merkten sie jedoch, daß sie alle Wale auseinanderhalten konnten. Jeder hatte eine besonders geformte Rückenfinne und einen charakteristischen grauen Fleck, den sogenannten Sattelfleck, hinter und unterhalb der Rückenfinne. Einige der Wale sahen einander so ähnlich, daß die beiden das Negativ eines Fotos durch ein Mikroskop betrachten mußten, um ein Tier zu identifizieren.

Anhand von siebentausend Bildern, die von 1972 bis 1975 gemacht worden waren, stellten Bigg und Ellis einen Katalog zusammen, der nahezu jeden Schwertwal aufführte, der in den Gewässern rund um Vancouver Island lebte. Im Jahr 1976 korrigierten sie ihre frühere Schätzung zur ersten genauen Orca-Population überhaupt: 210.

Als Antwort auf die überraschend niedrige Bestandszahl änderte die Regierung von British Columbia im Oktober 1975 ihr Gesetz über die natürliche Tier- und Pflanzenwelt; künftig war für die Gefangennahme eines Wals eine Genehmigung erforderlich. Auf Biggs Empfehlung hin durften Ozeanarien nur Wale ersetzen, die gestorben waren.

In Biggs Bericht enthalten war seine bahnbrechende Entdeckung, daß nicht alle Wale miteinander Umgang hatten. Auf halber Höhe östlich von Vancouver Island, dort, wo sich am Campbell River die Gezeiten teilen, schien es eine territoriale Grenze zu geben. Nur wenige Wale überquerten jemals diese Linie, womit sich die Wahrscheinlichkeit erhöhte, daß die Fortpflanzungs-Population aus noch weniger als 210 Einzeltieren bestand.

Während einige Bürokraten im staatlichen Fischereiministerium den Orca auch weiterhin als Bedrohung für den Lachs betrachteten, stieg der öffentliche Druck gegen die barbarischen Gefangennahmen von Walen in British Columbia. Vancouver, Geburtsort der Greenpeace-Ursprungsgruppe »Greenpeace Foundation – Save the Whales«, wurde zur Brutstätte des Anti-Fang-Aktivismus. Als Orca-Kadaver mit in Ketten gelegten Rümpfen und aufgeschlitzten Bäuchen an Strände gespült wurden, ging die Öffentlichkeit auf die Barrikaden.

Seit 1975 erlaubt die Regierung von British Columbia keine Schwertwal-Fänge mehr; im Jahr 1976 verabschiedete die US-Regierung ähnliche Orca-Schutzgesetze. Durch seine zähe Forschungsarbeit und deren politische Fortsetzung hat Mike Bigg die Ausrottung mehrerer Walpopulationen an den nördlichen und südlichen Küsten British Columbias und des US-Bundesstaates Washington verhindert.

Bigg und Ellis entdeckten noch etwas anderes. Schwertwale leben in freier Wildbahn gewöhnlich in Familien, die aus etwa sechs bis zwanzig Walen bestehen. Den Forschern fiel im Laufe der Jahre auf, daß Jungwale niemals die Gruppe ihrer Mutter verließen. Bigg nannte diese Gruppen »Pods« (Schulen) und definierte sie als matrilinear, weil Pod-Angehörige im Allgemeinen mehrere Generationen weiblicher Orca-Verwandtschaft einschlossen. Großmütter, Mütter, Tanten und ihr männlicher wie weiblicher Nachwuchs blieben Jahr für Jahr zusammen. Bigg stellte fest, daß es sich bei den riesigen Männchen, die mit den Pods wanderten, um Söhne, Onkel und Brüder handelte, eine Entdeckung, welche die vorherrschende Annahme in Frage stellte, Schwertwale lebten in männlich dominierten Harems.

Etwa um dieselbe Zeit entdeckte der Biologe John Ford von der University of British Columbia, daß jede Pod andere Laute verwendete. Innerhalb der gemeinsamen Sprache größerer Gemeinden von Walen hatte jede Pod ein paar Rufe, die ihrem jeweiligen Dialekt eigentümlich waren. Nördliche Ortstreue haben gemeinsame Rufe, aber weder zwischen nördlichen und südlichen noch zwischen Ortstreuen und Nichtansässigen existiert ein gemeinsamer Dialekt.

Ich trug mich mit dem Gedanken, meine Forschungen in die Wildnis zu verlagern, und machte mir Sorgen, ob ich wieder ganz von vorn anfangen müßte, wie damals, als ich von Delphinen auf Orcas umgestiegen war. Ich hoffte, daß ich das Rad nicht neu erfinden und einen neuen Dialekt lernen müßte, falls es mir gelänge, die wilden Wale aufzuspüren, die denselben Dialekt benutzten wie Orky und Corky.

Aus Aufzeichnungen im Marineland ging hervor, daß Corky und Orky in den Jahren 1968 und 1969 in Pender Harbour, British Columbia, etwa 40 Meilen nördlich der US-amerikanisch-kanadischen Grenze, aus getrennten Pods heraus gefangen worden waren. Angeblich hatte Mike Bigg durch einen Blick auf Fotografien von der Gefangennahme von Walen die Familien einiger gefangener Orcas identifiziert. In San Diego sorgte diese Neuigkeit für eine Sensation. Die Wale in Gefangenschaft gehörten Ozeanarien, und die bloße Andeutung, sie könnten zu ihren Familien zurückverfolgt werden, erschütterte die märchenhaften Vorstellungen von einem »glücklichen« Shamu in seinem gemütlichen kleinen Heim.

Die wissenschaftliche Gemeinschaft Kaliforniens betrachtete Mike Biggs Fähigkeit, Schwertwale per Foto zu identifizieren, mit großer Skepsis. Einige Forscher bei Hubbs experimentierten zur selben Zeit mit der Markierung von Delphinen, indem sie ihnen Identifizierungsnummern an die Finnen hefteten. Es schien unmöglich, daß der junge Kanadier eine Methode entdeckt hatte, die es gestattete, mehr Tiere bei niedrigeren Kosten wiederzuerkennen, ohne die Wale zu verletzen. Ich jedoch sah in Bigg den Schlüssel für meine Zukunft mit Walen in freier Wildbahn.

Angesichts der Skepsis der Forschergemeinschaft in San Diego rechnete ich kaum damit, daß Bigg mir eine Karte zeichnen würde, wie ich zum heimatlichen Territorium von Orky und Corky käme. Aber immerhin bekam ich seine Telefonnummer heraus und rief ihn an. Ich erzählte ihm, ich sei Forscherin und daran interessiert, die Akustik bei den Schwertwal-Pods zu erforschen, aus denen die Marineland-Wale gefangengenommen worden waren. Ohne zu zögern sagte er mir, daß ich sie im August in den Gewässern vor Alert Bay, British Columbia, finden könnte.

»Wenn Sie mir Ihre Adresse geben«, sagte er, »schicke ich Ihnen Bilder von Corkys Familie.«

Orky, erzählte er mir, sei einer von sieben Walen gewesen, die für den Ozeanarien-Handel in einem Netz gefangen worden seien. Sechs seien in Gefangenschaft in Becken geschickt worden; das übriggebliebene wilde Männchen habe man nie wieder gesehen. Nach dem, was wir heute wissen, hat ihn der Verlust seiner kompletten Familie vermutlich umgebracht.

Ich legte auf und tanzte vor Freude. Ich konnte Biggs Großzügigkeit nicht fassen. Mit diesem winzigen Informationsschnipsel hatte er mir eine Kompaßpeilung für den Rest meines Lebens verschafft. Ich ließ mich von Sam Ridgeway für die nächsten zwei Monate beurlauben, tauschte meinen Corolla gegen einen kleinen Pick-up, kaufte ein Dreieinhalb-Meter-Zodiac-Schlauchboot, lernte, wie man einen Außenbordmotor bediente, erstand eine Landkarte von British Columbia und überredete Jeff, Renée und John Gale, sich mir für ein kanadisches Abenteuer anzuschließen. Wir gingen nach Norden.

6 Um Alert Bay zu erreichen, nimmt man von der Stadt Vancouver, British Columbia, eine Fähre über die Strait of Georgia nach Vancouver Island und fährt dann sieben Stunden lang durch Kleinstädte und abgeschiedene Küstenberge mit Wäldern aus jahrhundertealten Zedern und Douglastannen. Wenn man die Holzfällerstadt Port McNeill erreicht, fährt man auf eine winzige Fähre, die den wirbelnden Strömungen der Broughton Strait trotzt, um einen auf der knapp fünf Kilometer langen, kommaförmigen Insel Cormorant Island abzusetzen. In Alert Bay, dem versteckt im Kniff des Kommas liegenden Fischerdörfchen, fallen einem sofort die Totempfähle auf, die von Künstlern der Kwakwaka'wakw-Nation geschnitzt wurden, Angehörigen der Musgamagw, Tsawataineuk und anderer – offiziell Kwakiutl genannter – Stämme.

Als ich im Spätsommer 1979 von der Fähre fuhr, war das erste, was ich sah, ein Totempfahl, den der König der Küstennahrungskette krönte: der Schwertwal. Die Fremdartigkeit dieser Kunst, ihre kühnen Linien, die jenen auf den Gemälden meines Vaters nicht unähnlich waren, kündeten von uralten Geschlechtern. Dies war keine Reklametafel in einem Themenpark. Dies war eine Vereinigung der menschlichen mit der tierischen Welt, das Zeichen einer Familie, die stolz war, zu sagen: »Wir sind *Max'inux*« – Seewolf, der Orca.

In den späten 1970er Jahren war Alert Bay für jeden, der sich für die Erforschung wilder Orcas interessierte, der Mittelpunkt des Universums. Die einheimischen Fischer kannten die Wale gut; sie fischten mitten unter ihnen, ihre Vorfahren hatten mit ihnen gesprochen, waren von ihnen getötet worden und hatten ihre Clans nach ihnen benannt. Sie entsannen sich großer Schulen von Walen, die sich sammelten, wo die breite Queen Charlotte Strait in den engen Schlauch der Johnstone Strait einmündet. Im Jahr 1970 war ein innovativer Walforscher und Umweltschützer namens Paul Spong auf der Suche nach einem Ort zum Studium wilder Orcas von der Alert-Bay-Fähre gefahren. Was er dort oben in der kanadischen Wildnis fand, sollte die Orca-Forscher der Welt für die nächsten dreißig Jahre anlocken. Ich rollte fast ein Jahrzehnt nach Spong von der Fähre, und eigentlich reiste ich nie mehr ab.

Spong, ein in Neuseeland geborener Psychologe, wurde 1967 von der University of British Columbia eingestellt, um die sensorischen Systeme eines Orca-Weibchens namens Skana zu erforschen, das gefangengenommen und ins Vancouver-Aquarium gebracht worden war. Wie John Lilly kam auch Paul Spong durch sein Interesse an der Funktionsweise des Wal-Gehirns zur Cetaceen-Forschung. »Ein Großteil meines Interesses [an Skana]«, sagte er später, »lag darin, daß dieses Tier das zweitgrößte Gehirn auf Erden hatte.« (Ein Orca-Gehirn ist viermal so groß wie ein menschliches; nur das des Pottwals ist noch größer.) Um ihr Sehvermögen zu testen, brachte Spong Skana bei, zwei getrennte Karten zu »lesen«, die in ihr Becken herabgelassen wurden. Auf die eine Karte war ein einzelner Strich gezeichnet, während die zweite zwei Striche aufwies. Indem er den Abstand zwischen den beiden Strichen stetig verringerte und Skana fragte, welche Karte zwei Striche hätte, konnte Spong die Sehschärfe des Wals messen. Skana wählte erfolgreich die Karte mit den zwei Strichen, bis diese bloß noch 0,8 Millimeter auseinander waren; an diesem Punkt gerieten Skanas Antworten ein wenig zufällig, ein Hinweis darauf, daß sie nicht mehr unterscheiden konnte, ob zwei Striche da waren oder einer.

Das Experiment verlief nach Plan: Skanas Augen waren scharf wie die einer Katze. Die Forschung über das Sehvermögen von Delphinen hatte festgestellt, daß ihre Sehkraft viel besser war, als man zuvor angenommen hatte. Am besten sehen konnten sie in der Luft auf Entfernungen von mehr als einem

Meter und unter Wasser, wo die trüben Bedingungen ohnehin alles in Dunkel tauchten, was groß über diese Distanz hinausging, auf Entfernungen von weniger als einem Meter. Ihre Augen können Bewegung besser erkennen als Formen und besitzen eine Fülle von »Spiegelzellen«, die Licht zu den Rezeptorzellen im Auginnern zurückwerfen, um das Sehvermögen bei schwachen Lichtverhältnissen zu maximieren. Sowohl bei Menschen als auch bei Delphinen verläuft der Sehnerv über Kreuz vom linken Auge zur rechten Gehirnhälfte und auf der anderen Seite genau umgekehrt, aber während wir Menschen darüber hinaus ein paar Augennerven besitzen, die unmittelbar zur selben Seite des Gehirns zurückführen, fehlen diese seltsamerweise bei Delphinen. Deren linkes Auge steht unmittelbar mit der rechten Gehirnhemisphäre in Verbindung und das rechte mit der linken.

Nach 2400 Tests jedoch begann Skana plötzlich die falschen Antworten zu geben. Nicht bloß zufällig falsche – *gewissenhaft* falsche, als ob Skana die richtige Antwort wüßte, sich aber entschieden hatte, das Gegenteil zu bekunden. Wie ein typischer Wal hatte sie bei Spongs Versuchen nur so lange mitgemacht, wie sie brauchte, um die Übung zu beherrschen. Danach verlangte sie nach etwas Neuem. Skana drehte gegenüber Spong den Spieß um. Statt daß das Versuchsobjekt auf den Wissenschaftler reagierte, fand Spong sich in der Rolle desjenigen wieder, der auf Skana reagierte. Was wollte sie? Was wollte sie ihm mitteilen?

Wonach sie sich sehnte, so viel wurde ihm klar, war einfach mehr Interaktion. Dem nach sozialem Kontakt dürstenden Orca machte es Spaß, die Regeln von Spongs Experiment zu lernen, aber eine rein mechanische Vorführung langweilte ihn.

Neugierig gemacht, beschloß Spong, zu sehen, was passierte, wenn er Skana gäbe, wonach sie verlangte. Er verbrachte Stunden neben dem Becken, spielte ihr etwas auf seiner Flöte vor, streichelte sie mit einer Feder und ließ sich von ihr sogar durch das Becken tragen. Behutsam geleitete Skana Spong zu einer vertrauensvollen Beziehung. Sie nahm seinen Fuß in ihr

Maul und biß mit ihren scharfen, kegelförmigen Zähnen, die so groß waren wie der Daumen eines Mannes, fest genug zu, um ihn ihre Kraft spüren zu lassen, aber sachte genug, um seine Haut nicht zu durchbohren. Sie verletzte ihn niemals, und er lernte, ihr zu vertrauen.

In dem Maße, wie seine Freundschaft zu Skana sich entwikkelte, wuchsen seine Vorbehalte gegenüber ihrer Gefangenschaft. Wenn dieses freundliche, wißbegierige Geschöpf so gesellig und klug war, wie Spong vermutete, mußte es furchtbar leiden in seinem winzigen Betonbecken.

Irgendwann eröffnete Spong seine Ansichten den Aquariumsbetreibern und anschließend der Öffentlichkeit. Während das breite Publikum fasziniert war, nahmen die Aquariumsbetreiber seine Kritik nicht gut auf. Erst wurde Spong der Zutritt zu Skana verwehrt, dann forderte man ihn auf, sich in Behandlung zu begeben. »Sie können sich freiwillig anmelden oder nicht«, beschied ihn sein Chef.

Spong kümmerte es nicht, ob seine Entdeckungen umstritten waren. Er wußte, was er wußte. Einer von Spongs großartigsten Charakterzügen ist seine Bereitschaft zu handeln. Angesporn von seiner Erfahrung mit Skana, begannen Spong und sein Kollege Robert Hunter mit Greenpeace zu arbeiten, der neu gegründeten Anti-Atom-Gruppe. Bis Spong und Hunter dazustießen, hatte Greenpeace sich in erster Linie darauf konzentriert, den Bau von Atomkraftwerken zu stoppen. Die beiden Wal-Fürsprecher starteten innerhalb von Greenpeace ihr eigenes Programm und leiteten bald darauf mit voller Rükkendeckung der internationalen Organisation Anti-Walfang-Kampagnen auf hoher See. Am Ende des Jahrzehnts hatten sie mitgeholfen, das beinahe vollständige weltweite befristete Walfangverbot unter dem Schutz der Internationalen Walfangkommission (IWK) zustande zu bringen. Bevor »Save the Whales« in den 1970er Jahren zum Klischee wurde, setzte Paul Spong die Aufforderung in die Tat um.

Wenn er sich nicht gerade zwischen Harpunen und ihre anvisierten Ziele warf, konnte man Spong auf einer Insel in der Nähe der nördlichen Spitze von Vancouver Island finden, wo er im Jahr 1970 zum ersten Mal den wilden Orcas begegnet war. Mit nicht viel mehr ausgerüstet als der kleinen Flöte, auf der er für Skana gespielt hatte, lenkte Spong sein Kajak in die Flußströmungen der Johnstone Strait, um zwischen den Orcas seine Runden zu drehen. Die Einheimischen hielten ihn für leichtsinnig. Alert Bay und das nahegelegene Dorf Port Hardy auf Vancouver Island ernährten Generationen von Lachsfischern, die den Schwertwal für gefährlich hielten. Die meisten Ringwadennetz-Fischer – kommerzielle Fangboote, die Lachse mit einem Netz fingen, das sich wie eine Geldbörse schloß – hatten ein geladenes Gewehr an Bord und waren bereit, auf den ersten Orca oder Seelöwen zu feuern, der sich ihrer Fangvorrichtung näherte. Darauf bedacht, die Lachsbestände der Provinz zu schützen, ging das kanadische Ministerium für Fischereiwesen und Ozeane so weit, ein Maschinengewehr auf einem Kliff in Stellung zu bringen, das Seymour Narrows überblickte, einen Engpaß in der Wasserstraße, die Vancouver Island vom Festland trennte. Die Behörde behauptet, das Maschinengewehr sei niemals abgefeuert worden, aber die Löcher und Narben in überlebenden Orcas zeugen von der Anzahl der Schützen, die sehr wohl ihr Ziel fanden.

Orcas ernähren sich tatsächlich von den Fischarten, die die Ringwadennetz-, Lamellennetz- und Schleppangel-Fangboote anlandeten, obwohl der Lachsfang der Schwertwale umweltverträglich war, verglichen mit der Zerstörung, die europäische Fischfangmethoden, Kahlschläge durch Abholzung und (Jahre später) die Lachs-Aquakultur anrichteten. Die Fischer hatten mit eigenen Augen gesehen, wie Schwertwale mit ihren furchteinflößenden Zähnen Robben, Seelöwen, Schweinswale und sogar andere Wale in Stücke rissen. Sie hatten Blut im Wasser gesehen, und viele gingen regelrecht davon aus, daß auch Paul Spong eines Tages zu den Opfern der Schwertwale gehören würde.

Spong folgte den Walen zu einer kleinen Bucht am östlichen Rand von Hanson Island, einer unbewohnten Insel etwa 16

Kilometer östlich von Alert Bay. Dort baute er ein Baumhaus und blieb mehrere Wochen dort. Im Laufe der Jahre pilgerten Forscher und Dokumentarfilmer zu Spongs Platz, und irgendwann entschloß er sich, das Camp zu seinem ständigen Zuhause zu machen. Doch zu diesem Zweck benötigte er von der Landbehörde der Provinz eine spezielle Genehmigung zur Landnutzung. Die Regierung bestand darauf, daß Spong nachweisen müsse, die abgelegene Station für Forschungszwecke zu nutzen, also sprach Spong in den späten 1970er Jahren eine offene Einladung an Walforscher aus, nach British Columbia zu kommen und den Platz zu nutzen, den er Orca-Lab nannte.

All dies soll erklären, wie ich dazu kam, mit einem kleinen Lieferwagen von San Diego zu einem entlegenen Außenposten im kanadischen Hinterland zu fahren. Ich hatte alles, was ich für die Erforschung wilder Orcas zu brauchen meinte, auf die Ladefläche gestapelt. John Gale, der ein paar Jahre zuvor einige technische Arbeiten für Paul Spong erledigt hatte, hatte vorgeschlagen, ich solle auf Spongs Einladung zurückkommen. Nach Mike Biggs Informationen lag Spongs Camp genau in der Gegend, in der ich vielleicht Corkys Pod fände.

Zuerst jedoch würde ich Paul Spong finden müssen. In jenem ersten Sommer waren Renée Prince, Cindy Grey, eine Freundin aus San Diego, und Cindys Freund Rob bei mir. Ich hatte sie als freiwilligen Trupp für die Arbeit im Feld angeworben. Spong hatte versprochen, uns in Alert Bay abzuholen, aber als wir ankamen, war nichts von ihm zu sehen. Zu viert schleppten wir das Zodiac zu dem steinigen Strand hinunter, bliesen es auf und beluden es mit Zelten, Schlafsäcken, Tonbandgeräten, Kleidung, Kameras, Lebensmitteln und Tonbändern, bis das kleine Boot einem überquellenden Wäschekorb glich. Oben auf der Ladung thronend, stieß ich vom Strand ab und paddelte hinüber zur Anlegestelle.

Die kommerzielle Fangflotte war an diesem Nachmittag in der Stadt, und ihre großen Ringwadennetz-Fangboote lagen in

Dreier- und Viererreihen wie zu einem Floß zusammengebunden am Kai vertäut. Die größtenteils aus kanadischen Indianern bestehenden Besatzungen vertrieben sich mit Reden und Lachen die Zeit, bis die nächste Fangeröffnung ihnen erlaubte, ihre Netze in der Johnstone Strait auszuwerfen. Eine zweiundzwanzigjährige Kalifornierin, die sich mit ihrem kleinen Schlauchboot zwischen ihren massigen Booten hindurchschlängelte, lieferte da eine willkommene Abwechslung. Ich verzog mich in den einzig noch verbliebenen freien Zwischenraum – ein beengtes Quartier direkt unterhalb der Rampe. Unter den amüsiert-prüfenden Blicken der Fischer, die wußten, daß die Gezeiten meinen Liegeplatz irgendwann verschwinden lassen würden, bemühte ich mich verzweifelt, so dreinzuschauen, als wüßte ich, was ich tat. Ich ließ die Schraube meines nagelneuen Suzuki-Außenborders ins Wasser und zerrte fachmännisch an der Anlasserschnur. Nichts passierte. Noch ein Ruck. Ich konnte die Schnur nicht einmal herausziehen.

Total verlegen entfernte ich die Abdeckung und tat so, als reparierte ich den Motor. Bevor ich noch sehr weit gekommen war, rauschte ein Boot des kanadischen Ministeriums für Fischereiwesen und Ozeane, die *Chilco Post,* heran und machte am Kai fest. Zwei Beamte in khakifarbenen Uniformen schritten über die Rampe oberhalb von mir, während ein dritter sich herabbeugte, um Hallo zu sagen.

»Sie sind wohl nicht aus der Gegend«, sagte er, während seine Finger die Mutter an dem Schwungrad lösten.

»Nein«, gab ich zurück. »Ich will mich hier mit Paul Spong treffen und Wale studieren.« Ich biß mir auf die Zunge, um ihm nicht zu sagen, daß ich keine Hilfe bräuchte und das schon selbst könnte.

»Oh«, sagte er und lächelte in sich hinein. Ich erzählte ihm nichts, was er nicht schon wußte. Im Jahr 1979 kam jeder ungewöhnlich aussehende Besucher in Alert Bay entweder von Spong oder war zu ihm unterwegs.

Er zog das Schwungrad zurück, tröpfelte ein wenig Öl auf die Stelle, setzte den Deckel wieder auf und riß an der Schnur.

Der Motor sprang stotternd an. Die Fischer brachen in Beifall aus. Ich winkte betreten zurück. Willkommen in Kanada, Grünschnabel.

Spong war immer noch nicht aufgekreuzt, und es wurde allmählich spät. Später sollte ich erfahren, daß dies das übliche Geschäftsgebaren des chronisch unpünktlichen Neuseeländers war. Renée, Cindy und Rob, die in die Stadt gegangen waren, um etwas zu essen, schlossen sich mir unterhalb der Rampe zu einem improvisierten Picknick an. Zu viert hockten wir auf den Pontons des Zodiac und ließen uns »Indian Candy« (mit Honig geräucherte Streifen Rotlachs) schmecken und überlegten, was wir als nächstes tun sollten. Wir hatten keine Ahnung, wo Spong lebte. Wir waren gefährlich schlecht ausgerüstet und kannten uns nicht aus. Vor Sorge krampfte sich mir der Magen zusammen, während ich zusah, wie die nördliche Wildnis allmählich den Schatten der Dämmerung wich.

Plötzlich krachten Schüsse über dem Wasser.

Alle vier fuhren wir herum.

»Was zum Teufel war das?« fragte Renée.

»Wale!« sagte Rob.

Am anderen Ende der Bucht entdeckte ich silbrige Blaswolken, die plötzlich aus dem Wasser auftauchten. Stolze, glänzend schwarze Rückenfinnen durchschnitten die Reflexion der untergehenden Sonne. Adrenalin schoß mir durch den Körper. Zum ersten Mal verspürte ich jene Gefühlsmixtur, die während des nächsten Vierteljahrhunderts meine Beziehung zu Schwertwalen kennzeichnen sollte: Instinktive Furcht mischte sich mit magnetischer Anziehungskraft. Zunächst klammerte ich mich bloß an den Kai.

Den Blick gebannt auf das Muster gerichtet, das die Walfluken auf der Wasseroberfläche hinterließen, stießen wir vier uns vorsichtig vom Kai ab und steuerten mit dem Zodiac auf die Familie zu. Als ich mich nicht mehr näher herantraute, stellte ich den Motor ab. Renée senkte das Hydrophon ins Wasser. Ich setzte den Kopfhörer auf und drückte den Aufnahmeknopf. Die Vertrautheit der Rufe ließ mich einen Stoß kalte Luft einsaugen. Was in der Weite des tiefen, betäubenden Wassers widerhallte, waren die melancholischen Rufe von Corkys Familie. Dies waren genau die Wale, die zu finden ich mehr als 3000 Kilometer gereist war – und sie hatten mich gefunden.

Sobald ich den Aufnahmeknopf am Nakamichi gedrückt hatte, versuchte die Wissenschaftlerin in mir das kleine jubelnde Mädchen im Innern unter Kontrolle zu bringen. Als Renée mich ansah, lachten wir beide und versuchten, die Tränen nicht überlaufen zu lassen. Im stillen dankte ich Mike Bigg. Dunkelheit überzog die Meerenge, und wir schaukelten in der Dünung, die von den rundlichen Jungtieren verursacht wurde, die ihre Mütter sanft berührten und sich spielerisch an der Oberfläche wanden. Während ihre Rufe immer wieder in dem unterseeischen Canyon widerhallten, den sie besetzten, wurde ich den Gedanken nicht los, daß eigentlich Corky an meiner Statt hier sein müßte.

Nach einer Nacht, die wir draußen vor einer Fischerhütte campiert hatten, fanden wir uns am nächsten Morgen als Teil einer wachsenden Menge Spong-Suchender erneut am Kai ein. Offensichtlich waren wir nicht die einzigen, denen er einen Korb gegeben hatte. Die Mitglieder eines japanischen Filmteams, mit neuestem technischen Gerät ausgerüstet, unterhielten sich halblaut, wobei sie ständig ihre Nylon-Reisetaschen umpackten. Ein äußerst gutaussehender Typ mit Löwenmähne war ebenfalls vertreten; er stellte sich als Mickey Houlihan heraus, Toningenieur des Jazzmusikers Paul Winter.

»Was tust du hier?« fragte ich.

»Auf Spong warten«, erwiderte Mickey. »Und ich wette, du auch.«

Da stand ich hier am Rande der bekannten Welt, und dieser Bursche sah aus, als käme er gerade vom Hollywood Boulevard. Mickey streckte die Hand aus und erklärte, daß er hier sei, um Paul Winter aufzunehmen, wie er zwischen den Walen spielte.

Schließlich tuckerte gemächlich ein schlaffes Schlauchboot in den Hafen; am Ruder saß eine drahtige, vom Wind zerzauste Gestalt, die mit der Vitalität eines vierzehnjährigen Jungen auf den Kai sprang.

Paul Spong begrüßte mich mit einer heftigen Umarmung. »Alex! Großartig, dich zu sehen!« Er wandte sich ab und sprach den Mann neben mir auf Japanisch an. Anschließend klopfte er Mickey auf den Rücken. »Hey du, schön, daß du gekommen bist.«

Ohne von der Menschenmenge oder seiner eigenen Unpünktlichkeit Notiz zu nehmen, sprintete Spong barfuß über die Rampe. Wie es seine Gewohnheit war, trug er nur ausgefranste Shorts und ein Greenpeace-T-Shirt. »Bin in einer Stunde zurück!« sagte er. Das Filmteam, der Toningenieur und wir vier aus San Diego schauten einander ungläubig an. Mit der Zeit sollten wir uns alle an Spongs hyperaktive Art gewöhnen und es zu schätzen lernen, wieviel er an einem Tag schaffen konnte. Ich erinnere mich, daß ich einen flüchtigen Blick auf Spongs Füße warf, die eine Masse aus Schorf und rohem Fleisch waren. Zweifellos war dieser Kerl daran gewöhnt, sich mit hohem Tempo auf holprigem Gelände fortzubewegen.

Eine Stunde später tauchte Spong mit Tüten voller Lebensmittel, Bier und Haushaltsbedarf wieder auf und führte uns durch die Meerenge nach Hanson Island. Das jüngst errichtete Laboratorium und die Wohnquartiere des OrcaLab waren im klassischen Zurück-aufs-Land-Stil der Siebziger gestaltet worden. Das Haupthaus aus Glas und Zedernholz thronte auf einem Steilhang über der zerklüfteten Felsküste der Blackney Passage. Ein gewaltiger Gesteinsblock, der während der Eiszeit dorthin transportiert worden war, bildete eine Mauer des Hauses, das von einem Holzofen in der Küche beheizt wurde. Frisches Wasser kam in Eimern aus einem tröpfelnden Bach an der Landspitze der Bucht; Strom lieferten Sonnenkollektoren und ein altersschwacher Generator, der im Wald unter einer Sperrholzplatte verborgen war.

Im OrcaLab zu wohnen war ein Multimedia-Erlebnis. Lautsprecher, die mit einem Hydrophon verbunden waren, übertrugen vierundzwanzig Stunden am Tag live Walrufe innerhalb und außerhalb des Hauses. Luxus gab es in Gestalt einer eisernen Badewanne auf Klauenfüßen, die wir mit Meerwasser füllten, das wir mit einem Feuer darunter erhitzten. Doch die alte Wanne konnte tückisch sein. Wenn die hölzerne Planke unter einem wegrutschte, verbrühte man sich höllisch den Hintern.

Spong lud uns ein, im Haus zu wohnen, aber wir zogen eine Campingplattform vor, die auf der anderen Seite der Bucht errichtet worden war. Nachdem ich geholfen hatte, unsere Zelte aufzubauen, paddelte ich mit dem Zodiac raus zu einer Anlegeboje. Das Kajak, mit dem ich hatte zurückkehren wollen, hatte eine Wasserpfütze unten im Rumpf, also hockte ich mich oben auf die Bespannung und begann zur Küste zu paddeln. Doch bevor ich anlegte, erwischte das Kielwasser eines vorbeifahrenden Ringwadennetz-Kutters das Kajak und ließ es bocken und schlingern. Ich plumpste in den Sitz, um nicht zu kentern, und für den Rest des Sommers wurde ich eigentlich nie mehr ganz trocken.

Die kanadischen Sommer warteten mit ihren ganz eigenen Qualen auf. Die Stechmücken kannten keine Gnade, und es war unmöglich, sich der winzigen Insekten zu erwehren. Manchmal wachten wir morgens mit geschwollenen Augenlidern auf, die ungeschützten Gesichter und Arme bedeckt mit Striemen. Aber es war ein wundervoller Ort.

Von unseren Zelten hatte man einen Blick auf die Blackney Passage, eine Art Hauptschlagader, die den Pazifischen Ozean in die Johnstone Strait pumpt. Die Blackney ruht niemals. In vollem Gange donnert das Wasser mit der Kraft eines Flusses, der durch eine Turbine gezwängt wird, nach Süden; bei Flaute liegt die Passage ruhig und glatt da, dann, mit dem Zug der Ebbe, wirbeln winzige Wellen umher und werden größer, bis die Blackney sich in einer weiteren spektakulären Demonstration ihrer Kraft herumzuwerfen beginnt. Die Orcas versammelten sich hier wegen der Lachse, die in Schwärmen so dicht wie Regen durch die Blackney Passage strömen. An manchen Tagen waren die Rot- oder die Buckellachse so zahlreich, daß man sie in der Brise riechen konnte.

Der umliegende Wald barg das Aroma uralter Zedern und fruchtbarer Erde. Der beißende Duft von Holzrauch vermischte sich mit gegrilltem Lachs, dem Hauptnahrungsmittel der kanadischen Regenküste. In klaren Nächten nahm ich ein Bad in der Salzwasserwanne und beobachtete Sternschnuppen über dem Brodeln und Brausen der Blackney-Gezeiten. Die Laute tiefer Walrufe vermischten sich mit dem über die Wasseroberfläche sprudelnden *kwusch!* von Orca-Atemzügen und tauchten mich in ein glückseliges Gefühl des Friedens. Am Ende meiner ersten Woche auf Hanson Island wußte ich, daß ich endlich meinen Platz gefunden hatte. Dies war mein wahrer Lebensraum. Ich war heimgekehrt.

Wir vier waren mit einem Stapel leerer Tonbänder angekommen und verbrachten jede Stunde bei Tageslicht mit dem Versuch, sie mit Wal-Gesprächen zu füllen. Jeden Morgen kochten wir uns eine Thermosflasche Kaffee, packten uns fürs Mittagessen Erdnußbutterbrote ein und fuhren hinaus in den Nebel der Blackney Passage auf der Suche nach Walen. An manchen Vormittagen tauchten sie unmittelbar vor der Küste auf; an anderen Tagen fuhren wir stundenlang ziellos umher, bevor wir einen schwachen Ruf auffingen. Orca-Rufe haben eine enorme Reichweite unter Wasser. Jahre später unterhielten ein anderer Forscher und ich uns an einer Stelle nördlich der Johnstone Strait über Funk, während wir beide einer Wal-Pod lauschten. Nach einem Blick in unsere Tabellen stellten wir fest, daß es dieselben Orca-Lautäußerungen waren, die unsere beiden – zehn Seemeilen voneinander entfernten – Hydrophone erreichten.

Wenn wir den weitreichenden Ruf eines Orca auffingen, brauchten wir vielleicht eine Stunde oder mehr, um ihn zu lokalisieren. Die Form des menschlichen Ohrs erlaubt uns, die Quelle eines Geräuschs in der Luft fast augenblicklich auszumachen. Mein einzelnes Hydrophon jedoch fing Schall mit der gleichen Empfindlichkeit aus allen Richtungen auf, so daß ich keine Ahnung hatte, woher der Ruf kam. Renée suchte den Horizont mit dem Fernglas ab, aber wenn sie keinen Blas entdecken konnte, zog ich das Hydrophon hoch und steuerte das Boot hinter eine nahe gelegene Insel, die jeglichen Schall aus einer Richtung abfing. Waren die Wale trotzdem noch hörbar, wußten wir, daß sie sich auf unserer Seite der Insel befanden, und fuhren in diese Richtung weiter. Wenn nicht, machten wir kehrt, weil wir wußten, daß wir die Wale auf der anderen Seite der Insel finden würden.

Knie an Knie in einem Dreieinhalb-Meter-Zodiac hockend, übernahmen wir vier die Rolle eines Datensammeltrupps. Renée führte Protokoll über die Atmung der Wale, und Rob fotografierte, während ich die Tonausrüstung bediente, Stimmnotizen machte und genau zu bestimmen versuchte, welcher Orca an die Oberfläche gekommen war. Meine Tonbänder aus dieser Zeit vermitteln eine angespannte, ernste Atmosphäre, da wir versuchten, alles aufzuzeichnen, was im Umfeld der aufgenommenen Rufe vor sich ging: »A9 hat geblasen ... gleichzeitiger Tauchgang ... Springen eines Männchens ... Flukenschlag ... entgegengesetzte Richtung ... Springen eines Weibchens ... Dall-Hafenschweinswale in dem Gebiet.«

Wie versprochen, hatte Mike Bigg mir Fotokopien der Fotos von den Pods in der Johnstone Strait geschickt, wodurch eine Identifizierung möglich, aber keinesfalls leicht war. Der schwierigste Teil bestand einfach darin, die Wale genau zu betrachten. In dem Moment, wo man einen Wal entdeckt, hat er seinen Sprung vielleicht schon halb vollendet. Ich hatte nur zwei oder drei Sekunden, mir die winzigen Kerben in seiner Rückenfinne und die Form des Sattelflecks einzuprägen. Nachdem ich fünfundzwanzig Fotos in Plastikhüllen von nahezu identischen Walen durchgeblättert hatte, entfielen mir oft die Details. War dieser Kratzer oben an der Spitze des Sattelflecks gewesen oder weiter unten? War die Kerbe in dieser Finne nach oben oder unten verlaufen? Wenn ich wieder hochblickte, war ein anderer Wal mit einem anderen Bündel charakteristischer Merkmale aufgetaucht. Mit der Zeit lernte ich nach und nach, wie ich die Wale betrachten, wie ich mit den Augen an der Finne nach unten und über den Sattelfleck fahren mußte und wie ich den gut gekennzeichneten Orca erkennen konnte. Allmählich trainierte ich meine Augen darauf, die winzigen Unterschiede zu entdecken, die jeden Wal charakterisieren.

Etwas, was ich gleich zu Anfang lernte – und was mich noch immer erstaunt –, ist die Fähigkeit der Orcas, jederzeit zu verschwinden. Im Marineland hatten Corky und Orky mir über und unter Wasser vierundzwanzig Stunden am Tag zur Verfügung gestanden. In British Columbia bestimmten die Wale den Zeitplan. An manchen Tagen spielten sie zehn Stunden hintereinander in der Nähe des Bootes; an anderen Tagen erschienen sie kurz, tauchten dann weg zu unbekannten Plätzen, unsichtbar und unbeachtet, und ließen uns, ziellos in der Meerenge kreuzend, zurück. Natürlich hemmte das meine Forschungsarbeit, es vergrößerte aber auch das Geheimnis um die Wale und ihre Macht. Sie waren es, die unsere Begegnungen kontrollierten; sie waren es, die beschlossen, uns Hinweise darüber, wer sie waren, zu enthüllen – oder auch nicht.

Es gefiel mir, daß sie mir entwischen konnten. Ich hatte mich mit der Erforschung von Walen in Gefangenschaft herumgeschlagen, und die Arbeit mit Walen in freier Wildbahn sorgte nun dafür, daß ich ein reines Gewissen hatte: Hier gab es keine Schuld. Es stand mir frei zu lernen, und den Walen stand es frei, ihr natürliches Leben zu führen.

Bei der Durchsicht ihrer siebentausend Orca-Fotos entwickelten Mike Bigg und Graeme Ellis ein taxonomisches System, um Wale auseinanderzuhalten. Der erste Wal, den sie identifizieren konnten, ein Weibchen, dem ein Stück von der Rückenfinne fehlte, kennzeichneten sie mit »A1«. Alle Wale, die man gemeinsam mit A1 schwimmen sah, wurden ebenfalls »A« genannt – A2, A3, A4 und so weiter. Die nächste Gruppe von Walen erhielt das Etikett »B«, bis sie bei »Z« anlangten. Im Laufe der Jahre, als mehr Informationen über das Verhalten von Orcas verfügbar wurden, verfeinerten Bigg und Ellis ihr System. Nicht alle »A«-Wale schwammen die ganze Zeit zusammen, was zu der manchmal verwirrenden Bildung von Pods innerhalb von Pods innerhalb von Pods führte. Die A1-Pod beispielsweise besteht aus drei Unter-Pods, der A12-Unter-Pod (benannt nach der Matriarchin A12), der A36-Unter-Pod und der A30-Unter-Pod. Die A4-Pod teilt sich in zwei Unter-Pods; A5 enthält vier Unter-Pods.

In den frühen Jahren der Walforschung beruhten populäre Namen auf dem Aussehen eines Wals: Scimitar (»Krummschwert«), Nicola, Hooker (»Hakler«, wegen seiner gebogenen Rückenfinne), Stripe (»Streifen«), Saddle (»Sattel«), Sharky (der »Haiartige«). Das heute herrschende System ist ein wenig stringenter. Wenn ein neuer Wal identifiziert ist, bekommt er einen alphanumerischen Code, der darauf basiert, wer seine Mutter ist, und einen Namen – nach dem Ort, in dessen Nähe man ihn schwimmen sah. Weil Jahre vergehen können, bis wir herausfinden, ob ein Neugeborenes männlich oder weiblich ist, müssen die Namen geschlechtsneutral sein, um zu vermeiden, daß ein großes Männchen am Ende Betty heißt, nach Betty Cove, oder Queen Charlotte.

Wir mußten nicht nur Biggs Identifizierungsschema lernen, sondern uns auch darin schulen, die Wale überhaupt erst zu entdecken. Es ist nicht so einfach, wie man vielleicht denkt. Das Wasser ist voller Objekte, die wie Rückenfinnen aussehen – Segelboote, Kajakfahrer, Baumwurzeln. Am trügerischsten sind schwarze Hochseekormorane. Auf einem Baumstamm sanft auf und ab schaukelnd, sehen ihre hohen, spitz zulaufenden Körper genau so aus wie eine Orcafinne, die auf einen zukommt. In der Regel – wenn man Zeit genug hat, sein Fernglas herauszuholen und das Objekt genau zu betrachten – ist es kein Orca. Mehr durch Rhythmus ihrer Bewegung als durch ihre Form fanden wir allmählich heraus, welche schwarzen Linien Walfinnen waren. Eine Orca-Finne kommt an die Oberfläche und hält einen Moment inne, bevor sie sich senkt.

Eigentlich kann das menschliche Auge keinen Gegenstand genau erkennen, wenn er sich bewegt. Unser Auge möchte von Natur aus von einem Objekt zum nächsten springen, von der Insel zum Baum zum Boot zum Berg, ohne den leeren Raum dazwischen genau zu prüfen. Der Trick bei der Walbeobachtung besteht darin, zu lernen, wie man eine leere Fläche betrachtet, die keinerlei Besonderheiten aufweist. Anstatt rastlos quer über den Horizont zu schweifen, vom Baumstamm zur Insel zum Boot, müssen wir unseren Blick langsam darüber wandern lassen. Man macht eine winzig kleine Bewegung, dann hält man inne. Man macht wieder eine Bewegung und hält wieder inne. Man muß nur oft genug innehalten und nichts betrachten, dann wird irgendwann eine Walfinne auftauchen.

Wenn Schwertwale zusammen schwimmen, offenbaren sie durch ihre Anordnung ihren Familienstammbaum. Jungtiere schwimmen im allgemeinen unmittelbar neben ihrer Mutter; am weitesten draußen schwimmen die ausgewachsenen Männchen; dann kommen die ausgewachsenen Töchter und deren Nachwuchs. Wenn die jungen Wale ausgewachsen sind, bilden die Weibchen mit ihren eigenen Jungen Satellitengruppen, aber die ausgewachsenen Männchen flankieren weiter ihre Mutter. Ältere Mütter bilden das Zentrum der Pod; sie schwimmen niemals allein.

Kein anderer Säuger errichtet seine Gesellschaft in dieser Weise. Elefanten kommen dem am nächsten, aber in Rüsseltier-Gesellschaften wandern die männlichen Elefanten aus und bilden rein männliche Gruppen, bevor aus ihnen am Ende einsame Bullen werden. Verliert ein männlicher Schwertwal seine Mutter, wird er sich seiner Schwester anschließen. Hat er keine Schwester, wandern er und seine Brüder mitten zwischen seinen engsten Verwandten. Hat er keine Geschwister, stehen seine Überlebenschancen schlecht.

Lange Zeit hatten Forscher keine Ahnung, wo in einer Orca-Gesellschaft die Väter steckten. Die herrschende Hypothese lautete, daß sie, um Inzucht zu vermeiden, von außerhalb der Pod kommen mußten. Erst in den 1990er Jahren, als der Forscher Lance Barrett-Lennard das Problem näher zu untersuchen begann, erfuhren wir dann, daß die Väter tatsächlich von außerhalb der unmittelbaren Pod stammten, aber niemals von außerhalb der größeren Gemeinde. Nördliche Ortstreue paarten sich mit nördlichen Ortstreuen, südliche mit südlichen, Nichtansässige mit Nichtansässigen.

Corky stammte aus der A5-Pod.

Im Dezember 1969 wurden zwölf Wale aus der A5-Pod von einer Gruppe Fischer in Pender Harbour, nördlich von Vancouver, eingeschlossen. (Der erste »Corky« des Marineland war ein Jahr zuvor dort gefangen worden, aber kurz nach der Ankunft in dem Meerespark gestorben.) Aus dem Fang des Jahres 1969 wurden sechs Wale behalten; sechs wurden freigelassen. Eine komplette Jungtiergeneration wurde ihren Familien entrissen. Calypso, ein einjähriges Weibchen, wurde nach Frankreich verschifft, wo sie im darauffolgenden Dezember starb. Nepo, ein zehnjähriges Männchen, und Yaka, ein vierzehnjähriges Weibchen, kamen beide ins Marine World Africa USA im kalifornischen Vallejo. Nepo starb 1980 dort; Yaka lebte bis 1997. Das Marineland kaufte die anderen drei Wale. Von diesen dreien starben zwei binnen drei Jahren; nur Corky überlebte.

Zehn Jahre nach Corkys Gefangennahme war ihre Pod wieder auf ihre ursprüngliche Stärke, zwölf Orcas, angewachsen, aber die Demographie war extrem verändert. Es gab nur alte Wale und Jungtiere; die gesamte Generation junger ausgewachsener Tiere war verschwunden. Mike Bigg vermutete, daß der Wal, an den Corky sich zum Zeitpunkt ihrer Gefangennahme geschmiegt hatte, Corkys Mutter gewesen war. Dieser Wal erhielt den Namen A23, war auch als Stripe bekannt und schwamm mit der A5-Pod.

Im Sommer 1979 erschien die A5-Pod häufig in den Gewässern rings um die Bucht von Paul Spong, und langsam lernte ich Stripe und ihre ausgedehnte Familie kennen. Angeführt wurde die Gruppe von vier Müttern, die zwei Generationen umspannten. Eve (A9), die zweiundvierzigjährige Grande Dame der Familie, huschte, flankiert von ihren beiden Söhnen, Top Notch (A5) und Foster (A26), an mir vorbei. (Die A5-Pod hätte nach ihrer Anführerin, Eve, richtiger A9-Pod heißen müssen. Aber die Pod war in den Anfangsjahren der Orca-Forschung, als man annahm, die großen Männchen seien die Anführer, nach Top Notch benannt worden.) Eve trug die Narben einer direkten Begegnung mit einer Schiffsschraube vor vielen Jahren. Aus dem Rücken der Matriarchin waren zwei schaufelgroße Stücke herausgeschnitten, die Male gingen so tief, daß die Schiffsschraube vermutlich auch die Wirbelsäule getroffen hatte.

Eves mutmaßliche Tochter, die sechsundzwanzigjährige Licka (A8), reiste gemeinsam mit ihrer fünfjährigen Tochter Havannah (A28). Stets leicht auszumachen war Saddle (A14), das vierte ausgewachsene Weibchen der Pod A5. Die meisten Schwertwale der nördlichen Ortstreuen haben Sattelflecke, die großen Apostrophzeichen ähneln, aber Saddles Fleck sah aus wie ein Häkchen. Gekennzeichnet als A15, reiste Saddle mit ihrer Tochter, der achtjährigen Sharky (A25), benannt nach ihrer zackigen, dreieckigen Finne, und einem namenlosen kleinen Sohn.

Sharky kannte wenig Furcht vor Menschen. Ihrer Meinung nach existierten wir bloß zu ihrem Vergnügen. Oft umkreiste sie mit ihrem kleinen Bruder im Schlepptau mein Boot und stoppte, um zuzusehen, wenn ich meine Finger ins Wasser hielt. Während sie diese fremden Gliedmaßen untersuchte, die in ihre Welt herabhingen, konnte ich das von ihren Echoortungsrufen verursachte Kitzeln spüren.

Die Fortpflanzung der Orcas vollzieht sich geradezu gemächlich. Bei Schwertwalen kommte es im Durchschnitt alle zehn

Jahre zu einer erfolgreichen Geburt. Manche Wale gebären vielleicht öfter, aber aus Gründen, die noch immer mehr oder weniger unbekannt sind, sterben die Kälber oft während des ersten Lebensjahres.

Orcas werden innerhalb eines ähnlichen Zeitraums erwachsen wie Menschen. Mit fünf Jahren beginnt ein Schwertwal sich von Mama wegzuwagen, um mit anderen Jungtieren zu spielen. Mit fünfzehn entwickelt sich die Rückenfinne der Männchen zu ihrer vollen Größe. Vor der Adoleszenz sind Männchen und Weibchen kaum voneinander zu unterscheiden; in unseren Notizen nannten wir sie »FIMs« oder »female/immature males« (»weibliche/unentwickelte Männchen«).

Die Rückenfinne eines Orca-Weibchens wird etwa neunzig Zentimeter lang. Die Finnen fast »halbstarker« Orcas entwikkeln sich so schnell, daß wir die Tiere »sprouter« (»Schnellwachsende«) nennen. Sie sind leicht zu entdecken; wie ein Teenager, der in seine schlaksigen Glieder hineinwächst, schwimmt ein solcher »Schnellwachsender«, während seine neue Finne noch in der Luft schlottert. Wenn ein Orca-Männchen das Alter von zwanzig erreicht hat, hat seine Rückenfinne sich verdickt und ist zu einer enormen, starren anderthalb Meter hohen Klinge geworden.

Um das Alter eines Orca-Weibchens zu berechnen, zählen die Forscher, wie viele Junge neben einer Mutter herschwimmen, berücksichtigen den Eintritt der Geschlechtsreife mit zwölf Jahren und veranschlagen eine sechzehnmonatige Trächtigkeit, den Verlust des Erstgeborenen und eine mehrjährige Stillzeit zwischen jeder Geburt, und voilà, schon haben sie das Walalter.

Das Alter der Männchen ist schwerer auszurechnen. Wenn sie voll entwickelte Finnen hatten, als Bigg und Ellis sie 1970 fotografierten, dann wissen wir, daß sie damals mindestens zwölf Jahre alt waren. Wenn sie jüngere Brüder oder Schwestern haben, kann man vermittels der Reife ihrer Geschwister auf ihre Plazierung in der Familie schließen. Die meisten der Männchen, die 1970 als ausgewachsene Tiere gezählt wurden, sind heute tot; die ältesten noch verbliebenen wurden in den 1950er Jahren geboren. Wir wissen nicht, warum, aber es leben noch viele Weibchen, die in den 1940er oder 1930er Jahren geboren wurden – sogar eines aus den 1920er Jahren. Viele Orca-Weibchen werden bis zu achtzig Jahre alt, viel älter als Männchen, die eine Lebensspanne von ungefähr vierzig Jahren haben.

Schwertwale gehören zu den wenigen Wal-Spezies, die einen Geschlechtsdimorphismus aufweisen, einen körperlichen Unterschied zwischen Männchen und Weibchen. Männliche Orcas entwickeln eine viel höhere Rückenfinne und besitzen größere Flipper. Es bleibt ein Geheimnis, warum eine derart der Stromlinienförmigkeit verschriebene Spezies wohl so viel Energie darauf verschwendet, riesige Rückenfinnen durchs Wasser zu schleppen. Die Weibchen, die viel kleiner und vermutlich weniger kräftig sind, müssen nicht mit der Behinderung durch diese gewaltigen Rückenfinnen leben. »Die Rükkenfinnen wachsen den Männchen, weil die Mädchen sie mögen«, lautete Mike Biggs knappe Erklärung. Man glaubt, daß die Erwählung der Männchen durch die Weibchen einer Spezies zu manchen Extremen geführt hat. Das Ergebnis dieser sogenannten »runaway selection« (»aus dem Ruder laufende Zuchtwahl«) sind beispielsweise die Schwanzfedern des Pfauen-Männchens, die Schaufeln des Elchs und die leuchtenden Farbmuster bei Fischen, Vögeln und Insekten.

Für mich reduzierte sich jeder Wal auf seine Rückenfinne, da ich mir den Rest seines Körpers lediglich vorstellen konnte. Obwohl wir alle Angst vor schwarzen Flossen haben, die kaltes Wasser durchschneiden, begann ich den Anblick einiger dieser Flossen in der Johnstone Strait zu lieben – die freche, kleine Sharky, der imposante Top Notch und die schöne, stark gewölbte Matriarchin der A1-Pod, Nicola.

Nach dem Trauma, mit ansehen zu müssen, wie Corkys Kälber verhungerten, machte der Anblick gesunder junger Orcas in British Columbia mir große Freude. Wenn es am Vormittag nieselte, beobachteten wir, wie kleine Wale in dem Windschatten schwammen, der sich hinter der breitesten Stelle des Körpers ihrer Mütter, unmittelbar hinter der Rückenfinne, bildete. Die Kleinen tauchten auf wie Schatten. *Kwusch!* bliesen die Mamas; *wusch!* antworteten ihre Jungen (immer in dieser Reihenfolge). Die kleineren Wale wanden sich über die Köpfe ihrer Mütter, kniffen von unten Möwen und zogen dahintreibende Bündel Seetang unter Wasser. Corkys jüngere Cousine Sharky erwies sich als das verspielteste Mitglied der Pod. Mit ihrem kleinen Bruder, der hinter ihr herzockelte, kam Sharky ganz nah an unser Boot und untersuchte das Hydrophon, das über der Bordwand herabbaumelte, und in meinem Kopfhörer hörte ich das scharfe *Ping* ihrer Jungtier-Klicks. Ich beobachtete, wie sie sich wand und drehte bei dem Versuch, möglichst viele Informationen über ein weiteres bizarres menschliches Objekt zu sammeln, das von meinem Boot herabhing. Sharky hatte die beunruhigende Angewohnheit, unserem Zodiac nachzujagen und mit ihrer feingeschwungenen Schnauze Zentimeter hinter unserer Schraube zu kleben. Mit ihrer Rückenfinne, die durchs Wasser pflügte, sah es so aus, als würden wir von dem Killer aus *Der weiße Hai* verfolgt.

Die Jungtiere waren nicht die einzigen Wale, die in der Johnstone Strait herumtollten. Mit Beginn des Sommers kehrten die Lachse zum Laichen in British Columbia heim. Millionen von Königs-, Hunds-, Rot-, Silber- und Buckellachsen kamen mit dem in ihrem Fleisch gespeicherten Reichtum des offenen Meeres zur Küste zurück. Die Lachse des mächtigen Fraser, des Cowichan, Klinaklini, Homathko, Toba und anderer Flüsse kehren durch die Blackney Passage, unmittelbar vor Paul Spongs OrcaLab, nach Hause zurück, und wo die Lachse hinschwammen, folgten ihnen die Schwertwale. Wenn die Lachsschwärme ihren Höhepunkt erreichen, liefern sie die Nahrung für die Sommerversammlungen, die unverzichtbar für die Orca-Gesellschaft sind.

Obwohl Wale ihr ganzes Leben lang in den Pods ihrer Mütter schwimmen, heißt das nicht, daß sie nicht auch die Gesellschaft anderer Orcas suchen. Für die Fortpflanzung der Orcas ist der Kontakt mit anderen Pods unerläßlich, und diese Begegnungen hängen vom Vorhandensein der Lachse ab. Orcas versammeln sich dort, wo die Lachsschwärme sich gut entwickeln, und wenn die Schwärme zerfallen, sind die Wale gezwungen, sich zu zerstreuen.

Begegnungen zwischen Pods können formell ablaufen, mit präzise choreographierten Bewegungen, bei denen die beiden Pods sich in parallelen Reihen gegenüberstehen, um sich gleich darauf zu einem ungestümen Knoten zu vereinigen. Andere Male kommen sie lässig zusammen und bilden ihre Formation um, damit sie sich untereinander vermischen können. Besonders die Männchen haben ihre helle Freude an diesen Zusammenkünften. Oft schwimmen die Halbwüchsigen aus verschiedenen Pods zusammen weg und veranstalten ein Walspektakel, das besser ist als alles, was die Trainer im Marineland und SeaWorld sich vorstellen konnten.

Diese Männchen jagen einander und schießen mit Bäuchen, die schier platzen vor Lachsen, aus dem Wasser hervor. Eines Nachmittags im August, als die Rotlachse in dichten Schwärmen durch die Passage kamen, beobachtete ich eine Gruppe rüpelhafter Männchen, die weiß und schwarz aufleuchteten, während sie sich über und unter Wasser umeinander drehten und rollten. Es ist fast unmöglich, das Schwarz eines Orca von oben zu erkennen, aber wenn sie sich herumdrehen, leuchten ihre Bäuche hell auf. Hin und wieder erkannte ich in diesem Knäuel aus Walen flüchtig einen rosaleuchtenden Strahl. Die Halbwüchsigen schwammen mit gewaltigen Erektionen herum.

Seltsamerweise fing mein Hydrophon nicht einen Laut von den verspielten Burschen auf, bis ich so nahe herankam, daß ich in dem von ihnen aufgewühlten Wasser hin und her schaukelte. Ich dachte, sie hätten völlig aufgehört, miteinander zu kommunizieren, bis ich ein schwaches Pfeifen ausmachte, als eine Gruppe von Männchen direkt unter meinem Boot hindurchfegte. Sie waren in ein Privatgespräch verwickelt. Vielleicht, dachte ich, sollte das Gerede von Kerlen nicht ihren Schwestern und Müttern zu Ohren kommen.

Diese Art von Pfeifen ist seitdem auch in anderen Gruppen spielender Orcas festgestellt worden, nicht bloß bei Männchen. Es handelt sich um Laute, die keine weiten Strecken zurücklegen. Mir fiel es schwer, sie zu katalogisieren; sie irrten überall herum, mit Trillern und einem mäandernden Auf und Ab im Frequenzbild. Ich fragte mich, warum manche Laute so präzise geäußert wurden, während diese »Freizeit-Pfiffe« so unstrukturiert daherkamen.

Dieser erste Sommer öffnete meine Ohren für die Möglichkeiten ungebremsten Schalls. Ich hatte Corky und Orky für mein Leben gern zugehört, aber ihre durch Beton beengten Stimmen verblaßten im Vergleich zu der reichen Vielfalt und den subtilen Intonationen von Walrufen in freier Wildbahn. Als ich damit anfing, die Sprache von Corky und Orky zu koordinieren, nahm ich elf Lauttypen mit vierzig individuellen Variationen auf. Mehr als zwanzig Jahre später umfaßt dieser Wortschatz zweiundsechzig unterschiedliche Codes – und ich habe ihre Sprache keinesfalls gänzlich erforscht. Die Stimmen wilder Wale können mühelos 160 Quadratkilometer Wasser ausfüllen. Ihre Stimmen sind so laut wie eine Trompete, die einen Meter vom eigenen Ohr entfernt gespielt wird.

Der Ruf eines Schwertwals lotet genau den Raum um ihn herum aus. Die Rufe werden mit genug Energie ausgesendet, um etwa anderthalb Kilometer auszustrahlen, auf eine Felswand zu treffen und zu dem Wal zurückzuwandern und ihn dadurch wissen zu lassen, wo das Meer endet und die Küste beginnt. Es gibt Stellen in der Nähe der Johnstone Strait, wo ich gehört habe, wie Walrufe, zwischen Kanälen, Felsinseln und Buchten hin und her springend, fünf Echos erzeugten. Manchmal treffen die Rufe, die ausgesandt werden, auf die zurückkehrenden Echos, um sich mit ihnen zu einem traumhaft schönen Konzert zu vereinigen.

Viele Wal-Spezies sind noch größere Meister der Langstrekken-Kommunikation. Blauwale, die lautesten Tiere auf Erden, können mittels Schall eine kleine Insel mitten im Ozean finden. Während des Kalten Krieges brachte die US-Navy weltweit Hydrophone auf dem Meeresboden an, um nach feindlichen Unterseebooten und Schiffen zu horchen. Damit fingen Wissenschaftler der Marine rhythmische, niederfrequente 15-Hertz-Impulse auf. Diese Schallwellen hatten eine Amplitüde von etwa 90 Metern. Als sie diese Töne verfolgten, manchmal 43 Tage lang über mehr als 1500 Kilometer, stellten die Wissenschaftler fest, daß sie wandernden Blauwalen beim Orten lauschten. Ein Blauwal im Atlantik kann einen Ruf aussenden und fünfzehn Minuten später ein Echo hören, das ihm den Weg zu den Bermudas weist.

Für uns ist die Unterwasserwelt ein dunkler, undurchdringlicher Ort; für Wale erhellt jeder Ton sie möglicherweise in dreidimensionalen Momentaufnahmen. Das Sehvermögen durchdringt die meisten Oberflächen nicht, der Schall sehr wohl. Echoortung ist, als führe man im Dunkeln mit den Händen über das Gesicht eines geliebten Menschen. Obwohl man die Einzelheiten nicht erkennen kann, füllt der eigene Tastsinn die Lücken aus. Ein Wal jedoch kann mit seiner bemerkenswerten Echoortung nicht nur im dunklen Ozean »sehen«; tatsächlich kann er auch in eine Reihe von Objekten hineinsehen, darunter auch andere Wale. John Lilly meinte einmal, es könnte sogar eigene Regeln für ihren Gebrauch geben. Die Ortung eines Freundes mittels Echo unter Walen und Delphinen könnte als unhöflich gelten.

Wasser selbst begann für mich anders zu klingen. Bei Flut rollte die Blackney Passage wie eine Lawine. Kiesstrände klapperten, in Seetangbetten fressende Garnelen knackten wie Speck in der Pfanne. Felsendorsche gaben entzückende tiefe, ernste Grunzer von sich. Regen zischte. Heringe sprudelten. Wasserläufe gurgelten. Bald wurde mir die gewaltige Menge an Informationen klar, die ein Wal durch bloßes Zuhören aufnehmen konnte. Ich erinnere mich, daß ich an einem Kanal vorbeitrieb, der zu einer riesigen, rauhen Wasserfläche hinführte, und hörte, wie die friedliche Stille, während ich vorüberzog, von donnernder Brandung und klappernden Strandkieseln unterbrochen wurde.

Die beunruhigendsten Geräusche kamen von vorbeifahrenden Schleppern, Frachtern und vor allem von den schwimmenden Hotels – Kreuzfahrtschiffen –, welche die Inside Passage den ganzen Sommer lang durchpflügten. Die Wale verfielen jedesmal in Schweigen, wenn das pulsierende Brummen der Menschheit alles andere erstickte. Immer wenn ein Schiff, gleich welcher Größe, vorbeikam, mußte ich den Kopfhörer absetzen, um meine Ohren zu schützen. Ich fragte mich, ob eine Spezies, die Jahrtausende gebraucht hatte, einen derart empfindlichen und ausgefeilten Gehörsinn zu entwickeln, sich an den akustischen Ansturm der Menschheit gewöhnen konnte. Meine Notizen von damals zeugen von der Wirkung auf meine eigenen, primitiven Ohren: »Ich habe den ganzen Tag auf Schiffe gehorcht; mir dröhnt der Kopf; die Stille meines Segeltuchzeltes tut gut heute nacht – arme Wale.«

In jenem Sommer wurde mir zum ersten Mal der fundamentale Unterschied zwischen Menschen und Walen bewußt. John Lilly hatte dargelegt, wie die Freiheit der Bewegung durch eine dritte Dimension die Intelligenz, Wahrnehmung und Kommunikation von Walen verändern könnte. Ich hatte nicht verstanden, worauf er hinauswollte, bis ich anfing, über diesem akustischen Abgrund zu schweben, eingeschlossen zwischen der Schwerkraft und der Dichte von Wasser. Für die Wale war meine Welt, wo sie verbrauchte Luft abließen und nur gerade lange genug blieben, um eine frische Lunge voll einzusaugen. Ich fragte mich, ob irgendwelche Hoffnung bestand, dem Gedankengang eines Wals zu folgen, während er in eine Welt hinabtauchte, die meinen Sinnen vollkommen fremd war. Vielleicht gibt es im Bereich der Sinne genügend Gemeinsamkeiten, um – eines Tages – eine Art von interspezifischer Kommunikation zu ermöglichen. In jenem ersten Sommer jedoch stürmte derart viel Neues auf mich ein, daß ich das Gefühl hatte, als erhaschte ich nur einen flüchtigen Blick auf die komplexe Welt der Wale.

Gelegentlich brachten die Menschen von Hanson Island den Orcas ein akustisches Opfer dar. Paul Winter, der Jazzmusiker und Leader der Paul Winter Consort, hatte in diesem Sommer die Reise zu Paul Spong unternommen, um Waltöne aufzunehmen und in dem japanischen Dokumentarfilm mitzumachen. (Wegen seiner Bemühungen, den Walfang zu stoppen, hatte Spong es in Japan zu ziemlicher Berühmtheit gebracht.) Winter hatte im Jahr zuvor sein bahnbrechendes Album *Common Ground* veröffentlicht, ein betörend schönes Werk, auf dem die Gruppe Kompositionen zusammen mit den aufgenommenen Rufen von Adlern, Wölfen und Buckelwalen spielte.

Eines Morgens fragten Winter und Mickey Houlihan, der Toningenieur, den wir in Alert Bay kennengelernt hatten, ob sie nicht im Zodiac mit mir kommen könnten. Ihr eigenes Walprojekt laufe gut, erzählten sie (Winters nächste Veröffentlichung, *Callings,* brachte die akustischen Beiträge der A5-Pod), aber sie bräuchten eine Pause vom Rummel des Filmteams.

Im Gegensatz zu anderen Musikern, die zu Besuch kamen, wollte Winter tatsächlich für die Wale spielen, nicht bloß dabei gefilmt werden. Mein überladenes kleines Zodiac kam kaum voran, aber nach ein paar schnellen Zickzackbewegungen befreiten wir uns vom Sog des Wassers und genossen den herrlichen Salz- und Zedernholzwind der Meerenge in unseren Haaren.

Die Wale waren an diesem Vormittag nirgends zu finden, also suchten wir statt dessen nach interessanten Echos. Ich hatte noch nie zuvor nach Echos gejagt, aber Mickey erwies sich als alter Hase. Als wir über die Meerenge hinwegglitten, bat er, auf der Höhe der Robson Bight zu stoppen, einer Bucht voller Lachse an der Mündung des Tsitika, des letzten unberührten Flusses im Osten von Vancouver Island. Die Bucht sollte in späteren Jahren als ökologisches Schutzgebiet ausgewiesen werden, aber was Mickey an jenem Tag auffiel, war das Glitzern eines blanken Kliffs, das gut einhundert Meter hoch aufragte. Was für ein Echolieferant!

Paul Winter, ein ernster, liebenswürdiger Mensch, band sein Saxophon mit einer Seilschlinge an der Taille fest, setzte sich auf den Bug des Schlauchbootes und fing an, für die Bucht zu spielen. Seine lieblichen Töne schwebten über das Wasser, wurden von dem Kliff zurückgeworfen und erzeugten eine volle Melodie aus Tönen, die sich selbst einholten. Während wir uns zu der Musik treiben ließen, hörten wir das leise Blasen von Orcas im Süden. Die A5-Pod war eingetroffen.

»Laßt uns etwas ausprobieren«, sagte Mickey. Mit Klebeband befestigte er eine Stahlröhre am Bootsrand der Zodiac, deren anderes Ende ins Wasser hinabführte. Paul hielt sein Saxophon an die Röhre und spielte. Mein Kopfhörer fing die dünnen Töne des Instruments auf, während seine Musik direkt durch das Rohr ins Wasser übertragen wurde.

Top Notch, der riesige Sohn von Eve, schwamm mit schwungvollen Bewegungen weitab von der Pod und näherte sich nun dem Boot. Paul versuchte die Rufe seiner Familie nachzuahmen, aber der Wal schien vollkommen unbeeindruckt. Mickey schlug vor, Paul solle dem Wal vorführen, zu welchen Tönen dieses menschliche Wesen hier imstande sei.

Paul überlegte einen Moment und begann dann eine wunderschöne Melodie von Johann Sebastian Bach durch die Röhre zu leiten. Abrupt hielt Top Notch im Wasser inne. Während Paul mit an die Röhre gelegtem Instrument spielte, ruderte der 8000-Pfund-Wal vorsichtig näher an das Boot heran und trieb dann zu Pauls Musik ruhig dahin. Ich hielt die Luft an. Ich weiß nicht, was der Wal dachte, aber er schien tatsächlich zuzuhören. Es war ein seltener, friedlicher Augenblick, an dem Wal und Menschen gleichermaßen teilhatten. Als das Lied zu Ende war, ließ Top Notch einen langen, mächtigen Ruf los, atmete aus und verschwand spurlos.

Ich lernte nicht nur etwas über Wale, ich erhielt auch eine Grundausbildung in der elementarsten Fähigkeit eines Feldforschers: ein spartanisches Leben zu führen. Die Inside Passage kann im Spätsommer angenehm sein, mit Temperaturen zwischen fünfzehn und einundzwanzig Grad Celsius, aber sie heißt nicht umsonst die Regenküste. Oft legte sich am frühen Morgen ein feuchter, kühler Nebel über die Insel, und genau um die Zeit, wenn er von der Wärme der aufgehenden Sonne zerstreut wurde, kam Westwind auf und blies stetig bis zur Dunkelheit. Selbst wenn es nicht regnet, umgibt eine permanente Feuchtigkeit den Ort. In den meisten Nächten verkroch ich mich mit Pullover oder Mantel in meinen Schlafsack und fand mich damit ab, mit feuchtem Stoff zu leben, der meine Haut berührte. Nachdem ich im ausgedörrten Klima Südkaliforniens gelitten hatte, stellte ich fest, daß ich diese anhaltende Nässe in vollen Zügen genoß. Obwohl Renée ein Mensch war, der die Sonne liebte, war sie den ganzen Sommer gut gelaunt. Gegen Ende unserer Zeit hier stieß mein Freund Jeff zu uns, der sich als ausgezeichneter Lagerfeuerkoch und bei dem verdammten Suzuki als mechanisches Genie entpuppte.

Obwohl Jeff in der Lage war, den Außenborder anzuwerfen und am Laufen zu halten, konnte er keine Wunder vollbringen, und genau das war es, was wir brauchten, als an meinem nagelneuen Zodiac eine Naht aufplatzte, die groß genug war, das Boot binnen Minuten plattzumachen. Wenn das Zodiac keine Luft hält, hat man kein Boot mehr. Mir fiel Frank Awbreys Redundanz-Regel ein: Wenn es um die Ausrüstung für die Arbeit im Gelände geht, sollte man immer einen Ersatz dabeihaben. Da wir kein Reserveboot besaßen, blieb uns nichts anderes übrig, als unsere Zelte zusammenzupacken und nach Kalifornien zurückzukehren.

An dem Tag, als wir den grauen Stoffhaufen, der einmal mein Boot gewesen war, auf ein vorbeikommendes Schiff verluden, das nach Alert Bay unterwegs war, fühlte ich mich körperlich krank. Wir mußten nach Süden zurückkehren – ich hatte mich am Mesa College in San Diego eingeschrieben, um die Scheine in Chemie, Differentialrechnung und Biologie zu machen, die mir noch fehlten, und Jeff mußte sein Hochschulstudium abschließen – aber jede Faser meines Körpers sagte mir, ich sollte bleiben.

Während wir über den gewundenen Insel-Highway Richtung Süden fuhren, blickte ich hinaus auf die Discovery Passage, und ich erinnerte mich an eine meiner letzten Begegnungen mit den wilden Orcas. Es war kurz vor Sonnenuntergang, in der Luft hing bereits die beißende Septemberkälte. Ich hüllte mich in meinen Pullover und Regenmantel und lauschte auf zwei Männchen, die einander in dem dunklen Wasser jagten. Im Westen versank die Sonne durch einen regenfeuchten Vorhang hindurch und färbte den Himmel rötlich-orange. Als das Firmament von Feuerrot zu Dunkelblau überging, hörten die Wale auf und begannen in Formation umherzuschwimmen. Die beiden Männchen ruhten auf der Seite, wobei der Kopf des einen an der Fluke des anderen lag. Langsam reckten sie ihre Flipper zusammen in die Höhe und verharrten in dieser Haltung. Fünfzehn Sekunden lang hielten sie ihren Gruß aufrecht, dann rollten sie herum und tauchten in vollkommenem Gleichklang ab. Mir lief ein Schauer über den Rücken. Ich hatte mich oft gefragt, ob die Sonnenaufgangsnummer von Corky und Orky das Nebenprodukt von zehn Jahren Gefangenschaft und Showtraining war oder ob sie irgendeiner tieferen Quelle entsprang.

Auf der Fahrt nach Süden an diesem Tag dachte ich an die beiden Wale und wußte, daß ich einen flüchtigen Blick auf diese tiefere Quelle erhascht hatte. Und ich wußte, daß ich zurückkehren mußte.

7 Zurück in Kalifornien, sah ich Corky und Orky mit anderen Augen. Jetzt, wo ich ihre Familien durch die ausgedehnten kanadischen Meerengen hatte ziehen sehen, wirkte der Anblick zweier Orcas, die in einem Becken von nur wenigen Körperlängen Durchmesser herumschwammen, so normal wie zwei Menschen, die in einem Badezimmer wohnen. Ich wußte, wohin Wale gehörten, und sie gehörten nicht in Gefangenschaft.

Während ihre Familien mühelos hundert Seemeilen am Tag wanderten, waren diese Wale seit mehr als einem Jahrzehnt in einem Park eingeschlossen. Trotz ihrer ausgezeichneten Schallempfindlichkeit war alles, was Corky und Orky hören konnten, das beständige Geräusch der Wasserumwälzanlage. Trotz des Erbes ihrer außerordentlichen Verwandtschaftsbande hatten Corky und Orky ausschließlich einander als Familie.

Als ich mein Hydrophon in ihr Becken hinabließ, spürte ich, wie mich die unbequeme Bürde des Verstehens überkam. Das Lächeln auf Corkys »Gesicht« war bloß ihre Kieferstellung. In Wirklichkeit war da kein Lächeln. Ich konnte mich kaum überwinden, ihr ins Auge zu blicken. An der ausgefransten Wolle meines Pullovers hafteten noch Moleküle vom Atem ihrer Mutter. Ich war ihrem eigenen Bruder begegnet, den Corky niemals kennenlernen würde.

Wahrscheinlich erkannten Corky und Orky in mir den Menschen wieder, der Nächte mit ihnen verbracht hatte, aber wußten sie, wo ich gewesen war und was ich gesehen hatte? In meinem Apartment lagen dreißig Bänder von Corkys Geburts-Pod, aber ich würde sie ihr nie vorspielen. Jahre zuvor hatte John Lilly ein ähnliches Experiment mit Delphinen versucht. Als die körperlosen Laute der eigenen Stimmen der Delphine wieder zu ihnen in ihr Becken übertragen wurden, stürzten die Gefangenen, zitternd vor Furcht, zum entgegengesetzten Ende des Beckens.

John Ford, ein Meeressäugerforscher im Vancouver Aquarium, hatte ein noch beunruhigenderes Erlebnis. Als er einer Orca-Pod Rufe abspielte, fegte ein junges Männchen herüber zu Fords Boot und riß den Lautsprecher ab. Es war ein für einen Orca erstaunlich untypischer Akt der Gewalt. Ford glaubte allen Ernstes, der Wal könnte ihn töten. Jahrzehnte später spielte ein Filmteam im SeaWorld Corky tatsächlich eine Aufnahme von ihrer Familie vor. Während ihre isländischen Becken-Gefährten die Laute ignorierten, fing Corky am ganzen Körper schrecklich zu zittern an. Wenn sie nicht »weinte«, dann tat sie etwas furchtbar Ähnliches.

Trotz meines wachsenden Abscheus vor der Gefangenschaft, war ich entschlossen, so viel wie möglich über Corky und Orky zu lernen. Als ich die beiden eines Tages beobachtete, begann ich mich zu fragen, was wohl nötig war, um einem Wal eine menschliche Idee zu vermitteln.

Ich fragte die Waltrainerin Tish Flynn, wie sie Orky und Corky neue Verhaltensweisen beibringe.

»Ich würde mich freuen, es dir zu zeigen, Alex, aber winken, tauchen und springen können sie schon«, sagte sie. »Wenn du sehen willst, wie sie trainiert werden, mußt du dir ein neues Verhalten einfallen lassen.«

Ich dachte einen Moment nach und schlug dann Schlagen mit der Rückenfinne vor. Ich dachte dabei an die wilden Orcas, die ich gesehen hatte, wie sie mit ihren Rückenfinnen auf die Wasseroberfläche der Johnstone Strait schlugen. In den Jahren, in denen ich Corky und Orky beobachtet hatte, hatte ich die beiden so etwas nie tun sehen.

»Ich habe es auch noch nicht gesehen«, sagte Tish. »Wir versuchen es nächste Woche.«

Dann geschah etwas, das mich seitdem, was meine Gedanken rund um Wale betrifft, vorsichtig gemacht hat. Als Tish das Stadion verließ, tauchte Corky auf und schlug mit ihrer Rückenfinne auf die Wasseroberfläche. Sie zögerte kurz, tauchte ab und kam wieder hoch, um erneut mit ihrer Finne zu schlagen. Mit jedem weiteren Schlag gewann sie an Schwung, stieg beim nächsten Mal noch höher und schickte ein zufriedenes *Platsch!* über das Wasser. Ich stand auf der Haupttribüne und sah mit offenem Mund zu.

»Tish, Tish, komm schnell. Das mußt du sehen!«

Als Tish die Stadionunterführung herauskam, sah sie, wie Corky im Becken umherflog und Wellen über den Rand schwappten. Bei jedem Luftholen drehte sich der ausgelassene Wal und knallte seine Finne aufs Wasser.

Hatte der Wal meine Gedanken gelesen, oder war dies bloß ein weiterer ungeheurer Zufall? Tish sah meinen ungläubigen Gesichtsausdruck und lächelte.

»Typisch Wale«, sagte sie. »Sie können deine Gedanken lesen. Wir Trainer erleben solche Sachen die ganze Zeit.«

Mein letzter Winter in San Diego verging schnell. Ich konzentrierte mich genug auf die Universität, um meine Prüfungen zu bestehen, und verbrachte jeden weiteren verfügbaren Augenblick mit dem eingehenden Studium der Daten, die ich über Corky, Orky und ihre wilden Brüder gesammelt hatte. Meine Forschungsarbeit mit Corky und Orky machte deutlich, daß ihre Lautäußerungen nicht mit bestimmten Verhaltensweisen einhergingen. Wale äußerten keinen bestimmten Ruf, bevor sie sprangen oder einen Fisch verschluckten. Tatsächlich führten sie lange »Gespräche«, während sie Seite an Seite dahinschwebten.

Meine kanadischen Feldforschungen hatten ergeben, daß Schwertwale auf eine Art und Weise miteinander kommunizieren, die dafür sorgt, daß alle Mitglieder einer Pod in Kontakt miteinander bleiben und in den trüben Gewässern British Columbias, wo Pod-Gefährten, die nur ein paar Meter entfernt waren, bereits im Dämmer verschwanden, in dieselbe Richtung reisen. Ihre ständigen Rufe schienen die Gruppe über das laufende Geschehen zu informieren; Wale gaben unterschiedliche Töne von sich, je nachdem, ob sie auf Nahrungssuche oder beim Spiel waren. Das lange, mächtige *Wiiiooouuup* schien zu sagen: »Ich bin hier drüben, und es geht mir gut.« Der bei einem Richtungswechsel verwendete dramatische Ruf war – überraschenderweise – derselbe Laut, den Orky benutzt hatte, um seine trauernde Gefährtin zu wekken. Pfiffe standen normalerweise mit Spiel in Beziehung. Salven von Impulsen, sogenannte »pulse trains«, die wie quietschende Türen klingen, waren mit der Jagd nach Lachsen verknüpft.

Trotzdem hatte ich noch keine Erklärung dafür, warum Wale so viele unterschiedliche Laute produzierten oder warum einige Laute zufällig und mit keinem spezifischen Verhalten verbunden zu sein schienen. Es gab eine ganze Menge, wovon ich nichts wußte.

Ich war überzeugt davon, daß es nicht so sehr der spezifische Ruf war, auf den es ankam, als vielmehr, wie oft jeder Ruf geäußert wurde. Das gängige *Pituuuu* kam den ganzen Tag und die ganze Nacht vor, aber kam es zu bestimmten Zeiten öfter vor als zu anderen? Komplexe Muster kann man nicht durch ein Guckloch erkennen. Ich mußte weitersuchen, bis ich das große Bild erkennen konnte.

Wenn die Wale entspannt im Becken ihre Kreise zogen, sandten sie häufig ein langes, mächtiges *Wiiiooouuup* aus. Wenn Corky bekümmert war, beherrschte ein W*aawaawuuup* ihren Dialog. Wenn die Wale aufgeregt waren, schnellten ihre Stimmen oft in die Höhe wie das Pfeifen eines Knallkörpers unmittelbar vor der Explosion. Wenn derselbe Laut in der Wildnis geäußert wurde, konnte er Pod-Gefährten anlocken, weswegen ich mich fragte, ob er irgendeine allgemeine Aufregung signalisierte oder ob er bedeutete: »Hey, hier drüben ist ein großer Fischschwarm!«

Als ich durchforstete, was ich über die Laute und Verhaltensweisen von Schwertwalen wußte – Ändern der Richtung, Anknüpfen einer Unterhaltung, Teilnahme an einer Geburt, die lebhaften Schatten von Neugeborenen an der Seite ihrer Mütter, das gleichzeitige Luftholen –, sah es so aus, als sei das, worauf es ankommt, die Synchronizität. Ein Orca verbrachte sein Leben gemeinsam mit den Gefährten aus seiner Pod: Man atmete zusammen, bewegte sich zusammen fort, äußerte zusammen Laute, blieb zusammen.

Je länger der kalifornische Winter dauerte, desto schwieriger wurde es für mich, die gefangenen Wale zu erforschen. Als Corky zum dritten Mal trächtig wurde, erhöhte ich die Zahl meiner Aufnahme-Sitzungen, aber ich konnte der Frage nicht ausweichen, wie sich das Leben des gefangenen Neugeborenen gestalten würde. Zunächst einmal war das Becken für drei Wale zu klein. Einer müßte gehen. Orcas sind ungeheuer wertvoll (Meeresparks zahlten damals bis zu 200000 Dollar für einen Schwertwal). Das Marineland müßte das Junge wahrscheinlich irgendwann verkaufen, womit dem Neugeborenen sein Geburtsrecht verwehrt würde: ein Leben an der Seite seiner Mutter.

Dann war da die schreckliche Aussicht, zuzusehen, wie ein weiterer kleiner Wal verhungerte. Da ich die rundlichen Jungtiere der Johnstone Strait gesehen hatte, wurde mir klar, wie ausgemergelt Corkys Junge gewesen waren.

Ich bin nie gut darin gewesen, meine Gefühle zu verbergen. Um zu verhindern, daß meine Ansichten über die Gefangenschaft von Walen sich mit meiner Forschungsarbeit vermischten, ging ich zusehends auf Distanz zu den Mitarbeitern des Marineland. Sie wußten, was los war; jeder von ihnen verdrängte bewußt, welche Folgen die Gefangenschaft für die Wale hatte. Sie taten ihr Bestes, um den Walen das Leben so angenehm wie möglich zu gestalten. Niemand will der Tatsache ins Auge sehen, daß sein oder ihr Bestes in einer schlimmen Lage manchmal nicht gut genug ist. Oder daß es einfach schlichtweg falsch ist.

Eines Morgens in jenem Frühjahr parkte ich meinen Laster auf einem schattigen Fleckchen des Marineland-Parkplatzes und bemerkte einen Strahl Wasser, der sich über den Asphalt ergoß. Ich eilte durch die Sperren am Eingang und erblickte eine Katastrophe. Überall waren Rollen Toilettenpapier und Papierhandtücher in aufgeweichten Klumpen verstreut. Marineland-Mitarbeiter waren mit Besen und Schaufeln damit beschäftigt, den Wasserstrom umzuleiten und den Schutt zu beseitigen. Das Wasser kam aus dem Walbecken.

Komisch, dachte ich; ich hatte letzte Nacht kein Erdbeben bemerkt. Als ich das Wal-Stadion betrat, sah ich, daß die Orcas in ungewöhnlich niedrigem Wasser schwammen.

»Sie hat wieder das Fenster zerbrochen«, sagte jemand zu mir.

Corkys Rostrum trug die Narben ihrer eigenen Attacke vor Morgengrauen. Während sie fern von dem zerbrochenen Fenster am anderen Ende des Beckens ruhig dahinglitt, konnte ich tiefe Falten in ihrer Schnauze sehen. Sie hatte sich das Fenster ausgesucht, das auf einen Lagerbereich ging, wo neben Hausmeisterbedarf auch die kleinen Plüsch-Orcas aufgestapelt gewesen waren. Der Raum war mit zwei Zentimeter großen Glasscherben übersät. In der Regel schwimmen Wale nicht gegen Scheiben. Mit ihrer Echoortung verfügen sie über eine außerordentlich empfindliche Vorrichtung zur Vermeidung von Kollisionen. Die dünne Knochenschicht über dem akustischen Fettpolster ihres Unterkiefers ist zerbrechlich und könnte bei einem solchen Schlag leicht brechen. Mit voller Geschwindigkeit in ein Fenster aus Flachglas zu schwimmen ist ein für einen Orca untypisches Verhalten. Hatte Corky aus Wut, Langeweile oder dem blinden Bedürfnis nach einem Baby heraus gehandelt? Wie auch immer, irgend etwas stimmte nicht. Ich klaubte eine Glasscherbe auf und verstaute sie in meiner Tasche, ein Talisman für die Freiheit der Wale.

Mein Leben war damals und ist heute nach wie vor darauf ausgerichtet, zu verstehen, was Wale sagen. Das Glas in meiner Hand bedeutete: »Ich will raus.« Und doch muß ich zu meiner Schande sagen: Ich half Corky nicht. Ich verließ das Marineland, bald nachdem ihr nächstes Baby geboren wurde – tot und sieben Monate zu früh.

Als ich im Sommer 1980 mit Jeff und Renée in Alert Bay von der Fähre fuhr, war es wie eine Heimkehr. Die Orca-Totempfähle wirkten diesmal mehr freundlich als befremdlich; selbst die klappernden Geräusche von Männern, die an ihren Booten arbeiteten, klangen vertraut. Ich hatte den Winter an der Universität überstanden, weil ich mir selbst ein ganzes Jahr in Kanada versprochen hatte. Ich hatte vereinbart, als Untermieterin von Helena Symonds, Paul Spongs Partnerin, in eine winzige Maisonettewohnung zu ziehen. Helena unterrichtete an der Grundschule von Alert Bay, hatte sich aber für ein Jahr beurlauben lassen, weil sie ein Kind erwartete. Zwar wollte ich den Sommer über wieder zelten, aber zumindest hätte ich im Winter eine Heimatbasis mit einem Dach über dem Kopf, einer Küche und einer heißen Dusche. Der einzige Haken war die Tatsache, daß Helenas Nachbar nebenan der reisende Zahnarzt war, was bedeutete, daß man ein paar Tage damit verbrachte, dem Wimmern von Kindern und dem Heulen seines Hochgeschwindigkeitsbohrers zuzuhören.

Jeff, Renée und ich beluden mein neues – mit Garantie erworbenes – Zodiac mit der Aufnahmeausrüstung und einem riesigen Armeezelt aus Segeltuch. Wir brauchten nicht lange, um die kleine Bucht von Hanson Island zu finden, die Paul Spong als Platz für das Feldlager vorgeschlagen hatte. Sie hatte keinen Namen auf der Karte, aber die einheimischen Fischer nannten sie Big Bay. Sie verfügte über einen Bach mit Süßwasser, einen Ankerplatz für das Boot und einen ebenen Campingplatz mit Blick auf die Meerenge, womit wir eine spektakuläre Sicht auf die Wale hatten. Wir nannten sie Bigg Bay, zu Ehren von Mike.

Im Hochsommer erreicht das erste Licht kurz nach vier Uhr morgens die Johnstone Strait. Die kühle Luft, die reich ist an frischem Sauerstoff, der Nacht für Nacht von den Wäldern der Umgebung erzeugt wird, war so köstlich, das man eher das Gefühl hatte zu trinken, als zu atmen. Falls die Sonne uns nicht weckte, diente das Krächzen einer Rabenfamilie in der Nähe als Wecker. Während auf dem Coleman-Kocher das Kaffeewasser kochte, suchten wir zu dritt den Horizont nach Orcas ab. Wir rollten die Ohrenschützer an unseren Wollmützen hoch, legten die Hände schalenförmig an den Kopf und lauschten angestrengt, um die Blasgeräusche der Wale zu hören, die über ruhigem Wasser meilenweit trugen.

Ich liebte es, am Morgen aufzubrechen, und tue es heute noch für mein Leben gern. Man weiß nie, was der Tag bereithält. Wenn ich in meinem neuen Boot, das übermütig war wie ein Fohlen auf der Weide, über das Wasser glitt, wirbelte ich Salzwasserperlen auf, die über der Oberfläche der Meerenge zerstoben.

An manchen Tagen hockten wir von Sonnenaufgang bis Sonnenuntergang und sahen den Walen zu; andere Male hörten wir nichts, sahen nichts, beobachteten das ozeanische Leben und vertrieben uns die Zeit mit Singen (»Sitting on the Dock of the Bay« war unser Lieblingssong). Dall-Hafenschweinswale, stämmige 400-Pfund-Energiebündel, liebten Bugwellenreiten, wobei sie auf der Bugwelle eines Bootes oder Schiffes hin und her surften und versuchten, sich gegenseitig von der Welle zu stoßen. Wir standen abwechselnd im Bug des Zodiac, hielten das Tau fest, um sie zu beobachten, und wurden völlig durchnäßt. Und wir sahen Zwergwale, winzige Mitglieder der »Großwal«-Familie. Ein Zwergwal ist nicht länger als ein Orca, besitzt aber Barten anstelle von Zähnen. Zwergwale stiegen oft mit geöffnetem Maul durch Heringsschwärme hindurch auf, wobei Wasser und Fische sich ihre faltige Kehle hinunter ergossen. Häufig fingen die Wale einen ganzen Heringsschwarm und ließen eine hungrige Schar Möwen zurück, die gereizt aufeinander einpickten.

Wieder im Lager, entspannten wir uns unter den wachsamen Augen eines jungen Weißkopf-Seeadlers, dessen mütterliches Nest sich im Stumpf einer nahegelegenen Tanne befand. Der junge Bursche war, ebenso wie wir, noch dabei, sich mit den

Eigenheiten der Regenküste vertraut zu machen. Eines Morgens entdeckte der Jungvogel einen herrlichen Blaureiher, der auf einem Bett aus Seetang schwamm. Der Adler, der die Seetanghalme für recht gute Sitzstangen hielt, versuchte dort zu landen. Doch Adler sind nicht wie Reiher gebaut; sie sind schwerer, und ihre Füße sind zum Greifen gedacht, nicht dazu, ihr Gewicht über eine große Fläche zu verteilen. Immer wieder ließ der Adler sich nieder und versank, wild flatternd, um nicht zu ertrinken, bis zur Brust. Nachdem er es den ganzen Vormittag versucht hatte, fand er sich schließlich mit den Beschränkungen seiner Spezies ab und gesellte sich wieder zu seiner Mutter auf ihren festen hölzernen Hochsitz.

In jenen frühen Jahren konnten wir schwer einschätzen, wo die Wale an irgendeinem bestimmten Tag sein würden. Ganz gleich in welchem Gewässer die Pod gerade lebt, sie breitet sich über das gesamte Gebiet aus, Weibchen und Jungtiere gewöhnlich in Küstennähe, Männchen weiter draußen auf dem Meer. Wale auf Nahrungssuche bewegen sich vorwärts und wirbeln dann mit hoher Geschwindigkeit an der Wasseroberfläche hin und her. Wenn die Männchen wenden, kippen ihre Rückenfinnen um wie ein Segelboot quer vor dem Wind. Oft werden fressende Orcas von Möwen begleitet, die sich mit torkelnden Bewegungen um Bissen balgen. Hin und wieder taucht ein Wal mit einem silbern-rosafarbenen, halbgefressenen Lachs im Maul an die Oberfläche.

In den ersten Jahren meiner Forschungsarbeit konzentrierte ich mich auf die Orca-Männchen, um einen Hinweis darauf zu erhalten, wohin die Wale unterwegs waren; sie schienen in ihren Bewegungen die Zielstrebigsten zu sein, während die Weibchen und Jungtiere zurückblieben, um gute Fischplätze zu durchstreifen. Doch bald wurde offensichtlich, daß die Männchen zwar auf ihren Erkundungsmissionen ein größeres Gebiet nach Nahrung absuchten, die älteren Weibchen jedoch den Kurs festlegten.

Wie zu erwarten, kopierten die Weibchen die Bewegungen der kommerziellen Fangflotte: Beide fanden das Fischen in

Küstennähe am ergiebigsten. Die Fischer brachten ihre Wadennetze gewöhnlich an bestimmten Strandabschnitten aus statt draußen im offenen Wasser, selbst wenn dies bedeutete, Seite an Seite mit anderen Booten zu arbeiten. Der Inhalt ihrer Netze bestätigte diese Taktik: Die unmittelbar vor der Küste ausgebrachten Netze quollen über vor silbernen Fischen, wenn sie hochgezogen wurden, während die in tieferem Wasser ausgeworfenen fast leer an die Oberfläche kamen. Aus irgendeinem Grund – wir wissen noch immer nicht, warum – hielten die Orca-Männchen sich an das weniger günstige tiefere Wasser und überließen den Weibchen und Neugeborenen die besten Fisch-Schlupfwinkel.

Die Wale, die ich im vorigen Sommer sehr sorgfältig zu identifizieren versucht hatte, wurden mir von Tag zu Tag vertrauter. Saddle und ihre Jungen, die verspielte Tochter Sharky und der als A15 bekannte kleine Sohn, schienen sich prächtig zu entwickeln. Obwohl sie noch zwei Jungtiere nährte, fand Saddle zweifellos genug zu fressen. Corky brauchte normalerweise 145 Pfund Fisch pro Tag. Gegen Ende ihrer Trächtigkeit fraß sie bis zu 170 Pfund am Tag. (Es handelte sich um eine andere Fischart, Bonita, Corky lebte in wärmerem Wasser und bewegte sich weniger, so daß diese Zahlen lediglich eine grobe Schätzung von Saddles Verbrauch darstellen.) Wenn ein Lachs durchschnittlich etwa 5 Pfund wog, schätzte ich, würde Saddle pro Tag 35 bis 40 von den kleinen Buckel- oder Rotlachsen fangen müssen. Obwohl Sharky wahrscheinlich ebenfalls die im Überfluß vorhandenen Buckellachse fraß, vermutete ich, daß sie sich hin und wieder noch ein oder zwei Schlucke von Mama gönnte. Wir wissen nicht genau, wie lange Orcas gesäugt werden, aber Forscher glauben, daß junge Pottwale und Grindwale möglicherweise zehn Jahre lang bei der Mutter trinken. Ungeachtet dieses starken Bedürfnisses nach Nähe hatte Saddle noch Zeit, zu jagen und mit ihren Jungen an der Oberfläche herumzutollen.

Saddle zeigte überraschenderweise keinerlei Angst vor meinem Boot und ließ ihre Kleinen oft mit mir spielen. Angesichts der Geschichte von Saddle kam mir dies merkwürdig vor. Elf Jahre zuvor war sie von Fischern in demselben Dezembersturm gefangengenommen worden wie Stripe und ihre Tochter Corky. Tatsächlich hatte Saddle in dem schrecklichen Tumult aus Netzen und Booten sogar ein Junges zur Welt gebracht. Wahrscheinlich hatte die Pod nach geschütztem Wasser für die bevorstehende Geburt gesucht, als sie in die Falle tappte. Saddles Fünfjähriges wurde ihr genommen, aber die Mutter und ihr Neugeborenes verschonte man. Bevor man sie jedoch freiließ, hatte man ihr in einem Becken in Pender Harbour beigebracht, Kunststücke vorzuführen. Es war erstaunlich, daß dieser wilde Wal die letzten beiden Jungen in meine Nähe ließ.

Eve, die dreiundvierzigjährige Matriarchin der A5-Pod, war weiterhin auf der Hut vor Booten. Sie blieb auf Distanz zu unserem Zodiac und suchte oft weit vor ihren Söhnen Top Notch und Foster nach Nahrung. Letzteres mag auch der Tatsache geschuldet sein, daß der betagte Wal gegenüber dem Lärm der jüngeren Pod-Mitglieder weniger nachsichtig war. Eve alterte. Sie hatte seit neun Jahren kein Junges mehr bekommen und würde auch nie wieder gebären. Ihre Zurückhaltung war verständlich. Sie war in der Nähe von Menschen aufgewachsen, die mit tödlichen Schraubenblättern dicht an ihr vorbeigefahren und in mörderischer Absicht auf sie geschossen hatten. Der vielleicht tragischste Aspekt an Eves A5-Pod war die Tatsache, daß es keine Heranwachsenden gab. Alle zwischen 1960 und 1970 geborenen Wale, fast eine ganze Generation, waren gefangengenommen worden.

In Anbetracht dieser Geschichte ist es bemerkenswert, daß die älteren Wale sich überhaupt Booten näherten. Als Mike Bigg und Graeme Ellis in den frühen 1970er Jahren anfingen, die Orcas zu fotografieren, war es schwierig, an die Wale heranzukommen. Aber am Ende des Jahrzehnts, in dem Menschen in allen möglichen Arten von Wasserfahrzeugen herumschaukelten, hatten die Wale gelernt, daß die Boote keine Gefahr mehr bedeuteten.

Als ich die Vertrautheit dieser Familien beobachtete, die Art, wie sie körperlich oder akustisch ständig miteinander in Kontakt standen, wurde mir bewußt, daß meine eigene Familie in alle Himmelsrichtungen versprengt war. Durch die enge Beziehung der Pod-Gefährten untereinander, bekam ich Heimweh nach den geschwisterlichen Banden meiner Jugend. Die Akzeptanz, die Anerkennung und der Frieden, die ich innerhalb der Wal-Clans erlebte – das simple Wissen, wo jeder hingehörte und welche Rolle er im Leben spielen sollte –, waren genau das, was mich zum Studium von Tieren gebracht hatte. Das gleichzeitige Atmen unter Familienmitgliedern war ein Grad der Symbiose, der größer war als alles, was ich kannte. Wenn sie unter meinem Boot hindurchschwammen, sah ich ihnen zu, wie sie einander berührten. Ihre Flipper streiften leicht an den Flanken und Finnen ihrer Verwandten entlang. Tauchende Wale rollten aufeinander zu, wobei sie einen Ganzkörperkontakt herstellten. Diese sanften Berührungen umfaßten alle Altersgruppen und Mitglieder. In dieser Gesellschaft gab es keine Außenseiter.

Heute ist die Walbeobachtung rings um Alert Bay ein Wirtschaftsfaktor, aber im Jahr 1980 hätte sich das niemand vorstellen können. Jeder der Forscher und Fotografen, die mit den Walen in der Gegend der Johnstone Strait arbeiteten, hatte Karriere, Beziehungen, Geld, Zeit und die Annehmlichkeiten der Zivilisation geopfert, um hier zu sein. Obwohl wir alle dasselbe wollten – Zeit bei den Walen –, reichten die Pods für alle, und weil die Bedingungen, die unser kleines Häuflein ertrug, zu widrig waren, hatten wir keine andere Wahl, als uns zusammenzuschließen und aufeinander zu achten. Neben Paul Spong und seinen Freiwilligen gab es auch Fotografen wie Bob Talbot. Heutzutage findet man Bobs Werk als gerahmte Poster überall auf der Welt, aber damals arbeitete er mit ein paar Freunden und geringem Budget, zeltete draußen auf der Blinkhorn-Halbinsel von Vancouver Island und kreuzte in einem lecken Schlauchboot durch die Meerengen. Aqua Cine, ein Filmteam aus Victoria, British Columbia, betrieb zwei Camps, eines in der Nähe der Robson Bight und ein weiteres auf der anderen Seite der Meerenge in der Boat Bay auf West Cracroft Island, von wo aus man Orcas mit einer speziellen Unterwasser-Ausrüstung filmte. Jeff Jacobsen, einen Hochschulabsolventen aus North Carolina, konnten wir immer schon auf anderthalb Kilometer Entfernung ausmachen. Er hatte die beängstigende Angewohnheit, freihändig auf dem Sitz seines Vier-Meter-Zodiac zu stehen und durch Verlagerung seines Gleichgewichts zu lenken. Jeff erforschte die sozialen Gruppierungen von Walen, und wir waren stets in Sorge, er würde über Bord gehen und ertrinken, während sein Boot ohne ihn davonfuhr. Das einzige nennenswerte Geschäft mit der Walbeobachtung machte die *Gikumi,* ein alter Küstenfrachter, der von Jim Borrowman und Bill MacKay betrieben wurde, zwei Einheimischen, die in Telegraph Cove lebten, einer unmittelbar südlich von Port McNeill auf Pfählen erbauten Sägewerk-Siedlung. Die *Gikumi* wurde hauptsächlich zum Transport von Bauholz verwendet, aber Jim und Bill vermieteten sie im Winter an Taucher und unternahmen im Sommer ein paar Walbeobachtungsfahrten mit ihr.

Wir lebten alle in einem Umkreis von dreißig bis vierzig Kilometern, und an manchen Abenden besuchten wir uns gegenseitig am Lagerfeuer, um Lebensmittel abzuliefern, gemeinsam zu Abend zu essen und Walgeschichten auszutauschen. Unser wichtigster Rohstoff war Enthusiasmus. Ohne ihn hätten wir wegen der körperlichen Anstrengung, die das Leben und Arbeiten in der kanadischen Wildnis bedeutete, aufgegeben.

Das Tagesgespräch in jenem Sommer drehte sich um die neueste Marotte der Pods. Wie Orky und Corky hatten auch Wale in freier Wildbahn Spaß daran, neue Verhaltensweisen zu erfinden und einzuüben. Bestimmte Verhaltensweisen fangen jedes Jahr in einer einzigen Pod an, pflanzen sich durch die gesamte Gemeinde der nördlichen Ortstreuen fort, um dann bis zum nächsten Sommer wieder zu verschwinden. Im Jahr 1980 waren es Kopfstände: Die Orcas paddelten senkrecht stehend im Wasser, während sie mit den Schwänzen in der Luft wedelten. Manche Wale wurden rasch zu Experten und stiegen mit der Fluke nach oben kerzengerade aus den Tiefen empor. Andere schwankten und kippten auf ihre Spielkameraden.

Es war nicht immer ein reines Vergnügen. An kalten, nassen, windgepeitschten Tagen ohne Wale konnte es an der Regenküste British Columbias ziemlich deprimierend sein. Wir hielten gegenseitig Ausschau nacheinander und holten unsere Nachbarn ab, wenn der Blues zuschlug, womit wir sie daran erinnerten, daß sie nicht verrückt waren, nur weil sie sich hier draußen herumtrieben. Bob Talbot erzählte mir einmal, wie er sich nach einem Tag mit Motorschaden, Kameraausfall, zu viel Wind und zu wenig Walen den Strand hinaufgeschleppt hätte. »Ich setzte mich an den alten hölzernen Tisch, den wir da haben« – er hatte eine verlassene Hütte gefunden, in der er wohnte –, »holte mir eine Tasse Kaffee und fragte mich, ob ich mein Leben mit der Jagd nach Walen vergeudete. Mein Blick fiel auf die Tischplatte, und ich sah eine kleine Inschrift, die der frühere Bewohner zurückgelassen hatte. Weißt du, wie sie lautete? ›Ich hasse Schwertwale.‹ Ich mußte so lachen«, sagte Bob, »daß ich fast vom Stuhl gefallen wäre.«

Eines Abends fuhren Renée und ich, entschlossen, uns unser eigenes Abendessen zu fangen, raus zu den Gezeiten-Kabbelungen der Weynton Passage, wo es, wie wir gehört hatten, dichte Fischschwärme geben sollte. Überall um uns herum zogen Sportboote voller erfahrener Angler Lachs um Lachs aus dem Wasser, manche große Zwanzigpfünder, die ihnen Beifallsrufe von den Decks einbrachten. Renée und ich warfen unsere Süßwasserköder aus und warteten, daß einer anbiß. Und warteten. Nach einer Weile wechselten wir die Köder. Wir fingen nichts. Nicht einen Happen. Die anderen Angler bedachten uns mit prüfenden Blicken und herablassendem Lächeln, zwei Frauen, die inmitten dieses Überflusses eine totale Niederlage erlitten.

Endlich krümmte sich meine Angelrute. Ein Fisch am Haken! Ich sprang auf, bereit, gegen den mächtigen pazifischen Lachs zu kämpfen. Beinahe augenblicklich erkannte ich, was ich mir geschnappt hatte: eine grimmige, das Herz höher schlagen lassende – Seetangranke. Die Angler in den anderen Booten, angelockt von meiner plötzlichen hektischen Aktivität, stießen ihre Kumpels an, damit sie sich den Kampf ansahen. Ich wußte, wenn ich den Seetang einholte, würde ich das im Leben nicht mehr loswerden. Und weil ich mich keinesfalls von meinem lächerlichen Fang demütigen lassen wollte, kämpfte ich tapfer gegen meine Beute an. Nach einem angemessen langen Kampf lenkte ich den gewaltigen Sportfisch ans andere Ende des Bootes, wo wir sein Auftauchen aus dem Wasser mit unseren Körpern abschirmen konnten. Renée, die mitspielte, machte eine glaubhafte Fangbewegung und brachte den Fisch an Bord, und ich schickte mich an, das Leben aus einer blödsinnigen 15-Zentimeter-Seetangknolle zu knüppeln. Dann brausten Renée und ich, ohne noch einmal aufzublicken, in den Sonnenuntergang davon, mit leeren Mägen, aber ungebrochenem Stolz.

Nachdem Renée nach San Diego zurückgekehrt war, verlegten Jeff und ich unser Lager zur Mündung des Tsitika River. (Jeff wollte unbedingt den Mount Robson besteigen, der oberhalb der Flußmündung anstieg.) Nachdem wir unser Segeltuchzelt am Saum des unberührten Waldes aufgeschlagen hatten, stellte ich fest, daß das Gezeitenbuch eine der größten Tiden des Jahres voraussagte. Zwar beunruhigte mich diese Aussicht nicht, da unser Zelt im Gras stand, nicht am Strand, aber um sicherzugehen, stellte ich den Wecker auf eine halbe Stunde vor der Flut.

Der Wecker klingelte nicht. Mitten in der Nacht wachte ich von einem Plätschern auf. Ich richtete mich auf und sah den Boden rings um mich herum beben.

»Jeff«, sagte ich. »Wach auf, aber beweg dich nicht.«

»Was?« Er rührte sich und – zu spät. Als er sein Gewicht auf die Staubdecke aus Segeltuch legte, die uns als Fußboden diente, strömte Salzwasser hinein.

Jeff und ich zogen Mäntel und Stiefel an und wateten ins Freie. Regen trommelte auf unser Zelt, und überall war kaltes Wasser. Unser Campingplatz lag knietief im Salzwasser. Ich konnte nichts sehen, aber hören konnte ich. *»Kwusch, kwusch, kwusch!«*

»Jeff«, sagte ich. »Die Wale sind auf der Wiese.«

Wir konnten sie nicht sehen, aber nach einem Sommer bei den Walen konnten wir ausmachen, wie nahe diese Blasgeräusche waren. Wir standen durchnäßt in der Dunkelheit und lauschten auf die Orcas, die tiefstehende Sträucher umkreisten und sich an den Gräsern der Flußmündung entlangrieben. Ich fragte mich, ob sie bei jeder extremen Flut die Ränder der terrestrischen Welt erkundeten. Für die Wale war dies ein gefährlicher Ort – zu langes Verweilen und die einsetzende Ebbe konnten sie stranden lassen, und sie würden unter dem erdrükkenden Gewicht ihres eigenen Körpers ersticken. Und trotzdem schwammen sie bei Flut herein, um diesen Ort zu erkunden, der ihnen nur wenige Male im Jahr zugänglich war.

Zum Glück kam die große Flut, bevor meine Mutter eintraf.

Mom nahm eine Auszeit von ihrer Aufgabe, der Menschheit eine positive Zukunft zu bescheren, um mich mit einem Besuch auf unserem abgelegenen Zeltplatz zu überraschen. Zusammen mit meinem jüngeren Bruder Lloyd und seiner Frau Laura traf Mom sich in Alert Bay mit mir. Mein Bruder Wade und seine Partnerin Gale kamen zusammen mit ihrer vierjährigen Tochter Jennifer am nächsten Tag an, und ich beförderte sie alle runter zur Bigg Bay. Die ganze Familie war in Abenteuerlaune. Die einzige, die Vorbehalte bezüglich der Unterbringung hatte, war Jenny, die verkündete, sie werde *nicht* in meinem bescheidenen Außenposten wohnen. »Wo«, fragte sie, sich ungläubig umschauend, »sind die Gebäude?«

Als ich im Zelt saß und zuhörte, wie Wade Gitarre spielte, meine Mutter heißen Kaffee mit Rum schlürfte, Jenny mit Lloyd herumtobte und Laura eine Adlerfeder studierte, wurde ich daran erinnert, wie stark ausgeprägt mein Sippengefühl war. Mit einem tiefen Seufzer fielen die Spannungen des Sommers von mir ab. Wir Menschen können Nester bauen, uns in Höhlen verkriechen, Wärme erzeugen, aber, wie ich bei den Walen gesehen hatte, wir sehnen uns vor allem danach, unsere eigene Familie um uns geschart zu haben.

Meine Mutter offenbarte eine ganz neue Seite. Die elegante, zierliche, in New York City aufgewachsene Frau erwärmte sich sofort für die Bigg Bay, pinkelte im Wald und schrubbte das schmutzige Geschirr mit Strandkieseln ab. Einmal saßen wir frühmorgens da und lauschten auf Wale, die im Nebel atmeten. »Du bist eine echte Pionierin, mein Schatz«, sagte sie, wobei sie meine Hand drückte. Mom hatte schon immer eine Schwäche für Pioniere.

»Eigentlich nicht, Mom«, erwiderte ich. »Eine Menge Leute sind vor mir hiergewesen.«

»Das mag sein, aber du hast deinen Weg von Milton hierher in ein paar so kurzen Jahren gefunden. Weißt du, ich hatte Angst, du würdest dein Leben wegwerfen.«

Ich war fassungslos. »Mom, der einzige Grund, warum ich hier bin, ist, weil du an mich geglaubt hast. Ich hatte keine Ahnung, daß du dir Sorgen gemacht hast.«

»Habe ich, Liebling. Habe ich wirklich.«

Ich merkte es mir, damit ich nicht vergessen würde, meinen eigenen Kindern so zu vertrauen, wie sie mir vertraut hatte.

Als ich in Los Angeles lebte, hatte ich aus erster Hand erfahren, wie Filmteams unser Alltagsleben überfallen können. Sie übernehmen ganze Wohnblocks, indem sie ihre arroganten Produktionsassistenten ausschwärmen lassen, die umherstolzieren wie Hähne und jedem sagen, wohin er gehen darf und wohin nicht. Ich stellte mit Verdruß fest, daß ich ihnen selbst in der nördlichen Wildnis nicht entkommen konnte. Als wir eines Tages Paul Spongs Platz besuchten, bat ein Filmemacher Renée und mich, in seinem Dokumentarfilm als Alibiwissenschaftlerinnen aufzutreten. Wie sich herausstellte, wollte er unsere Reaktion filmen, während er ein Gedicht vorlas – und ich verwende den Begriff in einem sehr generellen Sinn –, das Wissenschaftler als kaltblütige Killer attackierte. Ich hielt den Mund, setzte eine verständnislose Miene auf und ließ ihn einfach stehen.

Deshalb war ich doppelt mißtrauisch, als die Aqua-Cine-Crew mit ihrem Schlauchboot gegen meines stieß und Jeff und mich zu ihrem südlich gelegenen Strand einlud, um irgendein Live-Unterwasservideo anzuschauen. Michael O'Neill, ein Englischlehrer, der mit einem Fotografen als Partner Aqua Cine gegründet hatte, erzählte uns, er wolle filmen, wie ein »Wissenschaftler« auf den seltenen Anblick von Walen unter Wasser reagierte.

»Es ist wirklich ganz erstaunlich, was wir mit den Kameras sehen können«, sagte er. »Ich denke, es wird Sie interessieren.«

»Nein, danke«, gab ich zurück. Dann machte er mir ein Angebot, das ich nicht ablehnen konnte. »Wie wär's, wenn ich zehn Gallonen Benzin gratis dazugebe?«

»Machen Sie fünfzehn draus.«

»Abgemacht.«

Am nächsten Tag trafen Jeff und ich uns mit Michael O'Neill auf West Cracroft Island. Er brachte uns über die Meerenge zum Lager seines Teams an einem winzigen Strand in der Nähe der Robson Bight. Renée und ich hatten früher in diesem Sommer an derselben Stelle ein paar mysteriöse Vorfälle registriert. In Strandnähe konnten wir Schwertwale sehen, die in heftigen Entladungen Luft ausatmeten, und mit dem Hydrophon schnappten wir ein Geräusch auf, das klang, als harkte jemand Kieselsteine.

Während O'Neill seine Anlage aufbaute, warteten Jeff und ich ungeduldig auf seinen Partner, einen Fotografen namens Robin Morton, der anscheinend unter Wasser die ferngesteuerten Kameras inspizierte. Ehrlich gesagt, war ich verärgert. Auf mich wartete ein Stapel leerer Tonbänder, um mit Walrufen gefüllt zu werden, und ich hatte mein Boot hier an einem der letzten Sommertage mit gutem Wetter auf einen Strand gesetzt – und wozu? Um die Komparsin in einer Naturdokumentation abzugeben.

Und dann veränderte sich mein Leben.

Dem eisigen Wasser entstieg ein großer Mann in einem orangefarbenen Taucheranzug. Robin Morton kam den Strand rauf, legte seine Kamera hin und schälte sich aus seiner Neoprenhaut. Einen Moment lang stand er splitterfasernackt da: hochgewachsen, schlank, einen Kwakwaka'wakw-Schwertwal auf die rechte Schulter tätowiert. Ich riskierte einen verstohlenen Blick; er ertappte mich, schenkte mir ein großes, breites Lächeln und zog sich eine Trainingshose über. Ich verliebte mich.

»Willkommen in meinem Unterwasserstudio«, sagte er. »Ich bin Robin.«

»Eine beeindruckende Ausrüstung haben Sie da«, sagte ich und bemühte mich nach Kräften, professionell zu klingen.

»Ich hoffe, die Wale lassen sich heute blicken«, sagte er, »denn ich denke, das wird Sie interessieren. Wußten Sie, daß hier ein Massagesalon für Wale ist? Hier. Schauen Sie.«

Robin und Michael führten Jeff und mich durch das dichte Rebhuhnbeergesträuch zu einem Fernsehmonitor, der an einen Joystick angeschlossen war.

»Robin hat im letzten Jahr diese Furchen am Strand bemerkt«, sagte Michael.

»Der Rest der Felsen ist mit Algen bedeckt«, erklärte Robin. »Aber in den Furchen sind sie sauber – Furchen, groß genug, um mich hineinzulegen. Also dachte ich mir, daß irgend etwas den Strand umpflügt. Die Wale wollten partout nicht warten, wenn ich zu ihnen ins Wasser kam, also habe ich im letzten Winter diese ferngesteuerte Kamera konstruiert. Jetzt sitze ich bloß hier und warte, daß die Wale zu mir kommen.«

Da Robin und Michael kein Hydrophon hatten, gaben Jeff und ich unseres Robin, der es in der Nähe der Stelle, an der er filmen wollte, im Wasser verkantete. Nach einigen Stunden entdeckten wir mehrere Wal-Blaswolken, die in unsere Richtung kamen. Während sie sich näherten, säuberten wir den Strand von allen menschlichen Spuren und zogen uns in die Büsche zurück. Als ich auf das Schwarzweißbild des Unterwasserstrandes blickte, schnellte ein Gelbschwanzbarsch vorbei. Mir stockte das Herz.

Ohne Vorwarnung schälte sich ein riesiger Umriß aus der Düsternis. Wie ein zur Landung einschwebendes Raumschiff stieß der Wal herab und setzte mit einem hörbaren *Kuuuuschh* auf den Kieseln auf. Robin neigte den Joystick und folgte der unverwechselbaren Rückenfinne von Top Notch. Mein Gesicht gegen das Tageslicht abschirmend, sah ich, wie der Orca seine Schnauze in die Steine wühlte und sich hin und her wand.

Bei so guter Sicht brauchten wir nicht lange, um herauszufinden, was hier vorging. Delphine und Wale in Gefangenschaft lieben es, an den schwer zugänglichen Stellen ihres Körpers, wo ihre ständig sich ablösende Haut Verdickungen bildet, gerieben zu werden. In freier Wildbahn erfüllten die Kieselsteine der Robson Bight dieselbe Funktion. So kratzen sich Wale, wenn es sie juckt.

In der Evolutionsbiologie gibt es eine als »unterbrochenes Gleichgewicht« (»punctuated equilibrium«) bekannte Theorie, wonach die Evolution der Spezies sich stoßweise vollzieht, mit langen Perioden der Untätigkeit – dem Gleichgewicht –, die von plötzlicher Veränderung unterbrochen werden. Ich habe festgestellt, daß mein eigenes Leben sich ähnlich entwikkelt hat. Ich gewöhne mir einen Rhythmus an, der jeweils monate- oder jahrelang weiterschnurrt, dann passiert etwas, das den Lauf meines Leben für immer verändert. Die Begegnung mit Robin war ein solcher entscheidender Moment. Ein paar Tage später ereignete sich ein zweiter.

Jeff und ich folgten Saddle, Eve, Top Notch und den anderen nordwärts, als sie mit ihren entfernten Verwandten aus der H1-Pod in die Queen Charlotte Strait schwammen. An diesem Tag verwirrten und entmutigten mich die Wale. Ihre Bewegungen hatten keine einheitliche Richtung; die beiden Pods breiteten sich über acht Kilometer aus, wobei sie in vertraulichen Gruppen Umgang miteinander hatten. Ich konnte nicht feststellen, wohin sie unterwegs waren, und meine Aufnahmen waren zu sporadisch und kurz, um von großem Nutzen zu sein.

Der Himmel hatte uns einen perfekten Spätsommertag beschert, aber gegen Abend schob sich von Westen eine Nebelbank heran. Ich nahm mir vor, nach Süden zurückzukehren, wenn die in der Queen Charlotte Strait gelegene winzige Insel Penfold in dem Weiß verschwände. Aber es ist schwer zu erkennen, wie weit eine Nebelbank entfernt ist; sie hat keine scharfen Ränder, und es gibt keinen Hinweis auf ihre Größe. Da ist einfach ein weiches, weißes Etwas. In mein Notizbuch versunken, blickte ich auf, um festzustellen, daß die Feuchtigkeit mich einhüllte. Jeff und ich fühlten uns wie in einem Glas Milch. Das Wasser, glatt wie Honig, hatte kein Wellenmuster, das man hätte deuten können. Die Sonne war vollständig verschwunden. Und Jeff und ich hatten keinen Kompaß.

»Herrgott«, sagte ich. »Was machen wir jetzt?«

»In welcher Richtung liegt unser Lager?« fragte Jeff.

Panik kroch in mir hoch. Ich wußte ganz genau, wo wir waren: Das war das Problem. Wir befanden uns in der weiten Queen Charlotte Strait, nördlich von Hanson Island. Was bedeutete, daß wir, wenn wir uns nördlich, südlich oder östlich hielten, irgendwann auf die Küste stoßen würden. Wenn wir falsch rieten und nach Westen steuerten, würden wir kein Land sichten, bis wir Japan erreichten.

Über das Hydrophon schnappte ich das Dröhnen eines riesigen Kreuzfahrtschiffes auf. Die Plötzlichkeit des Geräuschs bedeutete, daß das Schiff draußen vor der Blackney Passage, einem Hauptschiffahrtsweg, um die Ecke gebogen war und auf uns zusteuerte. Wir wußten, daß es aus Süden kam. Aber wo war Süden? Das Hydrophon, das keine Richtung angab, konnte es uns nicht verraten. Unsere Ohren würden das Geräusch des Schiffes irgendwann wahrnehmen, aber der Nebel war so dicht, daß wir es möglicherweise erst hörten, kurz bevor die Schiffsschrauben uns unterpflügten. Ich stellte mir vor, wie dreißig Meter stählerner Schiffsbug unmittelbar vor meinem Gesicht den Nebel zerschnitten. Blitzschnell überschlug ich unseren Benzinvorrat, dachte an die zunehmende Dunkelheit und fragte mich, welche Chancen wir hatten, die richtige Richtung zu erwischen. Die Antwort beruhigte mich keineswegs.

Dann tauchte aus dem Nichts eine glatte, schwarze Rückenfinne auf. Und noch eine. Da waren das große Männchen Top Notch, seine Mutter, Saddle, und die scheue Matriarchin Eve; wie ein Spielkartenblatt waren ihre Finnen neben unserem Boot aufgefächert. Direkt über der Wasseroberfläche blickte mich Stripe, Corkys Mutter, an. Zuversicht spülte Angst hinweg. Die Gegenwart der Wale umfing mich wie eine herzliche Umarmung. Instinktiv wußte ich, was zu tun war. Wir würden bei den Walen bleiben. In der Rückschau verstehe ich den Grund für diese Zuversicht nicht, da die Wale den ganzen Tag in Richtung Ozean geschwommen waren.

Ich glaubte, es wäre schwierig, mit ihnen Schritt zu halten, so unberechenbar, wie sie sich den ganzen Tag verhalten hatten. Wenn sie nur zehn Meter vom Zodiac abschweiften, würden wir sie im Nebel aus den Augen verlieren. Aber ich war keinen Moment lang besorgt. Ich vertraute ihnen unser Leben an.

In den nächsten zwanzig Minuten folgten Jeff und ich dem Rudel. Die Wale hielten sich dichtgedrängt in der Nähe des Bootes und schwammen unmittelbar unter der Oberfläche, so daß wir sie unter Wasser sehen konnten. Sharky und Saddle schwammen so nahe, daß ich den Motor mehrmals leer laufen ließ, damit die Schraube des Außenborders sie nicht schnitt. Die ganze Familie tauchte in einem Fächer aus Rückenfinnen neben uns auf.

Rechtzeitig nahm ein winziges Eiland in dem Nebel schwache Konturen an. Ich konnte nicht sicher sein, ob das Inselchen echt war; sobald man im Nebel nicht mehr klar sieht, können die Augen einem einen Streich spielen. Als der Umriß der Insel sich deutlicher abzuzeichnen begann, verschwanden die Wale. Mit Vollgas rasten Jeff und ich auf die uralten Zedern und die felsige Küstenlinie zu. Kurz bevor wir das Land erreichten, riß die Nebelbank auf, und wir stürzten in einen prachtvollen rosigen Sonnenuntergang. Ich erkannte die Insel wieder. Die Wale hatten uns nach Süden auf die Blackney Passage zu geleitet – sie hatten uns nach Hause zurückgebracht. Ich ließ das Boot am Rande der Nebelbank treiben und wartete. Ich wußte, die Wale waren nur gut hundert Meter hinter mir. Aber sie waren verschwunden.

Mehr als zwanzig Jahre lang habe ich mich bemüht, die Mythologie der Orcas aus meiner Arbeit herauszuhalten. Immer wenn jemand Geschichten über den Sinn für Humor oder Musik bei Orcas erzählte, hielt ich meinen Mund. Ich war da, um ihr Verhalten zu dokumentieren. Ich hatte nicht genug Daten, um zu der Schlußfolgerung zu gelangen, daß ein Schertwal Witze erzählte oder sich an Musik erfreute, und ich wehrte mich dagegen, die Motive und das Verhalten wilder Tiere zu anthropomorphisieren. Doch es gibt Augenblicke, wo ich mit starken Beweisen für etwas konfrontiert werde, das unsere Fähigkeit zur wissenschaftlichen Quantifizierung übersteigt. Man kann sie als erstaunliche Zufälle bezeichnen, wenn man will; für mich summieren sie sich fortwährend: der Tag, als Corky den Schlag mit der Rückenfinne vorführte, den ich mir vorgestellt hatte, während ich ihn Tish schilderte; die Art und Weise, wie Corky nach drei Tagen der Trauer meine Hand »hielt«. Und hier stand ich wieder vor einem Beweis für … etwas. Tatsache war: Die Wale waren weit verstreut gewesen und den ganzen Tag nach Westen gereist. Tatsache war: Es war schwierig gewesen, ihnen zu folgen, weil sie untypischerweise unstet in ihren Bewegungen gewesen waren. Tatsache war: Sie hatten soeben die letzten zwanzig Minuten als Schwarm in der Nähe meines Bootes zugebracht – sogar Eve, die Zurückhaltende – und waren als dichtes Rudel nach Süden gezogen. Tatsache war: Sobald Land in Sicht gekommen und meine Angst geschwunden war, hatten sie die Richtung geändert und sich nach Westen oder Norden gewandt. Tatsache war: Nichts von dem, was ich jemals am Verhalten von Walen beurteilt hatte, hatte sich als willkürlich herausgestellt.

Waren Jeff und ich tatsächlich gerettet worden? War das

möglich? Ich hatte Geschichten über Delphine gehört, die ertrinkende Menschen ans Ufer getragen hatten – Geschichten, die auf die Zeit des Aristoteles zurückgehen –, aber bis heute hatte ich sie als Wunschmythen abgetan. Doch Wissenschaft war nicht die saubere und ordentliche Erfahrung, die ich erwartet hatte. Es gab mehr, als nackte Zahlen abbilden konnten. Ich kann nicht behaupten, daß Wale telepathische Fähigkeiten besitzen – mir fällt es schon schwer, das Wort zu sagen –, aber ich kann nicht ignorieren, was ich mit eigenen Augen gesehen habe. Spürten sie mein Entsetzen? Ich habe keine Erklärung für die Ereignisse jenes Tages. Ich verspüre nur Dankbarkeit und ein tiefes Gefühl des Geheimnisses, das weiter wächst, bis auf den heutigen Tag.

8 Als die Ende September einsetzende Regenzeit begann, brach ich das Lager ab und zog in mein gemütliches Domizil in Alert Bay, wo ich zur Untermiete wohnte. Jeff fuhr mit dem Zodiac ein paar Tage ohne mich raus. Mein Apartment verwandelte sich in eine Flut von Papier. Es ging mir nicht bloß darum, die Felddaten des Sommers auszuarbeiten. Meine Forschungsarbeit war zur Präsentation auf einer Konferenz über Orcas an der University of Washington im Oktober angenommen worden. Der positive Bescheid war im August eingetroffen, und seitdem war ich dabei, das Referat im Kopf zu strukturieren. Weil es nur noch ein paar Wochen bis zur Konferenz waren, schloß ich mich in meinem Apartment ein und verwandelte Jahre der Beobachtung in greifbaren Text.

Einen Tag vor der Konferenz campierten Jeff und ich im Haus eines Freundes in Seattle auf dem Fußboden. Am nächsten Morgen kramte ich ein zerknittertes T-Shirt hervor und machte mich auf den Weg zum Campus. Ich war so nervös, daß ich kaum denken konnte. Bislang hatten meine wissenschaftlichen Ambitionen nur in meinem Kopf existiert. Ich hatte von Alaska bis zur mexikanischen Grenze Feldforschung betrieben, hatte unter einem halben Dutzend berühmter Wissenschaftler studiert, aber noch immer arbeitete ich ohne das Siegel irgendeiner offiziellen Institution. Ich hatte nicht die geringste Ahnung, ob meine Arbeit den Anforderungen gerecht wurde.

Nervös blätterte ich in meinen Unterlagen und warf einen verstohlenen Blick auf das Auditorium. Einen Augenblick lang hielt ich das Ganze für einen jener Alpträume, in denen alle, die man je gekannt hat, sich in einem Zuschauerraum drängeln, um zuzusehen, wie man in Unterwäsche die Bühne betritt. Sam Ridgeway saß inmitten einer Gruppe der alten Cetaceen-Clique aus San Diego; Paul Spong stand ganz hinten und unterhielt sich angeregt mit John Gale; Mike Bigg war in das Konferenzprogramm vertieft; Tom Otten und Brad Andrews vom Marineland nickten mir zu. Meine Mutter und meine Schwester Woodleigh strahlten mich an. Ein Dutzend andere, unbekannte Gesichter, deren Namensschilder sie als Angehörige der Universität X und dem Institut Y auswiesen, blickten zu mir hoch. Nach vier Jahren Forschung würden die nächsten zwanzig Minuten aus mir etwas machen oder mich ruinieren.

»Das Verhältnis zwischen Cetaceen-Lauten und -Verhalten ist bis heute ein interessantes und verwirrendes Thema«, begann ich. »Der traditionelle Ansatz versuchte das Auftreten eines Lautes mit einem bestimmten Verhalten in Beziehung zu setzen. Wir haben uns in dieser Studie den prozentualen Anteil der Lautäußerungen und nicht ihr absolutes Auftreten angesehen …« – und los ging's.

Nachdem wir von Orky und Corky 14 892 Laute in Gefangenschaft sowie 12 582 wilde Laute von den Pods in British Columbia analysiert hätten, sei ich zusammen mit meinen Co-Autoren John Gale und Renée Prince zu dem Schluß gekommen, daß Orcas Schall höchst flexibel einsetzten. Wale stimmten keinen einzigen Laut auf ein spezifisches Verhalten ab. Mit Hilfe von Histogrammen (der Gebrauch von Schall wird als Frequenz-Säulendiagramm dargestellt) und Dias vom frühmorgendlichen Wasserspritzen, Synchronschwimmen und von anderen Aktivitäten erklärte ich, daß es nicht auf den Laut selber ankomme, sondern auf die Häufigkeit seiner Verwendung. *Pituuu* überwiege, wenn die Abstimmung unter den Orcas am größten sei, wenn beispielsweise die gesamte Pod die Richtung wechsele. *Wii-oo-uuo* sei mit Ruhe verbunden, wenn sich beispielsweise die wilden Wale bei der Nahrungssuche zerstreuten. Es scheine sich um eine entspannte Art und Weise zu handeln, in Verbindung zu bleiben.

Am Ende des Referats hatte ich mir eine gewisse Anerkennung von den Leuten verdient, die ich am meisten achtete. Brad Andrews und Tom Otten gratulierten mir. Sam Ridgeway sagte mir, es sei die beste Präsentation gewesen, die er je bei einer Konferenz erlebt habe. (Was natürlich nicht stimmt, aber ich genoß sein Lob trotzdem.) Ich hielt mich noch ein wenig bei der Wal-Clique auf, bis der Hausmeister uns hinauswarf, und redete mit Wissenschaftlern, die mich – endlich! – als Kollegin in ihren Kreis aufnahmen, über Wale. In den Augen meiner Mutter sah ich einen feuchten Glanz, als wir uns verabschiedeten. Sie konnte mich von der Liste der Kinder, um die sie sich Sorgen machen mußte, streichen.

Auf dem Weg zum Wagen holte mich eine vertraute Stimme ein.

»Fantastische Präsentation, Alex«, sagte Robin Morton. Er und Michael O'Neill hatten früher an diesem Tag auf der Konferenz ihr Filmmaterial über Orcas vorgeführt. »Unangenehme Bande, nicht?«

»Hör zu«, sagte er, »bei der Vorführung fragte uns eine Menge Leute nach den Namen der Wale, die wir gefilmt haben. Du kennst sie sehr viel besser als Michael und ich. Warum kommst du auf dem Rückweg nach Norden nicht kurz bei uns in Duncan vorbei, wenn du Zeit hast? Wir könnten dir weiteres Filmmaterial zeigen, und vielleicht könntest du für uns ein paar Wale identifizieren.«

Mein Herz machte einen Sprung. »Ich schaue, ob ich es einschieben kann«, sagte ich ihm.

Jeff und ich verabschiedeten uns auf der Konferenz voneinander. Er fuhr von Seattle aus weiter nach Süden, um seine Promotion abzuschließen; ich machte mich nach Norden auf, um meine Arbeit in Kanada fortzusetzen. Obwohl wir als feste Freunde schieden, wußten wir beide, daß unsere Beziehung an ihr Ende gelangt war. Jeffs Leben war in der akademischen Welt; meines war in den kalten Strömungen der Johnstone Strait. Mein Herz füllte sich mit einer Mischung aus Trennungsschmerz, Traurigkeit, Hinnahme und dem prickelnden

Reiz eines neuen Lebens und einer neuen Liebe. Als ich die Tür meines Pick-ups schloß, begann ich eine Wanderung, die ebenso gewaltig war wie die Reisen des Monarchfalters, die ich als Mädchen auf den Sportplätzen von Connecticut bewundert hatte. Ich mußte nach Norden.

Robin und sein Partner bei Aqua Cine, Michael O'Neill, teilten sich ein halbfertiges Haus in Duncan, einer großen Stadt nördlich von Victoria. Michael und seine Familie wohnten im Obergeschoß; Robin bewohnte die Räumlichkeiten im unteren Stockwerk. An diesem Abend unterhielten die beiden mich mit Geschichten über ihre Eskapaden bei der Unterwasser-Filmerei.

»Es ist eine andere Welt da unten«, sagte Michael zu mir. »Die meisten Leute haben keine Ahnung.«

»Und wenn man filmt, geht alles schief, was auch nur schiefgehen kann«, ergänzte Robin. »Deine Batterien werden schwächer. Die Wale kommen nicht an der richtigen Stelle an die Oberfläche, und wenn sie auftauchen, sind die Boote in der falschen Position. Man kriegt Wasser ins Gehäuse, wackelt mit der Kamera, kriegt zuviel grelles Licht oder hat nicht genug Licht. Alles verschwört sich gegen einen.«

Wir schauten uns ihr Filmmaterial vom Geschehen des letzten Sommers an dem Rubbelstrand an, das die Forscher auf der Orca-Konferenz begeistert hatte. So etwas hatte man noch nie zuvor gesehen. Ich war überrascht, wie wenig Endmaterial sie bekommen hatten; als die Vorstellung gerade in Schwung kam, war sie vorbei. Es brauchte Wochen um Wochen des Drehens, um ein paar kostbare Minuten Filmmaterial zu erhalten.

»Sogar das Wasser ist gegen uns«, sagte Michael. Ihm sei seine 16-Millimeter-Kamera in die Meerenge gefallen. »Zum Glück war das Wasser flach genug, daß ich hineingreifen und sie rausziehen konnte. Aber Salzwasser zerfrißt die Metallteile schneller, als man glaubt.« Wenn sich an ihrem empfindlichen inneren Mechanismus Rost bildet, ist die Kamera ruiniert. Jede Sekunde zähle. Ohne Süßwasser in der Nähe zum Spülen der

Kamera verfiel Michael auf eine verzweifelte Lösung. »Ich nahm sie auseinander«, sagte er, »und leckte das Salz noch vom allerletzten verdammten Zentimeter dieser verdammten Kamera!«

Robin und ich blieben die halbe Nacht auf und machten uns über eine Kiste Kokanee-Bier her, während wir über Wale redeten und Lebensgeschichten austauschten. Robin wuchs in Victoria auf, der überaus britischen Provinzhauptstadt von British Columbia, und fing als Jugendlicher mit dem Tauchen an. Michael lernte er während seiner Arbeit als Nachrichten-Kameramann für Victorias CHEK-TV kennen, und Mitte der 1970er Jahre gründeten die beiden ihre Firma. Mit Krediten der Familie, merkwürdigen Aufträgen für Hersteller von nautischem Bedarf und Robins Gehalt von CHEK kamen sie so gerade über die Runden.

Ich verstand nie, wie Robin mit den Walen tauchen konnte. Sosehr sie mich auch faszinierten, die Vorstellung, zu einer Pod von Orcas ins Wasser zu springen, machte mich total nervös. Robin verschwendete nie einen Gedanken auf die Gefahr. Jahre später schilderte er seine Erfahrungen in einem Artikel, den er für die von dem berühmten Explorers Club herausgegebene Zeitschrift *The Explorers Journal* schrieb:

Es ist ein außerordentliches Gefühl, wenn man zum ersten Mal über den Bootsrand geht. Da hängt man dann im Wasser. Man ist vielleicht von Walen umgeben, aber man kann sie nicht sehen, und man weiß nicht, wo sie sind. Einen selbst nehmen sie zuerst mittels Schall wahr. Sie kennen die Dichte unserer Gestalt und, mit Hilfe ihres Sonars, unseren genauen Standort. Sie kennen das Luftvolumen in unserer Lunge, und wahrscheinlich können sie unser Herz hören, was eine Möglichkeit ist, unseren Gemütszustand zu deuten. Dann gleitet urplötzlich von hinten ein Wal Zentimeter an einem vorbei und betrachtet einen. Ich sagen Ihnen, es gibt nichts Realeres. Sie könnten einen leicht töten. Wir haben uns oft gefragt, warum sie nicht angreifen. Es ist eine der Fragen, mit denen wir uns beschäftigen. Wir haben beschlossen, von der Voraussetzung auszugehen, daß sie uns nicht fressen oder herumschleudern werden.

In jenem ersten Sommer folgten Robin und Michael den Walen zur Robson Bight, wo Robin einen seltenen Augenblick im Leben des Säugers einfing, den wir erforschten – das Töten eines Lachses:

Als der Grund undeutlich aus der Tiefe auftauchte, sah ich einen silbrigen Strahl, der ungleichmäßig zu mir aufstieg. Ungläubig sah ich zu, während sich in der Wassersäule ein großer Lachs senkrecht an mir vorbeiwand. Ich habe Lachse unter Wasser nur äußerst selten zu Gesicht bekommen, und nie zuvor hatte eines dieser unruhigen Tiere sich mir genähert. Dieser Fisch war offenkundig orientierungslos, und obwohl er keine körperlichen Verletzungen aufwies, hatte ich das Gefühl, daß die Wale (welche die Bucht soeben verlassen hatten) dafür verantwortlich waren.

Wegen der starken Gezeitenströmung befand ich mich stromabwärts von meinem anvisierten Ziel, als ich die Küste erreichte. Den letzten Abschnitt meiner Reise mußte ich mich an einer Felswand entlangtasten, die im Gezeitenbereich lag, aber ich näherte mich der Bucht stetig und befand mich unvermittelt Aug in Auge mit einem weiteren Lachs. Vorsichtiger als der andere, beäugte dieser hier mich scheu von einem Tidebecken aus, das an seiner dem Meer zugewandten Seite zeitweise von Land umgeben war. Mit jeder Wogenflut war seine Sicherheit bedroht, und da meine Anwesenheit eine unmittelbare Gefahr bedeutete, warf dieser weit abgetriebene Fisch sich gegen eine hereinkommende Flutwelle und glitt an mir vorüber.

Durch diese beiden Fische aufmerksam geworden, schwamm ich auf der Suche nach weiteren in die Bucht. Tatsächlich schimmerten dort vor dem Kies im seichten Wasser zwei Lachse. Diese zappeligen Fische schnellten hin und her, über die ganze Uferlinie. Bei meinem Anblick stoppten sie abrupt. Während meine Kamerahand damit beschäftigt war, dieses Schauspiel zu filmen, schwebte meine andere Hand, bereit, eine dieser Delikatessen auf den Strand zu boxen, aber beide Fische flüchteten ins offene Wasser und ließen mich, in den Brechern strampelnd, zurück.

Robins Begegnung deutete die Antwort auf eines der größten Rätsel im Leben eines Schwertwals an: Wie fängt ein wuchtiger Acht-Tonnen-Wal einen schlüpfrigen, lebhaften Zwanzig-Pfund-Lachs? Wissenschaftler vertreten die Theorie, daß manche Wale ihre Beute mit Schall betäuben. Robins Schilderung des orientierungslosen Lachses war der erste Augenzeugenbericht, von dem ich je gehört hatte. Er erinnerte mich an die Zeit, als die Marineland-Delphine mich akustisch »angebrummt« hatten, als ich, um mein Hydrophon zurückzuholen, in ihr Becken gestiegen war. Ich glaube, diese Delphine waren sanft mit mir verfahren; sie hatten nicht versucht, mich mit voller Kraft zu betäuben. Bedienten sich die Wale, um ihr Essen zu fangen, tatsächlich irgendeiner Art Sonar-»Betäubung«? Andere Forscher haben erlebt, wie Delphinmütter ihre Jungen mit einem schnellen, starken Brummen zur Ordnung riefen. Auch zur gegenseitigen sexuellen Stimulation benutzen Delphine starken Schall. Ihre akustischen Talente scheinen unbegrenzt zu sein.

Robins frühe Begegnungen mit Orcas hatten ihm gezeigt, daß man das Verhalten einer Pod nicht dokumentieren kann, wenn man vor ihr ins Wasser springt und sie filmt. Es störte die Wale und erschöpfte Robin. Seinen mit der Kamera beladenen, in einem Taucheranzug steckenden, bleibeschwerten Körper den ganzen Tag in die Johnstone Strait und wieder heraus zu hieven, machte ihn vollkommen fertig. Eine ferngesteuerte Kamera, so vermutete er, ließe die Wale ungestört und würde ihre privatesten Verhaltensweisen einfangen. Aber zuerst müßte er die passende Technologie für die Idee finden.

Robin warb unter Vancouvers weltweit renommierten Herstellern von Tauchbooten für seine Idee. Jim McFarlane, Präsident und Gründer von International Submarine Engineering (ISE), verstand Robins Erfinderleidenschaft, weil er sie teilte. McFarlane erlaubte ihm, das Teilelager der Firma zu durchstöbern und sich zu nehmen, was er brauchte. Auf der Rückbank seines Jeeps lebend, verbrachte Robin einen Monat damit, sich durch Berge von Zahnrädern, Plattformen, Hydraulik-Vorrichtungen, Drähten und Schläuchen zu wühlen, bis er eine merkwürdig aussehende, aber brauchbare ferngesteuerte Plattform angefertigt hatte, auf die er eine Kamera festschrauben konnte.

Robin montierte eine Videokamera und eine 16-Millimeter-Filmkamera nebeneinander auf die Plattform. Beide ließen sich über eine ferngesteuerte Hydraulik schwenken und neigen. Die Videokamera schickte ein Live-Bild an die Oberfläche, und wenn Wale auftauchten, konnte Robin die Filmkamera von der Oberfläche aus starten.

Nach ein paar Tagen bei Robin und Michael fuhr ich weiter Richtung Norden nach Alert Bay. Wegen des rauhen Wetters saß ich den größten Teil des Winters fest – es gab keine Begegnungen mit Walen. Robin und ich setzten unsere junge Liebe per Telefon fort und erkundeten dabei vorsichtig unser beider Leben und Wünsche. Ich war nicht die geistreichste oder schönste Frau in Robins Leben. Aber wir wollten beide dasselbe – mit Walen zusammensein und ihnen vierundzwanzig Stunden am Tag zuschauen und zuhören. Robin war die Augen, ich die Ohren. Mike Bigg förderte unsere Verbindung. Nach Wochen der Telefonate beschlossen Robin und ich, zusammen nach San Diego zu fahren, um mein Zeug abzuholen. Den ganzen Weg die Küste runter redeten und lachten wir. Ich verliebte mich in diesen kanadischen Akzent und die Art, wie er sagte: »Weib, du kriegst bestimmt ’ne Menge Ärger!«

Wir legten einen Zwischenstop im Marineland ein und verbrachten eine Nacht bei Orky und Corky. Mit dem Auge des Filmemachers entdeckte Robin Einzelheiten, die ich nie bemerkt hatte, beispielsweise die Art, wie Corky beim Rundendrehen immer exakt an derselben Stelle auftauchte, und die Tatsache, daß Orkys Augen einen etwas anderen Braunschimmer hatten als die von Corky.

In der frühen Morgendämmerung neben dem Marineland-Walbecken fragte Robin mich, ob ich ihn heiraten wolle. Ich hatte immer Kinder gewollt, war aber auf den bitteren Geschmack von Besitz, den die Ehe für mich hatte, nicht sonderlich scharf gewesen. Doch ich vertraute Robin.

»Ja«, sagte ich. Die Wale nahmen keine Notiz von uns.

9 Robin und ich gaben uns in einer bewaldeten Schlucht in der Nähe seines Hauses das Jawort. Uns beiden war es gelungen, die Ängste unserer Mütter – seiner, daß ihr Sohn eine Nordamerikanerin heiratete, meiner, daß ihre Tochter einen Mann heiratete, dessen Souterrainwohnung nicht einmal einen Teppichboden hatte – zu zerstreuen. Meine Schwester Suzanne legte Robins Zementfußboden mit Teppichboden vom Sperrmüll aus, und meine Mutter füllte die kargen Winkel des Hauses mit gelben Narzissen. An diesem stürmischen Frühlingstag trafen Freunde und Familie ein, um zu sehen, wie mein Bruder Wade mich zum Altar führte. Sobald wir Robins Nachbar davon überzeugt hatten, seine Motorsäge abzustellen, ging die Zeremonie ohne Probleme über die Bühne.

In die Flitterwochen fuhren wir per Auto und Fähre nach Norden zu den abgelegenen Queen Charlotte Islands. Bei unserer Rückkehr gingen wir ein Boot kaufen. Unser Plan war, ein Schiff zu finden, auf dem wir wohnen könnten, um es als Basislager für die Orca-Forschung zu nutzen. Ich dachte an ein Zehn-Meter-Segelboot mit Motor, aber Robin hatte größere Pläne.

»Wenn wir ein kleines Boot kaufen, müssen wir von Bord gehen, um zu arbeiten«, lautete seine Schlußfolgerung. »Also könnten wir genausogut ein großes Boot kaufen, mit dem wir uns unseren Lebensunterhalt verdienen können.«

Nachdem wir die Anlegeplätze von Vancouver abgegrast hatten, verliebte er sich in ein breitschultriges, robustes altes Schiff namens *Blue Fjord*.

Mit einer Länge von zwanzig Metern hätte ihr Schatten zwei der Segelboote schlucken können, die ich im Sinn gehabt hatte. Sie war groß und breit gebaut, mit einem ausladenden Jachtheck.* Das Wasser um sie herum fein säuberlich teilend, durchpflügte die *Blue Fjord* Wind und Wellen wie eine Ente. Der momentane Eigner betrieb die *Fjord* als Charterboot für Lachsangler. Er verkaufte sie (wie uns später klar wurde), weil er eine anstehende Generalüberholung des Schiffes scheute. Die *Blue Fjord* war 1939 für das kanadische Militär gebaut worden, um über dem Pazifik abgeschossene Piloten zu retten. Sie war aus Zedernholz für die Decksverkleidung und zehn Zentimeter dicken Tannenholzplanken kräftig gebaut wie ein Stier, und es brauchte schon starken Seegang, um sie herumzuschubsen. Doch vierzig Jahre nach ihrer Taufe bildeten sich an jeder der Befestigungen in ihrem Rumpf dünne Rostflecken.

»So wissen Sie wenigstens, daß es noch ein bißchen Metall gibt, das sie zusammenhält«, versicherte uns ihr Eigner, während Robin und ich die kupferroten Flecken beäugten, die Streifen an der Bordwand bildeten. »Es ist ein gutes Zeichen!« Es ist fraglich, ob der Mann jemals in seinem ganzen Leben zwei Landratten getroffen hatte, die leichtgläubiger waren als die beiden, die an diesem Tag vor ihm standen.

Durch den Verkauf von Robins Hälfte des Hauses in Duncan und indem wir uns ein wenig Bargeld von seiner Familie liehen, kratzten wir genug Geld zusammen, um die *Fjord* zu übernehmen. Wir standen im Begriff, das erste Gesetz über Bootsbesitz zu entdecken: Der Kauf ist nicht das Ende der Zahlungen für das Boot, sondern erst der Anfang.

Das Oberdeck leckte. Das Getriebe, das zehn Jahre lang nicht gewartet worden war, schwamm in einer orangefarbenen Brühe. Der Stromerzeuger erzeugte nichts. Die Tiefkühltruhe kühlte nie. Die Batterien waren leer. Kaum hatten wir den Generator zum Laufen gebracht, stellten wir fest, daß sein Auspuff über der Wasserlinie angebracht worden war, was ihn zu einem großartigen Verstärker machte. Wenn wir ihn einschalteten, wußte es die halbe Provinz. Vielleicht stimmte es

* Spiegelheck mit achterlichem Decksüberhang, der über die Wasserlinie hinausgeht.

ja, daß die Rostrinnsale anzeigten, daß Schrauben und Bolzen das Schiff noch zusammenhielten, aber sie trugen nicht dazu bei, Vertrauen in seine Seetüchtigkeit zu erwecken. Nach wochenlangem Schrubben fuhren wir schließlich in die Stadt und kauften zehn Eimer rostbraune Bootsfarbe. Problem gelöst.

Trotz der technischen und ästhetischen Handikaps der *Blue Fjord* hatten wir kein Problem, Charteraufträge zu bekommen. Die Kundenliste des früheren Eigners war im Kauf inbegriffen, und wir stellten bald fest, daß wir genug Arbeit für einen Sommer hatten. Wir führten Geschäftsleute auf Urlaub rauf zu den lachsreichen Gewässern an der Zentralküste nördlich von Vancouver Island, beförderten Forscher nach Norden zu den Queen Charlotte Islands, dienten Segelfans beim Swiftsure-Rennen als Aussichtsplattform und halfen bei den See-Erprobungen von Jim McFarlanes Tauchbooten.

Auch wenn ich mein Leben immer gleichberechtigt neben meinen männlichen Kollegen geführt hatte, traf ich eine Vereinbarung mit Robin: Ich würde mich um die häusliche Seite des Unternehmens kümmern, wenn er alle technischen Dinge erledigte. Das rettete mich vor der Dieselhölle, gemeinhin als Maschinenraum bekannt, bewahrte mich aber nicht vor dem Alptraum des Ölherdes.

Die einzige Quelle für Kochhitze auf der *Fjord* kam aus einem steinzeitähnlichen Herd ohne Einstellskala, dessen einzige Regelmöglichkeit ein geheimnisvoller Messingknopf zur Dosierung der Brennstoffzufuhr war. Der Herd hatte seinen eigenen Kopf. Alle drei Tage spuckte er Rußklumpen aus, die, wo immer sie landeten, schwarze Flecken hinterließen. Ich mußte jedesmal die Platte hochheben und ihn mit einem Staubsauger aussaugen, wodurch ich hinterher aussah wie ein Londoner Schornsteinfeger.

Das Chartergeschäft verlor rasch sein romantisches Flair. Manche Gäste waren angenehm, aber zu viele brauchten eine Rundumbetreuung wie kleine Kinder. Sie tranken zu viel, fielen aus ihren Kojen und wurden ruppig, wenn die Lachse sich nicht blicken ließen. Um Einzelkabinen für zahlende Kunden freizumachen, schliefen Robin und ich auf einer hölzernen Plattform, die an Ketten im Ruderhaus aufgehängt war.

Einen taktischen Fehler beging ich, als ich die Toilette reparierte, nachdem sie zum ersten Mal verstopft war, womit ich zur De-facto-Installationsexpertin wurde. Erschwert wurden die endlosen Stunden des Kochens, Putzens, Bettenmachens und Gästeversorgens durch den Umstand, daß ich, bald nachdem Robin und ich geheiratet hatten, schwanger geworden war. Die Müdigkeit war das Schlimmste; an manchen Tagen kippte ich mitten in einer Routinearbeit um und wachte eine Stunde später noch mit der Saugpumpe in der Hand wieder auf.

Neben diesen frustrierenden Tagen gab es Augenblicke unerwarteter Wonne. Wenn sie keine Mucken hatte und ihr Bug die schäumende See durchschnitt, war es ein berauschendes Erlebnis, in der *Blue Fjord* die Inside Passage zu befahren. Mit mehr Schiff unter als über der Wasserlinie war sie bei jedem Seegang ungeheuer stabil und solide. Gemeinsam trotzten Robin und ich in der *Fjord* spektakulärem Wetter, in das wir uns mit einem anderen Boot niemals hinausgewagt hätten.

Allmählich gewöhnte ich mich an unser schwimmendes Zuhause. Es gab kein »Nachhausegehen«. Unser Zuhause war dort, wo wir uns zufällig gerade befanden. Daß wir in der Wildnis lebten, erleichterte natürlich die Arbeit im Gelände, aber wir hatten einfach auch das Gefühl, daß es richtig war, eine nomadische Lebensweise anzunehmen, um ein nomadisches Geschöpf zu erforschen.

Gegen Ende jenes Sommers fuhren wir, den Blaswolken von Eve und ihrer A5-Familie folgend, zurück zur Johnstone Strait. Die Wale waren hier zu Hause, und ich war es auch. Wir hatten unsere Ankunft in der Meerenge zeitlich so gelegt, daß wir ein Team der ABC-TV-Sendung *The American Sportsman* treffen konnten. Über Robins Kontakte in der Welt des Unterwasserfilms hatten wir den Auftrag bekommen, ein Basislager zu errichten und bei den Dreharbeiten zu einer Sendung zu helfen, in der das Team den Autor von *Der weiße Hai*,

Robin Morton, Johnstone Strait, 1986

Peter Benchley, zeigen wollte, wie er gemeinsam mit Schwertwalen schwamm. Das »Team«, das eintraf, war eine kleine Armee – mehr als zwanzig Produzenten, Regisseure, Assistenten, Köche und Leute, deren Aufgaben wir eigentlich nie so recht begriffen haben. Für eine abgelegene Gegend wie die Johnstone Strait kam das Ganze einer ausgewachsenen Invasion gleich.

Benchley selber war eine wahrhaft treue Seele. Ich war damals im siebten Monat schwanger, und er gab sich alle erdenkliche Mühe, sich um mich zu kümmern – obwohl es meine Aufgabe war, mich um ihn zu kümmern. Robins ferngesteuerte Unterwasser-Plattform trug die unförmige ABC-Kamera.

Die Orcas hatten um diese Zeit eine neue Marotte entwickelt: Haltet euch von Tauchern fern. Aus irgendeinem Grund begannen die Wale Robin zu meiden, wenn er ohne Anzug mit ihnen tauchte. Es war, als sei ein Gesetz verabschiedet worden, dem alle Wale gehorchten. Das bedeutete, daß Robins ferngesteuerte Plattform sämtliches Unterwasser-Filmmaterial liefern müßte. Das gesamte ABC-Team verbrachte Tage an einem feuchten Strand, um ein qualmiges Feuer sitzend, und wartete darauf, daß die Wale sich blicken ließen. Benchley machte sich Notizen für seinen nächsten Roman, ich studierte einen Ratgeber über Geburten, und Robin versuchte sicherzustellen, daß die verschiedenen elektronischen Geräte funktionierten. Benchleys Esprit schließlich sorgte dafür, daß die Stimmung locker blieb; selbst ein witzegeschädigter Tölpel wie ich war in der Lage, sich an seinem nicht abreißenden Strom geistreicher Bemerkungen zu erfreuen.

Wale oder nicht, Robin schwebte im siebten Himmel. Regisseur und Kameramann der Unterwasser-Sequenzen der Sendung war Stan Waterman, eine Legende in der Meeresfotografie. Nachdem er Mitte der 1950er Jahre auf den Bahamas ein Tauchunternehmen betrieben hatte, begann Waterman seine Unterwasser-Heldentaten zu filmen. Bis in die 1960er Jahre hinein produzierte er TV-Specials für *National Geographic* und arbeitete an Filmen wie dem Haiklassiker *Blue Water, White Death* von 1968 mit. Mit Benchley, seinem Freund und Nachbarn, drehte Waterman *American Sportsman*-Sendungen und arbeitete als Co-Regisseur für Unterwasserfotografie an der Filmbearbeitung von Benchleys Roman *Das Riff*. Stan brachte ein neues, wegweisendes Atemsystem mit. Da Wale Blasen für eine bedrohliche Geste halten, wollte Waterman diesen neuen, von der britischen Royal Navy konstruierten Apparat ausprobieren, der es Einsatzkommandos erlaubte zu tauchen, ohne eine verräterische Blasenspur zu produzieren. Die ausgeatmete Luft des Tauchers strömte durch eine Art Schrubber, der das Kohlendioxyd herausfilterte und eine kleine Menge Sauerstoff zum Hauptvorrat des Tauchers zurückführte. Es handelte sich um ein frühes Kreislauftauchgerät (»rebreather«). Robin war so begeistert davon, es ausprobieren zu dürfen, daß er auf sein Gehalt verzichtete und statt dessen den Rebreather als Bezahlung nahm. Während ich vom Boot aus zusah, stellte ich fest, daß es mir ganz und gar nicht gefiel, Robin und die anderen ohne Blasenspur unter die Wasseroberfläche sinken zu sehen.

Peter Benchley mußte die Aufnahmen verlassen, bevor wir die Zugabe, wie der berühmte Autor mit Walen herumtollte, auf Film festhalten konnten. Doch im Fernsehen ersetzen technische Tricks und Fingerfertigkeit oft Glück. Am Ende steckten wir einen mageren Produktionsassistenten in Benchleys Taucheranzug und filmten ihn von hinten. Die Illusion funktionierte perfekt – die Zuschauer glaubten den Autor des *Weißen Hai* zu sehen, wie er neben wilden Orcas einherschwamm –, obwohl jeder, der schon einmal in eisigem Wasser einen drei Nummern zu großen Taucheranzug getragen hat, mit dem armen Larry, dem bibbernden Crewmitglied, das wir an diesem Tag aus dem Wasser zogen, mitfühlen kann.

Als es Herbst wurde, erlebte ich meine ersten richtigen Küstenstürme. Die kurzen Weststürme des Sommers waren bloße Windstöße gewesen im Vergleich zum heulenden Ungestüm eines Südosts. Eines Abends suchten wir weit im Vorfeld eines Sturms, der laut Vorhersage Hurricanstärke erreichen sollte, Schutz in Growler Cove. Wir ankerten auf der Seite, die den geschütztesten Eindruck machte, aber mein Zutrauen verließ mich, als ich beobachtete, wie die Lachsflotte auf der gegenüberliegenden Seite vor Anker ging.

Kurz nach Mitternacht wurde ich wach, weil die Lage des Bootes sich änderte. Ich rüttelte Robin wach. Als er den Kopf aus unserer Koje im Ruderhaus steckte, konnte er sehen, daß die Flotte die Anker lichtete.

»Schau«, sagte er stolz, »alle anderen Boote kommen hierher, wo – oh, Scheiße!« und hüpfte aus dem Bett. Sie fuhren nicht zu uns; wir zogen zu ihnen um. Der Sturm hatte unseren Anker in tiefes Wasser gezerrt, wo er, ohne Halt im Meeresboden, hin und her baumelte. Die Decksaufbauten dienten dem heulenden Wind als Segel. Ich fragte mich, was wohl schlimmer wäre: die Küste zu rammen oder in die volle Kraft des Sturms hinauszujagen.

Statt die Maschine anzuwerfen, ging mein Kapitän raus, um sich an die Ankerwinde zu stellen. Vollkommen ruhig wartete er einfach und machte dann die Trosse los, als er spürte, daß wir in Position waren. Der Anker griff, und wie ein mit dem Lasso abrupt zum Stehen gebrachtes Wildpferd schoß die *Blue Fjord* in den Wind. Als Robin seinen eiskalten Körper an die Wärme schmiegte, die von mir und dem ungeborenen Kind ausstrahlte, schlief er ein, während ich den Rest der Nacht wachte.

Am nächsten Tag hatte ich Visionen, daß während eines ähnlichen Sturms bei mir die Wehen einsetzten und ich das Baby zur Stimme eines Doktors aus unserem uralten UKW-Funkgerät, die ein- und ausgeblendet wurde, zur Welt brächte: »Und noch einmal pressen, Mrs. – wie war doch gleich der Name?« Zumindest vorläufig brauchte ich einen Platz, wo ich mich häuslich niederlassen konnte.

»Rob«, sagte ich an jenem Nachmittag. »Ich muß in den Süden.«

Robin und ich verlegten das Boot weiter südlich nach Victoria, ein paar Minuten vom Victoria General Hospital entfernt. Wir machten bei der Kolonie von Bootsbewohnern unten an der Forth Street fest, einer Gemeinschaft, die so herzlich war und so viel Familiensinn besaß wie keine, in der ich je gelebt habe. Es gab alte Männer, Familien in abgelegten Kleidungsstücken und junge Burschen, die von ihren Freundinnen hinausgeworfen worden waren. In den dunklen, stürmischen Nächten, wenn die schwimmenden Landebrücken sich hoben und senkten und Boote sich heftig gegen ihre Haltetaue aufbäumten, prüften die Bootsbewohner des Jachthafens auf ihren regelmäßigen Runden sowohl die Boote von Nachbarn als auch von völlig Fremden, ersetzten Leinen und rückten Fender wieder an ihren Platz.

Das Baby kam. Im Morgengrauen eines verschneiten Dezembertages begrüßten Robin und ich das bezauberndste winzige Stück menschlichen Lebens, unseren kleinen Jarret. Als ich zwei Tage später das Krankenhaus verließ, hatte ich das Gefühl, als müßte ich irgend jemanden wissen lassen, daß ich keine Ahnung hatte, wie ich diesen Säugling versorgen sollte. Ich fürchtete, die uns zugeteilte häusliche Krankenschwester fände unser Bootsleben so entsetzlich, daß sie Jarret mitnähme. (Wie sich herausstellte, war sie begeistert von der *Blue Fjord*. Sie hatte ein paar Jahre zuvor selber an Bord eines Schiffes gelebt.)

Unser winterliches Leben paßte sich an die verrückte Uhr von Jarrets Bedürfnissen an. Robin schrieb Filmexposés für Stiftungen, die Zuschüsse vergaben; beide entwarfen wir Anzeigen für Victoria-Dinner-Kreuzfahrten und versuchten ohne die Hilfe einer Waschmaschine mit dem stetigen Strom von Windeln Schritt zu halten. Den Holzofen der *Fjord* heizten wir mit Resten aus einer nahe gelegenen Möbelfabrik.

Ein paar Wochen nach Jarrets Geburt bemerkte ich draußen vor den dunstigen Fenstern der Kombüse, wo ich unseren winzigen Sohn badete, eine wachsende Versammlung funkelnder Lichter. Ich wischte das Fenster blank und erblickte ein schaukelndes Rudel Kajaks, in deren Bug Kerzen steckten. Ein Blick auf den mit Reißzwecken an die Wand gepinnten Gezeitenkalender zauberte ein Lächeln auf mein Gesicht. Erschöpft und besudelt mit erbrochener Milch, wickelte ich Jarret in eine Decke, rief Robin an die Tür und wiegte mich voller Staunen, während eine Flotille von Sternsingern uns am Heiligabend ein Ständchen brachte.

10

Kurz nach Jarrets Geburt rief Brad Andrews vom Marineland an. Corky sei in den Wehen.

Ich hatte von ihrer Trächtigkeit gewußt. Robin und ich hatten vereinbart, bei der Geburt dabeizusein und sie zu dokumentieren, und ich wollte noch immer die Entwicklung der Sprache bei einem neugeborenen Wal erforschen. Die *Blue Fjord* in der Obhut von Freunden zurücklassend, packten Robin und ich Jarret, die Kameras und unsere Aufnahmeausrüstung in Robins uralten Jeep und fuhren nach Los Angeles. Wir rasten nach Süden, ohne uns zwischendurch telefonisch nach dem aktuellen Stand zu erkundigen. Ich hätte es nicht ertragen, zu erfahren, daß ich eine weitere Geburt unterwegs verpaßt hätte.

Wir kamen Anfang März 1982 an, um festzustellen, daß zwei, nicht drei Wale in dem Becken schwammen. »Falscher Alarm«, teilte Brad uns mit. (Brad hatte den Posten des leitenden Direktors übernommen, nachdem Tom Otten befördert worden war.)

Corky war definitiv trächtig. Wir wußten bloß nicht genau, wie weit sie schon war oder wann sie gebären würde. Robin, Jarret und ich richteten uns ein, weil wir annahmen, daß wir vor der Geburt vielleicht für eine Woche und danach für ein paar Wochen da wären. Wir mieteten einen Fünf-Meter-Wohnwagen und schleppten ihn in eine entlegene Ecke des Marineland-Parkplatzes. Robin und ich lebten am Becken und wechselten uns im Anhänger mit Kochen und Schlafen ab. Robin filmte die schönen, geheimnisvollen Manöver im Morgengrauen und fing das Sich-Hochwinden und Einander-Umschlingen des morgendlichen Liebeswerbens der Wale ein. Ich machte mir Notizen und nahm alles auf. Aus Tagen wurden Wochen.

Jarret gedieh prächtig. Statt isoliert mit seinen Eltern auf der *Blue Fjord* zu leben, wurde er zum Maskottchen der Marineland-Mitarbeiter. Er gurrte und sabberte zu der mitreißenden Begleitmusik der Wal- und Delphin-Shows und schlug mit seinen pummeligen Fäusten nach den farbenfrohen Bannern, die im Wind peitschten. Wenn er müde war, kuschelte er sich zufrieden an meine Brust. Unser Beobachtungsverschlag thronte oben auf dem Stuckdach einer der Verkaufsbuden – ein ausgezeichnetes Taubenterritorium. Jarret liebte es, den Tauben zuzusehen, wie sie nur Zentimeter von ihm entfernt gurrten, herumstolzierten, sich putzten und einander umwarben, während seine Mom die Wale beobachtete.

Ohne die Schwerkraft dehnt eine Schwangerschaft einen Wal nicht so aus wie einen Menschen. Während ich Corky zusah, wie sie sich mühelos durchs Wasser bewegte, in ihrem Innern ein 400-Pfund-Kalb verborgen, dachte ich zurück an meine eigene Schwangerschaft, an die schmerzenden Gelenke und die winzigen Füße, die sich gegen meine Lunge gedrückt hatten. Ich bewunderte die Fähigkeit ihrer Spezies, ein so riesiges Kalb zu beherbergen.

Das Fehlen eines gewichttragenden Beckens hatte einen tiefgreifenden Einfluß auf die Evolution der Cetaceen. Die Hüften menschlicher Mütter haben sich durch Tausende von Jahren der Evolution hindurch verbreitert, um dem Wachstum des Gehirns unserer Kinder Platz zu bieten. Was unseren Körperbau betrifft, haben wir eine Sackgasse erreicht: Unser Skelett kann eine weitere Verbreiterung der weiblichen Hüfte nicht mehr stützen. Da die menschliche Evolution große Gehirne bevorzugt, haben natürliche Kräfte andere Wege gefunden, den Trend fortzuführen. Gegen Ende einer Schwangerschaft werden Hormone freigesetzt, die die Gelenke einer Frau lokkern, so daß ihr Becken sich weiten kann, während der Kopf des Babys sich hindurchzwängt. Auch unsere Babys selber haben sich gut angepaßt: Sie werden mit einer Fontanelle, einer weichen Stelle oben auf dem Kopf geboren, damit ihr Gehirn auch außerhalb des Mutterleibes weiterwachsen kann. Neugeborene haben ein derart großes Gehirn, daß ihr Kopf zu groß für ihren Körper ist, was dazu führt, daß sie ihren schweren Schädel nicht ohne fremde Hilfe heben können.

Eine Walgeburt hingegen wird durch den Körper der Mutter nicht behindert. Das Neugeborene durchquert nur weiches Gewebe, das es seinem Gehirn ermöglicht hat, sich mit ungehinderter Leichtigkeit auszudehnen. Angesichts der fehlenden Begrenzung durch ein Becken könnte es sich sogar noch weiter ausdehnen.

Tag für Tag, Nacht für Nacht beobachtete ich und wartete. Im Laufe dieser intensiven Beobachtungen wurden mir die täglichen Rhythmen von Orky und Corky sehr bewußt. Waren sie an einem Morgen äußerst aktiv, ließen sie es am nächsten gemächlicher angehen, im täglichen Wechsel. Ihr »privates« Leben endete mit dem Eintreffen des ersten Trainers, und in diesem Moment stellten sie ihr kreatives, interaktives Benehmen ein. Ich merkte rasch, daß keine zwei Shows identisch waren. Die Wale traten niemals mit auswendig gelernter Präzision auf.

Ihre Tagesaktivität erreichte kurz vor jeder Vorstellung ihren Höhepunkt, wenn sie die zusammenströmende Zuschauermenge sahen, wobei sie oft mit den Köpfen aus dem Wasser kreuz und quer durch das Becken rauschten. Während der Vorstellungen waren sie nicht gerade unterwürfig. Ständig testeten sie ihre Grenzen aus. Aus Angst, sie könnte das Kalb erschüttern, sollte Corky gegen Ende ihrer Trächtigkeit keine Luftmanöver mehr vollführen, aber sie rebellierte in regelmäßigen Abständen und hob überall im Becken ab, wobei sie höher sprang als normal. Das machte die Trainer rasend. Sie versuchten alles, um sie davon abzuhalten, aber ihre Sprünge schienen nicht so sehr Freude auszudrücken, als zu demonstrieren, daß sie selbst bestimmte, was sie tat.

Wurde Corky renitent, benutzten die Trainer Orky, um sie wieder zur Räson zu bringen. Durch Kürzung seiner Rationen ermunterten sie ihn, mit seiner aufmüpfigen Gefährtin »ein Wörtchen zu reden«.

Die Beobachtung einer endlosen Folge von Walvorstellungen nötigte mir einen gewissen Respekt für die Trainer von Corky und Orky ab. Nie traten sie einfach nur vor ihr Publikum und gaben eine Vorstellung. Vor jeder Vorstellung diskutierten sie den mentalen Zustand der Wale und paßten die Nummer entsprechend an. Sie wußten, daß sie es mit intelligenten, komplexen Geschöpfen zu tun hatten – im Kontext der Show waren sie ihnen ebenbürtig. Mehrere Male hörte ich, wie der Cheftrainer seine Co-Trainer anwies: »Ihr müßt Orky sein Gesicht wahren lassen.« Das bedeutete, daß der Trainer, falls der Wal zu wiederholten Malen einem Zeichen nicht Folge leistete, ihm einen unbedeutenderen Befehl geben, ihn belohnen und es dabei bewenden lassen sollte. Jede Sitzung mußte mit einer positiven Note enden. Diese Fürsorge trug erheblich dazu bei, daß das Marineland in der Lage war, die beiden Wale unter solch barbarisch beengten Verhältnissen am Leben zu erhalten.

Sosehr ich Orkys und Corkys Gefangenschaft verabscheute, befand ich mich doch in einem moralischen Dilemma. Die Marineland-Mitarbeiter hatten sich die allergrößte Mühe gegeben, um mir die Durchführung meiner Forschungen zu ermöglichen. Einen Vorteil erlangten sie aus meiner Arbeit nicht; sie ließen mich aus Achtung vor der Wissenschaft und unserer Freundschaft herein. Außerdem kümmerten sie sich hingebungsvoll um die Wale. Das letzte, was ich wollte, war sie zu hintergehen. War ich nun die Art Mensch, der sich gegen seine Freunde wandte, oder war ich jemand, der nichts unternahm im Angesicht eines offenkundigen Unrechts? Ich war wie gelähmt.

Mit der zunehmenden Dauer unserer Wache erhielt ich selber einen Vorgeschmack darauf, was Gefangenschaft hieß. Robin und ich verließen den Park selten zusammen. Gelegentlich schauten John Gale und Renée vorbei, aber beide waren viel beschäftigt. Einmal in der Woche gingen Robin und ich zum Brunch. Es sah so aus, als würden wir auf alle Ewigkeit Corkys Unterseite inspizieren. Da Prinzessin Diana ihren ersten Sohn auch gerade zur Welt gebracht hatte, wurde als Name für den ungeborenen Wal »Prinz William« vorgeschlagen. In dem Versuch, der zukünftigen Mutter bei dem zu helfen, was vor ihr lag, enthüllte ich Corky irgendwann frühmorgens heimlich meine Brust, als ich meinen kleinen Sohn stillte. Corky drückte ihren Kopf seitlich an das Glasfenster und sah uns mit ihrem glänzenden braunen Auge forschend an.

Nach zwei Monaten kehrte Robin nach Kanada zurück. Die Arbeit wartete auf ihn, und wir konnten es uns nicht leisten, Aufträge abzusagen.

Am 18. Juni sah ich einen Schauder über Corkys Rücken laufen, wie bei einem Pferd, das sich von einer Fliege befreit. Während sie ruhig an der Wasseroberfläche lag, machte sich das Zittern an einem leichten Wackeln ihrer Rückenfinne bemerkbar. Dann bog sich ihr ganzer Körper bei der ersten Wehe.

Am frühen Abend platzte die Fruchtblase. Während ich Corky durch das Unterwasser-Sichtfenster beobachtete, sah ich, wie eine blasse, weißliche Flüssigkeit aus dem Orca strömte; Corkys Wehen setzten Spritzer fetter Milch frei. Im Kreise der versammelten Marineland-Mitarbeiter verbrachte ich die Nacht mit der Beobachtung und Dokumentation des Geburtsvorgangs, während Klein-Jarret in einem Korb zu meinen Füßen schlief.

Um zwei Uhr am Morgen erschien ein Paar winziger Schwanzflossen, die wie Schmetterlingsflügel zusammengefaltet waren. Während Corky schwamm, schlug der Schwanz des Neugeborenen lustlos. Jede Wehe brachte ein wenig mehr von dem Kalb zum Vorschein, bevor es wieder hineinrutschte. Corky mühte sich ab, damit auch der breiteste Teil ihres Jungen mit der Rückenfinne aus ihrem Körper hinausglitt.

Warum bewegte das Kalb sich nicht? War es tot? War seine Nabelschnur abgeklemmt? Waren wir Zeugen, wie eine weitere Tragödie ihren Lauf nahm? Niemand von uns wagte zu spekulieren.

Dann wurde das Kalb in einem Unterwasser-Blutschwall geboren. Als es mit flach auf dem Rücken liegender Finne aus der roten Wolke auftauchte, blieben seine Flossen zusammengefaltet. Ein paar Sekunden lang sank es nach unten, dann begann es sich zu winden. Corky wirbelte herum und berührte ihr Neugeborenes sanft. Beim Kontakt mit seiner Mutter erwachte das Kalb zum Leben. Gemeinsam stiegen Mutter und Tochter für den ersten Atemzug des Neugeborenen an die Oberfläche.

In dem Augenblick, als Corky die Luft aus ihrer Lunge entließ, klappte auch das Kalb sein winziges Blasloch auf. Tief im Innern der DNA von Walen verschlüsselt, findet sich eine Botschaft: Atme mit deiner Mutter. Mit erstaunlicher Präzision öffneten und schlossen sich die beiden Braslöcher immer wieder. Zweifellos beginnt der Drang zum Gleichklang im Leben eines Orca in diesem Augenblick – sein unmittelbares Überleben hängt davon ab. Obwohl Corky ihr Kalb an die Luft geleitete, war sich das Neugeborene nicht sicher, wo das Wasser endete und die Luft begann. Unbeholfen steckte es den Kopf weit aus dem Wasser, um sicher zu sein, daß sein Blasloch frei war, bevor es geöffnet wurde.

Das Atemmuster, an dem Corky gewöhnlich zu erkennen war, hörte in dem Moment auf, wo das Kalb frei schwamm. Jetzt atmete sie so oft, wie das Junge Luft brauchte. Ohne Corkys Ausatemgeräusch an der Wasseroberfläche wäre das Neugeborene meiner Ansicht nach erstickt. Wieso stimmte Corky ihre Bewegungen so mühelos auf das Bedürfnis des Neugeborenen nach Sauerstoff ab, wo der Vorgang des Stillens für sie derart unbegreiflich war?

Dann kam die Stunde der Wahrheit. Würde Corky sich an ihr Training erinnern und wissen, wie sie ihr Kalb nähren müßte? Brad Andrews wies Trainer und Pfleger an, nicht einzugreifen. Dies war allein Corkys Stunde.

Das Schicksal des Neugeborenen wurde in der ersten Stunde seines Lebens besiegelt. Ohne anwesende Weibchen, die das Kalb nach unten zu Corkys Milchdrüsen hätten schubsen können, fixierte das Neugeborene sich sofort auf Corkys Kopf statt auf die Unterseite seiner Mutter. Corky verstärkte diesen fehlgeleiteten Instinkt noch, indem sie sich mit dem Kopf voran dem Neugeborenen zuwandte, um es davon abzuhalten, die Beckenwände zu rammen. Schwimmen war überhaupt schwierig für das Neugeborene; in einem kreisrunden Becken zu schwimmen überstieg die Fähigkeit des Kleinen völlig. Einmal, zweimal und noch einmal schlug es mit seinem zerbrechlichen, akustisch empfindlichen Unterkiefer gegen die Wand. Eine runde Wunde wurde sichtbar. Wir wußten, daß wir nichts tun konnten, und sahen schweigend zu, wie das Drama seinen Lauf nahm.

Ich erinnerte mich an etwas, das ein Orca-Forscher mir einmal erzählt hatte. Jeff Jacobsen schilderte, wie er bei Kelsy, einer wilden Verwandten Corkys, einmal eine Geburt mit angesehen hatte: »Da waren so viele Weibchen, Alex, man konnte gar nicht erkennen, welches die Mutter war. Sie berührten das Kalb immer wieder.« Ein anderer Forscher beobachtete, wie drei Orcas ein Neugeborenes quer auf ihren Schnauzen balancierten und hoch über das Wasser schoben.

Im Marineland-Becken waren einfach nicht genug Wale, die Corkys Neugeborenes hätten hochhalten können. Der Spruch: »Man braucht ein Dorf, um ein Kind großzuziehen« war niemals wahrer als in der Orca-Gesellschaft.

Doch Corky erinnerte sich an ihre Trainingssitzungen mit dem Modellkalb. Sie drehte sich ein paar Mal herum, um dem Neugeborenen ihre Milchdrüsen darzubieten, aber inzwischen war es schon zu spät. Das Kalb zögerte, während sein Kopf sich hin und her drehte, als habe es sich verirrt. Dann, als Corky sich aufrichtete, entdeckte das Kleine die Schnauze der Mutter und schoß darauf zu. Wie ihre im tiefgekühlten Leichenhaus des Parks gestapelten unglückseligen Geschwister, hatte auch dieses Neugeborene sich hoffnungslos die falsche weiße Stelle eingeprägt. Bei jedem Hieb ihrer Schwanzwurzel floß Milch aus Corky, aber ihr Kalb rührte keinen Tropfen davon an.

Die Aktivitäten der nachfolgenden Tage waren deprimierend vertraut. Corkys Trainer gaben ihr immer wieder das Unterwasserzeichen, ihre Milchdrüsen zu präsentieren. Sie drehte sich, aber das Kalb ignorierte die weiß markierten Zitzen seiner Mutter. Einer der Trainer stieg mutig ins Becken, schnappte sich den Drei-Meter-Wal und versuchte ihn an Corkys Milchdrüsen heranzuführen. Aber solange ein Mensch ihr Kalb in seiner Gewalt hatte, hielt Corky ihre Schnauze auf das Neugeborene gerichtet, schwang ihren Körper aus dem Weg und verdeckte ihre Milchdrüsen vollständig. Mit zwei Tagen gab das Kalb seine ersten Laute von sich, wahrscheinlich ein Hungerschrei. Mein eigenes pummeliges Baby zu stillen und gleichzeitig Zeuge zu sein, wie Corky den langsamen Hungertod des ihren mit ansehen mußte, stürzte mich in tiefe Verzweiflung. Es war eine schwere und leise Tortur. Solange Corky in Gefangenschaft blieb und ihr der Beistand der Weibchen in ihrer Pod fehlte, hatte sie kaum eine Chance, ein gesundes Kalb großzuziehen, das bei seiner Mutter trank.

Schließlich gab Brad Andrews Anweisung, das Wasser aus dem Becken zu lassen. Orky rollte sich im seichten Wasser auf die Seite, aber Corky blieb aufrecht liegen. Wie eine gewaltige Kaulquappe rutschte sie herum, um in der Nähe ihres Kalbes zu sein, das in dem ein Meter tiefen Wasser ungehindert schwamm. Als der Cheftrainer versuchte, das Kleine anzuleiten, bei Corky zu trinken, holte Orky im selben Moment mit seiner Schwanzwurzel zum Schlag aus und hätte dem Mann beinahe das Genick gebrochen. Andere Trainer wateten in das Becken, um eine mechanische Melkmaschine an Corky zu befestigen. Verzweifelt versuchten sie, dem Kalb irgendwie die Milch eines echten Wals einzuflößen – vor allem die lebensnotwendige Vormilch, die der eigentlichen Milchproduktion vorausgeht und die Abwehrkräfte des Neugeborenen gegen Infektionen stärkt.

Wenn es etwas gab, worin ich in jenen Wochen des Wartens auf die Geburt von Corkys Kalb Expertin geworden war, dann war es Stillen. Milch, das wußte ich von meinem eigenen Baby, kann einem Säugetier nicht einfach durch Absaugen entnommen werden. Es gibt eine chemische Wechselwirkung zwischen Baby und Mutter, welche die Milch freisetzt. Ich sprach mit den Trainern über diese entscheidende »Entleerungs«-Reaktion, aber sie hatten keine Ahnung, wie sie eingeleitet werden sollte. Farmer spielen Kühen manchmal Musik vor, wenn sie sie an Melkmaschinen anschließen; die Musik entspannt die Kühe ausreichend, um die Milch fließen zu lassen. Aber niemand wußte, was auf einen Schwertwal entspannend wirkte, der in panischem Schrecken auf dem Boden eines ablaufenden Becken lag.

Schließlich griffen die Trainer auf die Fütterung mit einem Schlauch zurück. Alle paar Stunden, rund um die Uhr, führten sie dem Kalb einen langen Schlauch durch den Rachen und gossen ihm ein experimentelles Gebräu aus Sahne, schaumig geschlagenem Fisch und Vitaminen in den Magen. Man zog alles heran, was man über den Gehalt der Milch von Meeressäugern wußte, aber der Datenbestand war unzureichend.

Nachdem das Kalb drei Tage lang zwangsernährt worden war, mußte ich nach Kanada zurückkehren. John Gale erklärte sich bereit, das Schicksal des Neugeborenen weiter zu dokumentieren, und ich hoffte wider alle Vernunft, daß dieser junge Wal überleben würde. Das Kalb lebte siebenundvierzig Tage lang. Die Schlauchfütterung hielt es am Leben. Dann fing Corky eines Tages an, dem Kalb heftige Schläge in den Bauch zu versetzen, bis die Pfleger dachten, sie würde es umbringen.

Als die Trainer das nächste Mal kamen, um das Kalb zu füttern, zeigte Corky zum ersten Mal Aggressivität gegenüber Menschen. Die Marineland-Offiziellen, die keine Menschenleben riskieren wollten, entschieden, Corky das Kalb wegzunehmen. John Gale sagte es mir am Telefon. »Das Kalb ist ein paar Tage später in einem separaten Becken gestorben.«

»Das komische ist«, erzählte mir John, »die Autopsie ergab, daß die Innereien des Kleinen voller Gas waren. Glaubst du, Corky hat versucht, ihr Junges aufstoßen zu lassen, als sie es schlug?«

Wir wissen, daß Wale mittels Echoortung ineinander hineinsehen können. Eine Lufttasche würde den Schall besser reflektieren als all das Gewebe und die Knochen ringsherum. Genaugenommen würde sie hell blinken wie ein Spiegel. Sosehr die Marineland-Mitarbeiter sich auch bemüht hatten, ihr Rezept war für das empfindliche Verdauungssystem eines neugeborenen Wals zu schwere Kost gewesen.

Ich legte den Hörer des Münzfernsprechers auf und ließ mich vor der *Blue Fjord* auf den Hafendamm fallen. Ein Adrenalinstoß verursachte mir Unterleibskrämpfe. Jetzt wußte ich, was es für ein Gefühl wäre, wenn mir jemand mein Baby wegnähme, während ich versuchte, es zu retten.

11 Kurz nach meiner Heirat im Jahr 1981 sah ich im Sealand of the Pacific, einem kleinen Meerespark in Victoria, einen Wal namens Miracle. Miracle war noch recht jung an Waljahren – etwa fünf –, und mich lockte die Chance, mit einem Orca zu arbeiten, der vielleicht noch dabei war, seine Sprachfertigkeiten zu entwickeln. Ich ahnte kaum, daß der Versuch in einer Tragödie und erbittertem Streit enden würde.

Mike Bigg hatte Miracle vier Jahre zuvor, am 4. Juli 1977, in Nanaimo Harbour, direkt gegenüber von Vancouver, auf der anderen Seite der Strait of Georgia, entdeckt. Er schätzte, daß das Weibchen knapp über ein Jahr alt war. Es schwamm zwischen lose treibenden Baumstämmen, was kein Platz für einen Wal war. Bigg machte Fotos von Rückenfinne und Sattelfleck, um sie in seinen Katalog aufzunehmen. Als sein Blick über das Wasser schweifte, machte Bigg eine merkwürdige Entdeckung: das Kalb schwamm allein. Man sah selten genug einen einsamen ausgewachsenen Wal, aber Bigg konnte sich nicht erinnern, in den sechs Jahren seiner Forschungsarbeit jemals ein einsames Kalb erblickt zu haben. Er vermutete, daß die Familie des Wals in der Nähe, für ihn aber außer Sicht war.

Die Tausende von Fragebögen, die Bigg und sein Team in den frühen 1970er Jahren an Leute verschickt hatten, mit der Bitte, Sichtungen von Walen telefonisch durchzugeben, hatten einen Typus hervorgebracht, den Bigg als »Übereifrige« bezeichnete, Menschen, die ihn gewissenhaft bei jedem Wal anriefen, den sie entdeckten. Dieses Netzwerk aus »Übereifrigen« gehört zum besten, was Bigg der Walforschung in British Columbia hinterlassen hat. Anfangs eine Gruppe von Leuten, die von ihren Fenstern mit Meerblick aus Wale erspähten, vergrößerte der Kreis sich im Laufe der Zeit um Skipper von Walbeobachtungsbooten, Piloten, Schlepperkapitäne, kommerzielle Fischer, Leuchtturmwärter und Leute in allen möglichen Fahrzeugen auf und über dem Wasser. Als die Küste nach und nach Walforscher anlockte, leisteten auch diese einen aktiven Beitrag zu dem Netzwerk und lieferten genaue Informationen zu den Walen, die sie sahen. Heute erstreckt sich dieses Netzwerk von einem Ende der Küste zum anderen. Jeder einzelne von uns bekommt die nomadischen Orcas vielleicht nur flüchtig zu Gesicht, da sie sich über ein ausgedehntes Gebiet verteilen, aber indem wir unsere Sichtungen telefonisch an Biggs Büro weitergeben, können wir uns ständig über die Beobachtungen von anderen auf dem laufenden halten.

Nach seinem ersten Kontakt mit dem einsamen Wal erhielt Bigg etwa zwei Wochen lang eine Serie von Anrufen, die ein Schwertwal-Kalb beschrieben, das die Ostküste von Vancouver Island entlang nordwärts wanderte. Bigg markierte die Meldungen auf einer Karte des Binnengewässers. In vierzehn Tagen reiste der Wal zweihundert Kilometer.

Am Nachmittag des 2. August brach ein Sportangler namens Bill Davies in seinem Skiff auf, um in der Menzies Bay in der Nähe der Stadt Campbell River, etwa zweihundert Kilometer nordwestlich von Nanaimo, ein paar Lachse zu angeln. Während die Spätsommersonne hinter Vancouver Island versank, entdeckte Davies einen kleinen Wal, der in dem dunkler werdenden Wasser schwamm. Sein Rücken war mit Flecken aus braunem Schleim bedeckt. Als er sich dem Tier näherte, zog der Wal sich, mißtrauisch, aber nicht ängstlich, unter die Wasseroberfläche zurück. Davies langte in den Eimer mit seinen Ködern und warf ihm einen Hering zu. Der junge Orca schlang ihn hinunter und bettelte um den nächsten. Davies leerte seinen Eimer. Der Wal war total ausgehungert.

Im Laufe der nächsten Woche kehrte Davies mehrere Male zurück, um den kränklichen Wal zu füttern. Die Sache wurde bekannt, und zahlreiche Schaulustige fanden sich ein. Davies, der erkannte, daß der Orca mehr benötigte als bloß seine Heringe, rief im Vancouver Aquarium an, das ihn in Kontakt mit Mike Bigg brachte. Bigg mobilisierte Bob Wright, den Besitzer des Sealand of the Pacific, das einen Schwertwal hatte, aber gerade dabei war, sich um einen weiteren zu bemühen. Zusammen mit Jay Hyman, einem Gastveterinär vom New York Aquarium, flogen die beiden rauf zur Menzies Bay, um sich den ums Überleben kämpfenden verwaisten Wal aus der Nähe anzusehen.

Er sah nicht gut aus. Der Körper des jungen Orca war mit Einschußlöchern durchsiebt. Die verräterischen Kerben der Verletzung durch eine Schiffsschraube schnitten tief in seinen Rücken. Angesichts des ausgemergelten Zustands, in dem der Wal sich befand, und der schlimm infizierten Wunden konnte Jay Hyman kaum mehr tun, als das bevorstehende Ableben des Tieres vorherzusagen. Bob Wright entschied, aller Wahrscheinlichkeit zu trotzen und das Kalb nach Süden zum Oak Bay Beach Hotel zu transportieren, einem alten Wahrzeichen von Victoria, das ihm gehörte und das berühmt war für seinen Salzwasser-Swimmingpool.

Als britischste aller kanadischen Städte liebt Victoria nichts mehr als eine zu Herzen gehende Tiergeschichte. Während Miracle sich im Intensivpflegebecken des Oak Bay erholte, brachten lokale Zeitungen und Fernsehstationen täglich aktuelle Berichte über seinen Gesundheitszustand. Die Stadt hielt den Atem an, als der kleine Wal, der inzwischen »Miracle« getauft worden war, seinem Namen gerecht wurde, wieder zu Kräften kam und gesund wurde.

Nachdem Miracle drei Monate in dem Becken zugebracht hatte, verlegte Sealand den Wal in ein eigens für ihn angelegtes, mit einem Netz abgetrenntes Areal im Ozean, in direkter Nachbarschaft zu Haida, dem seit vielen Jahren in Gefangenschaft lebenden Schwertwal des Meeresparks.

Nachdem sie auf der Konferenz an der University of Washington von meinen Forschungen über die Lautäußerung von Walen gehört hatten, luden die Leiter des Sealand mich ein, einige Zeit mit Miracle zu verbringen. Sie wollten wissen, ob Miracle sich von Haida Sprache aneignete. Ich zögerte.

Wegen der Leidensgeschichte Corkys und ihrer Jungen reagierte ich immer noch mit heftigen Gefühlen auf die Gefangenschaft von Walen, aber ich hegte weiterhin die Hoffnung, von sehr jungen Orcas etwas über die Entwicklung ihrer Sprache zu lernen. Da Miracle bei ihrem Eintreffen zu jung gewesen war, um sich bereits einen Wal-Dialekt angeeignet zu haben, war ich genauso neugierig wie die Sealand-Mitarbeiter, ob sie irgend etwas von ihrem männlichen Gefährten aufgeschnappt hatte. Und ich kam nicht umhin, Bob Wright und dem Sealand Anerkennung zu zollen. So quälend es für mich war, daß ein weiterer Wal in Gefangenschaft überführt worden war, wäre Miracle ohne die kostspielige Rettungsaktion vor der Küste von Vancouver Island verendet.

Miracle und Haida wurden unterhalb einer Reihe niedriger Kais, von denen aus Sealand-Besucher die Wale beobachten konnten, in zwei getrennten, durch Netze eingehegten Arealen gehalten. Die Trainer und Pfleger des Sealand hielten es für das beste, das junge Männchen und das sehr junge Weibchen auf sichere Distanz zu halten. »Er ist wie ein Holzfäller, der ein bißchen zu lange im Camp war, wenn Sie wissen, was ich meine«, meinte ein Angestellter zu mir.

Als ich Miracle zum ersten Mal begegnete – vier Jahre nach ihrer Rettung –, war sie wieder so weit zu Kräften gekommen, daß sie in kleinen täglichen Shows auftreten konnte: Sie öffnete zum Beispiel ihr Maul, um sich von ihrem Trainer mit einer riesigen Zahnbürste die Zähne putzen zu lassen. Ich schlug ein Zelt auf dem Kai auf, um Tag und Nacht ihre Lautäußerungen zu dokumentieren. Miracle war ein entzückender, liebebedürftiger kleiner Wal, der ein äußerst merkwürdiges Verhalten an den Tag legte. Nach jeder Vorstellung schnellte sie zu einer bestimmten Stelle und schlug ihren Kopf gegen die Unterseite des Kais. Sie machte es so oft, daß ihre Melone schlimme blaue Flecken bekommen hatte und ganz porös geworden war.

Wenn wir allein waren, lag Miracle ruhig neben mir. Ich wollte beobachten, was sie machte, aber sie war ebenso neugierig auf mich. Ich beobachtete einen Wal, der mich beobachtete.

Meine Haare und Zehen faszinierten sie besonders. Während ich auf dem Geländer saß und zusah, wie sie auf meine Zehen starrte, wackelte ich mit ihnen, um sie zu unterhalten. Ich bot ihr an, meine Fußbewegungen zu bestimmen. Wenn sie sehen wollte, wie ich mit den Zehen wackelte, brauchte sie bloß mit einem ihrer Flipper zu winken. Sie begriff es sofort. Während sie mit einem vor Aufregung weiß umrandeten Auge an mir vorbeikreuzte, drehte sie sich auf die Seite, zeigte ihren kleinen Flipper und winkte kurz. Als Antwort zog ich meine Stiefel aus, kletterte auf den Zaun und wackelte mit den Zehen. Wenn ich mit meinem langen Zopf zwischen ihren Zähnen hindurchfuhr, fielen ihr verträumt die Augenlider zu, während sie mit leicht bebendem Kiefer behutsam meine Haare zwischen ihre Zähne preßte. Nachts streichelte ich sie, wenn sie nebem meinem Zelt ruhte. Dieser einsame kleine Wal sehnte sich nach zu viel Aufmerksamkeit, als daß ich ihm gegenüber die Position der passiven wissenschaftlichen Beobachterin hätte wahren können.

Das Schlagen mit dem Kopf machte mir Sorgen. Miracle fing jedesmal damit an, sobald ich meine Hand aus dem Wasser zog. Nach wochenlangem Rätselraten erinnerte ich mich daran, was ein Kalb mit seiner Mutter macht, bevor es trinkt: Es stößt mit dem Kopf gegen ihre Zitzen. Der Kontakt regt wahrscheinlich den Milchfluß, die Entleerungsreaktion an. Dieses Jungtier brauchte dringend den Kontakt mit seiner Mutter. Die Aufmerksamkeit eines Menschen konnte seine Sehnsucht vorübergehend lindern, aber sobald meine Hand sich zurückzog, kehrte es zu der letzten Empfindung zurück, derer es sich bei seiner Mutter erinnerte. Sekunden nachdem es seine Mutter angestupst hatte, wurde es jedesmal mit süßer, nahrhafter Milch und einem Gefühl von Behaglichkeit und Sicherheit gefüllt. Hätten sich doch Corky und Miracle nur begegnen können.

Was die Trainer und Pfleger im Sealand nicht wußten, war, daß Haidas Fähigkeit, Miracle eine Sprache zu »lehren«, äußerst begrenzt war. Haida war im Jahr 1968 aus einer Pod südlicher ortstreuer Wale im US-Bundesstaat Washington gefangengenommen worden, und ich kannte den normalen Dialekt seiner Pod nicht. Doch ob er zu jung gefangen worden war, um das vollständige Repertoire seiner Pod zu erlernen, oder ob er seine stimmliche Bandbreite im Laufe einer mehr als zehnjährigen Gefangenschaft eingebüßt hatte, es blieb die Tatsache, daß Haida nur einen einzigen Ruf äußerte. Wie sich herausstellte, hatte Miracle ihn gelernt, und die beiden riefen ziemlich oft hin und her.

Haidas Situation in Sealand entsprach nicht genau der Welt von Orky und Corky im Marineland. Haida schwamm nach wie vor in den Gewässern seines natürlichen Lebensraumes. Er litt nicht unter gechlortem Wasser oder mußte lange Verlegungen per Laster quer durchs Land ertragen. Wahrscheinlich konnte er hin und wieder sogar die entfernten Rufe seiner Pod-Gefährten hören.

Aber im Gegensatz zum Marineland unternahm Sealand so gut wie keinen Versuch, der Öffentlichkeit etwas über den Wal, dem sie zuschaute, beizubringen. An jedem Arbeitstag führte Haida einen Sketch vor, bei dem ein Trainer so tat, als schüttete er dem Wal Benzin ins Maul. Haida imitierte dann jedesmal das Geräusch eines Außenbordmotors, während er durch sein Meeresgehege schwamm. Das war noch schlimmer als die »Shamu-geht-aufs-College«-Nummer im SeaWorld.

Der größte Kontrast zwischen Sealand und Marineland war jedoch das Fehlen jeglicher Strategie zur »Gesichtswahrung« unter den Sealand-Trainern. Die älteren Trainer gingen vorsichtig mit den Walen um, aber ein jüngerer Mitarbeiter fand häufig Vergnügen daran, Haida seine menschliche Dominanz spüren zu lassen. Wenn der Orca einen Befehl dieses Trainers nicht befolgte, weigerte letzterer sich, Haida ein alternatives Zeichen zu geben und ließ den hungrigen Wal statt dessen eine verlängerte Auszeit lang schmoren. Wenn Haida am Ende dann gehorchte, marschierte der arrogante Trainer mit einem prahlerischen »Ich schätze, du weißt jetzt, wer der Boß ist«-Gang von dannen. Das machte Haida wütend. Der Wal rammte seinen tonnenschweren Körper gegen die Plattform, auf der der Trainer gestanden hatte und schnellte anschließend unter ständigem Auftauchen durch das Becken. Unten am anderen Ende von Miracles abgetrenntem Areal fuhr ich bei Haidas Wutausbrüchen jedesmal hoch.

Obwohl ihre Trainer Miracle keinerlei Kontakt zu Haida gestatten wollten, hatte auch sie einen gleichfalls eingesperrten Gefährten – eine Bärenrobbe namens Shadow. Eines Tages kam ich zu dem Gehege raus und konnte Shadow nirgends finden, obwohl ich ihn irgendwo unterhalb des Kais atmen hören konnte. Als ich durch die Holzlatten spähte, erblickte ich seinen dunklen Umriß. Er war durch Miracles Netz geschlüpft, jedoch hinter dem Hauptnetz, das den Park umgab, gefangengeblieben.

Besorgt, Shadow oder Miracle könnten sich zwischen den beiden Netzen verheddern und ertrinken, alarmierte ich die Sealand-Mitarbeiter. Sie verdrehten die Augen: nicht schon wieder. In ihrer Langeweile zerrte Miracle offensichtlich mit den Zähnen an dem Netz und riß seehundgroße Löcher hinein. Shadow entdeckte die Löcher oft und saß dann zwischen den beiden Netzen in der Falle. Für Miracle war nicht so sehr das Loch selber wichtig als vielmehr die Reaktion, die es hervorrief. Löcher mußten gestopft werden, und das hieß, man mußte Taucher hinunterschicken.

Miracle liebte Taucher. Robin tauchte einmal mit ihr, um Filmmaterial für eine TV-Sendung mit dem Titel *News from Zoos* zu sammeln. Im Gegensatz zu den wilden Walen, die Robin normalerweise kaum sehen konnte, spielte Miracle mit ihm wie ein riesiger junger Hund. Sie untersuchte ihn von Kopf bis Fuß und zog ihm nacheinander die Schwimmflossen ab, womit sie ihn erfolgreich bewegungsunfähig machte. Als er tauchte, um sich die Flossen wiederzuholen, zerrte sie an seinen Handschuhen und zog sie ihm schließlich ebenfalls ab. Sie steigerte sich in einen derartigen Spielrausch hinein, daß Robin um seiner eigenen Sicherheit willen aus dem Wasser mußte. Als er sie mit ein wenig Flötenspiel am Beckenrand beruhigen wollte, versuchte sie sich auch die Flöte zu schnappen.

Eines Tages stellte ich bei meiner Rückkehr fest, daß Shadow verschwunden war. Er war zwischen den Netzen ertrunken. Obwohl das innere und das äußere Netz gewöhnlich senkrecht herabhingen und zwischen beiden Platz war, schoben die Gezeiten beide Netze manchmal ineinander. Bei all dem um ihn her wogenden Netzgewebe hatte Shadow die Wasseroberfläche nicht finden können.

Miracle könnte leicht auf ebensolche Weise zu Tode kommen. Also schrieb ich einen Bericht dazu und schickte ihn direkt an den Besitzer des Sealand, Bob Wright. Ich erzählte ihm von Haidas außergewöhnlich beeinträchtigtem Vokabular, Miracles Kopfstößen, der gefährlichen Situation mit den Netzen und was ich von Haidas schlechter Behandlung durch einen der Trainer mit angesehen hatte.

Der Bericht wurde nicht gut aufgenommen. Ich hörte nichts von Bob Wright, und meine Beziehungen zum Sealand kühlten sich ab.

Ein paar Wochen später ertrank auch Miracle zwischen den Netzen. Sealand behauptete sofort, jemand müsse das innere Netz zerschnitten und dem Wal damit ermöglicht haben, sich in den Maschen tödlich zu verheddern. Es war ein dreister Versuch, die Aufmerksamkeit von der Tatsache abzulenken, daß mit den Sealand-Netzen die sichere Haltung von Meeressäugern nicht möglich war.

Sealand wollte sofort zwei Wale fangen lassen, die Miracle ersetzen sollten. Aber die Zeiten hatten sich geändert. Als Haida Ende der 1960er Jahre gefangen worden war, war er ein anonymes Mitglied einer namenlosen Population gewesen. Zu Beginn der 1980er Jahre jedoch war jeder einzelne Orca in den nördlichen und südlichen Gemeinden der Ortstreuen erfaßt worden. Wir kannten seine Mutter, seine Familie, ein wenig von seiner Geschichte. Es passiert etwas Großartiges, wenn ein Tier vom Status einer Population zu individuellem Ansehen gelangt: Es kann nicht mehr ungestraft mißhandelt werden.

Niemand wollte zulassen, daß Sealand sich eines Wals bemächtigte. Die Forscher im Norden waren entschlossen, ihre Pods zu schützen, und führten Gründe an, warum dieser und jener Wal kein guter Kandidat für die Gefangenschaft sei, und die Forscher im Süden waren nicht weniger unnachgiebig.

Am 11. August 1982 schickte der Secretary of State des US-Bundesstaates Washington, Ralph Munro, einen Brief an den kanadischen Fischereiminister, Roméo LeBlanc: »Mit diesem Schreiben möchte ich mir erlauben, gegen die beabsichtigte Gefangennahme zweier Schwertwale, Orcinus orca, um die ein Aquarium in Victoria ersucht hat, Protest einzulegen.« Munro legte dar, daß die Vereinigten Staaten und Kanada sich die Wale des Puget Sound teilten und daß diese Bestände durch Lebend-Gefangennahmen bereits dezimiert worden seien. Der Staat Washington verfolge seit langem eine Politik des Verbots der Mißhandlung oder Gefangennahme der hiesigen Orcas. »Unser Gouverneur und unser Justizminister haben die Regierung der Vereinigten Staaten und SeaWorld erfolgreich darauf verklagt, weitere Gefangennahmen in unseren Gewässern zu verhindern. Seitdem hat es keine Gefangennahmen mehr gegeben.«

In einem Artikel für die in Victoria erscheinende Zeitung *Monday Magazine* bot Robin einen Kompromiß an. Warum nicht einen Wal für fünf Jahre fangen, meinte er, und ihn dann wieder der Wildnis zurückgeben? Angesichts von so viel Widerstand erkannte Sealand, daß es besser wäre, ein paar Zugeständnisse zu machen, und bekundete Interesse an der Idee. Im Austausch für Haidas Freiheit erhielt Sealand die Genehmigung für die Gefangennahme zweier Wale. Haida müsse »binnen neunzig Tagen nach der erfolgreichen Gefangennahme des zweiten Wals oder vor dem 1. Oktober 1982, je nachdem, welches Datum früher liegt, freigelassen werden«.

Je näher der für die Freilassung Haidas festgesetzte Termin rückte, desto weniger äußerte der Meerespark sich zu diesem Thema. Haida war ein perfekter Anwärter für die Freilassung:

Er war nie aus seinen heimatlichen Gewässern fortgeholt worden; das einzige, was Sealand tun mußte, war, die Netze herabzulassen, die ihn umgaben. Ich freute mich darauf, zu sehen, ob er sich seiner Pod wieder anschließen und seine Sprache wiedererlernen würde. Doch in einer bizarren Wendung der Ereignisse bemerkte Cheftrainer Cees Schrage, daß Haida am D-Day – Freitag, 1. Oktober –, dem Tag, an dem er freigelassen werden sollte, sich nicht so verhielt wie gewöhnlich. Cees fiel auf, daß Haida unaufmerksam war, »er schien mit seinen Gedanken woanders zu sein«. Cees hatte das instinktive Gefühl, daß etwas nicht in Ordnung sei, berichtete Victorias *Times Colonist,* als noch am selben Tag bei Haida ein Bluttest gemacht wurde. Die Ergebnisse waren »normal«. Der Sealand-Veterinär, Dr. Alan Hoey, sagte: »Da war nichts, man hat es nicht wissen können.« Haida starb zwei Tage später. Angus Matthews, der Parkmanager, meinte: »Das Timing war ein scheußlicher Zufall.« Ich fand den »Zufall« zutiefst beunruhigend. Mit Freunden hielten wir bei Kerzenlicht eine Totenwache für den Wal, der vielleicht mehr über seine Lage gewußt hatte, als irgend jemand erkannt hatte.

Haida war der fünfte Todesfall im Sealand in zwölf Jahren. Er wurde aufs Meer hinausgeschleppt und versenkt.

Jetzt, wo Haida tot war, konnte Sealand ungehindert weitermachen, ohne irgendwelchen Unsinn von wegen Einfangen und Freilassen. Am 20. Februar 1983 unterzeichnete der staatliche Fischereiminister eine weitere Genehmigung für die Gefangennahme von zwei Walen aus der großen L-Pod der südlichen Ortstreuen. Seit der letzten Gefangennahme eines Wals in den Gewässern British Columbias waren neun Jahre vergangen. Seltsamerweise untersagte die Genehmigung die Gefangennahme weißer Wale. Im folgenden wurde näher ausgeführt, daß die Wale zwischen sechs und zehn Jahren alt sein und weder Junge nähren noch trächtig sein durften, und es müßten entweder ein Männchen und ein Weibchen oder zwei Männchen sein. Die Wale durften nicht verkauft werden. Die Genehmigung enthielt außerdem einen ausführlichen Passus hinsichtlich der pädagogischen Verantwortlichkeiten von Sealand, ein Versuch, die Gefangennahme wilder Wale vernünftig zu erklären. In ganz British Columbia erfüllten nur etwa neun Wale die strengen Auflagen der Genehmigung.

Sealand brachte seine Fangnetze in der Pedder Bay aus, gleich um die Ecke von Victoria. Dieselbe Bucht war ein Jahrzehnt zuvor Schauplatz einer erfolgreichen Sealand-Gefangennahme gewesen. Im Jahr 1970 war der Besitzer des Sealand, Bob Wright, auf die Jagd nach einer Partnerin für Haida gegangen. Als er die Küste von Victoria auskundschaftete, entdeckte er einen seltenen weißen Wal, der inmitten einer Pod von vier normal gefärbten Orcas schwamm. Wright erkennt eine Touristenattraktion, wenn er eine sieht. Er wies die Sealand-Boote an, an der einen Seite der Einfahrt in die Pedder Bay ein Netz zu befestigen. Mit Hilfe sogenannter »Robbenbomben«* trieben die Fischer die Wale tief in die Bucht und schlossen das Netz um sie. Am Ende des Tages besaß Sealand fünf Wale. Zwei Weibchen wurden ins Sealand gebracht: ein Kalb, das man Nootka nannte, und die Weiße, die Chimo genannt wurde. Zwei weitere Weibchen und ein Männchen blieben in der Pedder Bay, wo sie der Verkauf an andere Meeresparks erwartete.

Nootka und Chimo weigerten sich drei Wochen lang zu fressen. Auch die in der Pedder Bay zurückbehaltenen drei Orcas wollten nicht fressen. Graeme Ellis, der damals für Sealand arbeitete, bot den Orcas alle Arten von Fischen an, die er bekommen konnte – Lachs, Hering und Lengdorsch (Lingcod). Nichts davon reizte sie. Schließlich, am vierundzwanzigsten Tag von Nootkas und Chimos Gefangenschaft, drückte Haida ihnen durch das Netz ein paar Heringe gegen die Mäuler. Sie nahmen den Fisch und brachen ihr Fasten.

Die hungernden Orcas in der Pedder Bay hatten keinen solchen Führer. Zwei Monate vergingen. Graeme Ellis fragte sich,

* *Seal bombs;* von Fischern zum Verscheuchen von Robben benutzte Unterwasser-Sprengkörper.

wie lange sie ohne Nahrung überleben konnten. Nach siebenundfünfzig Tagen schwamm das ältere Weibchen gegen das Netz und blieb auf halbem Wege in den Maschen stecken. Ausgezehrt und erschöpft ertrank es.

Das Pedder-Bay-Männchen, das wegen seines vorstehenden Unterkiefers Charlie Chin (»Karlchen Kinn«) getauft worden war, versuchte das Netz mit den Zähnen durchzureißen. Diesmal hielt das Netz. Am siebenundachtzigsten Tag schnappte Charlie Chin Ellis' Lachs am Kopf und schob sich, Laute ausstoßend, rüber, neben das übriggebliebene Weibchen. Sie nahm das andere Ende des Fischs ins Maul. Den Fisch vollkommen ruhig zwischen sich haltend, drehten die beiden Wale als Gespann zusammen ihre Runden durch die Einhegung. Schließlich rissen sie ihn in zwei Teile und fraßen ihn. Charlie Chin kam zurück, um sich einen weiteren Fisch zu holen, und gab ihn dem Weibchen. Nachdem sie ihn zu fassen gekriegt hatte, machte er nochmals kehrt und holte sich nun selbst einen.

Erst Jahre später machte Ellis die Entdeckung, daß diese Wale überhaupt keine ortstreuen Fischfresser waren. Es waren Nichtansässige. Und die fraßen nur Säugetiere.

Nichtansässige Orcas sind dieselbe Spezies wie die fischfressenden ortstreuen Orcas, aber im Laufe der Jahre konnten wir nach und nach den unterschiedlichen Charakter der beiden Orca-Kulturen aufdecken. Nichtansässige fressen nur warmblütige Beutetiere wie Robben und Seelöwen. Sie sprechen weniger, atmen weniger und wandern über Routen, die sich von jenen der Ortstreuen unterscheiden. All diese Unterschiede scheinen auf dem grundlegenden Unterschied in der Ernährung zu beruhen. »Es ist, als hätten beide sich auf eine Art Vertrag geeinigt«, meinte Mike Bigg einmal. »›Ich fresse eine Sorte Nahrung, du frißt eine andere.‹« Auf diese Weise können sie sich in demselben Gebiet aufhalten, ohne miteinander zu konkurrieren.

Weil sie nicht so häufig vorkommen wie Ortstreue und ihre Routen schwerer vorherzusagen sind, wuchs unser Wissen über die Nichtansässigen nur langsam. Bei seinen Studien der nördlichen und südlichen Gemeinden in den 1970er Jahren stellte Mike Bigg fest, daß es schwieriger war, sich Nichtansässigen – die keiner der ortstreuen Gemeinden angehörten – zu nähern und sie zu fotografieren. Es sollten Jahre vergehen, bevor er eine zweite Begegnung mit einigen Nichtseßhaften dokumentieren konnte. Fotografien der schwer zu fassenden Wale enthüllten leichte, aber unverwechselbare Unterschiede im Körperbau. Ihre Rückenfinnen waren spitzer; ihr Sattelfleck reichte an den Seiten weiter nach vorn und hatte weichere Ränder. Diese typischen Charakteristika konnten nur eines bedeuten: Ortstreue und Nichtansässige paarten sich nicht oft untereinander, wenn überhaupt.

Nach jahrelangen Forschungen wurde ersichtlich, daß Nichtansässige die einzigen Wale waren, die andere Meeressäuger angriffen und fraßen. Ortstreue Wale fraßen nur Fisch; Nichtansässige verfolgten größeres Wild, wie Schweinswale, Robben und manchmal sogar Vögel.

Chimo und ihre Verwandten hatten mit ziemlicher Sicherheit noch nie im Leben einen Fisch gefressen. Graeme Ellis' Kost wiesen sie zurück; sie sahen sie einfach nicht als Nahrung an.

Daß sie sich, nachdem das Weibchen ertrunken war, diesen ersten Fisch teilten, verschaffte Ellis einen bemerkenswerten Einblick in die Denkweise eines Nichtansässigen. Die Wale können Fisch fressen, aber sie ziehen vor, es nicht zu tun. War das Fressen von Fisch für sie tabu, abstoßend oder einfach zu abwegig, um es überhaupt zu erwägen? Was auch immer der Grund war, das überlebende Männchen begriff die Situation. Statt einfach nur einen Fisch zu schlucken, um sein eigenes Leben zu retten, achtete es darauf, daß das letzte noch lebende Mitglied seiner Familie ebenfalls überlebte. Haida war in ähnlicher Weise genötigt worden. Er hatte zwei Nichtansässigen geholfen – Orcas, denen er sich in freier Wildbahn niemals angeschlossen hätte –, als ihr Überleben auf dem Spiel stand. Wenn Gleichzeitigkeit wesentlich für das Leben ist, akzeptiert man jeden Partner, wie ungleich er auch sein mag.

Die zwei Überlebenden in der Pedder Bay entkamen acht

Monate nach ihrer Gefangennahme. Irgend jemand beschwerte an einer Ecke das Netz und ermöglichte den beiden Orcas, zurück in die Wildnis zu schwimmen. Ich habe ihre weitere Entwicklung über die Jahre verfolgt; seit der traumatischen Begegnung der beiden mit der Menschheit hat das Weibchen mindestens drei Junge zur Welt gebracht.

Chimo, der weiße Wal, überlebte nur drei Jahre im Sealand. Sie starb 1972.

Robin und ich beschlossen, die Sealand-Fangaktion in der Pedder Bay zu dokumentieren. Meine Forschungsarbeit steht und fällt mit dem Vergleich der Verwendung von Schall durch Wale in grundverschiedenen Handlungssituationen, und ich hatte noch nie wilde Wale in einer Notlage aufgenommen. Überdies waren Robin und ich der Ansicht, daß die Öffentlichkeit auch erfahren sollte, wie die Gefangennahme von Walen tatsächlich aussah, wenn die Wale schon zu ihrem Vergnügen gefangen werden.

Die Sealand-Offiziellen, die wußten, daß die Walgefangennahme ein unerfreuliches Spektakel wäre, waren alles andere als begeistert von diesen Neuigkeiten. Je mehr Augen – und Kameras – zusahen, desto schlechter wäre es für den Meerespark.

Was die Medien betraf, war Sealand ziemlich ausgebufft. Man plante ein Ausweichmanöver und zog es perfekt durch. Während wir außerhalb der in der Pedder Bay aufgestellten Falle warteten, traf Sealand ein Abkommen mit isländischen Walfängern, mitten in der Nacht drei Orcas nach Victoria einfliegen zu lassen. Sie schafften es, daß diese drei Wale in Haidas altem Meeresgehege schwammen, ehe irgend jemand in der Pedder Bay auch nur Wind davon bekam.

Mit der Ankunft der isländischen Wale verlegten Robin und ich die *Blue Fjord* zur Oak Bay, unmittelbar vor den Toren des Sealand. Ich hatte noch nie isländische Wale gehört und war neugierig auf ihren Dialekt. Außerdem wollte ich Basisdaten über die neuen Orcas, für den Fall, daß ihr Vokabular ebenso verkümmerte, wie es bei Haida passiert war. Weil die Orcas hinter Netzen, nicht in Becken gehalten wurden, konnte ich ihre Laute leicht mit einem Hydrophon auffangen, das von der in der Oak Bay vor Anker liegenden *Blue Fjord* herabhing. In der ersten Nacht lauschte ich stundenlang dem Geschrei der drei isländischen Wale, die weit weg waren von ihren Müttern und von Zuhause.

Sealand hatte nicht vor, mich weitere Daten über seine Wale sammeln zu lassen. Dadurch, daß wir den Schauplatz in der Pedder Bay überwacht hatten, waren Robin und ich im Meerespark zu unerwünschten Personen geworden. Nachdem wir in dieser ersten Nacht die isländischen Wale aufgenommen hatten, wies Sealand ein paar Angestellte an, an dem Kai zwischen uns und den Walen ein Boot festzumachen und den Motor laufen zu lassen.

»Ich fasse es nicht«, sagte ich zu Robin. »Sie übertönen die Wallaute mit Motorenlärm.«

Ich war weniger besorgt wegen meiner Aufnahmen als wegen der jungen Wale. Für sie war es, als lebten sie im grellen Rampenlicht eines Studioscheinwerfers.

In dieser Nacht wurde ich vom Geräusch eines Außenborders direkt vor der Tür des Ruderhauses wach. Ich riß die Tür auf und erwischte ein Sealand-Boot im Strahl meiner Taschenlampe. Der Fahrer versuchte gerade mit einer Drahtschere mein Hydrophon zu erwischen. Von dem Licht erschreckt, schwenkte er und raste in Richtung Kai. Die Sache wurde allmählich absurd.

»Ich lege schnell einen Film ein«, sagte Robin. Wo andere vielleicht nach einer Waffe griffen, griff Robin stets nach seiner Kamera. Er ließ eine neue Rolle Film einschnappen und ging die Reling auf der Backbordseite kontrollieren, fand aber nichts. Eine Stunde später, wir dösten beide im Ruderhaus, hörten wir, wie ein anderer Außenborder näher kam. (Das Hydrophon konnte einen Motor von dem Moment an erfassen, in dem er anderthalb Kilometer entfernt angeworfen wurde. Wir hatten mehr warnende Vorzeichen, als Sealand glaubte.) Robin kroch aufs Deck und versteckte sich. Wir warteten, bis das Boot längsseits kam, und – Blitz! – kriegten erstklassiges Filmmaterial vom leitenden Direktor mit seiner Sealand-Kappe, wie er mit der Drahtschere mein Hydrophon ansteuerte.

Am nächsten Morgen kam ein junger Typ raus und fing an, in einem Skiff unser Boot zu umrunden, wobei er das Hydrophon überlastete und uns wissen ließ, daß unsere Anwesenheit nicht erwünscht sei. »Jetzt schicken sie einen Lakaien raus«, lautete Robins Kommentar, während er beobachtete, wie der unruhige Bursche die *Blue Fjord* umkreiste. »Wir werden wohl unwichtiger.« Wir hätten uns davongemacht, aber es blies jetzt in Sturmstärke.

An diesem Nachmittag wurden die Dinge schlimmer. Robin erspähte einen Taucher, der unter der *Blue Fjord* hervorkam. Bevor Robin ihn sich greifen konnte, preschte ein Rennboot heran, nahm den Taucher auf und raste, während ein Bein des Froschmanns noch himmelwärts zeigte, davon.

Über Robin Morton muß man folgendes wissen: Wer ihm auf die Nerven gehen wollte, brauchte sich bloß an seinem Boot zu schaffen zu machen. »Scheißkerle!« Robin stürmte in die Kajüte, so wütend, wie ich ihn noch nie erlebt hatte.

Überzeugt davon, daß der Taucher Sabotage an unserem Schiffsrumpf verübt hatte, zog Robin sich an und ging über die Seite, um das Boot zu inspizieren. Er war kaum im Wasser, da näherte sich ein weiteres Boot vom Sealand. Mit meinem Ehemann im Wasser und einer rücksichtslosen Schiffsschraube, die ihr Ziel ansteuerte – und einem Kleinkind im Ruderhaus und völlig entnervt nach zwei schlaflosen Nächten –, schnappte ich mir eine Leuchtpistole, das nächste Gerät, das zur Hand war, mit dem sich Aufmerksamkeit erregen ließ. Ich wollte die Küstenwache alarmieren. Die Leuchtpistole sandte ihre beabsichtigte Botschaft aus.

»Kommt verdammt noch mal nicht mehr näher!« schrie ich. Das Boot drehte ab.

Robin kam an die Oberfläche. »Es ist der Anker«, rief er zu

mir rauf. »Sie haben ihn in der Kette aufgerollt.« Dies würde das Boot auf den Strand und ein Dutzend zwischen uns und der Küste ankernde Jachten zutreiben lassen. Sealand zeigte, daß es ebenfalls eine Botschaft aussenden konnte. Es war Zeit abzuwägen.

An diesem Nachmittag fuhr ich mit dem Zodiac an Land. Robins ehemalige Kollegen bei CHECK-TV waren gekommen, um uns zu interviewen; die Folge war, daß ein Lehrer an der Oak Bay School mich bat, vor den Kindern einen Vortrag über Wale zu halten, solange wir in der Gegend wären. Doch bevor ich vor den Drittkläßlern erscheinen konnte, wurde ich von Angehörigen der örtlichen Polizei in Empfang genommen, als ich in unserem Zodiac auf den Strand fuhr. Sie hatten eine Meldung über eine Frau bekommen, die in der Bucht mit einer Waffe herumfuchtelte.

Als ich ihnen die Situation erklärt hatte, zeigten sie sich verständnisvoll. Aber es gab nicht viel, was sie für uns tun konnten. »Sie haben gegen kein Gesetz verstoßen«, sagte einer der Polizisten zu mir, »aber zweifelsohne eskalieren die Dinge. Es wäre vielleicht für alle Beteiligten das beste, wenn Sie sich wieder auf den Weg machen würden.« Es war keine Drohung – mehr die Bitte, eine Konfrontation zu vermeiden, nach dem Prinzip: Vorsicht ist die Mutter der Porzellankiste.

Ich war einverstanden. Der Wind, der uns im Hafen festgehalten hatte, war abgeflaut, und wir waren den Walen keine Hilfe. Zehn Jahre später töteten diese drei Wale als erste in Gefangenschaft einen Menschen. Als drei Jungtiere, die völlig isoliert von der Walgesellschaft aufgezogen worden waren, schnappten sie sich eine junge Frau, nachdem diese in ihre Einhegung gestürzt war. Wie einen Seehund schleuderten die drei ihr schreiendes Opfer hin und her, und am Ende ertrank die Frau. Ein Jahr später verkaufte Wright das Trio und seine zwei Kälber einer Meldung zufolge für fünf Millionen Dollar an SeaWorld. Der öffentliche Aufschrei gegen die Gefangennahme von Walen in British Columbia war gut für den Markt gewesen. Haida hatte Wright fünftausend Dollar gekostet. Die isländischen Wale waren für zweihunderttausend Dollar das Stück beschafft worden. Der Umstand, daß sie fortpflanzungsfähig geworden waren, hatte den Preis auf mehr als eine Million Dollar pro Wal erhöht.

Robin, Jarret und ich lichteten Anker und nahmen mit der *Blue Fjord* Kurs auf die kalten, rauhen Gewässer des Nordens, wo wir hofften, freundliche Nachbarn und herrliche wilde Wale zu finden. Und – vielleicht – ein dauerhaftes Zuhause für uns.

12 Drei Dinge brauchten Robin und ich in einem Heimathafen: Wale, eine Post und Spielkameraden für Jarret. Er war jetzt zwei, und es schien uns nicht fair, unseren Sohn isoliert, an ein Schiff gefesselt, großzuziehen. Mit unserem Charterunternehmen konnten wir uns finanzieren, aber es war nicht das Leben, das wir wollten. Der Betrieb eines Bootes hatte sich zu einem Vollzeitjob ausgewachsen. Ich fing an, von der *Fjord* als der »anderen Frau« zu sprechen, weil sie so anspruchsvoll war. Ihre stille Drohung: *Reparier mich, oder ich sinke*, sorgte dafür, daß sie immer kriegte, was sie wollte. Wir kalfaterten ihre Decks neu, sandstrahlten ihren Rumpf, erneuerten das Verdeck, erneuerten die Spieren und reparierten die Tiefkühltruhe öfter, als ich zählen kann. Zwischen den Charterfahrten und der Wartung hatten wir keine Zeit oder kein Geld, uns mit Walen zu befassen.

An einem Sommertag in Port Alexander vor der Nordspitze von Vancouver Island hatte ich schließlich endgültig die Nase voll vom Chartergeschäft. Ich bereitete gerade das Mittagessen für ein IMAX-Filmteam zu und strich Mayonnaise auf Brotscheiben. Als die scharfe Erwiderung blasender Wale an mein Ohr drang, blickte ich auf und sah, wie eine Ansammlung von Walen des G-Clans in einer einzigen Reihe an uns vorüberzog und die Freundin eines Mitglieds der IMAX-Crew mit *meinem* Zodiac rausfuhr, um sie sich aus der Nähe anzusehen.

»Mir reicht's jetzt«, sagte ich zu Robin nach Beendigung dieses Charterauftrags. »Ich werde mich um den Speisezettel kümmern, die Einkäufe machen und einen Koch einstellen, aber auf gar keinen Fall werde ich mich je wieder in dieser Kombüse mit Weißbrotschnitten einschließen lassen.«

Überraschenderweise pflichtete Robin mir bei. »Ich hocke

gebückt im Maschinenraum, wo ich nicht einmal das Tageslicht sehen, geschweige denn, mir eine Kamera schnappen kann.«

Also beschlossen Robin und ich, als eine Gruppe von Anthropologen die *Blue Fjord* für eine Fahrt rauf zu den Queen Charlotte Islands charterte, im Norden zu bleiben, einen eigenen Platz für uns zu finden und das Leben zu führen, von dem wir geträumt hatten. Ohne die hohen Liegeplatzgebühren von Victoria, schätzten wir, könnten unsere Walfotografien und Robins Unterwasserfilmgeschäft uns alle drei ernähren. Sollte das nicht der Fall sein, konnten wir jederzeit einen Charterauftrag annehmen.

Zwischen Vancouver Island und dem kanadischen Festland gibt es zwei Hauptgewässer: die relativ ruhige Strait of Georgia, um die sich der Großteil der Bevölkerung British Columbias schart, und das nördliche Gewässer.

Wann immer ich den Wetterbericht des Schiffsfunks hörte, konnte ich mich darauf verlassen, daß der Wind sich auf seinem Weg nach Süden von selbst erschöpfte. Blies er an der Nordspitze von Vancouver Island noch mit dreißig bis vierzig Knoten, so waren es in der Johnstone Strait zwanzig bis dreißig Knoten und in der Strait of Georgia nur noch zehn bis fünfzehn Knoten.

Nach zwei Tagen Fahrt erreichten wir die Stadt Campbell River am nördlichen Ende der Strait of Georgia, wo Vancouver Island und Quadra Island die Meerenge zusammendrücken und die Gezeiten zwingen, wie ein ungestümer Fluß durch Seymour Narrows zu fließen. Campbell River, letzter Außenposten der südlichen Insel, nennt sich selbst Welthauptstadt der Sportangler. Die Gewässer, welche die Stadt umgeben, sind in ständigem Auf und Ab von all den glänzendweißen Walfängern, wuchtigen stählernen Ringwadennetz-Booten, eleganten Lamellennetz-Booten mit Doppelbug und kommerziellen Schleppanglern mit ihren langen Schleppstangen. Der Geruch nach Fisch vermischte sich mit dem würzigen, extrem süßen Duft von zu Papierbrei verarbeitetem Holz, eine Erin-

Mein Sohn und ich im Bug unseres Bootes, der *Blue Fjord.*

Nächste Seite: Spielerisch schlägt ein junger Orca das Wasser mit seiner Fluke.

Die Rücken der beiden ersten Buckelwale, die ins Gewässer des Knight Inlet zurückkehrten.

Ein einsames Orca-Männchen führt beim Ausatmen sein gewaltiges Lungenvolumen vor. Diese Wale können bis zu fünfzehn Minuten die Luft anhalten.

Mein Sohn Jarret wurde einer meiner besten Assistenten im Boot. Er kannte die Wale so gut, daß er sehr nah an sie heransteuern konnte, ohne sie zu stören.

Orcas lieben spontane Manöver, die exakte Abstimmung erfordern.

Nächste Seite: Drei Orca-Männchen beim gemeinsamen Ausatmen mit einem jüngeren Geschwister an einem perfekten Sommertag in der Johnstone Strait.

Mein schwimmendes Haus konnte in einer anderen Bucht vertäut werden, wann immer wir umziehen wollten.

Ein schönes, ausgewachsenes Orca-Weibchen nimmt beim Beobachtungssprung seine Umwelt in Augenschein. Wale können sowohl unter als auch über Wasser ausgezeichnet sehen.

Klein-Siwiti huscht über die Wasseroberfläche, die steile Felsküste des Knight Inlet entlang. Junge Wale verbringen einen Großteil ihrer »Kindheit« mit Spielen.

Zwei junge nichtansässige Orca-Männchen bewegen sich rasch über die Wasseroberfläche.

Nächste Seite: Ein neugeborener Wal atmet mit seiner Mutter im Takt.

Nichtansässige Wale haben viel spitzere Finnen, und eine Annäherung ist oft schwierig.

Zwei ausgewachsene Männchen der Pod A-36 flankieren ihre Mutter.

Als ich mich im Nebel verirrte, kam die Pod A-5 meinem Boot so nahe, daß ich den Tieren leicht folgen konnte. Dieses Erlebnis war sehr schwer zu begreifen, aber ich akzeptierte, daß sie mir geholfen hatten.

Wale können zwar ihre Fluke als Waffe benutzen, doch meistens schlagen sie sie im Spiel.

Nächste Seite: Das schelmische Lächeln des jungen Delphin-Männchens Pepe.

Die Männchen verlassen das mütterliche Rudel nicht und halten sich beim Reisen und Schlafen immer dicht bei ihr.

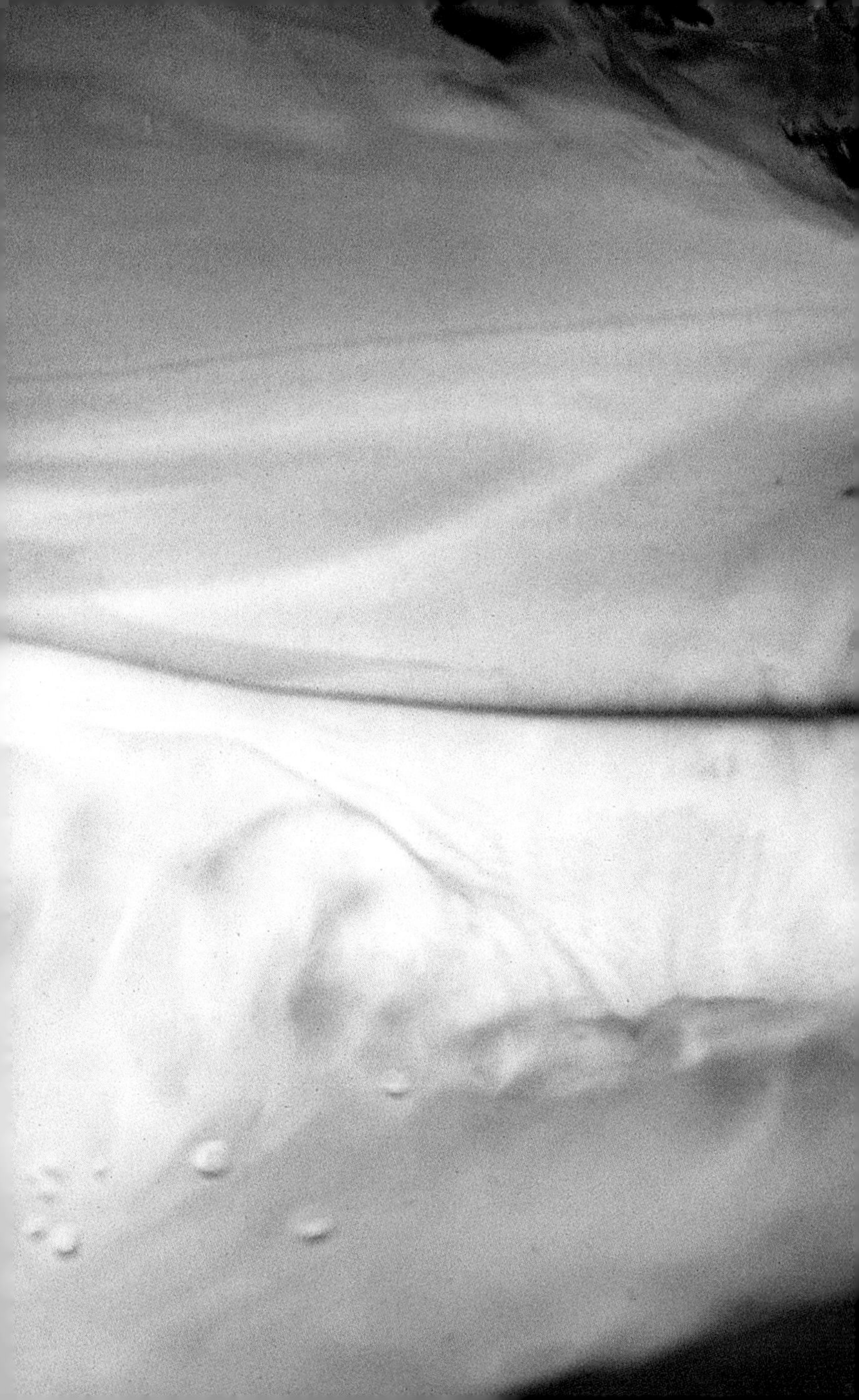

Pazifische Weißstreifendelphine springen für ihr Leben gern und scheinen es oft einfach zum Spaß zu tun.

Steller'sche Seelöwen sind für den nichtansässigen Orca eine furchterregende Beute. Ein Orca wird niemals eine zahlenmäßig überlegene Gruppe angreifen.

nerung daran, daß die vorherrschenden Industrien der Insel – zumindest 1984 – in voller Blüte standen.

Hinter Seymour Narrows verändert sich die Küste. An die Stelle von Sandstränden treten scharf geschnittene Felsen und steile, bewaldete Berge. Die Wälder weiten sich aus, die Städte verlieren sich, und die Strandhäuser verschwinden. Während man südlich von Campbell River problemlos im Meer schwimmen kann, raubt einem ein kurzes Bad nördlich davon den Atem.

Zwei weitere Tage fuhren wir die steile, felsige Küste entlang, begleitet einzig von den dichten grünen Zedern-, Fichten- und Tannenwäldern, die vom Wasser aus anstiegen. Gelegentlich öffneten die Berge von Vancouver Island sich zu einem breiten Tal und ermöglichten der Arterie eines Flusses, vom Inselinneren zum Ozean zu fließen.

Wir durchfuhren die Johnstone Strait und hielten nach Walen Ausschau, aber es war zu früh – erst Juni –, und die Orcas waren noch nicht eingetroffen. Ohne ihre widerhallenden Blasgeräusche wirkte die Meerenge unnatürlich still.

Die Anthropologen vom Royal British Columbia Museum in Victoria, die die *Blue Fjord* chartern würden, hatten vor, in Ninstints, einem uralten Haida-Dorf auf den Queen Charlotte Islands, in die Rückseite von Totempfählen Stahlstangen zur Verstärkung einzusetzen. Für die Haida waren die aus dem weichen einheimischen Zedernholz geschnitzten Totempfähle eine organische Kunstform, die sich zersetzen sollte. Doch die Aufgabe von Museumskonservatoren ist die Erhaltung. Sie konnten den Gedanken nicht ertragen, daß diese prachtvollen Pfähle umstürzten, um wieder von der Erde absorbiert zu werden.

Die Anthropologen waren mit dem Wagen die Insel hochgefahren und stießen erst in Port Hardy, der nördlichsten Stadt auf Vancouver Island, zu uns. Wir luden ihren Berg aus Camping-, Boots- und Pfahlrestaurierungszubehör an Bord der *Blue Fjord* und stachen am frühen Nachmittag in See.

Unsere Probleme begannen sofort. Das Wasser war bei Ebbe den ganzen Vormittag langsam von uns weggeflossen, so daß wir, als wir von den schwimmenden Landebrücken im Hafen wegscherten, im flachen Wasser an einer seichten Stelle auf Grund liefen, die auf der Karte nicht eingezeichnet war. Die Anthropologen waren so sehr damit beschäftigt, ihre Ausrüstung zu verstauen, daß sie es kaum mitbekamen – beim ersten Mal. Leise glitt ich ins Zodiac und fuhr rüber zu einem Schlepperkapitän, der am Ende einer Anlegestelle in der Nähe Lebensmittel einlud. Grummelnd willigte er ein, uns ins Fahrwasser zu ziehen.

Augenblicke später war die *Blue Fjord* befreit. Aber das alte Boot konnte nie gerade zurücksetzen. Bevor der Schlepperkapitän zu seinen Lebensmitteln zurückkehren konnte, stellten wir fest, daß wir wieder im weichen Schlick festsaßen.

»Ich hätte euch einfach dalassen sollen!« knurrte unser entrüsteter Helfer. Diesmal merkte ich, wie unsere Passagiere sich besorgte Blicke zuwarfen.

Zum Glück zog der Schlepperkapitän uns raus. Wir fuhren von der Spitze von Vancouver Island los, über die offenen Gewässer der Queen Charlotte Strait. Diese ungeschützte, von felsigen Inseln übersäte Wasserfläche weitet sich immer mehr, um sich mit dem offenen Pazifik zu vereinen. Am frühen Abend umfuhren wir das trostlose Cape Caution, eine düstere Landspitze, die den Launen des offenen Meeres ausgesetzt ist. Weil es wegen der bevorstehenden Sonnenwende bis nach zweiundzwanzig Uhr hell war, fuhren wir weiter die wilde Küste rauf und liefen kurz nach Mitternacht in die verlassene Küstenstadt Namu mit ihrer Konservenfabrik ein.

Nach ein paar Stunden Schlaf (den nur das Trampeln von Ottern, die fröhlich unser Deck erkundeten, störte) brachen wir um fünf Uhr früh am nächsten Morgen auf. Die Queen Charlotte Islands, eine Ansammlung von hundertfünfzig Puzzleteilen, bilden einen gewaltigen Keil, der auf Vancouver Island gerichtet ist. Eigentlich handelt es sich um die Gipfel einer unterseeischen Bergkette und überdies um ein glaziales Refugium. Die Queen-Charlotte-Inseln gehören zu den wenigen Plätzen an der Küste von British Columbia, die dem erdrückenden Gewicht der eiszeitlichen Vergletscherung entkommen waren. Pollen und Fossilien, die auf den Inseln gefunden wurden, sind älter als das Leben auf dem Festland.

Wir hatten vor, die Hecate Strait an ihrer breitesten Stelle zu überqueren, um nach Rose Harbour in der Nähe der Südspitze der Inseln zu gelangen. Oder vielmehr hatte Robin das vor. Ich selber war nicht allzu scharf darauf. Die Meerenge ist an dieser Stelle so breit, daß die Inseln tagsüber selbst bei klarer Witterung hinter dem Horizont bleiben, bis man mehr als die Hälfte der Strecke zurückgelegt hat. Verfehlt man sein Ziel, tuckert man geradewegs in den offenen Pazifik, ohne genügend Treibstoff, um wieder nach Hause zu kommen. In Robins Augen war die Sache vollkommen logisch: Die kürzeste Entfernung zwischen zwei Punkten ist eine Gerade. Wenn wir die Meerenge schnurstracks überquerten, würden wir einen ganzen Reisetag und gallonenweise Diesel sparen.

Wir fuhren den ganzen Weg nach einer Kompaßpeilung. Den größten Teil des Tages machte Nebel die Meerenge dicht. Die *Blue Fjord* rollte in leichter See, während sich auf ihrem Deck Schlauchboote, Gerüstmaterial, Zelte, Kisten mit Lebensmitteln und ein Haufen aus Taschen auftürmten. Was mir Sorgen bereitete, war ein großer Außenbordmotor aus Metall, der, ein paar Zentimeter von unserem Messingkompaß entfernt, an der Außenwand der Ruderhauskabine eingekeilt war. Ich hatte Geschichten über große Metallgegenstände gehört, die einen Kompaß abirren ließen, so daß ich mich, als die Reihe mit Steuern an mir war, fünf Grad weiter nördlich orientierte. Besser weiter oben bei den Inseln auf Land stoßen, dachte ich mir, als überhaupt nicht.

Als es gerade dunkel zu werden begann, entdeckte einer der Anthropologen kilometerweit entfernt einen schwachen Horizont. Der Wind frischte auf, und ich war wahnsinnig froh, die Inseln endlich in Sichtweite zu haben.

Und dann verreckte der Motor.

»Was ist los?« fragte ich Robin. Meine Augen weiteten sich vor Entsetzen.

»Er wurde zu heiß, also habe ich ihn abgeschaltet«, teilte er mir mit. Er warf den Passagieren einen beruhigenden Blick zu. *Keine Sorge.*

»Versuch sie in den Wind zu halten«, murmelte er. Den Schraubenschlüssel in der Hand, verschwand er im Maschinenraum.

Während wir in den ersten schweren Seen eines nahenden Sturms hin und her schleuderten, schien das Land vor meinen Augen zu verblassen. Ich bin mir sicher, daß Robin nur ein paar Minuten unten im Maschinenraum war, aber es waren einige der längsten Minuten meines Lebens. Endlich hörte ich das süße Geräusch des anspringenden Gray-Marine-Dieselmotors (den alle an der Küste nur »Jimmy« nannten). Eine Stunde später tasteten wir uns durch die Dunkelheit nach Rose Harbour hinein.

Von 1911 bis 1942 war Rose Harbour eine der Hauptwalfangstationen an der Nordpazifikküste. Hier wurden Hunderte von Blauwalen, Südlichen und Nördlichen Glattwalen, Pott-, Buckel- und Finnwalen zu Knochenmehl, Blutmehl, Fischbein, Fleisch und Öl verarbeitet. Angesichts des durchdringenden Gestanks verwesender und verarbeiteter Wale machte der Name der Stadt (er wurde ihr 1788 zu Ehren von George Rose, einem prominenten Mitglied des Britischen Parlaments, verliehen) seine Trägerin zur Zielscheibe zahlreicher Witze.

Heute besteht der Strand von Rose Harbour fast durchweg aus gemahlenem Fischbein und rostendem Metall. Zweimal täglich von den Gezeiten neu aufgemischt, verrotten sowohl die Station als auch die Überreste ihrer Beute gemeinsam.

Früh am nächsten Morgen machte ich Kaffee und starrte hinaus auf die Bucht. Ein einsamer Grauwal blies und drehte sich, um dem Morgenlicht seinen von Seepocken* gesprenkel-

* Runde, kalkweiße Gebilde, die Gehäuse von Rankenfüßern, die sich auf dem Rücken von Walen festgesetzt haben, wo sie ein Parasitendasein führen.

ten Rücken darzubieten. Seine tiefen, sonoren Atemgeräusche hatten die ganze Nacht meine Träume untermalt. Ich beobachtete, wie der Wal die Knochen seiner Vorfahren nach im Meeresboden vergrabenen Krustentieren durchkämmte. Austernfischer erfüllten die Luft mit ihren schrillen Rufen, während sie an spartanischen Felsnestern, die in den Gesteinsvorsprüngen getarnt waren, ein und aus flogen. Das Blut, das Öl und der Gestank nach verwesenden Walen und Diesel waren verschwunden. Die Bucht war wieder ruhig. Sie ernährte genau das Leben, auf dessen Ausrottung sie hingearbeitet hatte. Die Natur setzt sich immer wieder durch. Sobald wir fortziehen, pendelt sich das Gleichgewicht zwischen Leben und Tod aufs neue ein.

Ninstints war ein Ort von großer Traurigkeit. Als die First Nations* von British Columbia sich an dieser Küste niederließen, suchten sie sich die fruchtbarsten, schönsten Plätze aus. Ninstints machte da keine Ausnahme. Die Überreste des durch die Haida einst als »Ort des Rotdorschs« bekannten Dorfes liegen in einem Halbkreis um eine kleine, von Inseln übersäte Bucht. Der Kontinentalsockel verengt sich entlang der Westküste der Queen Charlotte Islands zu einem bloßen Splitter, wodurch ein wahres Festmahl ozeanischen Lebens vom offenen Meer bis zum Dorf gelangen kann. Angesichts des Nahrungsüberflusses und der leicht zu verteidigenden Küstenlinie (Feinde mußten einigen der stärksten Winde Nordamerikas trotzen, um die kleine Insel zu erreichen), florierte der Haida-Außenposten beinahe 1500 Jahre lang.

Die Haida waren ein wildes Volk; manchmal spricht man von ihnen als den »Wikingern des Pazifiks«. Im ausgehenden 19. Jahrhundert griffen sie vier europäische Handelsschiffe an, die auf der Suche nach Seeotterfellen an die Nordwestküste gekommen waren. Bei einem Vergeltungsüberfall wurden der Häuptling der Haida und fünfzig Krieger getötet – aber die

* Die indigene Bevölkerung Kanadas.

Schwierigkeiten der Haida fingen erst an. Im Jahr 1862 wurden sie durch ein paar mit Pocken infizierte Decken, die ihnen zum Tausch gegeben worden waren, beinahe ausgerottet. Im Jahr 1884 zogen die dreißig noch lebenden Angehörigen des Dorfes auf die nördlichste Insel des Queen-Charlotte-Archipels. Fast ein Jahrhundert später, im Jahr 1981, erklärten die Vereinten Nationen das Dorf Ninstints zum Weltkulturerbe.

Im Jahr 1984 waren die einzigen verbliebenen Bewohner von Ninstints die Totempfähle, die, umgeben von einem tiefen Teppich aus Moos, still auf die See hinausstarrten. Zwischen den Pfählen grasten winzige Rehe, so groß wie Hunde. Ein paar Balken, die zu einem Fünfzehn-Meter-Langhaus gehört hatten, waren an einem Ende noch verstrebt. Ich konnte mir kaum vorstellen, die Hecate Strait vom Festland aus in einem Kanu zu überqueren, aber genau das hatten die Haida getan. Belege für ihre Überfahrt findet man auf den Pfählen, die sie zurückließen und die mit dem kreuzweise schraffierten Schwanz des Bibers, dem breiten, zahnlosen Grinsen des Frosches und der herausgestreckten Zunge des Grizzly verziert sind – alles Tiere, die man nirgendwo auf den Queen Charlotte Islands findet.

Sowohl Rose Harbour als auch Ninstints zeugten von Tod. Die Wale waren wegen ihres Trans gestorben; die Menschen waren gestorben, weil sie Haida waren. Die eine Gesellschaft hinterläßt großartige Kathedralen, die andere ihre bleichenden Knochen.

Nachdem wir die Anthropologen abgesetzt hatten, hatte die *Blue Fjord* gerade noch genug Diesel, um zurück nach Port Hardy zu gelangen, also ließen wir sie in Rose Harbour vor Anker und machten uns mit dem Zodiac auf die Suche nach einem Zuhause. Die Gegend strotzt einfach vor Leben. Am Lascoone Inlet wuchsen die Venusmuscheln in so dichten Büscheln, daß sie ihre Schalen nicht schließen konnten, ohne einen Nachbar zu umklammern. Ich schabte sie mit einem Teelöffel ab. Wir surften im Zodiac auf einer gewaltigen Ozeandünung runter zur Wetterstation bei James Point, wo wir von einer Kolonie Stellerscher Seelöwen begrüßt wurden, die auf den Felsen brüllten. Die Leuchtturmwärter am oberen Ende Hunderter von Treppenstufen waren hocherfreut, uns zu sehen – eigentlich überhaupt irgend jemanden zu sehen.

Die Landschaft war atemberaubend, aber die Gegend war so abgelegen, daß wir über Schiffsfunk nicht einmal irgendwelche Stationen der Küstenwacht empfangen konnten. Es gab wenig Wale und keine Kinder. Lebensmittel und Post zu bekommen würde eine Mehrere-Hundert-Dollar-Expedition erfordern. Wir liebten den Ort, aber ich wußte, daß die Queen Charlottes nicht das Richtige für uns waren.

Wir erwogen Namu, die alte Stadt mit ihrer Konservenfabrik an der Festlandsküste. Namu besaß Hafenanlagen, Gewässer voller Wale und bot Schutz, aber es gab keine Kinder. Rivers Inlet hatte Wale und ein paar Menschen, aber der Meeresarm war ein Windkanal, der wenig Raum zum sicheren Herumstreifen bot. Seymour Inlet, unmittelbar südlich von Cape Caution gelegen, sah interessant aus, aber die enge Zufahrt erzeugte eine der schnellsten Gezeitenströmungen auf Erden. Port Hardy, die alte Fischerei- und Bergwerksstadt auf Vancouver Island, war zu groß. In Sointula, einer finnischen Fischergemeinde auf Malcolm Island, gab es im Sommer Kinder und Wale, aber die umliegenden Gewässer waren offen; wir kämen im Winter nie raus. Allmählich dämmerte uns, daß das, was wir suchten, nicht so leicht zu finden wäre.

Robin und ich studierten unsere Seekarten und taxierten wie ein Pärchen nistender Gänse jede Landspitze, jede kleine Bucht und jeden Meerbusen. Eine Frage tauchte in unseren Köpfen auf: Wohin reisten die Wale im Winter? Wenn wir darauf eine Antwort fänden, so nahmen wir an, würden wir auch unser Zuhause finden.

Nach der Ninstints-Charterfahrt stießen wir wieder zu den Walen in der Johnstone Strait und stellten unsere Suche nach einem Heim vorübergehend ein. Angesichts der zahlreichen

Tragödien, die ich bei Walen in Gefangenschaft miterlebt hatte, war es eine schiere Freude, den Hochsommer wieder zusammen mit den wilden Orcas zu genießen.

Das Orca-Jahr dreht sich um die Zeiten der Lachse. In den frühen 1980er Jahren wußten wir, daß die A-Pods, auf die meine Feldforschung sich konzentrierte, Mitte Juli in die Johnstone Strait kamen, um sich von den Lachsen zu ernähren, die zum Laichen in ihre Heimatflüsse zurückkehrten. Gegen Ende November verschwanden die Lachse fast völlig und die Orcas ebenfalls.

Die A-Pod besteht in Wirklicheit aus drei Unter-Pods mit jeweils fünf bis fünfzehn Familienmitgliedern. Die Abweichungen innerhalb ihres gemeinsamen Dialekts waren so geringfügig, daß ich bei meinen Sprachforschungen mit allen drei Gruppen arbeiten konnte. Ihr Streifgebiet beginnt unmittelbar südlich von Campbell River und verläuft entlang der Küste von British Columbia nach Norden bis zur Gegend um Prince Rupert. Bei den Queen Charlotte Islands wurden sie nie gesehen, aber zur Westküste von Vancouver Island und in den offenen Pazifik wagen sie sich durchaus.

Wir verbrachten ziemlich viel Zeit mit Nicola, der sechzigjährigen Grande Dame der nördlichen Gemeinde und Matriarchin der Unter-Pod A30. Im Jahr 1984 reiste Nicola zusammen mit ihrer siebenunddreißigjährigen Tochter Tsitika und vier Enkeln.

So wie die Menschen der Nordwestküste erblichen Landbesitz geschaffen hatten, so zeigten auch die Wale in bezug auf ihre Hoheitsgebiete ein komplexes Muster. Als »Territorien« konnte man diese Gebiete nicht bezeichnen, denn noch nie hatte jemand Patrouillen, Streitigkeiten oder die Art gegenseitigen Bekriegens erlebt, wie sie unter den benachbarten Gemeinschaften vieler Tiere vorkommen. Dennoch wurde zunehmend deutlich, daß hinter der Verteilung der Orca-Pods an der Küste von British Columbia irgendein Steuerungssystem stand.

Nicola schien die erbliche Matriarchin der Johnstone Strait

zu sein. Ein Beleg für diese Rolle war nicht die Tatsache, daß sie andere Wale vertrieb, sondern die Art und Weise, wie sie sie begrüßte. Im allgemeinen war ihre Familie die erste, die im Frühsommer in der Meerenge eintraf. Nur ein paar Tage vor den frühen Schwärmen der Buckellachse bahnten sich die ausgeprägten Rundungen von Mutter und Tochter, flankiert von den Söhnen, ihren Weg in das Gebiet.

Robin, Jarret und ich paßten uns dem Rhythmus von Nicolas Familie an. Eine Woche lang zogen sie hierhin und dorthin, stets im Einklang mit den günstigen Gezeiten der Meerenge. Wir folgten ihnen über neun Seemeilen, während sie nach Westen in die Queen Charlotte Strait einschwenkten. Als die Wale sich einer eintreffenden Pod bis auf anderthalb Kilometer näherten, ließen sie die Neuankömmlinge auf sich zukommen. Dann vermischten die beiden Pods sich zu einem dichten Knäuel aus Rückenfinnen. In sinnlichem körperlichem Kontakt schubsten sie sich gegenseitig und glitten aneinander entlang. Die Jungtiere tauchten auf und ab, jagten herum, platschten und rollten sich Seite an Seite mit ihren Müttern.

Wie zieht man einen zwei Jahre alten Jungen in einem Zodiac groß? Man sorgt dafür, daß er beschäftigt und glücklich ist. Wir hatten Film- und Tonausrüstung im Wert von Tausenden von Dollar an Bord der *Blue Fjord* verstaut, aber die wichtigsten Ausrüstungsstücke in beiden Booten waren Jarrets Lego-Steine. Er war ein leidenschaftlicher Baumeister und konstruierte Flugzeuge und Raumschiffe, derweil Robin und ich mit den Walen arbeiteten. Die Reling der *Blue Fjord* war hoch genug, um zu verhindern, das Jarret über Bord fiel, und ich nähte Ärmel an seine Schwimmweste, so daß er sie als Mantel tragen konnte. Auf der *Fjord* konnte er herumlaufen, aber das Zodiac war etwas anderes. Um unser Forschungsboot bequem für Jarret zu machen, spannte ich eine Hängematte aus Garnelennetzgewebe unter der Segeltuchabdeckung quer über den Bug, komplett mit Fenstern, damit er darunter Schutz suchen konnte. An den Rändern dieser dreieckigen, keilförmigen

Alex, Jarret und Robin im Zodiac. Nicht alle Tage waren gleich spannend für das ganze Team.

Hängematte befestigte ich Stopfsäcke aus Nylon, die mit warmem Bettzeug, Kleidung und Spielsachen gefüllt waren. Wenn wir in die Stadt kamen, hortete ich Spielzeug, und alle paar Tage versteckte ich eine kleine Überraschung, die er entdecken konnte. Auf Jarrets Walkman liefen *Der Wind in den Weiden* und Winnie-Pu-Hörbücher.

In bezug auf unsere Lebensweise war er bemerkenswert tolerant. Einmal bekam ich mit, wie jemand Jarret fragte, wo er aufgewachsen sei. »In einem Zodiac«, gab er trocken zurück.

Wenn Jarret im Zodiac war, hatte er absoluten Vorrang. Ich lernte es aus eigenem Schaden. Der Versuch, sich gleichzeitig um ihn zu kümmern und die Wale zu beobachten, führte jedesmal zu Tränen, unbrauchbaren Notizen und einem schlechten Tag im Boot. Der Trick bestand darin, ihm meine volle Aufmerksamkeit zu schenken und mich eine Weile mit ihm zu beschäftigen, mich dann aber wieder meiner eigenen Arbeit zuzuwenden, sobald er anfing, mich zu ignorieren.

Den ganzen Sommer über und bis in den Herbst hinein zogen wir von einem Ankerplatz zum nächsten: Growler Cove, Alert Bay, Double Bay, Freshwater Bay, Bauza Cove, Forward Bay. Die Lachszyklen im Leben der Wale und der Dialekt der Wale des A-Clans wurden mir allmählich vertrauter. Der *Pituuu*-Ruf faszinierte mich nach wie vor, besonders seine Rolle bei der Schaffung von Synchronizität. Eines Nachmittags, als wir in den offenen Gewässern der Queen Charlotte Strait herumfuhren, imitierte ich diesen Ruf und rief einen Wal an, der nahe am Boot vorbeischwamm. Es war Eves Sohn Top Notch. Er tauchte und kam Sekunden später neben dem Boot wieder hoch, wobei sein gewaltiger Schädel sich über zwei Meter aus dem Wasser hob. Es sah so aus, als inspizierte er, wer oder was sich in dem Boot befand.

Ich weiß nicht genau, was der Ruf bedeutete, aber ich hatte den Eindruck, es war etwas, das er verstand. Ein Fischerboot kam angebraust, um uns zu helfen – der Skipper dachte, wir würden angegriffen. Ich war fasziniert und Robin ebenfalls, obwohl der Fotograf in ihm verärgert war. »Sprich nie wieder mit einem Wal«, sagte er, »bevor ich nicht die Kamera laufen habe!«

In typischer Orca-Manier entlockte ihnen mein »Sprechen« nie wieder eine solche Reaktion. Ich stellte mir vor, wie sie sich dachten: »Ja, ja, schon gut, wir wissen, daß du das kannst. Jetzt zeig uns mal was Neues.«

Auf dem Weg zu den Flüssen, in denen sie laichten, strömten im August Millionen von Rotlachsen durch die Blackney und die Weyton Passage. Wir schwebten über ihren Rücken, und ihre silbernen Flanken schimmerten und glitzerten über den dunklen Wassern, während sie, so weit das Auge reichte, ihre charakteristischen Mehrfachsprünge vollführten. Im Gegensatz zu Königslachsen, die sich entlang der Küstenlinie zu Schwärmen vereinten, sammelten sich die Rotlachse im offenen Wasser an den Gezeitenlinien. Rotlachse sind die Langstreckenläufer unter den Lachsen, und sie wandern in ihren Ursprungsflüssen Hunderte von Meilen stromaufwärts, um zu laichen. Einige der Rotlachse, die unter unserem Boot herschwammen, waren unterwegs zu Bergseen in Idaho, die mehr als anderthalbtausend Kilometer von der Küste entfernt sind. Jahre zuvor waren die Rotlachse in dichten Schwärmen in ihre Flüsse zurückgekehrt. Ich habe einmal eine Geschichte aus den 1930er Jahren über einen Beamten vom kanadischen Fischereiministerium gelesen, der neben einem ruhigen Lachsfluß sein Mittagessen verzehrte, als die Rotlachse heimkehrten. Der Aufseher hörte ein Tosen und beobachtete, wie die schiere Masse des eintreffenden Schwarms den Pegel des Flusses steigen ließ.

Orcas fressen Lachse jedweder Größe, aber manche Pods haben eine Vorliebe für bestimmte Arten. Kelsy und Yakat, die verschwisterten Matriarchinnen der A4-Pod, liebten die zwei bis fünf Pfund schweren Buckellachse (»Pinks«). Wenn im Oktober der Hundslachs (»Chum«) aufkreuzt, sind auch die als Hundslachsfresser berüchtigten Orcas des G-Clans nicht weit. Die Hundslachse heißen so, weil ihnen zur Laichzeit große, gebogene Eckzähne wachsen. (Jahre später schlich ich mich zu einem Teich mit laichenden Hundslachsen, in der Hoffnung, meine Unterwasser-Standfotokamera unter die Oberfläche drücken zu können, um sie zu fotografieren. Als ich das Teichufer erreichte, ließ ich die Kamera langsam ins Wasser gleiten. Während ich einem laichenden Pärchen näher kam, drehte das alles andere als scheue Männchen sich um und grub seine Zähne in meinen Zeigefinger. Au! Sie machen wirklich Gebrauch von diesen Zähnen.)

Wenn die Orcas sich jedoch für eine Lachs-Spezies vor allen anderen entscheiden müßten, wäre es wahrscheinlich der Königslachs (»Chinook«). In einem Aufsatz, den ich zusammen mit Graeme Ellis, John Ford, Lance Barrett-Lennard und anderen verfaßt habe, kamen wir zu dem Ergebnis, daß 65 Prozent der von Orcas gefressenen Salmoniden (Lachsartigen)

»Chinooks«, 17 Prozent »Pinks«, 6 Prozent »Cohos« (Silberlachse), 6 Prozent »Chums« (Hundslachse), 4 Prozent »Sokkeyes« (Rotlachse) und 2 Prozent Stahlkopfforellen waren. Die Kanadier nennen die Chinooks »Spring«; Amerikaner nennen sie »Kings«; Schwertwale nennen sie ein gutes Fressen. Der Chinook ist die größte Lachsart, er kann ein Gewicht von mehr als einhundert Pfund erreichen. Gewöhnlich halten die Chinooks sich in Küstennähe auf, wo sie im Schutz ausgedehnter Seetangbetten an Felsvorsprüngen ein und aus schwimmen. Chinooks verstehen es, sich vor den Walen zu verstecken; sie benutzen die luftgefüllten Seetangstiele als Tarnung, da die Echoortung der Wale die Lufttaschen im Innern der Stengel nicht durchdringen kann. Ein Orca, der Hunger auf Chinooks hat, durchpflügt auf der Suche nach Springs dichte Seetangbetten, bis die braunen Wedel sich über seiner Rückenfinne stapeln.

Wenn die Chinooks da waren, konnten wir immer wieder beobachten, wie Schwertwale ihren Schnabel in Spalten von Felswänden schoben. Mit dem Felsen zugewandter Schnauze schwammen sie jedesmal mit Wucht vor das Kliff und schlugen dabei mit ihrer kräftigen Fluke, um Wellen zu erzeugen, die gegen das Kliff krachten. Andere Wale reihten sich hinter dem Jäger ein und warteten, bis sie an der Reihe waren. Was hier vor sich ging, erfuhren wir erst, als der Orca-Forscher Jeff Jacobsen eines Tages auf einen Dreißig-Pfund-Chinook stieß, der in einem tiefen Spalt eingezwängt war. Augenscheinlich verstekken Lachse sich in Felsspalten, und die Wale versuchen sie durch Erzeugen von Wellen herauszuspülen. Jacobsen notierte seine Entdeckung, dann spießte er den Lachs mit einem Landungshaken auf und lud uns zum Abendessen in sein Camp ein.

Während des Oktoberschwarms der Chums (Hundslachse) erhielten wir unseren ersten Einblick in ernsthaften Sex bei Schwertwalen. Bevor ich noch weiter fortfahre, sollte ich sagen, daß es bei Schwertwalen, wie bei anderen Cetaceen auch, zwei Arten von Sex gibt. Wale und Delphine sind äußerst sinnliche, geschlechtliche Wesen. Ich habe gesehen, wie Delphinmännchen mit ihren Penissen Frisbeescheiben hin und her bugsierten; ich habe gesehen, wie Weibchen ihre Schnäbel in die Genitalschlitze von Beckengenossen steckten und sie durch das Becken trieben. Alle Arten von Objekten – sogar Schildkröten – wurden ins Liebesspiel mit einbezogen. In der Wildnis kommt es zum Liebesspiel, wo immer es Partner und reichlich zu fressen gibt. Rein männliche Liebesspiele passieren gewöhnlich, wenn keine Weibchen da sind. Man kann nicht genau erkennen, was vor sich geht, aber oft erhascht man einen Blick auf die knapp einen Meter langen, rosafarbenen Penisse der Männchen, die bei der wüsten Keilerei hin und her schwingen.

Ernsthafter, der Fortpflanzung dienender Sex ist jedoch eine andere Sache. In den meisten Cetaceen-Gesellschaften konkurrieren die Männchen um den Paarungszugang zu den Weibchen. Von männlichen Großen Tümmlern weiß man, daß sie enge Koalitionen bilden und Weibchen entführen. Die Männchen der Südlichen und Nördlichen Glattwale produzieren ungeheure Mengen an Sperma in der Hoffnung, das Sperma eines früheren Freiers auszuspülen. Man vermutet, daß Buckelwal-Männchen singen, um Weibchen anzulocken.

Bei Schwertwalen wissen wir immer noch nicht, ob und wie der Wettbewerb stattfindet. Einmal beobachtete ich, wie ein nichtansässiges Weibchen sich drei Tage hintereinander mit dem ältesten verfügbaren nichtansässigen Männchen paarte. Wenn ein jüngeres Männchen anwesend war, wartete es in den Kulissen, bis das ältere Männchen sich verzog. Solange es mit einem Männchen verkehrte, schwamm das Weibchen einen unberechenbaren Kurs in der Nähe des Männchens seiner Wahl. Privatsphäre ist für Wal-Liebespaare weder eine Option noch ein Bedürfnis. Die Familien beider Wale schwimmen Seite an Seite hinterher und folgen den miteinander verkehrenden Walen auf Schritt und Tritt.

Während des Schwarms der Hundslachse taten sich die A12-Matriarchin Scimitar und ihre drei Jungen mit der I2-Pod zusammen. Anstatt nahe bei ihren Söhnen zu schwimmen, schloß sich Scimitar einem kolossalen I5-Männchen an, einem alten Bullen mit einer riesigen verdrehten Rückenfinne, den ich Ulysses taufte.

Im Laufe der nächsten paar Tage erschien Ulysses, wann immer wir den beiden begegneten, an Scimitars Seite. Dann, eines frühen Morgens, beobachteten Robin und ich im Wellengang der Blackney Passage, wie Ulysses und Scimitar weit draußen vor den anderen Walen schwammen. Ihre Familien folgten ein paar hundert Meter dahinter, elf Wale, die sich hoben und senkten wie eine Reihe von Wellenkämmen. Wir fuhren leise hinter den Pods her, die sich vermischt hatten, und bemerkten gelegentlich milchige Ablagerungen an der Wasseroberfläche. Wir deuteten dies als Zeichen, daß Scimitar und Ulysses sich vereinigt hatten; noch näher zu kommen wagten wir allerdings nicht.

Hätten wir Scimitar und Ulysses nicht gerade auf frischer Tat ertappt, hätten wir nicht die Antwort auf eine unserer unbeantworteten Fragen erhalten: Wo sind die Väter? Wie sich herausstellte, sind sie in der Nähe – in anderen Pods.

Dies sollte Jahre später von Lance Barrett-Lennard, einem Meeresbiologen aus British Columbia, der für seine Doktorarbeit an der University of British Columbia die Genetik der Schwertwale dieser Provinz erforschte, bestätigt werden. Mit Hilfe einer Armbrust entnahm Lance winzige Proben aus der Blubberschicht von Walen unterschiedlicher Pods und verglich ihre DNS. Er stellte fest, daß ortstreue Wale sich außerhalb ihrer Pods, aber innerhalb ihrer Gemeinde paaren.

Eines Morgens wurde ich von einem sonderbaren, fernen Krächzen wach. Als ich das Deck der *Blue Fjord* betrat, blickte ich nach oben und sah eine V-förmige Formation am Himmel. Die Kanadakraniche verließen ihr arktisches Sommerrevier und waren unterwegs nach Texas und anderen Orten im Süden. Später in der Woche sollten ihnen die Schneegänse und Kanadagänse folgen. Die Vögel machten mich ganz aufgeregt. Der Winter nahte.

Im Laufe des Herbstes zerstreuten die Wale sich zunehmend. Statt die Johnstone Strait rauf und runter zu schwimmen, verschwanden sie immer wieder für ein paar Tage nach Norden. Um ihre Bewegungen verfolgen zu können, wandten wir uns an die anderen Schiffe in dem Gebiet. Im Sommer und Frühherbst tauschten Forscher in der Johnstone Strait über Funk täglich, manchmal stündlich Meldungen aus. Im Gebiet der Johnstone Strait überwacht Helena Symonds im OrcaLab kontinuierlich den Funkverkehr, um ein detailliertes Bewegungsprotokoll zu erstellen.

Die Leute im OrcaLab achten darauf, daß ich über alle Sichtungen in meinem Gebiet auf dem laufenden gehalten werde, und ich tue dasselbe für sie. An manchen Tagen kennen wir den Standort von einhundert Walen, die über einhundertdreißig Kilometer verstreut sind, wodurch wir besser verstehen, wie sie ihre Gesellschaft koordinieren. Wir wissen heute, daß das Konzept »gemeinsamen Reisens« bei Walen sehr viel weiter gefaßt ist als bei Menschen. Ein Mensch, der sie von einem Boot aus beobachtet, könnte den Eindruck haben, eine junge Mutter und ihr Nachwuchs seien allein, aber mein Kontakt mit anderen Schiffen verrät mir, daß sie lediglich die Nordseite einer Insel umrundet haben, während Großmama und die anderen sich auf der südlichen Seite befinden.

So spät im Jahr waren alle Forscher mit Ausnahme von Paul Spong und Helena Symonds weg, aber es gab viele andere, die noch in den nördlichen Gewässern lebten und arbeiteten: kommerzielle Fischer, Leuchtturmwärter, Piloten von Wasserflugzeugen. Am besten waren die Schlepperbesatzungen. Die Kapitäne und Matrosen auf der *Duncan Foss, Sea Span Cutlass* und *Captain Bob* hielten mit ihren scharfen Seefahreraugen Ausschau nach Walen.

An einem kalten Oktobertag folgten Robin und ich Scimitar und Saddle, während sie ihre Familien ostwärts aus dem Queen Charlotte Sound auf einen unbekannten Seelöwenfelsen an der Mündung des Fife Sound zuführten. Darauf bedacht, sie so spät in der Saison nicht zu verlieren, folgten wir ihnen mit äußerster Konzentration. Sie müßten jeden Tag zu ihren Wintergründen aufbrechen. Sharky tauchte unmittelbar neben dem aus dem Wasser ragenden Felsen bei Eden Island auf und jagte der Seelöwenkolonie einen solchen Schrecken ein, daß einer von ihnen ins Wasser geschubst wurde. Wären die Wale Nichtansässige gewesen, wäre dieser Seelöwe das Abendessen gewesen. Doch Sharky war genauso verblüfft wie der arme Seelöwe; während der Seelöwe wieder zurück auf den Fels kletterte, stob der junge Orca erschrocken von dannen.

Die Wale zogen weiter ostwärts, und wir folgten ihnen im Zodiac, unsicher, wohin die Reise ginge. Während Robin steuerte, fuhr ich mit dem Finger über die Karte, ohne ihn auch nur einmal zu heben, aus Angst, ich würde unsere Position verlieren.

Die Wale führten uns zum Broughton-Archipel, wo die kanadische Küste sich in Dutzende von Inseln und Wasserwegen auflöst. Den Fife Sound hochzufahren war, als bewege man sich langsam den Amazonas stromaufwärts; zwar war dies hier kein unerforschtes Territorium, aber auf jeden Fall war es unbewohnt und für uns unbekannt. Das tiefe Grün der einen Insel verschmolz mit der nächsten, und ich hatte das Gefühl, in ein Labyrinth hineinzufahren. Verglichen mit der breiten Schiffahrtsstraße der Johnstone Strait, wirkte der Fife Sound abgeschieden, unberührt und voller Geheimnis. Und diese Stille! Bevor wir in den Archipel einfuhren, hatte ich niemals stilles Wasser gehört.

Die Wale schwammen in den ruhigen Kanälen herum und trieben Lachse in kleine, von steilen Felswänden gesäumte Buchten. Über unseren Köpfen kreisten Möwen und Adler. Einem jungen Orca hing beim Auftauchen ein Lachs quer im Maul. Als wir weiter nach Osten fuhren, führte der Kanal direkt in ein riesiges natürliches Amphitheater. Schneebedeckte Berge stiegen unmittelbar aus dem Wasser auf. Ein paar Inseln – die sanft ansteigenden Burdwoods – lagen in der Mitte der Wasserfläche und verliehen den umliegenden Bergen ein gewaltiges Ausmaß. Robin stellte den Motor ab und ließ uns mit der Strömung treiben. Ich setzte meinen Kopfhörer auf und vernahm eine außerordentliche Klarheit im Wasser. Weder Kreuzfahrtschiffe noch Fischerboote oder weit entfernte Schlepper dröhnten unter Wasser. Fünf- bis sechsmal hallten die Rufe der Wale in der Stille wider. Es war, als hätten sie uns ans Ende der Welt geleitet.

Anderthalb Kilometer entfernt entdeckte ich den Blas eines Wals. Durch das Fernglas sah ich, daß der Blas in Wirklichkeit Rauch war. Der Rauch führte zu einem Schornstein, der Schornstein zu einem Haus und das Haus zum – Wasser. Ich setzte das Fernglas ab, sichtete das Haus und schaute noch einmal hin. Es war kein Wunder. Das Haus schwamm.

Wir waren fünfundsechzig Kilometer durch den Regen gefahren. Gefrierendes Wasser lief mir in Rinnsalen den Rükken hinunter. Für die Aussicht auf einen warmen Herd verließen wir die Wale. Als wir dem Haus näher kamen, bemerkten wir ein merkwürdiges Dach, das an allen Seiten weit überstand. Ein Steg führte vom Haus zum Ufer. Auf einem handgemalten Schild in der Nähe der Tür stand WINDSONG BARGE. Das Ganze wirkte, als hätte jemand eine Hobbit-Hütte am Fundament abgerissen und sie auf einen schwimmenden hölzernen Lastkahn fallen lassen. Als wir dem Ufer näher kamen, konnten wir sehen, daß diese Wasserbewohner nicht allein waren. Hier und da längs des Ufers der Bucht schaukelten kleine Hütten auf dem Wasser, die von gewaltigen, mit Stahltrossen zusammengebundenen Zedernstämmen getragen wurden. Mein Herz machte einen Sprung, als ich auf der gegenüberliegenden Seite der Bucht die vertraute rotweiße Beschriftung eines kanadischen Postamts entdeckte. Am Ende der Bucht befand sich ein staatlicher Anlegeplatz, der zu einer grasbewachsenen Fläche und einem breiten weißen Strand hinführte. Robin zeigte auf den leeren Kai. Wir nickten einander zu: der Liegeplatz für die *Blue Fjord*.

Robin schaltete den Motor in den Leerlauf, drehte bei und ging mit dem Zodiac just in dem Moment an der Windsong längsseits, als eine zierliche, elegante Frau in den Dreißigern herauskam, um unsere Leinen zu nehmen. Zwei rehäugige Mädchen lugten hinter ihr hervor.

»Wer bist du?« piepste das ältere Mädchen. Sie fragte nicht Robin oder mich. Sie sprach mit Jarret, dessen Hände mein Bein umklammert hielten. »Kannst du Karten spielen?« wollte sie wissen.

Christine O'Donnell lächelte und fragte, ob wir gern etwas Warmes zu trinken hätten. Während wir auf die schwimmende Landebrücke sprangen, belegten ihre beiden Töchter Jarret mit Beschlag. Christine öffnete die Eingangstür und bat uns in ihr warmes, trockenes Heim.

»Willkommen in Echo Bay«, sagte sie.

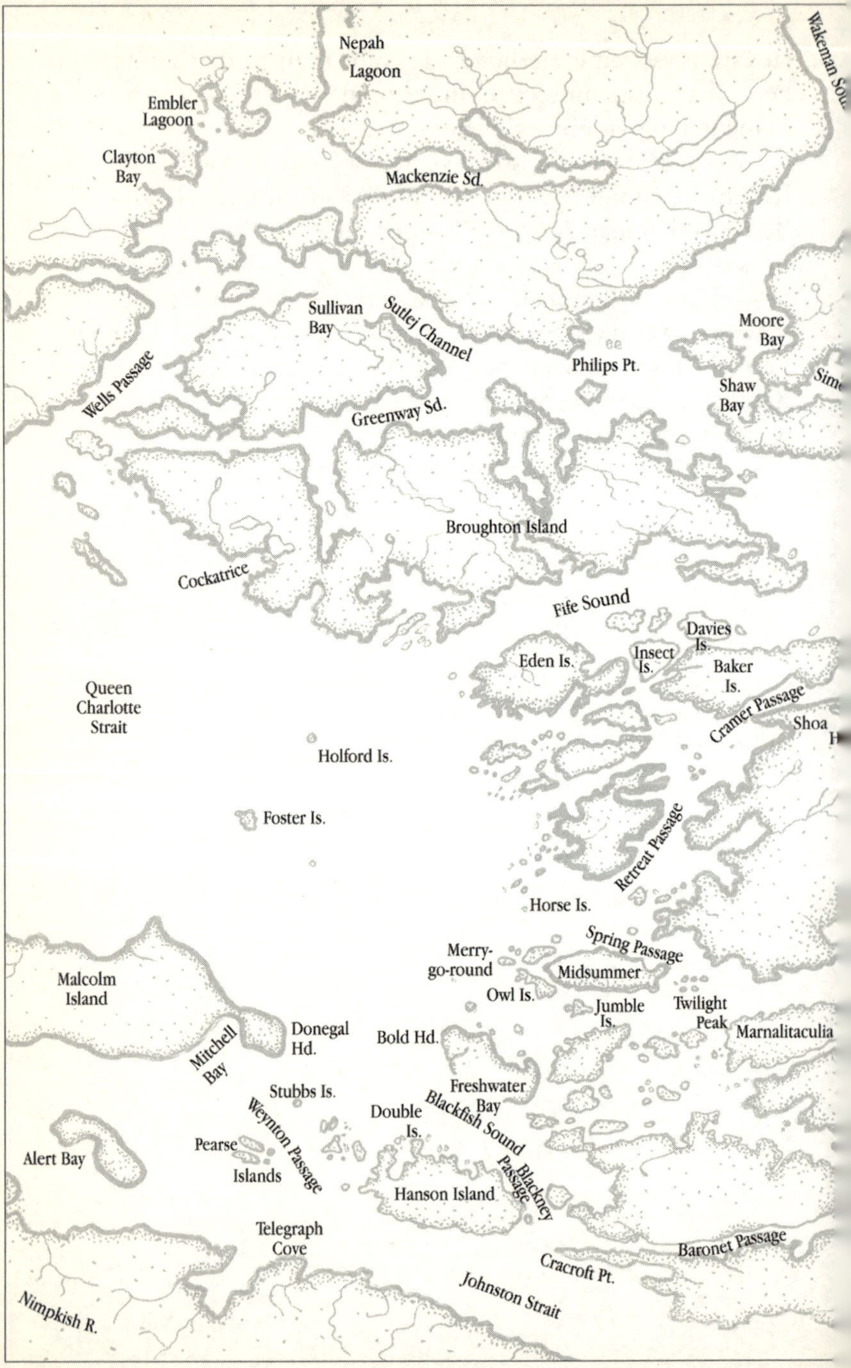
Nepah
Lagoon
Wakeman Sou
Embler
Lagoon
Clayton
Bay
Mackenzie Sd.
Sullivan
Bay
Sutlej Channel
Moore
Bay
Philips Pt.
Shaw
Bay
Wells Passage
Greenway Sd.
Broughton Island
Cockatrice
Fife Sound
Davies
Is.
Insect
Is.
Eden Is.
Baker
Is.
Queen
Charlotte
Strait
Cramer Passage
Shoa
Holford Is.
Foster Is.
Retreat Passage
Horse Is.
Spring Passage
Merry-
go-round
Midsummer
Malcolm
Island
Owl Is.
Jumble
Is.
Twilight
Peak
Marnalitaculia
Donegal
Hd.
Bold Hd.
Mitchell
Bay
Freshwater
Bay
Stubbs Is.
Double
Is.
Blackfish Sound
Weynton Passage
Pearse
Islands
Alert Bay
Blackney
Passage
Hanson Island
Telegraph
Cove
Baronet Passage
Cracroft Pt.
Johnston Strait
Nimpkish R.

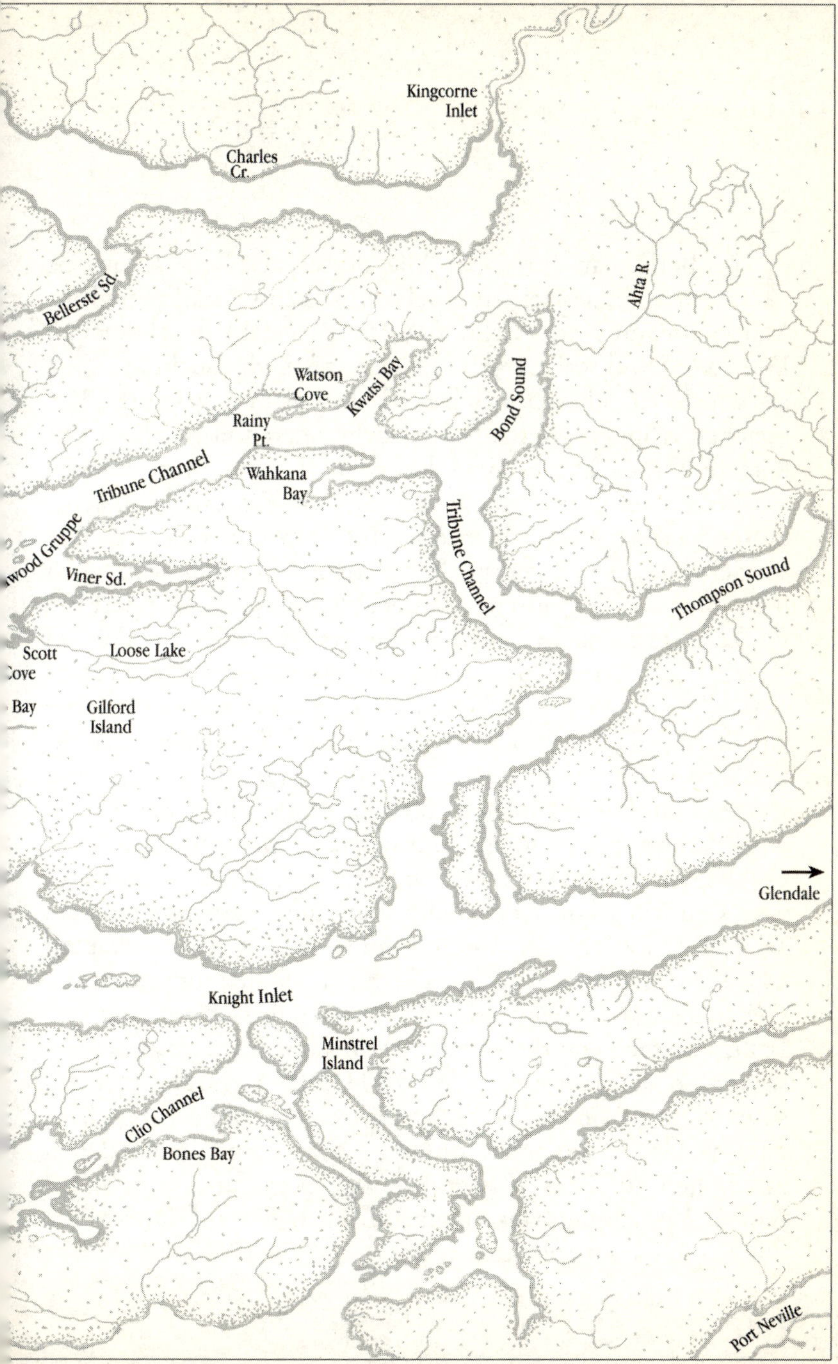
Kingcorne Inlet
Charles Cr.
Bellerste Sd.
Ahta R.
Watson Cove
Kwatsi Bay
Bond Sound
Rainy Pt.
Tribune Channel
Wahkana Bay
Tribune Channel
wood Gruppe
Viner Sd.
Thompson Sound
Scott
ove
Loose Lake
Bay
Gilford Island
Glendale
Knight Inlet
Minstrel Island
Clio Channel
Bones Bay
Port Neville

13 Bei einem einfachen Abendessen aus Reis, Chapattis und eingemachtem Lachs erzählten Christine und ihr Mann, Jim, uns von Echo Bay, einem einstmals blühenden Dorf der Kwakwaka'wakw. Die angrenzende Bucht sei einst als der Kelch übernatürlicher Macht bekannt gewesen. Die bleichen Klippen oberhalb der Bucht zeigten noch blasse okkerrote Piktogramme einer Sonne und eines menschlichen Antlitzes. Der breite, weiße Strand sei das Produkt von achttausend Jahren Festmahlen mit Muscheln und Krebsen. Wie so viele andere Gemeinschaften der First Nations wäre auch diese beinahe ausgelöscht worden, als im 19. Jahrhundert die Pocken eingeschleppt wurden. Die ersten weißen Siedler kamen in den 1880er Jahren in das umliegende Gebiet, um Holzeinschlag von Hand zu betreiben, eine arbeitsintensive, aber nachhaltige Technik, bei der man die gefällten Bäume direkt ins Wasser rutschen ließ und lediglich Handwerkzeuge und Boote zum Einsatz kamen. Im Jahr 1897 führte die Powell River Company eine kleine transportable Dampfmaschine ein und begann die knapp zweihundertfünfzig Quadratkilometer von Gilford Island, die Echo Bay umgaben, abzuholzen. Weitere Holzfäller mit ihren Familien trafen ein. Sie bauten sich schwimmende Häuser, die nicht zu den praktischsten Gebäuden auf der Welt gehören – man stelle sich ein Haus auf Baumstämmen vor, die von dem Moment an, wo sie aufs Wasser treffen, langsam sinken. Für die Holzfäller waren sie jedoch sinnvoll, weil sie ihr Heim so von einem Abholzungsclaim zum nächsten schleppen konnten. Ganze Gemeinden trieben zusammen auf dem Wasser, mit Baracken für die Arbeiter, Läden, Einfamilienhäusern und Gärten, die auf Unmengen von Stämmen schaukelten.

In den frühen 1980er Jahren bestand Echo Bay aus hundertfünfzig Fischern, Holzfällern und Hippies. Während unsere Mäntel und Pullover neben dem Holzofen dampfend trockneten, erzählte Jim, ein Bär von einem Mann, wie er mit Christine Anfang der 1970er Jahre aus dem amerikanischen Mittelwesten nach Kanada geflohen sei, um der Einberufung nach Vietnam zu entgehen.

Jim und Christine hatten ihr Hausboot in ein wunderschönes Heim verwandelt. Außen bestand alles aus verrückten Winkeln und roh behauenem Zedernholz; im Innern bot es ein behagliches Wohnzimmer mit einer Platte aus poliertem Holz als Couchtisch und abgewetzten Orientteppichen, riesigen Polstersesseln und einer gewaltigen stählernen Tonne, die in einen Holzofen verwandelt worden war. An der gegenüberliegenden Wand des Hausbootes, neben einer Anzahl geschnitzter Zeremonienmasken, hatte Jim, der früher als Fotograf für die Zeitschrift *Life* gearbeitet hatte, eine Serie mit eindringlichen Schwarzweiß-Porträts von Indianerhäuptlingen aufgehängt. Die beiden hatten keinen Strom, kamen aber mit Kerzenlicht prima zurecht.

Im Gegensatz zu den Holzfällern hatten Jim und Christine sich zum Leben, nicht zum Arbeiten in Echo Bay niedergelassen. Um zu überleben, übernahmen sie alle möglichen Jobs. Jim hatte eine Zeitlang als Barkeeper im nahe gelegenen Echo Bay Resort gearbeitet, Wasserflugzeuge geflogen und sich, um das Hausboot über Wasser zu halten, in einen Alleskönner verwandelt.

»An manchen Abenden konnte es in der Bar recht wild zugehen«, sagte Jim. »Die ganzen Holzfäller kamen rein und wollten sich gegenseitig verprügeln, einfach so zum Spaß. Mein Job war es, sie davon abzuhalten, sich gegenseitig umzubringen.«

Verstreut zwischen den Holzfällern und Hippies, fanden sich ein paar Familien, die seit mehreren Generationen in Echo Bay lebten. Im großen und ganzen kamen die Hippies und die Alteingesessenen gut miteinander aus. Die Hippies bewunderten die Ortskenntnis der alten Hasen; sie waren die Lehrer, die jeder brauchte, wenn die Fünf-Meter-Gezeiten und Winde in Hurrikanstärke den Archipel erreichten. Für die Langzeitbewohner waren die Hippies oft komische, manchmal rätselhafte, aber immer gutherzige Leute.

Christine machte uns mit der alltäglichen Routine bekannt. Die Post kam dreimal in der Woche mit dem Wasserflugzeug. Telefone gab es keine, also kommunizierte die gesamte Stadt per Funk über UKW. »Wir rufen auf Kanal sechzehn und schalten dann gewöhnlich um auf siebzig. Aber erwartet keine Privatsphäre«, lachte sie. »Die Leute hier wissen, was man tun wird, noch bevor man's getan hat.«

Ihre beiden Töchter, Cedar und Willow, besuchten gemeinsam mit dreizehn anderen Kindern aus Echo Bay, den beiden örtlichen Holzfällercamps und dem nahe gelegenen Indianerdorf die Echo-Bay-Schule am Ende der Bucht. Schulboote holten sie jeden Morgen ab und brachten sie wieder zurück.

»Wie alt ist Jarret eigentlich?« fragte Christine.

»Fast drei«, sagte ich.

»Dachte ich mir. Genauso alt wie Chris, der Sohn von George und Susie. Ihr werdet sie kennenlernen.«

Christine hatte bereits auf Anwerbemodus umgeschaltet. Der Mangel an Kindern ist eine ständige Bedrohung für Echo Bay. Bis 1984 waren alle Schulen in den umliegenden Gemeinden geschlossen worden. An der Nordküste ist es ein häufig anzutreffendes Phänomen: Wenn eine Schule schließt, wandern die jungen Familien ab, dann schließt das Postamt, weil es nichts zu tun gibt, und am Ende ziehen die restlichen Familien weg oder sterben aus. In uns dreien sah Christine nicht bloß potentielle Nachbarn und Freunde, sondern neues Leben für das Gemeinwesen. Ich erwische mich dabei, daß ich heute mit Besuchern dasselbe mache.

Die älteren Kinder brachte ein Fischer namens Billy Proctor am Montagmorgen zur North Island Secondary School in Port McNeill und fuhr sie am Freitagnachmittag wieder nach Hause, eine sechsstündige Rundreise. Billy unternehme auch regelmäßig Fahrten zu den Lebensmittel- und Haushaltswarengeschäften in Port McNeill, erzählte Christine. Man brauche bloß um halb acht morgens am Kai zu erscheinen, sagte sie uns, dann nehme er einen kostenlos mit.

Als Christine Cedar und Willow in ihre Betten steckte, kuschelte Jarret sich in meinen Schoß und schlief ein.

Wer sonst noch hier lebe, fragten wir, als Christine zurückkam. Wie sie denn über die Runden kämen.

Die einzigen »richtigen« Jobs gebe es in Scott Cove, von wo aus die Firma International Forrest Products ihre Abholzung betrieb, und in Shoal Harbour, wo Whonnock Industries sein Nutzholz zu Wasser ließ. Ansonsten, sagte Jim, würden die Leute sich selbst helfen. Billy Proctor betreibe mit seiner sechzehnjährigen Tochter Joanie die *Twilight Rock,* einen kommerziellen Lachs-Schleppangler. George und Susie, die in einer Bucht nördlich der Echo Bay wohnten, arbeiteten als Fischereihüter für die Provinzregierung, was bedeute, daß sie ihre Tage damit verbrachten, in den örtlichen Flüssen Lachse zu zählen. »George stammt aus Australien und Susie aus Costa Rica«, erzählte uns Jim. »Sie machen ihren eigenen Sake. Starkes Zeug.« Bob und Nancy Richter betrieben einen Gemischtwarenladen beim Echo Bay Resort, wo den Sommer über Vergnügungsdampfer festmachten. Sie hätten vor ein paar Jahren die heruntergekommene Ruine eines Jachthafens gekauft, ihre Computerjobs in Seattle an den Nagel gehängt und seien nach Norden gezogen, um die Anlage zu restaurieren und zu betreiben.

Wir redeten bis spät in die Nacht. Bevor wir schlafen gingen, brachte ich den Mut auf, die entscheidende Frage zu stellen.

»Gibt es hier im Winter Wale?«

»Hier sind im Winter mehr Wale als im Sommer«, sagte Jim, wobei er ein wenig übertrieb. »Aber darüber solltet ihr mit Billy sprechen.«

Billy Proctor war ein gedrungener, grauhaariger Mann Anfang Fünfzig, der eine zweifarbige Wollmütze mit einem fröhlichen

Bommel obendrauf trug. Wir trafen ihn an, wie er gerade vor dem Postamt aus einem ungeheuer ramponierten alten Rennboot sprang. Billy war ein schüchterner Mensch. Ab und zu warf er uns einen Blick zu, zog es aber vor, im Gespräch mit Fremden seine Füße zu studieren.

»Wale?« fragte er. »O, Herrgott, ja, wir haben Wale. Vor einem starken Südoststurm im Winter ziehen sie rauf zum Knight Inlet. Vor vier Jahren waren im Dezember zwei Buckelwale im Bond Sound. Früher kannte ich einen Wal namens Joe, der lebte in der Nähe von Freshwater Bay …«

Ich durchwühlte meine Taschen nach Stift und Papier. Mein Gott – der Mann war das Orakel von Echo Bay. Solche Antworten hatten wir noch nie bekommen. War Billy einmal in Fahrt, war er durch nichts zu bremsen. Er hatte ein fotografisches Gedächtnis. Billy konnte sich an jeden Wal erinnern, den er in den letzten vierzig Jahren gesehen hatte, und hätte einem auf Drängen hin wahrscheinlich sogar von jedem großen Fisch erzählen können, den er gefangen hatte.

»Bis 1966 hatte ich den Ausdruck *Schwertwal* noch nie gehört; wir nannten sie immer ›Blackfish‹, Schwarzwale. Früher gab's 'ne Menge davon, aber 1967 und 1968 haben die Walfänger viele abgeschossen. Damals 1945, als ich jung war, konnte man so viele Schwarzwale sehen, daß man dachte, man könnte einfach über ihre Rücken laufen. Robson Bight war ihr Treffpunkt und Ruheplatz. Wenn die Rotlachs-Schwärme kamen, zogen sie bei Ebbe immer raus zur Nordküste von Malcolm Island und spielten und fraßen in der Nähe von Bere Point. Im Winter bei der großen Vollmondflut ziehen sie rauf zum Knight Inlet und bleiben zwei oder drei Tage dort.« Ich schrieb, was das Zeug hielt. »Als ich ein kleiner Junge war, wohnten wir in Freshwater Bay am Ufer des Blackfish Sound. Und dort lebte Old Joe, ein Buckelwal. Er kam mit der Flut herein und ernährte sich von den großen Heringsschwärmen, die damals da waren. Die Heringe schwammen immer vor seinem Kopf davon. Er sah aus, als ob er lächelte, und immer wenn Stillwasser war, fraß er auf diese Art. Wenn die Flut einsetzte, legte er sich einfach hinten in den Strudel bei dem Seetang und schlief. Er machte einen so zufriedenen Eindruck mit seinem Bauch voller Heringe. Ich ruderte dann immer auf ihn zu, saß da und beobachtete ihn. Oh, er wußte, daß ich da war, aber es schien ihn nie zu kümmern. Einmal ließ ich das Ruderboot direkt zu ihm hin treiben. Sein eines Auge war offen, er konnte mich sehen, und ich streckte die Hand aus und berührte ihn. Es war ihm egal. Es war wirklich toll. Es gab noch einen anderen Buckelwal, der im Fife Sound lebte. Die Leute nannten ihn Barney, weil er einen großen Rankenfüßer [engl. *barnacle*] auf dem Rücken hatte, und die meiste Zeit war ein Kumpel bei ihm, also nannte man ihn ›The Missus‹ [›die bessere Hälfte‹].« Ich hatte keine Ahnung, daß Buckelwale einmal Teil des hiesigen Ökosystems gewesen waren.

Es hatte angefangen zu regnen, und meine Notizen verschmierten, aber ich wollte nicht reingehen, weil ich Angst hatte, Billy würde aufhören zu erzählen. Er selber nahm keine Notiz von dem Regenguß.

»Eines Tages, als ich unten im Blackfish Sound war, kam dieser Kajakfahrer an meinem Boot längsseits und fragte, ob ich irgendwelche Schwertwale gesehen hätte. So einen Typen hatte ich in meinem ganzen Leben noch nicht gesehen. Er hatte Haare bis zum Gürtel und drei Perlenketten um den Hals. Ein paar Tage später kam eine Schule von Schwarzwalen an, der eine ganze Armada von Kajaks auf den Fersen war. Angeführt wurden sie von einem wirklich merkwürdigen Boot, in dem ein Bursche stand, und, na ja, er war splitternackt und seine langen Haare wehten im Wind, und er schlug sich an die Brust und brüllte in den Wind. Ich traute meinen Augen nicht. Ich dachte: *Mein Gott, sonst noch was?*«

Billy blickte auf. »Wieso wollen Sie überhaupt alles über Wale wissen?«

Nach diesem Vormittag wußten wir, daß wir unser Zuhause gefunden hatten. Wir statteten dem schwimmenden Postamt einen Besuch ab, um zu fragen, ob wir eine Postfachnummer bekommen könnten.

»Oh, das geht in Ordnung«, meinte die Postmeisterin, Nancy Richter, eine hochgewachsene, selbstsichere Frau mit leuchtendrotem Haar. »Wir haben hier keine Nummern. Bloß Namen. Das reicht.«

Überglücklich verließen Robin, Jarret und ich Echo Bay und brausten davon. Wir hatten gefunden, wonach wir gesucht hatten.

Bevor wir uns in Echo Bay häuslich niederlassen konnten, mußten wir die *Blue Fjord* herholen, die wir in Double Bay an der Nordseite von Hanson Island verankert hatten. Wir fuhren zurück in die offenen Gewässer des Blackfish Sound und der Johnstone Strait, wo wir vom A- und G-Clan abgefangen wurden, die den Herbstschwarm der Hundslachse jagten, die schwer von Eiern und Laich waren. (Unsere Faustregel lautete: Laß dir einen Orca in Reichweite niemals entgehen.)

Hin und wieder schloß sich den Orcas eine Schule von Dall-Hafenschweinswalen an, die für ihr Leben gern neben den Walen hersausten. Als wir sie zum ersten Mal sahen, dachten wir, sie flöhen vor einem Walangriff, aber während Robin die »Jagd« filmte, wurde offensichtlich, daß die Schweinswale die Wale jagten. Sie scharten sich gewöhnlich um einen einzigen Wal und fegten in winzigen Gischtsalven um seinen Kopf. Wir sind uns noch nicht sicher, ob die Schweinswale dies bloß aus Spaß machen oder ob es eine Technik der Nahrungssuche ist, bei der die Schweinswale von der Fähigkeit der Wale, Fische durch ihre starke Echoortung zu lähmen, profitieren oder die Lachsbrocken der Orcas aufschnappen. (Lachse sind für Schweinswale zu groß, um sie alleine, ohne fremde Hilfe, zu vertilgen.)

Was uns verwirrte, war die scheinbare Coolness der Schweinswale in Gegenwart von Schwertwalen. Hätte es sich bei letzteren um säugetierfressende Nichtansässige gehandelt, wären die Schweinswale angegriffen und gefressen worden. Sie müssen also in der Lage gewesen sein, den Unterschied zu erkennen – aber wie?

Der Herbst des Jahres 1984 segnete die Küste von British Columbia mit einem echten »Altweibersommer«. Der Himmel nahm zwischen Stürmen ein metallisches Blau an und erstrahlte nachts vor Sternen, die hell genug waren, um nach ihnen zu navigieren. Wir hatten uns an einem regnerischen Tag in Echo Bay verliebt; an einem warmen Herbstnachmittag gerieten wir vollkommen ins Schwärmen. Wie eine Perlenkette auf einem Samtkleid betonte der sich schlängelnde weiße Strand das grüne Wasser und die umliegenden immergrünen Hänge.

Jeden Morgen, bevor Robin und Jarret sich regten, stand ich auf, wickelte mich in zwei Schichten Wolle und ging raus aufs hintere Deck, um den Coleman-Kocher für den Kaffee anzuzünden. Auf der Schiffsreling hockend, lauschte ich der Lyrik der Raben, die sich quer über die Bucht unterhielten. Eine Rauchwolke, gefolgt vom Duft brennenden Zedernholzes, zeigte an, daß Christine O'Donnell und ihr Haushalt aufgewacht waren. Ich holte tief Luft. Diese achttausend Jahre alten Geräusche und Gerüche hätten der anständigen kolonialen Backsteinwelt, in der ich großgezogen worden war, fremder nicht sein können. Und dennoch hatte ich nie ein perfekteres Zuhause erlebt.

Wir machten die *Blue Fjord* an der Pier am Ende der Bucht fest, dort, wo die Schulkinder jeden Morgen um zehn vor neun vom Schulboot stürzten. Mit ihrem aufgeregten Geschnatter und knallbunten Jacken ähnelten sie einem winzigen Vogelschwarm. Als Neulinge waren wir für die Kinder – eigentlich für die gesamte Einwohnerschaft – die Hauptobjekte der Neugier, und jeden Morgen spähten sie durch unsere Fenster und winkten uns mit ihren in Fausthandschuhen steckenden Händen zu.

Ich hätte erwartet, daß Kinder, die in einer solch abgelegenen Gegend aufwuchsen, schüchtern waren, aber diese Kinder waren aufgeschlossen, zugänglich und ausgelassen. Sobald sie erfahren hatten, warum wir hier waren, bombardierten sie uns mit Walgeschichten. »Wir sehen die *ganze* Zeit Wale. Sie sind okay. Einmal habe ich gesehen, wie ein Wal einer Ente nachjagte. Auf dem Weg zur Stadt habe ich *hundert* Wale gesehen. Haben Sie schon mal einen Wal springen sehen? Das ist so cool…« Wir schrieben ihre Sichtungen auf und baten sie, uns bei unseren Nachforschungen zu helfen, indem sie uns das nächste Mal anriefen, wenn sie Wale sahen. Sie freuten sich riesig.

Die Batterien der *Blue Fjord* hielten ungefähr vier Tage, bevor unsere Lampen schwächer wurden. Wir luden die Batterien auf, indem wir den Lister, unseren unverschämt lauten Dieselgenerator, anwarfen. Auf den weiten, offenen Wasserflächen der Johnstone Strait war das kein Problem, aber in der heimeligen Echo Bay erwies es sich als unangenehm. Der Name Echo Bay kommt nicht von ungefähr. Der Schall bewegt sich durch die Bucht, prallt von dem Kliff mit den Piktogrammen ab und hallt in der Bucht wider. Wenn der Generator lief, hielten sich die Schulkinder die Ohren zu, und den Erwachsenen raubte er den letzten Nerv. Nach ein paar Wochen liefen wir mitsamt unserem Generator Gefahr, uns unbeliebt zu machen.

Das Problem wurde in typischer Nordküstenmanier mit einer Portion Großzügigkeit gelöst. Als wir eines Morgens im Postamt erschienen, machten Bob und Nancy Richter uns ein Angebot, das wir nicht ablehnen konnten. Wenn wir ein Auge auf die Ferienanlage hätten, während sie ein wenig herumreisten, könnten wir an ihrem Anlegeplatz festmachen und uns an den Generator anschließen, den sie hinter wattierten schalldichten Wänden stehen hatten. Auf diese Weise wurde der Gemeinschaft das *Rat-a-tat-tat* des rüpelhaften Mr. Lister und uns die Feindschaft unserer neuen Nachbarn erspart.

Robin, Jarret und ich fuhren jeden Tag im Zodiac raus, entschlossen, jeden Wal zu sehen und zu identifizieren, der durch den Archipel kam. Wir hatten keine Ahnung, nach welchem Muster sie reisten, also patrouillierten wir über so viel Wasserfläche, wie wir konnten. Eisige Kälte hielt uns nicht auf; nur ein richtiger Sturm sorgte dafür, daß wir an einem solchen Tag daheim blieben. Wir wurden Experten für Oberbekleidung und Unterwäsche und machten uns ein System der Schichtung von Kleidungsstücken zu eigen, um den schneidenden Wind abzumildern, dem wir bei zwanzig Knoten im offenen Zodiac ausgesetzt waren: lange Unterwäsche, Rollkragenpullover, dickes Flanellhemd, eine Weste darunter und ein grellgelber Überlebensanzug aus sechs Zentimeter dickem, undurchlässigem Schaumstoff. Wir bewegten uns darin steif wie Roboter, aber zumindest war uns warm. Jarret spielte unter seiner wunschgerecht ausgestatteten Überdachung. Wenn die See rauh wurde, nahm ich ihn auf den Schoß und diente ihm als menschlicher Autositz. An den kältesten Tagen blieb Jarret in Echo Bay, wo er mit Chris Jahn spielte, dessen Eltern, George und Susie, netterweise auf ihn aufpaßten.

Was wir zu unserer Enttäuschung und unserem Kummer nicht fanden, waren die ganzen Wale, die Billy, Jim und die Schulkinder gesehen hatten.

Mit Robin auf dem Lotsenposten und mir als rückwärtiger Beobachterin, die nach Walen Ausschau hielt, erkundeten wir die Hunderte von Inseln und Passagen des Broughton-Archipels. Die Ostküste von Vancouver Island ist ziemlich flach und zusammenhängend, aber die Küste des Festlands ist ein zerklüftetes Gewirr aus Meeresarmen, Kanälen, Durchfahrten und Buchten, die sich in steile Bergketten schneiden. Dutzende von Inseln schirmen die Echo Bay von den offenen Gewässern des Blackfish Sound und der Queen Charlotte Strait ab. Manche sind lediglich Felsen, die bei Flut verschwinden; andere sind mehrere Kilometer lang und ernähren Hirsch-, Wolf-, Schwarzbär- und Nerz-Populationen. Oft entdeckten wir Bären, die bei Ebbe Steine am Strand umdrehten.

Jeden Morgen standen wir vor der Entscheidung, in welche Richtung wir fahren sollten. An manchen Tagen diktierte der Wind uns die Antwort, aber meist rieten wir einfach. Drei Wochen lang fuhren wir los und suchten nach Walen, und drei Wochen lang fanden wir nichts.

Wir hielten an jedem Holzfällercamp, Fischercamp und

schwimmenden Haus, um zu fragen, ob die Bewohner Wale gesehen hätten. Wir lernten ein paar sehr nette und sehr seltsame Leute kennen. Die Kinder einer Familie, die in einem riesigen, auf den Strand gesetzten Boot wohnte, waren so wild, daß sie im Hintergrund herumkrochen und uns argwöhnisch beäugten. Oft waren die Leute mißtrauisch, wenn Robin und ich uns in unseren offiziell aussehenden gelben Anzügen und dem gut ausgerüsteten Zodiac ihren Booten näherten.

Schließlich, am einundzwanzigsten Tag: »Robin! Wale!«

Es war gegen drei am Nachmittag, die Dämmerung würde gleich einsetzen, und wir fuhren gerade mit Tempo zurück zur *Blue Fjord*. Als ich nach Norden in Richtung Mount Stevens schaute, fiel mein Blick auf die weiche, graue Blaswolke eines Wals.

Robin wendete das Zodiac und nahm Gas weg, bis der Motor im Leerlauf drehte. Geschmeidig schoben sich drei Wale hinter der Felsspitze hervor. Wir konnten sie im Dämmerlicht nicht identifizieren, aber aufgrund ihrer extrem spitzen Rückenfinnen und der kleinen Größe der Pod schätzten wir, daß es wahrscheinlich Nichtansässige waren. In einem ausweglosen Versuch, etwas aus der Begegnung mitzunehmen, steckte Robin einen Blitz auf seine Kamera und verknipste eine Rolle Film. Wir erhielten vierundzwanzig unscharfe Schnappschüsse von dem Blitz, der von den schwarzen, nassen Rücken der Wale reflektiert wurde.

Ein paar Tage später, an Robins einunddreißigstem Geburtstag, stand ich auf, um Frühstück im Bett vorzubereiten. Als ich mit der Daumenpumpe den Herd betriebsbereit machte, echoten fünf schnelle Antworten über die Bucht. *Kwusch, kwusch, kwusch, kwusch-kwusch.* Ein Adrenalinstoß durchfuhr mich. Ich wirbelte herum und sah gerade noch, wie eine Rückenfinne Richtung Norden verschwand.

Robin und ich zogen Jarret hektisch an und sprangen ins Zodiac. Wir waren uns sicher, sie zu verlieren, wenn wir uns nicht beeilten. Die Wale behielten ihren Kurs bei und bewegten sich langsam Richtung Tribune Channel. Sie nahmen keine

Notiz von uns, als wir die vereinzelten schwimmenden Häuser direkt hinter der Echo Bay passierten, aber sobald wir ihnen in die ausgestorbenen Abschnitte des Kanals folgten, setzte einer der Wale sich ab und jagte zurück zu unserem Boot. Robin und ich sahen zu, wie das Wasser schwarz wurde, als das Orca-Weibchen unter uns glitt. Ein Auge nach oben verdreht, um uns zu beobachten, schwamm es die Länge unseres Bootes ab, bevor es in Sprüngen zu seiner Mutter zurückkehrte. Ein paar Sekunden später kam es wieder, um noch einen Blick zu riskieren.

Es war Sharky. Ich hatte entschieden den Eindruck, daß sie überrascht war, uns hier zu sehen. In der Johnstone Strait und sogar in der Echo Bay war es normal, daß Menschen Walen folgten, aber nicht im Tribune Channel.

Direkt vor uns entdeckte ich eine weitere vertraute Rückenfinne.

»Guten Morgen, Saddle«, sagte ich.

Robin ließ das Filmmagazin in seine schnittige Éclair-16-mm-Filmkamera schnappen, während ich ein Hydrophon über die Bordwand hinabsenkte. Ich warf Robin ein Lächeln zu und gab ihm grünes Licht. Die Laute von Saddle, ihrer Tochter Sharky und deren fünfjährigem Sohn, A15, wurden von den Steilwänden des Festlands zurückgeworfen und hallten in meinen Ohren wider. Wir hatten es geschafft: Wir hatten im Winter die A-Pod gefunden. Davon hatten wir geträumt, als wir uns zum ersten Mal begegnet waren. Mit Jarret im Arm drehte ich mich zu Robin um und strahlte: »Herzlichen Glückwunsch zum Geburtstag.«

Noch nie zuvor hatte ich Saddle und ihre unmittelbare Familie ohne die anderen Mitglieder des A-Clans reisen sehen. In der Erwartung, Eve, Stripe, Top Notch und andere Angehörige der A5-Pod blasen zu sehen, suchten Robin und ich den ganzen Tag die Wasserfläche ab. Aber sie kamen nicht. Den ganzen Winter über begegneten wir einer Familie nach der anderen, aufgespalten in ihre kleinste matriarchalische Einheit, Mütter und Nachwuchs. Eve kam mit ihren Söhnen Top Notch und

Foster durch den Kingcome Inlet, und auch die Matriarchin Licka brachte ihre Töchter Havannah und Sonora mit.

Offensichtlich gab es die großen Versammlungen von Cousins, Cousinen, Tanten, Onkeln und anderer, entfernter verwandter Mitglieder des Clans der nördlichen Ortstreuen nur im Sommer. Den Winter über ähnelten die Fischfresser mit ihren kleineren, ruhigeren Gruppen und dem weniger ausgelassenen Benehmen den Säugetierfressern.

Der Grund für diese winterliche Kleinstgruppenbildung trat bei unseren weiteren Begegnungen mit den Walen zutage. In der kalten Jahreszeit fischten die Wale anders. Statt sich in den Gezeitenlinien im tiefen Wasser gemeinsam an riesigen Lachsschwärmen gütlich zu tun, inspizierten sie nun die seichten Seetangwälder. Während sie durch Seetangbetten pflügten, mutmaßte ich, daß sie auf der Suche nach Felsendorschen, Barschen, Flundern, Seezungen und den gelegentlich vorkommenden Chinooks (Königslachsen) waren. (Herauszufinden, was sie fressen, gehört seit jeher zu den schwierigen Aufgaben bei der Erforschung von Schwertwalen. Bei anderen großen Säugetieren reicht oft schon die Untersuchung des Kots. Walforscher kennen diesen Luxus nicht, es sei denn, sie sind sehr schnell mit dem Netz.)

Die Wintertage sind kurz hier oben. Es wird nicht vor acht Uhr morgens hell, und schon um viertel vor zwei Uhr nachmittags beginnt es dunkel zu werden. Robin und ich hatten uns nicht klargemacht, wie wenig Zeit es im Winter jeden Tag gäbe, um Wale aufzuspüren und ihnen zu folgen. Normalerweise brauchte man ein paar Stunden, um sie zu finden, und an manchen Tagen mußten wir uns zwanzig Minuten nach unserer Begegnung schon wieder auf den Heimweg machen, bevor es stockfinster wurde.

Um dieses Handicap zu überwinden, beschlossen wir Ende Dezember, den Walen bei Nacht zu folgen. Als Licka, Eve und ihre Familien durch den dunkel gewordenen Sutlej Channel Richtung Osten zogen, folgten wir ihnen. Die Wale führten uns in einen langen, scharf gekrümmten Golf namens Greenway Sound. Wir folgten mit leise schnurrendem Motor, während die Orcas tiefer in den Sund ohne Ausgang schwammen, der Broughton Island beinahe in zwei Hälften schneidet. Ich ließ das Hydrophon ins Wasser, setzte den Kopfhörer auf und vernahm die wunderlichsten Laute. Walrufe prallten gegen die steile, zerklüftete Küste von Broughton Island und wieder zurück. Jeder Ruf hallte fünf- und sechsmal wider. Die Klarheit war mit nichts zu vergleichen, was ich je gehört hatte. Es gab nicht eine Spur von Motorenlärm. Mit jedem Echo erweiterte sich der haargenaue Strahl der Echoortung der Wale zu einem Raumklang-Effekt und umriß die Grenzen ihrer Umgebung. Während die Rufe in Wellen abnehmender Intensität widerhallten, konnte jedes Mitglied der Walfamilie diese gemeinsame Ausleuchtung des Greenway Sound und der Fische, die er enthielt, nutzen. Die Rufe erzeugten eine tiefe Melodie, die endlos weiterging. Ich lag auf dem Boden des Zodiac und sah zum Wintermond hoch, während ich den Zauber der Laute auf mich wirken ließ und spürte, wie eine warme Woge der Zufriedenheit meine Seele erfüllte.

Ich hätte mir keinen besseren Ort für meine Studien ausdenken können als den Broughton-Archipel. Die Gegend schien ein wichtiger Teil des winterlichen Streifgebietes der A-Pod zu sein. Weil meine Forschungsarbeit stark darauf angewiesen war, Verhalten sowohl mit Schall als auch mit Bewegung in Beziehung zu setzen, konnte ich beides um so genauer dokumentieren, je kleiner die Pod war. Die winzigen winterlichen Einheiten der A-Pod stellten sich als ideal heraus.

Außerdem zeigte sich, daß der Archipel der geeignete Ort war, um die bedrohlichsten und am schwersten zu beobachtenden Schwertwale zu studieren: die Nichtansässigen.

Mein Interesse an den Nichtansässigen war durch unsere kurze Beobachung der mitten unter den ortstreuen Orcas spielenden Dall-Hafenschweinswale geweckt worden. Für Menschen war es beinahe unmöglich, Nichtansässige und Ortstreue auseinanderzuhalten, ohne nahe genug heranzukommen, um sie an der Rückenfinne zu identifizieren. Ich wollte herausfinden, wie die anderen Säuger, deren Leben davon abhing, den Unterschied so rasch bemerken konnten.

Ich wußte von meinen Zeiten in der Johnstone Strait, daß ortstreue Wale (hatte man sie erst einmal gefunden) relativ leicht zu verfolgen waren, weil sie auf vorhersagbaren Routen reisten. Mit den Nichtansässigen verhielt es sich anders. Nach über zwanzig Jahren im Gelände merke ich, daß es für mich nach wie vor eine Herausforderung darstellt, diesen gerissenen Jägern der Meere zu folgen.

Zu Beginn jenes Winters stießen Robin und ich zufällig auf zwei der berühmtesten nichtansässigen Orcas, die durch die Blackney Passage nordwärts zogen. Flores (T13) und ihr Sohn Pender (T14) waren zwei der ersten Nichtansässigen, die jemals fotografiert wurden, und zwar, als sie zu Beginn des Jahres 1976 in der Nähe von Seattle für den Ozeanariumshandel gefangen wurden. Doch die Bewohner des pazifischen Nordwestens hatten inzwischen eine solche Aversion gegen die Gefangennahme von Walen entwickelt, daß die öffentliche Empörung ihre Fänger zwang, Flores und Pender wenige Wochen nach ihrer Gefangennahme wieder freizulassen. Sie wurden jedoch nicht vollständig befreit. In einem barbarischen Akt im Dienste der Wissenschaft wurde beiden Walen ein Kragen, an dem ein Radiosender angebracht war, über die Rückenfinnen gestreift und mit rostfreien Schraubenbolzen befestigt, die man direkt durch die Finnen bohrte. Die Bolzen wurden durch korrosionsanfällige Muttern gesichert, weil man wollte, daß die Muttern sich in etwa einem Jahr auflösten und damit ein Abstreifen der »Rucksäcke« erlaubten. In der Zwischenzeit hofften die Wissenschaftler detaillierte Informationen über die Wanderungen der beiden Wale zu erhalten.

Die Wale wurden im April 1976 freigelassen, aber die Rucksäcke übermittelten nur etwa zehn Tage lang Daten. Während dieser Zeit legten die Wale pro Tag etwa achtundsechzig Seemeilen mit einer Geschwindigkeit von ungefähr 2,8 Knoten zurück. Sie erreichten eine Spitzengeschwindigkeit von sechzehn Knoten und tauchten ganze siebzehn Minuten lang. Das waren interessante Informationen, aber man hätte sie bekommen können, ohne Löcher in lebendes Walfleisch zu bohren.

Als Flores und Pender drei Jahre nach ihrer Freilassung das nächste Mal gesichtet wurden, waren die Rucksäcke weg. Die Muttern waren allerdings nicht vom Rost zerfressen worden. Flores' Rückenfinne war furchtbar angeschwollen, und an Penders Finne zeigten sich zwei tiefe Wunden. Irgendwie waren die Bolzen herausgezogen worden, um das Bündel zu entfernen. Ich fragte mich, ob die Wale es gegenseitig füreinander getan hatten. Weil Penders Rückenfinne verletzt worden war, neigte sich die ganze Finne nach hinten.

Nichtansässige sind perfekte Jäger. Sie müssen es sein, denn ihre Beute ist intelligenter als die Beute des ortstreuen Orcas. Fische lernen nicht so leicht, Schertwalen aus dem Weg zu gehen, wie Säugetiere. Säugetiere leben länger als Fische und besitzen die Fähigkeit, von den Älteren ihrer Art zu lernen. Eine Robbenmutter bringt ihrem Jungen bei, stumm und unbeweglich zu werden oder das Wasser zu verlassen – den nächstgelegenen Strand oder Felsen aufzusuchen –, sobald es einen Orca hört oder sieht. Infolgedessen sind Nichtansässige Meister der List und geben bei der Jagd, wenn überhaupt, nur selten Laute von sich. Ihre unerläßlichen Echoortungs-Klicks verstecken sie im allgemeinen Lärm des Ozeans, indem sie eine willkürlichere Sequenzbildung und längere Intervalle verwenden. Außerdem lernen sie, ihren Blas vor dem Blick der potentiellen Beute, Seehund oder Seelöwe, zu verbergen. Ein nichtansässiges Männchen, Kwatsi (T20), das ich im Laufe der Jahre kennenlernte, hatte die beunruhigende Angewohnheit, direkt hinter meinem Boot aufzutauchen. Wie sehr ich auch versuchte, meinen Kurs zu ändern, seine Anderthalb-Meter-Rückenfinne klebte unmittelbar hinter meinem Außenborder. Nach einer Weile wurde mir klar, was der Wal machte. Kwatsi benutzte mein Boot und seinen Motorenlärm als bewegliche Jagdtarnung.

Um die Nichtansässigen wissen zu lassen, daß ich sie nicht jagte, sorgte ich dafür, daß meine Bewegungen offensichtlich und vorhersehbar waren. Die Wale erkannten jedesmal an der Neigung meines Außenbordmotors, ob ich mich zu ihnen hin oder von ihnen weg bewegte. Ich widerstand dem Drang, Gas zu geben, wenn sie bliesen, obwohl ich darauf brannte, nahe genug heranzukommen, um sie zwecks späterer Identifizierung zu fotografieren. Ich behielt meine Geschwindigkeit bei und lenkte das Boot langsam näher zu ihnen hin. Die Wale wußten, wo ich war und was ich machte, und sie lernten, daß ich sie nicht angreifen würde.

Von Anfang an zeigten die Nichtansässigen mir, daß sie mir entwischen konnten, wann immer sie wollten. Sie sind sich sehr bewußt, daß ihr Erscheinen an der Oberfläche einem anderen Säuger Hinweise auf ihre Entfernung und Position gibt. Manchmal sah ich sie auftauchen, während sie westwärts zogen, um einige Zeit später festzustellen, daß sie die Bewegung nach Westen nur vorgetäuscht hatten, dann getaucht und unsichtbar in östlicher Richtung davongeschwommen waren. Versteckt in einem Seetangbett oder hinter einer Insel, kamen sie ruhig an die Oberfläche und bliesen so leise, daß mir das Geräusch oft vollkommen entging. Sie haben noch andere Methoden, mich loszuwerden, die ich nie herausgefunden habe. Sie verschwinden einfach.

Weil wir nie erlebt hatten, daß Nichtansässige sich den sommerlichen Walzusammenkünften anschlossen, waren wir natürlich versucht, sie als die »Ausgestoßenen« der Orca-Gesellschaft zu klassifizieren. Aber je mehr Informationen ich gemeinsam mit anderen Forschern sammelte, desto stärker wurde uns klar, daß die Nichtansässigen keine Ausgestoßenen waren, sondern Angehörige einer anderen Gesellschaft.

Jahrelange Shamu-Shows haben das Publikum darauf konditioniert, Schwertwale für Meereshaustiere zu halten. Ortstreue Wale mit ihren matriarchalischen Gesellschaften und ihrer fischfressenden Lebensweise passen gut zu diesem falschen Bild. Doch die Nichtansässigen haben mit Shamu nichts gemein. Obwohl sie sanft und friedfertig sein können, sind diese Orcas für einige der brutalsten Tötungen in der Wasserwelt verantwortlich. Sie sind nicht böse. Sie sind einfach so.

Einer Gruppe fressender Nichtansässiger zu folgen kann ziemlich entnervend sein. Ich hatte erwartet, spektakuläre Tötungen zu sehen, aber Nichtansässige benehmen sich nicht immer auffällig. Meist läuft das Ganze so ab, daß sie unter Wasser eine Robbe fangen, sie binnen Augenblicken ins Jenseits befördern und weiterziehen. Manchmal ist alles, was man sieht, eine Gruppe von Nichtansässigen, die an der Wasseroberfläche herumwirbeln, und ein Möwenschwarm, der herabstößt, um die Abfälle zu ergattern. Anfangs war ich diesen subtilen Anzeichen einer erfolgreichen Jagd gegenüber blind, aber allmählich lernte ich, die Anhaltspunkte zu erkennen. In sicherer Entfernung zog ich im Zodiac hinter ihnen her und stieß jedesmal auf die aus tausend Stücken bestehenden Überreste ihres Mahls: winzige, radiergummigroße Brocken Robbenfett, ein verräterischer Teppich aus Meeressäugeröl und der nur Robben eigene stechende Fischgeruch. Einmal fand ich den kompletten abgetrennten Schädel eines Schweinswals, dessen umgedrehter Kiefer in einem schaurigen, leblosen Lächeln erstarrt war. Nichtansässige ziehen das Fleisch und Fett vom Körper ihrer Beute ab und lassen Knochen und innere Organe auf den Meeresboden sinken. Über das Hydrophon konnte ich hören, wie sie ihre Beute buchstäblich zerfetzten.

Eine der Techniken, die sie dabei anwenden, nennt man: *degloving* (von *glove,* engl. Handschuh). Ich kann es am besten so erklären: Als ich eines Tages hinter einigen fressenden Nichtansässigen herfuhr, nahm ich etwas an Bord, das wie die Latexmaske eines Schweinswals aussah. Die Nichtansässigen hatten seinem Schädel die Haut quasi wie einen Handschuh abgezogen.

An einem anderen Tag steuerte ich das Zodiac herüber zu einem Abfallbrocken, der im Kielwasser einiger umherschweifender Nichtansässiger schaukelte. Ich beugte mich über den

Bootsrand und hob ein dickes Stück Lunge hoch, das an einem unversehrten, noch schlagenden Säugetierherzen hing.

Eines Morgens gegen Ende November in jenem ersten Jahr in Echo Bay entdeckte ich eine Gruppe von Walen, die in der Nähe der Anlegestelle der Ferienanlage schwammen. Robin hatte gerade ein Wasserflugzeug nach Vancouver bestiegen, wo er hoffte, die finanziellen Mittel für zwei Filme über die Hauptzeiten der Orcas und die Wasserbewohner der Echo-Bay-Gemeinschaft aufzutreiben. Vom Himmel schüttete es wie aus einem gebrochenen Wasserrohr. Ich fragte Susie über Funk, ob Jarret den Tag bei ihr und Chris verbringen könnte; ich wollte ihn keinem weiteren Tag mit prasselndem Regen aussetzen.

Elf Wale zählte ich, für Nichtansässige eine große Gruppe. Sie glitten zusammen dahin, trennten sich, gruppierten sich neu, wodurch es schwierig war, ihre genaue Anzahl zu bestimmen. Wenn ich nicht weiß, welche Wale ich vor mir habe, zähle ich sie nach Alter und Geschlecht: wie viele Weibchen, wie viele Männchen, wie viele Jungtiere, wie viele Mutter/Nachwuchs-Paare. Diese Zählung kann bei der späteren Zusammenstellung, welche Familien zugegen waren, helfen. Daß ich es hier mit Nichtansässigen zu tun hatte, erkannte ich an den spitz zulaufenden Rückenfinnen und den geschlossenen Sattelflecken.

Sie schwammen in nördlicher Richtung an Scott Cove vorbei, wo an einem Holzstapelplatz ein Haufen gefällter Bäume brannte. Sie führten mich vorbei am Viner Sound, einem V, das sich tief in die Küstenlinie der Gilford-Insel grub. Wir bogen in den Tribune Channel ein, der Gilford Island vom Festland abschneidet. Ich war so vertieft darin, jede Rückenfinne mit dem Fernglas nach identifizierenden Merkmalen abzusuchen, daß ich kaum bemerkte, wohin die Wale mich führten. Als wir die westliche Einfahrt zur Kwatsi Bay erreichten, stoppten die führenden Wale und ruhten atmend neun Minuten an der Wasseroberfläche. Nach und nach versammelten sich alle elf Wale, atmeten und bewegten sich nicht mehr vorwärts. Was führten sie im Schilde?

Wenn Orcas für längere Zeit abtauchen, zeigen sie mehr von

ihrem Rücken als gewöhnlich. Auf ein stilles Signal hin wälzten alle elf sich, einer nach dem anderen, zu einem solchen Tauchgang in die Tiefe und verschwanden. In dem Moment, als der letzte Wal unter die Wasseroberfläche glitt, drückte ich die Stoppuhr. Auf einem Felsvorspung mitten in der Kwatsi Bay hatte ich einmal Stellersche Seelöwen gesehen, also vermutete ich, daß die Wale auf ihrem Streifzug hinter ihnen her waren. Ich suchte mir mit dem Zodiac eine neue Position in der Mitte der Bucht.

Ich blickte auf die Stoppuhr. Zehn, elf Minuten vergingen. Meine Augen bewegten sich ruckartig zwischen den roten Leuchtziffern und dem trüben, regenverhangenen Schauplatz hin und her. Hatte ich das Auftauchen verpaßt? Vielleicht hatten sie die Kwatsi Bay durchquert oder waren den Weg zurückgeschwommen, den sie gekommen waren?

Zwölf, dreizehn Minuten. Aus dem Sprühregen wurde ein Regenguß. Ein Wasserrinnsal lief mir den Rücken hinunter und ließ mich erschaudern. Fünfzehn Minuten. Als ich von der Uhr aufsah, tauchte nahe dem Ende der Bucht plötzlich eine Wand aus weißem Wasser auf. Flüchtig erkannte ich in dem Schaum schwarze und weiße Flecken und ein gelbliches Braun. Ein Seelöwe schlug Purzelbäume in der Luft wie eine Stoffpuppe: Die Wale hatten gefunden, was sie gesucht hatten: Stellersche Seelöwen, die von dem Angriff völlig überrascht worden waren.

Die Orcas durchbrachen in hohen, bogenförmigen Hechtsprüngen die Wasseroberfläche und schlugen die Seelöwen mit ihren riesigen Fluken. Andere rammten die Seelöwen frontal. Ihre Strategie bestand darin, den Seelöwen so hart und schnell zu treffen, daß er sie nicht beißen konnte. Die Seelöwen rotteten sich zusammen und gingen mit ihren Zähnen auf die Orcas los. Es war kein fairer Wettkampf; die Orcas waren ihnen zahlen- und kräftemäßig weit überlegen. Trotzdem war dies hier keine rasche Tötung. Stellersche Seelöwen wiegen mehr als tausend Pfund, und die Wale brauchten fast fünfundvierzig Minuten, um sie alle zu erledigen.

Die schiere Gewalt der Szene flößte mir Respekt ein. Nach über fünf Jahren Forschungsarbeit war mir die Kraft des Schwertwals bis zu diesem Augenblick niemals richtig klargewesen. Ich war erleichtert, daß die Orcas diese Kraft nie auf Menschen losließen.

Aus meinem Kopfhörer kamen die Geräusche von Orcas, die die Seelöwen in Stücke rissen. Die Wale bewegten sich so schnell, daß sie die Seelöwen förmlich aus dem Fell schüttelten.

In vollkommenem Gegensatz zu dem brutalen Verhalten, das ich erlebte, waren die Rufe der Wale gedämpfte *Hüee aaas* und ein leiser, unheimlicher Schnellfeuerruf, der mir vollkommen neu war. Die säugetierfressenden Wale sind gewöhnlich stärker von Narben gezeichnet als die Fischfresser; ich nehme an, daß sie sich viele dieser Verletzungen in solchen Momenten, im tödlichen Kampf mit den Eckzähnen des Stellerschen Seelöwen, zuziehen. Während des Angriffs blieben die Töne der Wale leise und katzengleich. Doch sobald die Seelöwen außer Gefecht gesetzt waren, wurden die Wale lauter. Die plötzliche Lautstärke erschreckte mich. Ich drehte mich um, in der Erwartung, eine weitere Gruppe von Walen zu erblicken, die sich dem Ort des Angriffs näherte. Aber da war nichts. Dann wurde mir klar: Die Nichtansässigen hatten ihre Beute gefangen, also konnten sie es sich leisten, genauso laut zu sein wie ihre fischfressenden Vettern.

Wäre Robin bei mir gewesen, wären wir dicht herangefahren, um das Schauspiel zu filmen, aber ich begnügte mich damit, ihre Laute von weitem aufzunehmen. Vor Victoria war kürzlich ein Seehund in ein Zodiac gesprungen, um Nichtansässigen zu entkommen. Ich sah nicht, wie mein Boot seetüchtig bleiben sollte, wenn einer oder mehrere Achthundert-Pfund-Seelöwen beschlossen, an Bord zu kommen.

Während ich über den letzten Abschnitt des Tribune Channel hinwegflog, fiel mir eine Passage aus Jane Goodalls Buch *In the Shadow of Man* ein.* Hätte sie ihre Feldforschung

* dt. *Wilde Schimpansen. Verhaltensforschung am Gombe-Strom*, Reinbek bei Hamburg 1991.

nach nur zehn Jahren aufgegeben, schrieb sie, hätte sie nie mit eigenen Augen erlebt, wie Schimpansen Krieg führten. Diese Beobachtung habe ihr Verständnis der Natur von Schimpansen und ihres Verhaltens radikal verändert.

Obwohl ich gewußt hatte, daß Nichtansässige Seelöwen töteten und fraßen, fuhr auch ich an diesem Abend mit einem neuen Bild der Orcas nach Hause. Von Raubtieren und ihrer Beute zu lesen ist eine Sache. Eine ganz andere ist es, die brutale Tötung mit anzusehen. Die Beobachtung dieser Jagd veränderte mein Verhältnis zu den Walen. Sie waren nun unendlich viel realer geworden. Ich hatte den rohen Austausch von Energie miterlebt, der dem nichtansässigen Orca seinen Platz im Ökosystem zuwies.

Als Kind hatte mir die Idee der Nahrungskette ausnehmend gut gefallen. Sie war absolut sinnvoll, im Gegensatz zu den komplizierten Regeln der menschlichen Gesellschaft. Manche Spezies fraßen, andere wurden gefressen; alles war klar und genau festgelegt. Als Erwachsene stellte ich fest, daß diese Kette allmählich sowohl wunderbarer wird als auch schwerer zu akzeptieren ist. Der Tod wird so viel schrecklicher, hat man selbst erst einmal Leben geboren. Aber die Beziehung zwischen allen Lebensformen auf der Erde ist eine schöne mathematische Gleichung. Die großartige Gesamtsumme der Fähigkeit eines Seelöwen, zu säugen, zu schwimmen, nach Nahrung zu suchen und in einer Gemeinschaft zu leben, war soeben auf die nichtansässigen Orcas übertragen worden. Der Wal wiederum nutzte diese angesammelte Energie, um Hitze, Bewegung und Intelligenz – mit anderen Worten, Leben – zu erzeugen.

Entsetzt von dem Gemetzel, verließ ich die Kwatsi Bay. Für die Seelöwen hätte nichts den Angriff rechtfertigen können. Für die Orcas war er das Mittel gewesen, einen weiteren Tag zu überleben. Der Tod gibt sich für das Leben her. Das Leben bereitet alles vor für den Tod.

14 Um die Zeit, als wir uns in Echo Bay häuslich niederließen, begann die Royal Canadian Mounted Police (RCMP) die Leute in den Küstengemeinden von Vancouver Island aufzufordern, nach Fremden ohne offensichtliche Einnahmequelle, die in teuren, mit grünen Müllsäcken beladenen Booten aufkreuzten, Ausschau zu halten. Die Polizei suchte nach Drogenschmugglern. Die Beschreibung paßte perfekt auf uns.

Die meisten Leute im Archipel reisten in offenen Fiberglas-Skiffs; wir hatten das erste Schlauchboot in der Gegend. Robin transportierte seine Kameras in grünen Müllsäcken zwischen der *Blue Fjord* und dem Zodiac hin und her, weil es eine billige Möglichkeit war, sie vor dem Regen zu schützen. Mit seinem Schutzverdeck im Bug, den Aufbewahrungskisten aus geschweißtem Aluminium und den UKW- und Loran-C*-Antennen sah unser modifiziertes Schlauchboot aus, als sei es für mehr ausgerüstet als unseren normalen Tagestrip.

»Mein Gott«, rief ein Fischer einmal beim Anblick unserer Ausrüstung aus, »ein Zodiac-Hausboot.«

Wir gingen tagsüber keinen ersichtlichen Jobs nach, und niemand hatte je von Walforschern gehört, die den Winter über dablieben. Die Polizei, die Streife durch den Archipel fuhr, behielt uns genau im Auge.

Der örtliche Buschfunk knisterte vor Neuigkeiten über unsere Anwesenheit. »Was halten Sie von den Drogendealern, die nach Echo Bay gezogen sind?« fragte ein Ladenbesitzer in Port McNeill einen unserer neuen Nachbarn. Das Patrouillen-

* Langwelle Loran *(long range)* C; ursprünglich für die Schiffsnavigation entwickeltes Lokalisierungssystem auf Funkbasis.

boot der RCMP, die *Perkes,* wurde zu einem vertrauten Anblick in einiger Entfernung von unserem Bug. Oft brauste der blau-goldene Kutter heran und gewährte uns ein freundliches Fünf-Minuten-Verhör. Da das Deck der knapp vierzehn Meter langen *Perkes* gute zweieinhalb Meter über dem auf Meereshöhe schaukelnden Zodiac lag, war Robin und mir häufig zumute, als unterhielten wir uns mit den Sohlen der schwarzen Beamtenschuhe. Jarret war immer bei uns im Boot, weshalb wir uns fragten, wie herzlos und verzweifelt es ihnen wohl erschienen war, mit einem Kleinkind an Bord Drogen zu schmuggeln.

Meistens fanden Robin und ich diese Befragung eher komisch, und nach einer Weile fingen wir an, unsere eigenen Fragen zu stellen: »Hey Leute, heute irgendwelche Wale gesehen?« Nach ein paar Monaten verblaßten wir auf dem Radarschirm der RCMP, und wir waren traurig, daß wir sie nicht zu »Übereifrigen« hatten machen können. Die *Perkes* hätte ein fantastisches Spürboot abgegeben.

Die Großzügigkeit der Menschen im Archipel versetzte mich immer wieder in Erstaunen. Wann immer wir spät am Tage auf der Veranda oder der schwimmenden Landebrücke eines/einer Fremden aufkreuzten, bestand er oder sie darauf, daß wir zum Abendessen blieben oder für die Nacht dort campierten. Auf diese Weise lernten wir Steve Vessely kennen. Steve ist ein bärtiger, drahtiger Mann in den Fünfzigern, der als Wachmann in einem Holzfällercamp arbeitet und in einem breiten Wohnwagen oben am Wakeman Sound, einem großen, vom Kingcome Inlet abzweigenden Meeresarm, wohnt.

Robin, Jarret und ich entdeckten Steves Domizil, als wir an einem Wintertag dem nichtansässigen Weibchen Flores und ihrem Sohn Pender folgten. Die Wale waren lautlos auf Nahrungssuche, aber sie atmeten beide im Gleichklang. Mir fiel auf, daß sie sich, wenn sie anfingen zu blasen, allmählich aufeinander zubewegten. Ich konnte keine Rufe ausmachen, und ich vermutete allmählich, daß sie das Ausatemgeräusch des anderen benutzten, um einander wiederzufinden, nachdem sie sich bei ihren langen Tauchzyklen voneinander getrennt hatten.

Mutter und Sohn suchten in allen Ecken und Winkeln der Küstenlinie nach Nahrung. Die Robben, die sich aufs Land gehievt hatten, beobachteten die Wale mißtrauisch mit gereckten Hälsen und nahmen mit ihren nach vorn gerichteten stacheligen Schnurrhaaren ihre Witterung auf. Wir trieben im Abstand von wenigen Metern an mehreren Robben auf dem Strand vorbei, was sie normalerweise ins Wasser treibt. Doch solange die Orcas in der Nähe waren, wollten die Robben hier nichts mit dem Wasser zu schaffen haben. Die hiesigen Meeressäuger verstanden es, Schwertwalen, die keinen Laut von sich gaben, aus dem Weg zu gehen – falls sie sie zuerst sahen.

Da wir beinahe eine Stunde Fahrt von Echo Bay entfernt waren, funkten wir Steve an, um zu fragen, ob wir die Nacht bei ihm verbringen konnten. Auf diese Weise könnten wir bis zum letzten Moment der Dämmerung bei den Walen bleiben. (Die Gleichung ist einfach: Je mehr man mit den Walen zusammen ist, desto mehr sieht man.)

Tatsächlich hatten wir schon viel von Steve gehört, bevor wir ihm begegneten. Er rief auf UKW oft Billy Proctor und lieferte, was ich einmal als »Wakeman-Report« bezeichnen möchte, eine Mischung aus aktueller Wetterlage, Fisch- und Grizzly-Lagebericht und Gesellschaftskommentar, abgegeben in Steves einzigartigem, unflätigen Englisch. Noch heute ruft Steve mich an, wenn er Wale sieht, um mir mitzuteilen, was »diese schwarzen Hurensöhne« in dem nördlichen Meeresarm im Schilde führten. Wenn Kinder in der Nähe sind, wechseln wir den Kanal; wenn nicht, drehen wir lauter.

Steve und seine Frau Rita luden uns für die Nacht ein. »Ich hol euch mit dem Pick-up unten am Holzstapelplatz ab«, sagte er, »und bindet dieses hübsche kleine Boot besser gut fest, denn es kann heulen wie Sau hier oben.«

Ein Schlauchboot festzumachen konnte ein schwieriges Unterfangen sein, weil Enden von Stahlbolzen, gesplitterte Stämme, scharf ausgefranste Trossenenden und andere mit

Spitzen versehene Objekte oft drohten, das Boot zum Platzen zu bringen. Um unser Zodiac angesichts dieser Gefahren sicher zu vertäuen, befestigten wir ein Sortiment robuster Puffer am Boot. Um Diebstahl machten wir uns indes nie Gedanken, und der Zündschlüssel blieb immer stecken.

Bei einem herzhaften Essen aus Schweinekoteletts, Kartoffelbrei und Bohnen aus der Dose heiterte Steve uns mit Geschichten aus seiner bewegten Vergangenheit auf. In jüngeren Jahren war er Bankräuber gewesen, und ein ziemlich guter, bekannt als der »Bicycle Bandit«, der Fahrrad-Gangster. Steves Spezialität war die Flucht auf zwei Rädern. Während die örtlichen Cops noch auf der Suche nach ihm waren, radelte Steve still und leise durch die Seitengassen davon. »Nie geschnappt!« erzählte uns Steve. »Bis einer meiner %#*%@* Freunde mich verpfiffen hat.«

Heutzutage fungiert Steve als der inoffizielle Hüter des Wakeman-River-Stromgebietes. Einer der Gründe, warum der Wakeman-Report meistens Unterhaltungswert hat, ist, daß das Wetter dort oben unseren treuen Berichterstatter arg mitnimmt. Unser Wetter in Echo Bay zieht von der feuchten, gemäßigten Küste herauf, aber der Wakeman Sound erstreckt sich weit genug landeinwärts, um kältere Formationen aus dem kanadischen Landesinneren anzuziehen. Eiskalte Winde pfeifen den Wakeman River hinunter, treffen auf die Küste und fegen mit derart chaotischer Heftigkeit hin und her über den Sund, daß es beinahe unmöglich ist, mit einem Boot vor Anker zu gehen. Wenn wir in Echo Bay eine Handvoll Schnee abbekommen, klettert Steve bestimmt schon aus einem seiner Fenster, weil der Schnee zu hoch liegt, um die Tür zu öffnen. Wer dort oben überleben wollte, mußte so zäh sein wie Steve; es ist ein hartes Land der starken Grizzlys, starken Wölfe, starken Bäume und starken Strömungen. »Ich bin hierher gekommen«, verkündete Steve, »um der verdammten menschlichen Rasse zu entkommen.«

Bei aller Härte, Zähigkeit und Grantigkeit kümmert Steve sich aber auch mit ungeheurer Hingabe um den Ort, an dem er lebt. Steve ist kein Heiliger, aber er lebt mit dem Wakeman Sound, nicht gegen ihn. Wenn ich ihn den Hüter dieses Territoriums nenne, dann meine ich das auch so. Fährt man dort rauf und angelt innerhalb der verbotenen Bereiche oder stellt eine Krebsreuse zu nahe am Fluß auf, kann es passieren, daß er damit droht, einem eine Ladung Schrot über den Kopf zu jagen, und man es sich zweimal überlegt, ob man diesen Lachs unbedingt an Land ziehen möchte. Hier draußen sind Flußmündungen die Banken. Alle Reichtümer lagern dort; sie pumpen Leben in die Welt. Der Wakeman River liefert die Laichplätze für 250000 »Pinks«, 5000 »Cohos«, 18000 »Chums« und 1000 »Chinooks«, die das gesamte Ökosystem ernähren, von den Bäumen bis zu den Grizzlys. Hätte jedes unberührte Fleckchen einen Wachmann wie Steve, gäbe es noch sehr viel mehr Wildnis auf der Welt. Während sich Jarret mit Steves Wolfsschädel-Teppich beschäftigte, bekamen die Augen unseres Gastgebers für einen Moment einen weichen Glanz. Er blickte in sein Whiskey-Glas und sagte: »Ich liebe diesen Ort. Ich liebe ihn wirklich.«

Wir machten uns bei Tagesanbruch auf den Weg und stießen nicht weit entfernt auf Flores und Pender, als wir auf der anderen Seite des Kingcome Inlet den Bellisle Sound verließen. Sie schwammen exakt auf der Route des Vortages zurück.

Während ortstreue Wale sich normalerweise quer durch den Archipel schlängelten, wurde uns allmählich klar, daß Nichtansässige gewöhnlich denselben Weg zurück nahmen. Eine gute Jagdstrategie konnte ich nicht darin erkennen, Beutetieren wiederzubegegnen, die bereits vor den Jägern auf der Hut sind. Ich begann mich zu fragen, ob soziale Triebkräfte hinter diesem Verhalten standen, konnten die Wale so doch vermißte Pod-Gefährten oder andere Nichtansässige, die möglicherweise im Kielwasser der Pod folgten, abfangen – eine Methode, ohne Schall zusammenzubleiben. Oder war es einfach eine Möglichkeit, aus dem labyrinthartigen Archipel hinauszufinden? Nichtansässige legen Tausende von Kilometern Küstenlinie zurück, wobei sie manchmal zehn Jahre lang oder länger nicht in ein bestimmtes Gebiet zurückkehren. Trotz der gewaltigen Kapazität ihres Gedächtnisses schien es möglich, daß sie sich vielleicht nicht an die Ein- und Ausgänge jedes Meeresarms auf dieser Seite des Kontinents erinnerten.

Zu Beginn des Jahres 1986 erhielt Robin endlich grünes Licht für seinen Traumjob. Das National Film Board of Canada stimmte einer Finanzierung der beiden Projekte zu, für die Robin und ich seit Monaten warben: ein Film über die Orcas und ein anderer über das Leben in einem schwimmenden Haus.

»Sie haben zugeschlagen!« brüllte er, während er den Brief schwenkte und auf dem Kai in Echo Bay wild herumtanzte.

Das Filmemachen ist vielleicht der Beruf auf der Welt, der am meisten verklärt wird. Zeitschriften und Fernsehsendungen stellen Filmemacher als hippe junge Leute dar, die ein glamouröses Leben führen. An einem Set in Hollywood mag das der Fall sein. Aber für Naturdokumentarfilmer ist die Arbeit ein zermürbender Kampf, der einen in den Wahnsinn treiben kann. Weil sich alles der Kontrolle des Filmemachers entzieht, bleibt ihnen nichts anderes übrig, als Kopf und Kragen und den Zorn ihrer Ehefrauen zu riskieren, um die richtige Einstellung zu bekommen.

Zuerst mußten wir die Wale finden. Dann änderte sich das Licht (angenommen, es war überhaupt irgendwelches Licht da). Wenn Wale und Licht mitmachten, ging die Ausrüstung kaputt. Die Wale konnten zwei Meter vor der Kamera eine wunderbare Vorstellung geben – wenn die Batterien in der Kamera schwächer wurden, das falsche Objektiv aufgesetzt wurde oder in der Justiervorrichtung, die den Film am Objektiv vorbeiführte, ein Haar hängenblieb, war die Szene wertlos. Feuchtigkeit, eine Temperaturveränderung – all das konnte zerstören, was sorgfältig eingefangen worden war. Wenn einer von uns einen Behälter mit belichtetem Film fallen ließ, würden nadelstichgroße Lichtflecken auf jedem Bild erscheinen. Ich steuerte das Zodiac, während Robin filmte und feststellte, daß sogar die Eigenarten des Bootes gegen uns arbeiteten. Wenn der steife Gashebel und das Steuerrad des Schlauchbootes in der Mitte der Einstellung auftauchten, brüllte er jedesmal vor Zorn und Enttäuschung. Für mich war jedes gute Bild eines Films am Ende ein Geschenk des Himmels.

Im Laufe der Zeit begannen wir die Bewegungsmuster der Wale zu verstehen. Wir lernten das Auf und Ab von Ebbe und Flut zu deuten und fuhren nicht mehr aufs Geratewohl, wenn wir allmorgendlich aufbrachen. Im Winter kamen Sichtungen sowohl von Nichtansässigen als auch von Ortstreuen reihenweise vor. Wenn wir sie einmal sahen, würden wir sie wahrscheinlich innerhalb der nächsten sechsunddreißig Stunden erneut sehen.

In den großen Meeresadern entlang der Küste reisen die Orcas mit der Gezeitenströmung, aber wenn sie auf der Suche nach Nahrung oder um zu ruhen in die Meeresarme und Buchten kommen, schwimmen sie gegen die Strömung. Wale haben keinen Geruchssinn. Ihnen fehlt die zur Verarbeitung von Gerüchen unerläßliche Komponente im Gehirn, der Riechkolben *(Bulbus olfactorius)*. Was sie jedoch besitzen, sind äußerst empfindliche Geschmackslappen, die von den Rändern ihrer Zunge abstehen. Genauso wie Landraubtiere gegen die Windrichtung jagen, um ihren eigenen Geruch zu verbergen und Informationen über das zu sammeln, was auf der Windseite liegt, jagen und schlafen Orcas gegen die Strömung, um zu schmekken, was ihnen über den Weg schwimmt.

Die Jahreszeiten wurden berechenbarer. Im April und Mai laicht in den Flüssen am oberen Ende der Wakeman-, Kingcome- und Knight-Meeresarme ein kleiner Fisch namens Eulachon. Der Eulachon, eine Art Stint, ist so fetthaltig, daß er für die Angehörigen der First Nations an der Küste einst ein wichtiges Handelsgut war. Routen durch die Küstengebirge waren wegen des nährstoffreichen Öls, das aus dem Fisch ausgelassen wurde, als »Fett-Trails« bekannt. In der Tat enthielt der Euchalon so viel Fett, daß er in getrocknetem Zustand verbrannt wurde, um Licht zu spenden – daher der gängige einheimische Name: *Kerzenfisch.*

Während die Eulachon-Schwärme sich in den schmalen Meeresarmen vereinten, hefteten sich Robben, Seelöwen und Königslachse an ihre Fersen. Während die Verteidigung von Ressourcen, der Antrieb, das eigene Heimatterritorium und den eigenen Nahrungsvorrat nicht preiszugeben, ein recht weitverbreiteter Verhaltenszug bei fast allen Tieren ist, fehlt er seltsamerweise in Wal- und Delphin-Gesellschaften. Am nächsten kommt dem, soweit ich es beurteilen kann, die Tatsache, daß manche Pods ausschließlich bestimmte Schwärme abfischen. Beispielsweise kreuzten während des Eulachon-Schwarms nur Angehörige der A-Pod im Archipel auf. Die Orcas fraßen nicht die Eulachons; vielmehr waren sie hinter den mit Eulachons vollgestopften Königslachsen her. Ich lernte, daß ich mit Eve und ihren Verwandten rechnen konnte, kurz nachdem Steve Vessely die erste Eulachon-Sichtung im Wakeman Sound gemeldet hatte.

Im Sommer verließen die Orcas häufiger die Johnstone Strait und zogen mit Einsetzen der Ebbe auf der Suche nach Fisch in den Fife Sound. Nachdem sie die Echo Bay passiert hatten, bildeten sie eine Ruheformation. Sobald sie im Tribune Channel waren, bewegten die Wale sich Seite an Seite mit einander berührenden Flippern vorwärts. In den ruhigen, geschützten Wassern des Kanals demonstrierten sie anschließend eine der normalsten und faszinierendsten körperlichen Funktionen im Tierreich. Sie schliefen.

Im Jahr 1964 bemerkte John Lilly als erster, daß gefangene Delphine mit einem offenen Auge zu schlafen schienen. Ein paar Jahre, bevor ich für Sam Ridgeway in San Diego arbeitete, hatte Ridgeway nachgewiesen, daß Delphine mit jeweils einer Gehirnhälfte schliefen. Ridgeway fand heraus, daß die tiefste der drei Schlafphasen nur in jeweils einer Gehirn-Hemisphäre für Zeiträume von bis zu zwei Stunden auftrat. Interessanterweise wurde bei Delphinen niemals der REM(*rapid eye move-*

ment)-Schlaf aufgezeichnet, der am häufigsten mit Träumen in Verbindung gebracht wird. Dawn Goley, eine Forscherin an der Humboldt State University, bestätigte später Lillys Beobachtungen und Ridgeways Entdeckungen, als sie dokumentierte, daß Delphine in Gefangenschaft beim »Schlafen« jeweils ein Auge schließen.

Wenn Wale schlafen, werden sie äußerst verwundbar, wie Robin und ich eines Tages feststellten, als wir sie im Tribune Channel studierten. Wir waren im Zodiac weit vorausgefahren, hatten dann den Motor abgestellt, das Hydrophon ins Wasser gelassen und gewartet, bis sie uns auf ihrer »Schlaftour« passierten. Sobald Tsitika und ihre Familie sich formiert hatten, schliefen sie normalerweise auf den nächsten vierzig Kilometern, wobei sie Gilford Island halb umrundeten.

Eine schlafende Wal-Pod ist ein spektakulärer Anblick. Während sie direkt auf den Beobachter zukommen, errichten sie quer über einen breiten Streifen Ozean einen Wald aus Rückenfinnen und Blaswolken. Von der Seite sehen ihre Rükkenfinnen aus, wie eine Reihe tiefschwarzer, gebogener Klingen. Mir wurde klar, daß, wer auch immer die vielflossigen Wale auf den Totempfählen in Alert Bay geschnitzt hatte, schlafende Orcas gesehen haben mußte.

Ein schlafender Orca unternimmt im allgemeinen einen langen, drei bis fünf Minuten dauernden Tauchgang, kommt dann an die Oberfläche, taucht fünf- oder sechsmal kurz, bevor er mit einer kräftigen Abwärtsdrehung für einen weiteren langen Tauchgang verschwindet. Manche Wale scheinen weniger Luft zu benötigen als andere und überspringen immer einen Atemzug. Eine andere Forscherin, Janice Waite, hat für Jungtiere, die oft länger die Luft anhalten als ihre Mütter, den Ausdruck *Superbabies* geprägt.

Die schlafenden Wale schienen das Zodiac, das ihren Weg kreuzte, gar nicht zu bemerken. Stille senkte sich über das Wasser, als die Pod abtauchte. Robin schaute auf seine Armbanduhr und signalisierte drei Minuten, vier Minuten, fünf. Plötzlich tauchte auf der Höhe unserer Backbordseite die hüfthohe Rückenfinne eines Weibchens auf. Während ich seinen Atemzügen lauschte, fiel mein Blick auf die schwarze Finne eines Männchens, die aus der Tiefe emporkam und direkt auf unser Boot zuhielt. »Neeeeeeein, das machst du nicht!« Diese Rückenfinne hätte Robin und mich über Bord geworfen und Ausrüstung im Wert von Zehntausenden von Dollar direkt auf den Grund des Tribune Channel befördert. Ich schnappte mir ein Paddel und schlug das Wasser, so fest ich konnte. Erschrocken von dem Geräusch drehte der Wal sich auf die rechte Seite und verpaßte nur knapp den Boden des Zodiac. Ich schämte mich und gelobte, verantwortungsbewußter mit meinem Boot umzugehen.

Robin und ich liebten diese Erkundungen des Broughton-Archipels. Im Jahr 1986 filmte Robin die meiste Zeit nach Herzenslust. In unserer Gefriertruhe war kein Platz mehr für Lebensmittel: Sie war voll mit Sechzehn-Millimeter-Filmmaterial, das auf die Unterzeichnung des Vertrages mit dem National Film Board und die anschließende Freigabe der Geldmittel für die Entwicklung wartete. Mit der Aussicht auf die Unterstützung des Film Board kam Robin richtig in Schwung. Zodiac Canada stellte ihm ein neues Siebeneinhalb-Meter-Schlauchboot zur Verfügung, das Spitzenmodell. Mit seinem Fünfzig-PS-Zwillingsmotor flog es so schnell über das Wasser, daß ich nicht atmen konnte, wenn ich den Kopf über die Schutzblende steckte. Durch seine Geschwindigkeit und eine bequeme Bugabdeckung aus Fiberglas für Übernachtungen an Bord konnten wir doppelt so lange doppelt so weit rausfahren. Was die Kameraführung betraf, war das neue Zodiac so stabil wie ein Lastkahn.

Robin gelangen einige erstaunliche Einstellungen. Er filmte Großmütter im vertraulichen Gespräch, mit Männchen bei ihren Liebesspielen und Kälber, die im Seetang herumtobten. Er filmte das Blut, das aus einer alten Schußwunde in Charlie Chins Rückenfinne floß, die sich wieder geöffnet hatte. Er filmte ein junges Weibchen, in deren Rückenfinne sich Sportangelzeug verhakt hatte. Er filmte Wale in der Morgendämmerung, bei Sonnenuntergang und während aller Stunden dazwischen.

Nachdem wir den Broughton-Archipel erst einmal entdeckt hatten, stand uns der Sinn immer weniger danach, in die Johnstone Strait zurückzukehren. Obwohl dort im Sommer weit mehr Orcas waren, verwandelte das sprunghaft expandierende Geschäft mit der Walbeobachtung die Meerenge allmählich in einen Zirkus. Die Walbeobachtung als Zeitvertreib, wie Bill MacKay und Jim Borrowman sie mit der alten *Gikumi* begründet hatten, war dabei, zu einer Millionen-Dollar-Industrie zu werden. Wann immer ein Wal sprang, steuerte ein Dutzend Ausflugsboote darauf zu wie Fliegen auf eine Wunde.

Obwohl die Besucher die Orcas mit Objektiven schossen, nicht mit Gewehren, betrachteten ich selber und eine Reihe anderer Forscher die wachsende Branche mit Besorgnis. Viele von uns verließen das Gebiet einfach, um mit ihren Booten den zunehmenden Streß, dem die Wale ausgesetzt waren, nicht noch zu verstärken. Graeme Ellis und John Ford wichen nach Norden, zur Zentralküste, aus, Robin und ich zogen uns in die Meeresarme zurück, und wieder andere gingen an Land, um ihre Beobachtungen von dort aus fortzusetzen. Wir alle wußten, daß die langen Ruheformationen besonders anfällig für Störungen waren, und fragten uns, ob die Walbeobachtungsboote nicht die Schlafmuster der Orcas störten. Jeder meint, das Recht zu haben, sich den Walen bis auf kurze Entfernung nähern zu dürfen, und viele Leute, die rauf zu den nördlichen Gewässern von Vancouver Island kommen, können nur einen Tag bei den Walen verbringen. Kajakfahrer, die glaubten, die Wale aufgrund des fehlenden Motorenlärms weniger zu belasten, näherten sich den Ruheformationen der Orcas häufig bis auf kurze Distanz und erschreckten die Schläfer. Amerikaner, die bereits erlebt hatten, wie ihre eigenen Orca-Streifgebiete bei den San Juan Islands von Waltouren überrannt wurden, ermahnten uns, die Zahl der Charterbetreiber zu begrenzen, bevor es zu spät war.

Doch die Walbeobachtung war nicht nur schlecht. Walbeobachter mieteten Walboote, was gutbezahlte Jobs für eine Region bedeutete, die erleben mußte, wie die am besten qualifizierten jungen Leute durch die Aussicht auf einen anständigen Verdienst nach Victoria oder Vancouver gelockt wurden. Außerdem verlieh die Branche den wilden Walen einen ökonomischen Wert, der – bedauerlicherweise – für eine Spezies, die im gegenwärtigen Industriezeitalter zu überleben versucht, oft zur einzigen Hoffnung wird.

Obwohl Mike Bigg Vorschriften haßte, wurde er zu einer der führenden Stimmen, die von der Regierung forderten, den Zugang vom Wasser und vom Land her zu dem Gebiet mit den »Rubbelstränden« rund um Robson Bight zu beschränken. Paul Spong und Helena Symonds erteilten jedes Jahr Dutzenden von Bootsfahrern über Funk Nachhilfe in Wal-Umgangsformen. Sie wollten, daß die Leute lernten, Wale zu sehen, ohne sie zu überfahren. Wenn die Leute wollten, daß die Wale immer wieder zu den Plätzen zurückkehrten, an denen sie beobachtet werden können, mußten sie Wal-Umgangsformen lernen. So einfach war das.

Ich habe gelernt, den Geschichten, die Leute hier über Begegnungen mit merkwürdigen Lebewesen erzählen, genau zuzuhören. Da sind wertvolle Informationen versteckt; man muß seine Ohren nur darauf trainieren, sie zu hören. Die meisten Menschen kennen die Namen der verschiedenen Walarten nicht, aber im Beschreiben dessen, was sie gesehen haben, sind sie recht gut. Wenn jemand von einem »Rudel Baby-Schwertwale« berichtet, dann übersetzte ich das gewöhnlich als eine Gruppe von Dall-Hafenschweinswalen, die vierhundert Pfund schweren schwarzweißen Vettern des kleineren Schweinswals. Manchmal wird es zu einem Spiel aus zwanzig Fragen. »Haben Sie den Schwanz gesehen?« frage ich immer. Wenn ja, kann man Zwergwale ausschließen, da sie ihre Fluken nicht anheben, wenn sie tauchen. »Was ist mit der Dorsalfinne? Die auf dem Rücken.« Orca-Rückenfinnen sind natürlich riesig. Buckelwale haben eine kleine Rückenfinne; Grauwale haben bloß kleine Buckel hinten auf dem Rücken. Entscheidend ist, niemals irgendwelche Vorschläge zu machen, was Leute gesehen haben könnten; es reicht, genaue Fragen zu stellen.

Manchmal können zwei Augenzeugen dasselbe Lebewesen anschauen und zwei vollkommen unterschiedliche Tiere beschreiben. An einem Tag trafen Robin und ich am Kai auf Minstrel Island, einem nicht weit vom Zusammenfluß von Tribune Channel und Knight Inlet entfernten Winterferienort, zwei Angler. Sie brannten darauf, zu erzählen, was sie beobachtet hatten: einen enormen Wal.

»Das Ding hatte eine Drei-Meter-Rückenflosse«, meinte einer von ihnen. Wir wurden hellhörig.

»Welche Farbe hatte die Finne?« fragte ich.

»Schwarz«, sagte der eine Mann.

»Nein, sie war weiß«, sagte der andere.

Rückenfinnen von Schwertwalen werden niemals größer als einen Meter achtzig, aber vor mehr als zwanzig Jahren war eine Orca-Pod mit weißen Klecksen auf dem Rücken fotografiert worden. Ich versuchte sie auf die Farbe festzunageln.

»Eindeutig schwarz«, sagte der erste Angler.

»Ich weiß nicht, was zum Teufel *er* gesehen hat«, sagte der zweite. »Sie war eindeutig weiß.«

Zweifellos war etwas da draußen – von welcher Pigmentierung auch immer. Robin und ich packten unser Zelt zusammen, stiegen wieder in das Zodiac und machten uns auf in Richtung Queen Charlotte Strait. Wir brauchten nicht lange, um das Geheimnis zu lüften. Anderthalb Kilometer westlich von Minstrel Island entdeckten wir große, palmenähnliche Dunstwolken, die nach dem vertrauten Muster eines atmenden Wals aufstiegen und in sich zusammenfielen. Als wir näher kamen, identifizierten wir einen auf der Seite liegenden ausgewachsenen Buckelwal, der mit seinem Flipper aufs Wasser schlug. Robin und ich lachten lauthals, als der Wal seine Rükkenfinne aufrichtete. Beide Angler hatten recht: Die Finne war knapp drei Meter lang, schwarz auf der einen Seite und weiß auf der anderen.

Am nächsten Tag erzählten wir Billy Proctor von unserer Begegnung mit dem Buckelwal. »Das ist großartig«, sagte er. »Früher, vor zwanzig Jahren, waren überall in dem Gebiet hier Buckelwale.«

»Wo sind sie alle hin?« fragte ich.

»Erinnerst du dich an diesen Wal Barney, von dem ich dir erzählt habe? Er schwamm früher jeden Tag in den Viner Sound, um zu fressen. Wir mochten ihn alle, aber es gab da eine Dame, die wohnte in Viner, und die haßte Wale. Ich schätze, sie hatte Angst vor ihnen. Weißt du, manchmal schwammen sie direkt unter unsere Häuser und rieben sich den Rücken an den Stämmen. Das hat ihr irgendwie gereicht.

Jedenfalls beschloß sie, diese Wale loszuwerden. 1952 rief sie die Walfänger draußen in Coal Harbour an und erzählte ihnen, es gebe ein paar Wale hier oben. Sechs von ihnen lebten im Knight Inlet, und im Kingcome Inlet gebe es auch welche.

Na ja, die Walfänger kamen herein, fuhren den Knight hoch und kamen mit den an der Bordwand festgezurrten Walen im Schlepptau heraus. Diesen Tag werde ich nie vergessen. Es war im August. Ich fischte gerade mit der Schleppangel in der Mündung des Knight Inlet, und ich sah die alte *Nahmint* rauskommen, wie sie die ganzen alten Wale längsseits mitschleppte. Ich hätte fast geheult.

Das war der letzte von den Buckelwalen im Bereich des Festlands. Es war nie mehr dasselbe ohne Old Joe, wenn er über die Seetangbetten vor Flower Island schnaufte und auf Stillwasser wartete, damit es ihm den Bauch füllte. Früher habe ich viel über Old Joe und Barney nachgedacht. Sie hatten langsam angefangen, den Menschen zu vertrauen, und dann steigen sie aus dem Wasser hoch und werden von einem Menschen abgeschossen. Es war einfach unfair. Aber so ist das Leben eben manchmal.«

Nach den westkanadischen Walfang-Unterlagen wurden zwischen 1908 und 1967 insgesamt 24 862 Pott-, Blau-, Finn-,

Sei- und Buckelwale getötet. Über diesen Zeitraum nahm die Größe der getöteten Wale beträchtlich ab, und die Anzahl trächtiger Kühe fiel in einem solchen Ausmaß, daß nach 1960 nicht ein einziger trächtiger Sei- oder Blauwal getötet wurde. Diese Befunde deuten auf eine Vernichtung von Walpopulationen bis zu dem Punkt hin, an dem es keine ausgewachsenen Wale mehr gab, die Nachwuchs hatten. Während des Zweiten Weltkriegs kam der Walfang fast ganz zum Erliegen, und nach dem Krieg wurde er lediglich in der Station von Coal Harbour im Norden von Vancouver Island wiederaufgenommen. Obwohl der Markt für Walprodukte weiter schrumpfte, blieb die Industrie wegen eines Abkommens zwischen einem großen Fischkonzern der Provinz, B. C. Packers, und einer japanischen Firma über die Lieferung von tiefgekühltem Seiwalfleisch nach Japan bis 1967 am Leben.

Die Archivunterlagen über den Walfang bestätigen die Existenz der kleinen Küstenpopulationen von Buckelwalen, an die Billy Proctor sich erinnerte. Diese kleinen Gruppen von Walen waren an der ganzen Küste verstreut und wurden eine nach der anderen ausgerottet, sobald sie entdeckt wurden. Im Winter 1907/08 war eine einzige Walfangstation in der Strait of Georgia für den Tod von neunundsiebzig Buckelwalen in drei Monaten verantwortlich. Sie erwischten sie alle. Nach den Archivunterlagen waren die Buckelwale, die Billy Proctor rings um Echo Bay gekannt hatte, Angehörige einer der letzten noch existierenden Küstenpopulationen von Buckelwalen.

Zum Glück haben sich die Dinge in den letzten Jahren geändert. Seit meiner Ankunft dokumentiere ich eine stetige Zunahme von Buckelwalen, darunter Wale, die alljährlich wiederkommen. Ich identifiziere sie, indem ich die Unterseite ihres Schwanzes fotografiere, und verteile die Fotos an Forscher in Alaska, Mexiko und auf Hawaii. Einige der Wale sind inzwischen so bekannt, daß ich ihnen Namen gegeben habe: Maude, Iwama, Galen und Houdini. Vielleicht wird der Buckelwal noch zu einer der großen Comeback-Geschichten der Pazifikküste.

15 Am Morgen des 16. September 1986 erwachten wir, alle drei in das Schweigen des Nebels gehüllt. Wir hatten unser Lager am Abend zuvor am Strand bei Bere Point aufgeschlagen, einer Stelle an der Nordseite von Malcolm Island, die die Wale passieren, bevor sie in die Johnstone Strait schwimmen. Die spanische Galeone, die Robin und Jarret am Vortag aus Treibholz gebaut hatten, stand noch immer am Strand und wartete auf ihre Taufe.

Im Zodiac schalteten wir das Funkgerät just in dem Moment ein, als ein kommerzieller Fischer, der sich gerade um sein Lamellennetz kümmerte, Wale meldete, die etwa dreißig Kilometer südlich von uns in die Johnstone Strait schwömmen. Robin warf das Boot an und navigierte nach Kompaß und gut Glück. Er gab Gas, bis der Zwillingsmotor heftig aufheulte. Wir schossen um Pulteney Point und hinein in die Broughton Strait, die stark befahrene Durchfahrt zwischen Port McNeill und Sointula. Wegen des Nebels flogen wir blind über das Wasser. Robins Furchtlosigkeit war schier grenzenlos. Ich klammerte mich ans Armaturenbrett und dachte: »Mensch, das ist viel zu schnell.«

Als wir in die Meerenge einschwenkten, erspähten wir die charakteristischen mechanischen Segel der *Alcyon.* Die *Alcyon* diente einem Team der Cousteau Society, das in der Meerenge Wale gefilmt hatte, als schwimmender Stützpunkt. Die futuristischen Segel des Schiffes, die aussahen wie ein Satz gigantischer, weißer, der Länge nach aufgeschlitzter PVC-Röhren, waren in jenem Sommer zu einem normalen Anblick geworden. Ein Bordcomputer regulierte die Segel und paßte sie jeder Veränderung der Eigengeschwindigkeit und Richtung an. Jedesmal wenn ich das Boot sah, mußte ich über die Reihe knapper Männerbadehosen lächeln, die an der Schiffsreling zum Trocknen in der Brise peitschten.

Als wir die *Alcyon* im Juni das erste Mal gesehen hatten, hatte Robin der Besatzung angeboten, bei den Unterwasser-Einstellungen zur Hand zu gehen, aber die Cousteau-Fotografen hatten selbstsicher abgelehnt. Zwei Monate später, an ihrem letzten Tag in der Johnstone Strait, winkten sie uns aufgeregt herüber. Wegen ihres starken französischen Akzents konnten Robin und ich sie nur schwer verstehen, aber dank der Jahre, die ich von Jacqueline Baldet großgezogen worden war, konnte ich übersetzen. Die Unterwasseraufnahmen seien nicht so gut gelaufen, wie sie gehofft hatten. Jetzt wollten sie wissen, ob Robin irgendwelches Filmmaterial zu verkaufen hätte.

Robin warf mir ein gequältes Lächeln zu. »Oh«, sagte er, »ich denke, ich könnte mich von ein oder zwei Minuten trennen.«

Für Robin war dies die höchste Anerkennung. In acht Jahren Filmarbeit hatte er insgesamt dreieinhalb Minuten Schwertwale unter Wasser zusammengetragen. Das scheint nicht viel zu sein, aber verglichen mit dem, was alle anderen hatten, war es eine Ewigkeit. Robin war in Bestlaune. Als wir die *Alcyon* verließen, drehte er sich mit einem großen, strahlenden Lächeln zu mir um und sagte: »Los, wir besorgen uns weitere dreieinhalb Minuten.«

Wir holten die A5-Pod südlich von Hanson Island ein. Träge folgten die Matriarchinnen Eve und Licka zusammen mit ihren Söhnen und Töchtern demselben Schwarm Rotlachse, der zu den Flüssen unterwegs war, um dessentwegen auch die Ringwaden- und Lamellennetz-Fischer hergekommen waren. Am Nachmittag verschwanden die Wale in der Robson Bight.

Im Jahr 1982 hatte die Provinzregierung Mike Bigg und vielen anderen Umweltschützern zugestimmt und Robson Bight zum ökologischen Schutzgebiet erklärt, womit die zunehmend berühmten Rubbelstrände und ein Streifen des umliegenden

Stromgebietes des Tsitika River vor Abholzung und Erschließung geschützt wurden. Die Regierung hatte eine Sperrzone um die Strände eingerichtet, um den Walen ein wenig Erholung vom aufdringlichen Interesse und den lärmenden Motoren der Menschheit zu ermöglichen. Robin hatte sein Filmmaterial gestiftet, um bei der Werbung für die Schaffung dieses Wal-Zufluchtsortes mitzuhelfen.

Wir stoppten an einer Stelle unmittelbar östlich des Rubbelstrandes und warteten, daß die Orcas das Schutzgebiet verließen. Robin zog seinen orangefarbenen Trockentauchanzug an und steckte ein neues Filmmagazin auf seine Kamera. Er schob die Kamera in das Unterwassergehäuse, fettete sorgfältig die Verschlüsse über den elastischen O-Ring-Dichtungen ein und schloß den Deckel, indem er der Reihe nach jeden Schraubenbolzen eine Vierteldrehung anzog, um den Druck gleichmäßig zu erhöhen. Er legte seine Schwimmflossen an, spuckte in seine Maske, damit sie nicht beschlug, klemmte sich das Mundstück des Kreislauftauchgerätes zwischen die Zähne und glitt ins Wasser. Ich steuerte das Zodiac ein paar Meter weg – heraus aus der Kamera-Einstellung – und wandte meine Aufmerksamkeit Jarret zu.

Robin baute in etwa einhundert Metern Entfernung von der Küste auf. Während Jarret mit seinem Malbuch beschäftigt war, hielt ich das Boot ruhig gegen die Strömung und hatte ein Auge auf Robin, der in der Nähe eines Seetangbettes Wasser trat. Hin und wieder schaute er wegen aktueller Informationen zu mir herüber: Irgendwas gesehen? Nichts, winkte ich zurück. Robin und ich hatten eine gemeinsame Zeichensprache entwickelt, die weniger durch die Entfernung als vielmehr durch die Eigenheiten seiner Ausrüstung erforderlich war. Bei einem normalen Tauchgerät hätte Robin sein Mundstück auf die Wasseroberfläche gespuckt, um die Luft in seiner Sauerstoffflasche zu sparen. Mit dem Kreislauftauchgerät jedoch, seinem wertvollsten Souvenir von den Aufnahmen für *American Sportsman*, brauchte er sich um die Vergeudung von Atemluft keine Gedanken zu machen. Sobald Robin das Gerät aktivierte, blieb das Mundstück drin und sein Mund geschlossen, um die ständige Zirkulation des Gesamtsystems zu gewährleisten.

Am Spätnachmittag löste die Wärme der Sonne den Nebel auf und ließ nur ein paar weiße Bänder zurück, die durch den steilen Tannenwald schwebten, der vom Strand anstieg. Im Westen brachten kommerzielle Fischer ihre Netze aus und beklagten über Funk die geringe Ausbeute des Tages.

Endlich eine Rückenfinne. Eve durchbrach die Wasseroberfläche und bewegte sich auf Robins Standort zu. Wir tauschten Signale aus. Robin winkte und tauchte unter.

Eve tauchte in Richtung Robin, kam dann abrupt aus dem Wasser heraus und stürmte zurück in meine Richtung. Bei ihrer Flucht tauchte sie neben dem Zodiac auf, hielt inne und verschwand dann in der Tiefe. Ihre Bewegungen kamen mir seltsam vor, wie ein Film, der vorwärts und rückwärts abgespielt wird. Sie hätte nicht so bald wieder an die Oberfläche kommen müssen. Sie hätte so bald nach dem ersten keinen zweiten Atemzug gebraucht. Ich konnte mir keinen rechten Reim auf ihr Verhalten machen. Ich schaute mich nach ihren Söhnen um, Top Notch und Foster, konnte sie aber nirgends finden. Andere Wale erschienen nicht. Ich blickte zum Land in der Erwartung, daß Robin auftauchte und mir ein Signal gab: »Wo zum Teufel sind sie hin?« Er tat es nicht.

Ich saß da und wartete. Jarret fuhr mit seinen Buntstiften über das Papier. Mir ging Robins Stimme durch den Kopf: »Was immer du auch tust«, hatte er mir wieder und wieder eingeschärft, »vermassel die Einstellung nicht.« Er hatte acht Jahre gebraucht, um dreieinhalb Minuten Film zu bekommen. Was wußte ich, er könnte genau in diesem Augenblick die nächsten dreieinhalb bekommen. Wenn ich das Boot bewegte, würde ich es verderben.

Eine Minute und noch eine und noch eine. Eve tauchte nicht wieder auf und ebensowenig Robin. Ihre Söhne waren nirgends zu sehen. Zwischen mir und dem Strand lag nichts als ruhiges Wasser.

Vermassel die Einstellung nicht.

Das Blut gefror mir in den Adern.

Vermassel die Einstellung nicht!

»Zum Teufel damit«, dachte ich. »Ich gehe rein, nachsehen.« Ich tastete mich mit dem Zodiac bis in Küstennähe, nicht weit von Robins letzter Position. Einem Taucher, der keine Blasen produziert, mit einer Schiffsschraube auf den Leib zu rükken ist immer ein unsicheres Unterfangen. Man kann nie genau wissen, wo er steckt, und hat keine Möglichkeit zu verhindern, daß er direkt zwischen den Schraubenblättern auftaucht.

Um die Gefahr auszuschalten, stellte ich den Motor ab und ließ das Boot treiben. Als das grüne Wasser klarer wurde, sah ich Seegras, Seetang, Seesterne und den felsigen Boden.

Und ich sah Robin. Er lag ausgestreckt auf dem Grund und starrte ruhig zum Himmel. Seine Arme reckten sich empor, als griffen sie nach mir. Das Mundstück des Kreislauftauchgerätes steckte nicht in seinem Mund. Robin rührte sich nicht.

»Mayday! Mayday! Mayday!« schrie ich ins Funkgerät. »Mann auf Grund bei den Rubbelfelsen.«

»Mein Ehemann ist im Wasser«, dachte ich. »Und mein Sohn ist im Boot.« Der Junge war vier Jahre alt. Wenn ich das Boot verließe, würden die Gezeiten den Jungen forttragen. Seinen Vater trugen sie bereits fort.

Da war ein Tau. Ich machte ein Ende am Schlepppfosten fest und band mir das andere um die Taille. Das Wasser war kalt, aber Robin lag nicht so tief. Ich hatte gerade genug Luft, um seinen Gewichtgürtel loszumachen. Beim zweiten Tauchgang zog ich ihn an die Oberfläche, zu meinen Füßen. Das Tau rollte sich vom Boot ab. Ich rief Jarret zu, er solle es wieder am Schlepppfosten festknoten. Ich konnte hören, wie er »Schlepppfosten. Schlepppfosten« sagte und sich zu erinnern versuchte, was der Schlepppfosten war.

Robins Gesicht war so furchtbar blaß. Ich versuchte es mit Mund-zu-Mund-Beatmung. Er war so kalt, so furchtbar kalt.

Ein starrer Friede legte sich über uns. Es war, als wollte Robin gar nicht wiederbelebt werden. Nur für einen Moment war es so, daß sich ein Riß zwischen zwei Welten auftat. Ich spürte dasselbe Kommen und Gehen wie bei Jarrets Geburt.

Jarret fand den Schlepppfosten. Ich wickelte das Seil um Robin und schwamm zum Boot. Die Pontons des Zodiac waren vom Wasser aus fast einen Meter hoch. Ich kletterte am Außenborder hoch, um wieder ins Boot zu kommen. Robins Körper war zu schwer. Er blieb im Wasser.

Ich drückte Jarret an mich, preßte ihn gegen meine klatschnassen Kleider und tropfenden Haare und versuchte ihm den Blick zu versperren.

Andere Schiffe hörten unseren Notruf. Bill MacKay und Jim Borrowman hörten ihn weit oben im Fife Sound. Bill erzählte mir später, daß er sich ganz elend gefühlt hatte, denn er hatte Sauerstoffgeräte für den Notfall an Bord der *Gikumi*, wußte aber, daß sie zwei Stunden weit weg waren. Christine O'Donnell hörte ihn im Windsong Barge und erinnerte sich, daß wir beide ein paar Tage zuvor darüber gesprochen hatten, wie verloren wir wären, wenn unsere Männer weg wären. Die Küstenwache war sich nicht sicher, was sie soeben aus ihrem Funkgerät vernommen hatte. Zwar hatte sie meinen Ruf gehört, sich aber gefragt, wo die »Rubbelfelsen« seien. »Mein Gott«, dachte ich, »selbst in Japan und Deutschland kennen die Leute die Rubbelfelsen.« Ich schrie über das Wasser zu den Fischern hinüber, die ihre Netze ausbrachten, aber das Dröhnen ihrer Maschinen übertönte meine Stimme.

Dreißig Minuten später traf Hilfe ein. Die *Chilco Post*, das Schiff des Fischereiministeriums, dem ich vor Jahren an meinem ersten Tag in Alert Bay begegnet war, ging längsseits. David Bain, ein junger Walforscher, kam an Bord, um zu helfen. So wie Fremde uns manchmal durch traumatische Erlebnisse geleiten können, stand er uns in den nächsten paar Stunden bei. David leistete uns in der Kombüse Gesellschaft, während die Besatzung der *Chilco Post* Robins Leichnam an Bord brachte. Ich sah ihn nie wieder. Ein Besatzungsmitglied bot mir ein trockenes Sweatshirt und eine trockene Hose an. Ich ging mich umziehen und stellte fest, daß er mir zwei Shirts gegeben hatte. Ich zog wieder meine nassen Sachen an. Der Koch gab Jarret ein paar Kekse, und David unterhielt ihn mit Geschichten.

Bis dahin hatte ich mich im Griff gehabt, indem ich mich auf die Einzelheiten der Rettung konzentriert und dafür gesorgt hatte, daß Jarret sicher war und ruhig blieb. Jetzt, wo mein Sohn endlich in sicheren Händen war, ging ich raus auf Deck und brach an der Bordwand zusammen.

Die Royal Canadian Mounted Police traf ein. Eine Polizistin verhörte mich. Zu diesem Zeitpunkt dachten sie, ein Wal hätte meinen Mann getötet. Ich war mir nicht so sicher. Selbst wenn Eve Robin hätte verletzen wollen, war sie für irgendeine Art von Auseinandersetzung nicht lange genug in seiner Nähe gewesen. Ich beschrieb die Stelle, an der Robin untergegangen war, und sie entsandten ein Tauchteam, um seine Kamera und das Kreislauftauchgerät zu bergen. Der Filmzähler zeigte an, daß Robin Film gedreht hatte.

Alles, was sie Tage später sehen würden, als sie den Film entwickelten, war eine Kamera-Einstellung von Seetanghalmen, die sich in der Strömung wiegten. Robin hatte überhaupt kein einziges Einzelbild von Eve geschossen. Ein Marineinspektor entdeckte in der Kreislauftaucheinheit ein leicht verstopftes Ventil. Wäre Robins Sauerstoffzufuhr abrupt unterbrochen worden, wäre er an die Wasseroberfläche geschnellt. Statt dessen sorgte das nicht richtig funktionierende Ventil dafür, daß er weiterhin ein wiederaufbereitetes Luftgemisch einatmete – weil der Reinigungs-Mechanismus jedoch versagte, inhalierte er mehr Kohlendioxyd und weniger Sauerstoff. Für so etwas besitzt unser Gehirn keine Warnvorrichtung. Wir schlummern einfach irgendwie ein. Genau das passiert, wenn Leute Selbstmord begehen, indem sie sich bei laufendem Automotor in der Garage einschließen.

Robin hatte die Angewohnheit, die Luft anzuhalten, wenn er drehte. Es stabilisierte die Aufnahme. Während sein Körper sich bereits nach Sauerstoff sehnte, sah Robin Eve, hielt die

Luft an und verlor das Bewußtsein. Er fiel in Ohnmacht und ertrank dann. Der Wal tötete Robin nicht. Sein Anblick tat es.

Die Ambulanz brachte Robins Leichnam ins Leichenschauhaus des Hospitals in Port Hardy. David sorgte dafür, daß wir bei Bill und Donna MacKay in Telegraph Cove übernachten konnten. Jarret lernte ihren Sohn Tyson kennen, der ebenfalls vier war. Bill bot an, Robins Eltern anzurufen.

»Nein«, sagte ich zu ihm. »Ich werde es tun.«

Ich tat es. Hinterher wünschte ich, daß ich es Bill überlassen hätte.

Ich konnte mir das alles nicht erklären. Wie konnte ein Mann, der so fit, so selbstsicher und im Wasser so zu Hause war, in einer Tiefe von knapp zehn Metern ertrinken? So etwas durfte einfach nicht passieren. Immer wieder rekapitulierte ich die Ereignisse, während Bill und Donna eine Decke über mich legten, mir eine Tasse Tee mit Rum in die Hände drückten und bei mir blieben.

Spät an jenem Abend brachte ich Jarret im Gästezimmer der MacKays ins Bett. Als ich ihn zudeckte, schaute er mich fragend an: »Wenn Daddy tot ist«, sagte er, »wie machen sie ihn wieder gesund?« Aus seinem Gesicht sprach die Hoffnung auf eine gute Nachricht. Ich konnte sie ihm nicht liefern.

»Sie können es nicht, Jarret. Sie können es nicht.«

16 Die Zeitungen priesen Robin als einen der führenden Filmemacher British Columbias. Das hätte ihm sehr gefallen.

Meine Mutter flog her, um bei mir zu sein. Robins Familie hielt einen Gedenkgottesdienst im Newcombe Auditorium des Royal British Columbia Museum in Victoria ab. Am nächsten Tag fuhren Jarret und ich mit dem Bus rauf nach Norden, nach Port McNeill. In einer Büchse auf meinem rechten Knie hielt ich Robins Asche, und auf meinem linken schlief Jarret ein. Ich saß da an einem kalten Tag in einem warmen Bus und hatte das Gefühl, daß der tote Vater und der lebende Sohn über einen Kreislauf des Lebens durch meinen Körper hindurch miteinander verbunden waren.

Nachts lag ich wach und dachte darüber nach, wie ich sein Leben hätte retten können. Ich hätte früher nach ihm sehen sollen. Ich hätte dieses blöde Kreislauftauchgerät über Bord werfen sollen. Ich fürchtete mich vor und mißtraute einer Welt, die plötzlich grausam und willkürlich geworden war. Ich saß am Feuer, dachte über den Tod nach und las darüber. Ich hüllte mich in Verzweiflung. War es möglich, daß Ereignisse, die so groß waren, ein Versehen sein konnten?

Wenn ich schließlich einschlief, träumte ich ununterbrochen von ihm. In meinen Nächten kam Robin zurück und durchstöberte die *Blue Fjord* auf der Suche nach etwas. Ich entschuldigte mich, daß ich seine Kamera verkauft hatte. Wir seien pleite, erzählte ich ihm, und bräuchten das Geld. Er schenkte mir ein warmes Lächeln. Obwohl er nie etwas sagte, lautete die Botschaft stets: »Mach dir keine Sorgen um mich. Mir geht's gut.«

Wäre nicht Jarret gewesen, ich hätte mich in eine Ecke fallen lassen und zwei Jahre lang nicht von der Stelle gerührt. Jeden

Morgen wurde ich von einem kleinen Jungen geweckt, der Frühstück, Mittag- und Abendessen und Snacks und Geschichten und Ausflüge an den Strand und eine Mutter, die einigermaßen normal funktionierte, brauchte. Die für das Leben eines Vierjährigen erforderliche Logistik half mir, diese Zeit zu überstehen.

Jarret und ich verstreuten Robins Asche auf dem Meer an einem Ort, wo wir oft auf Wale gewartet hatten. Wir verließen die *Blue Fjord* und zogen in das schwimmende Haus. Billy Proctor hatte es in Robins Auftrag auf ein Stück Land gezogen, das wir von Bob und Nancy Richter mieteten. Robins Bruder Cal und seine Partnerin Colleen legten eine Wasserleitung in die Küche, bauten einen hölzernen Schuppen und halfen mir, das Haus in einen betriebsfähigen Zustand zu bringen. Die *Blue Fjord* schlachtete ich aus, weil ich sie verkaufen wollte. Ich verbrachte lange Tage auf den Knien im Innern des Schiffes, und wenn ich am Spätnachmittag herauskam, sah ich aus wie eine Frau, die ein Bad in Schmierfett genommen hatte. Es war eine gräßliche Arbeit, und sie war mir recht. Ich verstand, warum Trauernde in vielen Kulturen peinigende Kleider tragen, ihren Körper mit Asche einreiben und sich das Haar scheren. Man will der Welt mitteilen: Seht her, für mich gibt es kein Glück mehr. Es ist sowohl eine Warnung als auch ein Appell.

Weil ich nicht wußte, wie ich trauern sollte, wurde das Scheuern der *Blue Fjord* zu meinem Ritual. Ich wusch, kratzte und schmirgelte jede dunkle Ecke ab und strich das Ganze dann weiß. Die schwarzen Innenflächen dieses Bootes wurden zu meiner Haut. Ich fühlte mich schuldig, weil ich aß und atmete, jetzt, wo Robin es nicht mehr konnte. Ich trug seine Overalls. Die schwarzen Flecken auf meinem Gesicht waren ein aufrichtiges Manifest der Schwärze in meinem Innern. Ich fand es richtig, meine Arbeitskraft in die *Blue Fjord* zu stecken, dieses Objekt, das Robin so sehr geliebt hatte, daß er sich nicht dazu hatte durchringen können, sie zu verlassen. Ich fand es richtig, sie wieder schön zu machen.

In jenem Winter drückte ich all die Dinge fest an mich, die

Spuren von Robin trugen. Die Kleidungsstücke, in denen sein Geruch steckte. Sein noch nicht entwickeltes Filmmaterial. Seinen Sohn. Das Boot, das ihm am Herzen gelegen hatte. Alles bis auf die Wale.

Bei Gott, noch nie war ich so fertig gewesen mit Walen. Es war klar, daß Eve Robin nicht verletzt hatte. Aber geholfen hatte sie ihm auch nicht. Ich ließ mein Hydrophon an, um mich mit den Geräuschen des Meeres zu trösten, aber ich achtete nicht mehr darauf, ob über Funk Wal-Sichtungen gemeldet wurden. Ich wußte, daß meine Wut irrational war. Aber es gab zwei Geschöpfe auf der Welt, die Robin hätten retten können: Eve und ich selbst. Und ich war wütend auf beide.

Das Zodiac wurde während eines Dezembersturms weggeweht und nie gefunden. Ich verkaufte ein paar Dinge, um Geld für Lebensmittel zu haben, und kaufte ein gebrauchtes, knapp fünf Meter langes Hourston-Motorboot aus Fiberglas, das ich auf den Namen *Inlet Westerly* taufte. Bill MacKay und Jim Borrowman fuhren die renovierte *Blue Fjord* nach Telegraph Cove und vereinbarten, sie nach Nanaimo zu überführen, wo sie vielleicht einen Käufer fände. Einmal mehr tauchte zu meiner Rettung Mike Bigg auf. Er und Graeme Ellis saßen eines Tages an ihren Schreibtischen in der Pazific Biological Station des kanadischen Ministeriums für Fischereiwesen und Ozeane, als ein Typ reinkam und verkündete, er wolle ins Walbeobachtungsgeschäft einsteigen.

»Oh, Mann!« sagte Mike zu ihm. »Da haben wir genau das richtige Boot für Sie.«

Und so überstanden wir den Winter und überlebten durch die Freundlichkeit, die oft von unerwarteter Seite kam.

Im Februar, fünf Monate nach Robins Tod, entdeckte ich durchs Fenster einen Wal. Geistesabwesend griff ich mir eine Stoppuhr und begann die Atmung zu messen. Es war ein großes nichtansässiges Männchen, aber vom Haus aus konnte ich es nicht identifizieren. Böen in Sturmstärke peitschten das

Wasser und ließen den Regen gegen meine Fenster prasseln. Ich saß in Hausschuhen da, trank in kleinen Schlucken meinen Kaffee und beobachtete, wie der Wal hin und her durch die Passage schwamm. Ich hatte noch nie erlebt, daß ein Wal so lange an einem Ort blieb.

Während der Nacht wurde der Sturm schlimmer. Das Haus erbebte unter beinahe orkanartigen Windstößen. Am nächsten Morgen ging ich ans Fenster, um den Schaden zu begutachten. Und da war der Wal, der immer noch seine Kreise zog. Ich zog mir Regenzeug über, ging runter zum Strand, stieg in mein Boot und fuhr raus, um ihn mir anzusehen. Als ich näher kam, entfernte der Nichtansässige sich langsam. Inzwischen hatte ich seine Rückenfinne im Bestimmungskatalog gefunden. Es war F1, ein einsamer Nichtansässiger mit mehreren großen Kerben in der Rückenfinne. Ich war ihm noch nie zuvor begegnet.

Während ich ihm folgte, machte der Orca nichts Aufsehenerregendes. Er schwamm von meinem Haus fort und begann sich gemächlich in den Tribune Channel zu schlängeln. Aber er riß mich vom Strand los. Zum ersten Mal seit Robins Tod wieder in einem Boot zu sitzen und auf die Laute eines blasenden Wals zu lauschen tröstete mich in einer Weise, wie ich es seit Monaten nicht mehr empfunden hatte. Eine Vertrautheit und Nähe zu Robin entstand um mich herum. Hin und wieder fing ich ein flüchtiges Gefühl von Robins Gegenwart ein, und niemals war es so großartig wie an jenem Morgen. Mir wurde klar, daß ich keinen Einfluß auf das hatte, was Robin zugestoßen war, aber daß ich Einfluß auf meine Reaktion darauf hatte. Nach und nach, im Laufe der nächsten Tage, Wochen und Monate, spannte ich ein Drahtseil über den Abgrund von Robins Tod. Anfangs fiel ich oft herunter und dann immer seltener. Aus dem Seil wurde rasch ein dickes Tau und dann eine Brücke.

Allmählich tauchte ich, zutiefst gewandelt, aus der Trauer auf. Meine Welt begann sich wieder zu drehen. Aber ich hatte noch eine Menge darüber zu lernen, wie man als Frau in der Wildnis überlebte.

17 Alleinstehende Frauen hält es nicht lange in Echo Bay. Entweder sie heiraten, oder sie ziehen weg. Da ich amerikanische Immigrantin bin, gingen die Leute in der Gegend von Echo Bay wie selbstverständlich davon aus, daß es nicht lange dauern würde, bis ich mich auf den Weg machte. Aber für mich war es anders. Ich war nicht wegen der Arbeit meines Mannes hier. Auch meine Arbeit war hier. Und mein Leben ebenfalls. Mein Dad bot an, zu kommen und uns mit nach Hause zu nehmen, aber dies hier war das einzige Zuhause, das ich wollte.

Jarret entwickelte sich prächtig durch das harte Leben an der Küste, und trotz – oder vielleicht gerade wegen – der manchmal schmerzhaften Erinnerungen an Robin, die dieses Land bewahrte, gab es keinen Ort, an dem ich lieber gewesen wäre. Robin hatte mich mit allem zurückgelassen, was ich brauchte, um die Arbeit meines Lebens auszuführen. Ich hatte nicht vor, seine kostbaren Geschenke wegzuwerfen.

Um die verfrühten Berichte, ich würde ausziehen, zu zerstreuen, hängte ich mich ans Funkgerät und rief eine Nachbarin, die die Gerüchteküche mit Neuigkeiten über meine unmittelbar bevorstehende Abreise versorgt hatte. »Dies ist mein Zuhause«, sagte ich ihr, »und ich gehe nicht weg.« Da die Leute hier oben, was das Belauschen des Funkverkehrs angeht, unverbesserlich sind, wußte ich, daß die Nachricht die Runde machen würde.

Ein paar Tage später wachte ich auf und sah, daß irgend jemand draußen am Strand vor meinem Haus neun Baumstämme angebunden hatte. Feuerholz. Kein Strauß Rosen hatte jemals so schön ausgesehen oder so eindeutig seine Willkommensbotschaft übermittelt: Schön, daß du dableibst.

Obwohl unsere Freunde und Nachbarn versuchten, uns auszuhelfen, stellten Jarret und ich fest, daß wir uns rasch dem Status von Bettlern näherten. Größere Gemeinden könnten vielleicht eine Witwe unterstützen, aber die Leute hier oben konnten gerade mal ihre eigenen Familien durchbringen, geschweige denn, sich um eine Mutter mit einem kleinen Sohn kümmern. Ich mußte autark werden – und zwar sofort.

Das Wichtigste zuerst: Wir brauchten Wärme. An unserem Strand lag Feuerholz für einen ganzen Winter, aber Robin hatte mir nie beigebracht, wie man die Kettensäge bedient. Zu gefährlich, hatte er gesagt. Nun, jetzt mußte ich es lernen. Es war eine Frage des Überlebens.

Ich nahm die Säge mit zu Kajak-Bill, der damals gerade im Echo Bay Resort arbeitete. Bill, ein wahrhafter Nomade, hatte sich seinen Namen verdient, weil er den größten Teil seines Erwachsenenlebens draußen in einem Kajak zugebracht hatte. Er fuhr die Küste rauf und runter, lebte vom Land und vom Meer und verbrachte Jahre hintereinander in unbekannten Gegenden. Zuweilen, wenn Bill etwas Geld brauchte, besorgte er sich einen Job und baute eine Blockhütte in der Nähe, die er dann immer mit seinen eigenen Gemälden verschönerte. An den Wänden seiner Hütte, die er nicht weit von meiner auf dem Land von Bob und Nancy Richter erbaut hatte, hingen wunderbare Bilder von der Küste. Bill roch ständig nach Holzrauch, und seine langen Haare bildeten zusammen mit seinem Wollfilzhut ein dichtes Gewirr nördlicher Urwald-Dreadlocks. Nancy ersann ständig neu Tricks, um ihn in eine Badewanne zu locken.

»Bill«, sagte ich, die Säge hochhaltend, »kannst du mir zeigen, wie man dieses Ding bedient?«

Bill war kein Mann vieler Worte. »Hier vorn stellst du den Choke ein«, sagte er, »dann ziehst du an der Anlasserschnur, bis sie anspringt.« Er gab mir die Säge zurück und überließ mich mir selbst.

Die Säge war teuflisch. Noch Tage nachdem ich die Anlasserschnur gezogen hatte, tat mir der Arm weh. Es war nicht bloß eine Frage des Ziehens – irgendwie mußte man die Säge nach unten werfen, während man sie gleichzeitig mit einem Ruck hochriß. An irgendeinem Punkt in dieser ganzen Herumfuchtelei erwachte die aus rasiermesserscharfen Zähnen bestehende Sägekette Zentimeter vor meiner Kniescheibe zum Leben. Gelegentlich wurde das Sägeschwert so fest in einem Stamm eingeklemmt, daß ich es mit einer Axt heraushauen mußte. Mehrere Male sprang die Kette ab. Weil ich sie nicht richtig schärfte, schraubte sie sich mehr durch den Stamm, als daß sie saubere Stücke schnitt. Einmal kam ein Nachbar, der beobachtet hatte, daß ich kaum Fortschritte mit einem dicken Zedernrundholz machte, herüber und nahm mich diskret zur Seite: »Dein Problem ist folgendes«, sagte er, wobei er versuchte, mein Ego nicht zu verletzen. »Jemand hat die Kette verkehrt herum aufgezogen.«

Als hinterbliebener Elternteil von Jarret stellte ich fest, daß ich mich, was Gefahren und Risiken anging, nach neuen Regeln richtete. Holz sägte ich nur, wenn das Wetter so ruhig war, daß ein Wasserflugzeug mich ins Krankenhaus fliegen könnte. Ich hatte bei einigen Einheimischen genug Narben gesehen, um zu wissen, was eine bockende Säge anrichten konnte.

Sobald ich die Kettensäge bezwungen hatte, arbeitete ich an meiner Spalttechnik. Die Männer in diesem Teil der Welt sind wahre Meister im Umgang mit dem schweren Holzhammer, und die meisten geben einem gerne Tips zur richtigen Strategie und Methode. Eines Tages fand ich mich am Strand in der Nähe der Echo-Bay-Schule wieder, wie ich einen dicken, knorrigen Tannenstamm zerlegte. Tannenholz kann ein Haus wirklich heizen – kaum ein Holz entwickelt mehr Hitze –, aber wenn sie krumm ist, ist es nahezu unmöglich, sie zu spalten. Das Holz reagierte auf meinen Hammer, als wäre er ein Amboß, und ließ ihn direkt gegen mein Gesicht zurückschnellen. Den ganzen Nachmittag drosch ich auf die Tanne ein, weil ich unbedingt der steigenden Flut zuvorkommen wollte, die alle Rundhölzer aufs Meer hinauszuschwemmen drohte. Vor

Enttäuschung und Erschöpfung den Tränen nahe, fing ich an, die unzerlegten Rundhölzer zusammenzubinden, damit sie nicht wegtrieben.

Jack Scott, ein freundlicher Holzfäller in den Siebzigern, kam angeschlendert und sagte: »Schätzchen, du packst das ganz falsch an.« Ich keuchte und stützte mich auf den Hammer. »Du mußt diesen Schweinehund mit der Maserung spalten«, meinte er. Ich hatte keine Ahnung, wovon er redete.

»Los, laß es uns ausprobieren.« In seiner gewaltigen Faust wirkte der schwere Holzhammer wie ein normaler Hammer. Ich konnte kaum so schnell gucken, wie Jack das knorrige äußere Ende eines der Rundhölzer abhackte, statt es wie einen Kuchen zu schneiden, wie ich es getan hatte.

Dann tauchte Billy Proctor auf. »Warte mal, Jack«, sagte er. »Du sollst nicht allein das ganze Vergnügen haben.«

Billy hatte seine eigene Methode, die er an einem Rundholz nahe am Saum des Wassers demonstrierte.

Wütend sausten die schweren Holzhämmer durch die Luft. Während die beiden ihren freundschaftlichen Wettstreit fortsetzten, rannte ich umher und hob die Scheite auf. Die Arbeit war im Handumdrehen erledigt. Ich kam der Flut zuvor, lernte, wie man Schweinehunde mit der Maserung spaltete, und Jarret und ich räkelten uns bis tief in den Winter hinein genüßlich in der Wärme brennenden Tannenholzes.

Ich lernte, mit weiteren Überlebenswerkzeugen umzugehen. Robin hatte immer eine alte Flinte, Kaliber 303, im Boot verwahrt – ein Typ hatte sie ihm einmal in seinem Haus in Duncan an Stelle einer Monatsmiete überlassen –, aber ich hatte sie nie angerührt. Das änderte sich in der Nacht, als ein Bär an unsere Tür klopfte.

Ich hatte den ganzen Tag Lachs eingekocht, wodurch ein kräftiger Duft nach gedämpftem Hundslachs sowohl die Blockhütte als auch die umliegende Wildnis durchzog. Jarret und ich waren schlafen gegangen, während unsere Küchenregale sich unter dem Stolz eines Heimstätters, eingemachtem Fisch, bogen. Ich erwachte von einem dumpfen Krachen.

Bumm. Bumm. Bumm. Jemand hämmerte gegen die Wand. Ich setzte mich auf und lauschte. Es kam von der Wand am Kopfende meines Bettes. Ich tastete nach der Taschenlampe, drückte sie ans Fenster und beleuchtete jedes Haar einer Schwarzbärenschnauze, die sich auf der anderen Seite gegen die Scheibe preßte. Kelsy, unser sanftmütiger Golden Retriever, hatte sich in den knurrenden, geifernden Hund von Baskerville verwandelt.

Ich hupte den Bären mit dem Lufthorn an, woraufhin er sich immerhin auf alle viere fallen ließ. Ich durchstöberte die Küche und trieb das größte Messer auf. »Das ist doch bescheuert«, dachte ich. »Gegen einen Bären will ich mit einem *Messer* antreten?« Ich wußte, daß Robin eine Flinte im Haus gehabt hatte, aber ich hatte weder eine Ahnung, wo sie war, noch, wie man damit umging. Möglicherweise würde ich mit meinem Leben für diese Unwissenheit bezahlen müssen.

Am nächsten Morgen versuchte der Bär in das Haus eines Nachbarn einzubrechen und wurde getötet. Ich nahm meine Flinte mit zu Chris Bennett, und wir verbrachten den Nachmittag damit, auf ein Ziel zu schießen, das er aufgestellt hatte. Bevor ich an diesem Abend ins Bett ging, machte ich mit Kelsy eine Runde über das Grundstück. Die Flinte in der einen und eine Taschenlampe in der anderen Hand, fühlte ich, wie eine Woge der Befreiung mich durchfuhr. Ich würde mich nicht mehr unter der Bettdecke verkriechen.

Bis zum Herbst 1987 hatten Jarret und ich herausgefunden, wie man in der Echo Bay überlebte. Jarret kam in die erste Klasse der Echo-Bay-Schule, ein Schulhaus, das aus einem Klassenzimmer bestand, in dem zwölf Kinder von der ersten bis zur siebten Klasse saßen. Für ein Einzelkind war die Atmosphäre ideal; Jarret kannte die meisten Kinder bereits, und sie paßten auf ihn auf wie ältere Brüder und Schwestern – mit allem, was dazugehörte.

Wenn ich Jarret morgens zur Anlegestelle der Schule gerudert hatte, teilte ich meine Zeit zwischen Heimstätterpflichten,

Walarbeit und Schreiben auf. Die meisten Naturforscher gehen von zu Hause weg, um ihre Arbeit im Feld durchzuführen, was sie zwingt, neben ihrem Leben im Gelände ein Zuhause zu unterhalten. Weil ich im Gelände lebte, brauchte ich bloß meinen Sohn zu unterhalten. Es gibt hier draußen nicht viel, wofür man sein Geld ausgeben kann – keine Parkuhren, Restaurants, Buchläden oder Kinos. Ich baute bald den Großteil unseres Gemüses selbst an und ging für unsere Mahlzeiten fischen – Lachs, Kabeljau, Krebse, Muscheln, Heilbutt, Seegurken und Seeigel. Mein Einkommen aus dem Schreiben und dem Verkauf von Fotos lag gewöhnlich unter der Armutsgrenze, aber es fehlte uns an nichts.

Mein Leben drehte sich um Jarret, die Gezeiten und den Durchzug der Wale. Während ich fortfuhr, das Verhalten der Wale der A-Pod zu dokumentieren, die mich nach Kanada gelockt hatten, bestärkte Mike Bigg mich darin, so viele Daten wie möglich über die Nichtansässigen zu sammeln, die in mein Gebiet kamen.

»Du bist diejenige, die Nichtansässige sieht, Alex«, sagte er zu mir. »Du wirst Expertin für sie werden.« So hatte ich die Sache noch nie betrachtet, und bislang hatte ich all meine Beobachtungen über Nichtansässige an ihn weitergegeben. Was mich in die Echo Bay geführt hatte, war zielstrebige Entschlossenheit gewesen. Doch angeregt von Mikes Vorschlag brach ich aus diesem Schema aus. Künftig konzentrierte ich mich in dem Ökosystem, das mich umgab, auf eine wachsende Zahl von Spielern.

Mikes Rat hinsichtlich der Nichtansässigen war einfach: Die Unterschiede zwischen ortstreuem und nichtansässigem Verhalten messen und sehen, was die Zahlen bedeuteten. Die Einteilung einer Spezies in zwei unterschiedliche Formen, die Seite an Seite leben, ist in der Tierwelt höchst ungewöhnlich. Die Unterschiede, die zwischen diesen beiden Walgruppen festgestellt wurden – Ernährung, Sprache, soziales System –, ergeben sich im allgemeinen nur, wenn eine Spezies geographisch in zwei Populationen getrennt wird, die keinen Kontakt untereinander haben. Die Entfremdung zwischen ortstreuen und nichtansässigen Orcas ähnelte stärker dem Verhalten unterschiedlicher menschlicher Stämme.

Die Frage, wie und warum es dazu kam, sorgte für reichlich Diskussionsstoff zwischen Mike und mir. Als Robin starb, verlor ich nicht nur meinen Ehemann; ich verlor auch meinen Partner in der Orca-Forschung. Wann immer ich Zeugin irgendeiner neuen und unbekannten Aktivität geworden war, hatte ich sie Robin schildern können, und er hatte meine Begeisterung geteilt. Niemand in Echo Bay kannte die Wale so gut, wie Robin sie gekannt hatte. Zum Glück war Mike Bigg bloß einen Funkspruch weit weg. Nach jeder bemerkenswerten Sichtung rief ich ihn übers Autotel an, eine Art Funktelefon im Postamt. Ich nannte es »Autohell«, weil das Signal im Laufe des Telefonats stets schwächer wurde, bis es ganz abbrach. Obwohl er mit seiner eigenen Arbeit vollauf beschäftigt war, gab Mike mir stets das Gefühl, als seien meine Sichtungen von größter Bedeutung. Wir machten Scherze über die geheimnisumwitterten Einzelheiten des Walverhaltens, und ich schickte ihm regelmäßige Berichte über die Nichtansässigen.

Mit Mikes Hilfe faßte ich meine Forschungen zu einem der ersten wissenschaftlichen Aufsätze über das Verhalten nichtansässiger Orcas zusammen. Wir stellten fest, daß die Unterschiede zwischen Ortstreuen und Nichtansässigen beinahe vollkommen auf den unterschiedlichen Überlebensstrategien zu beruhen schienen, die durch die Wahl ihrer Nahrung notwendig waren. Ein Wal, der Fisch fraß, konnte es sich leisten, laut zu sein, im Sommer große, platschende Gruppen zu bilden, einen großen Familienverband zu unterhalten, auf vorhersagbaren Routen zu reisen sowie laut und häufig zu atmen. Ein Wal andererseits, der Tiere fraß, die ständig nach ihm Ausschau hielten, mußte sich ruhig und unvorhersagbar verhalten, dafür sorgen, daß seine Familieneinheit klein blieb, und lange den Atem anhalten. Die Entdeckung dieser beiden »sympatrischen« Spezies (Tiere, die in demselben Gebiet leben, jedoch nicht um Nahrung oder Lebensraum konkurrieren) ist vielleicht einzigartig in der Tierwelt.

In jungen Jahren hatte ich die ortstreuen Orcas für die »Norm« und die Nichtansässigen für eine Abweichung gehalten, aber vermutlich waren die Nichtansässigen schon Tausende von Jahren vor den Ortsansässigen da. Während der letzten großen Periode der Vergletscherung suchten die Lachs-Populationen im Columbia und Skeena River Zuflucht. Als die Gletscher vor etwa zehntausend Jahren allmählich zurückgingen, schwärmten die Lachse langsam in die Flußläufe aus, die sich in jüngster Zeit eingegraben hatten. Vor etwa dreitausendfünfhundert Jahren hatten die Wälder von British Columbia einen für Lachse günstigen Lebensraum geschaffen; sie kühlten die Flußbetten mit ihren üppigen Blätterdächern und dosierten den Abfluß der gleichbleibenden Niederschlagspegel. Der sintflutartige Regen der Küste wusch den Grund der Flüsse nicht mehr aus, wodurch keine zerbrechlichen Lachseier mehr ins Meer gespült wurden. Wir vermuten, daß die säugetierfressenden Orcas vielleicht von Anfang an, die ganzen Vergletscherungsperioden hindurch, hier waren und daß die Fischfresser, die möglicherweise vom westlichen Pazifik hereinkamen, sich zu ihnen gesellten, nachdem die Lachs-Population groß genug geworden war, um sie zu ernähren. Die genetischen Forschungen von Lance Barrett-Lennard haben gezeigt, daß nichtansässige Orcas eigentlich näher mit den Orcas aus dem Atlantischen Ozean verwandt sind als mit den ortstreuen Orcas, mit denen sie sich dieselben pazifischen Gewässer teilen.

Ich finde es bemerkenswert, daß kein kräftiger, junger Orca jemals für ein verbotenes Stelldichein rüber zur anderen Seite schweifte, aber die genetischen Daten sind unwiderlegbar. Irgend etwas in der Natur dieser beiden Schwertwal-Rassen hat sie veranlaßt, nach Tausenden von Jahren der Interaktion getrennt voneinander zu leben.

Im Laufe der Jahre habe ich gelernt, niemals zu sagen, Schwertwale würden sich »immer« auf die eine oder andere Weise verhalten. Ich habe zu viele Orca-Verhaltensregeln abgeleitet, nur um zu erleben, daß diesen Regeln ständig aufs neue widersprochen wurde. Wale passen ihre Reaktionen – auf Menschen, auf Beute, auf die Gezeiten, aufeinander – an die jeweiligen spezifischen Umstände an. Sie verlassen sich nicht bloß auf den Instinkt. Sie sind intelligent; sie lernen.

Diese Fähigkeit, sich anzupassen und zu planen, zeigt sich niemals auf dramatischere Weise, als wenn eine Gruppe ortstreuer Orcas einer Gruppe von Nichtansässigen begegnet. Manchmal schwimmen die Nichtansässigen unbemerkt durch eine weit auseinandergezogene Gruppe Ortstreuer hindurch. Andere Male habe ich erlebt, daß Nichtansässige in dem Moment kehrtmachten und die Johnstone Strait verließen, als sie den Ruf von Ortstreuen vernahmen. Graeme Ellis wurde einmal Zeuge, wie eine Gruppe von Ortstreuen mit einem Neugeborenen ein paar Nichtansässige, die ihnen zu nahe gekommen waren, jagte und angriff.

Ellis' Beobachtung warf eine interessante Frage auf: Töten Nichtansässige tatsächlich manchmal ortstreue Jungtiere? Sind sie teilweise verantwortlich für die Sterblichkeitsrate von fast fünfzig Prozent unter jungen Orcas? Wir wissen es nicht sicher, aber Ellis' Beobachtung deutete zumindest auf die Existenz einer starken Feindseligkeit zwischen den beiden Arten von Orcas hin. Die Ortstreuen trieben diese Nichtansässigen in eine Bucht mit einem Fährterminal. Der Kampf hörte auf, als die Fähre abfuhr, so daß wir nicht wissen, wie er andernfalls ausgegangen wäre. Ellis hielt es für möglich, daß die Ortstreuen versucht hatten, die Nichtansässigen zur Strandung zu zwingen.

Ich selbst habe einmal eine ähnliche Begegnung erlebt. Am Morgen des kanadischen Erntedankfestes fand ich mich im Kielwasser von etwa vierzig Angehörigen der A-Pods wieder, die unmittelbar nördlich der Echo Bay in westlicher Richtung durch den Sutlej Channel schwammen. Mir wurde klar, daß ich viele von ihnen bis zum nächsten Sommer vielleicht das letzte Mal sah. Sie waren eindeutig in Hochstimmung. Überall um mich herum spritzten kleine Gruppen von Walen, tauchten auf und wieder unter. Ich schaute runter auf meinen Notizblock, um ein paar Beobachtungen festzuhalten, und als ich wieder aufblickte, waren sie verschwunden. Was noch einen Augenblick zuvor ein von Walen aufgewühlter Kanal gewesen war, war wieder ohne Leben.

Ich stellte den Motor ab und sagte Kelsy, sie solle aufpassen. Ihr Gehör war viel feiner als meines. Als sie einen Walblas hörte, schnellten ihre Ohren in die Höhe und ihre Schnauze wies in Richtung des Orcas. Wir warteten. Ihr Kopf zuckte. »Gutes Mädchen«, sagte ich und ließ den Außenborder wieder an.

Die Wale waren vor die südliche Küstenlinie geschwommen. Sie drängten sich dicht zusammen und bewegten sich schnell. Ihr Verhalten hatte sich geändert. Es gab kein Herumspritzen mehr. Jungtiere hielten sich eng an ihre Mütter, und die ganze Pod hielt sich so nahe an der dunklen Küstenlinie, daß sie schwer auszumachen war. Ich folgte ihr dichtauf, als sie in die erste Bucht einschwenkten, auf die sie trafen. Der Greenway Sound.

Die Wale bildeten eine feste Reihe. Ich ließ das Hydrophon über die Bordwand und nahm tiefe, gorillaartige Grunzer auf, Laute, die ich nie zuvor gehört hatte. Bei jedem Atemzug tauchten die Wale, in eine andere Richtung blickend, auf, als sondierten sie die Umgebung in sämtliche Richtungen. Als sie hochkamen und mich ansahen, bot sich mir ein imposanter Anblick, eine bedrohliche Phalanx aus Rückenfinnen, die wie die Speerspitzen eines mittelalterlichen Heeres in die Höhe standen. Ihre Laute waren so drohend, daß ich den Kopfhörer absetzte und betete, daß dies nichts mit mir zu tun hatte. Was konnte eine so extreme Reaktion hervorgerufen haben?

Kelsy spitzte die Ohren in die den Walen entgegengesetzte Richtung. Als ich mich schnell umdrehte, erblickte ich vier neue Orca-Rückenfinnen, die ostwärts dem fernen Gestade des Sutlej Channel zustrebten. Jetzt gab es keinen Zweifel mehr an dem Grund für das seltsame Verhalten der A-Pod:

Nichtansässige. Ich erkannte die vier Eindringlinge als die Familie von Kwatsi, die Gruppe T20. Die Nichtansässigen müssen den Ortstreuen ihre Anwesenheit mit einem akustischen Signal verraten haben – aber warum hatten drei Pods aus vierzig Ortstreuen ein Ausweichmanöver veranstaltet, um nur vier Nichtansässigen Platz zu machen? Was hatten sie von den Säugetierfressern zu befürchten? Oder war es überhaupt Furcht? Vielleicht war es Abscheu, Fremdenhaß oder irgendeine andere Empfindung, die es einzig und allein bei Killerwalen gab.

Zwei Beobachtungen veranlaßten mich, die Fähigkeit des Orca, Furcht zu empfinden, anzuzweifeln. Der größte Räuber der Meere kann dieses Gefühl vielleicht kaum brauchen. Als ich einmal draußen bei den Walschwestern Kelsy (der Wal, nicht der Hund) und Yakat und ein anderes Mal bei dem Nichtansässigen Kwatsi und seiner Familie war, beobachtete ich etwas, das mir zu denken gab. Wenn ein holzverarbeitendes Unternehmen einen Hang kahlschlagen will, der zu steil ist, um eine Forststraße anzulegen, benutzt es große Doppelrotor-Hubschrauber, um die Stämme aufzunehmen und ins Meer fallen zu lassen. Die Firma errichtet ein schwimmendes rechteckiges Gehege, einen sogenannten Schwimmbaum, kettet ihn unterhalb des Holzeinschlags ans Ufer, und dort löscht der Hubschrauber seine Ladung. Wie am Schnürchen kommen alle vier bis fünf Minuten Achtzehn-Meter-Bäume am Ende einer Trosse den Berghang herabgeflogen und klatschen mit gewaltigem Getöse ins Wasser. Die durch so viel auf das Wasser auftreffendes Gewicht verursachte Erschütterung hat die Fische am Grund getötet und an die Oberfläche getrieben. Unter Wasser ist der Lärm kilometerweit zu hören. Ein Hubschrauber-Holzstapelplatz ist für jedes Meerestier eine tödliche Gefahr.

Dessen ungeachtet konnte ich zweimal beobachten, wie Orcas mitten durch solche Stapelplätze schwammen. Das erste Mal war beängstigend. Yakat und Kelsy überquerten den Tribune Channel von der Gilford-Island-Seite aus in Richtung Festland und näherten sich absichtlich einer Abholzung, bei der Hubschrauber eingesetzt wurden. Die Wale kamen just in dem Moment unmittelbar außerhalb des Schwimmbaums an die Oberfläche, als ein mehrere Tonnen schwerer Stamm tief ins Wasser krachte. Es war klar, daß die Wale vorhatten, durch diesen schäumenden Hexenkessel aus Baumstämmen, die vom Himmel fielen, hindurchzutauchen und wieder an die Oberfläche zu kommen. Ich versuchte verzweifelt, mit dem Hubschrauberpiloten Kontakt aufzunehmen. »Da sind Wale im Stapelplatz. Nicht abwerfen«, wiederholte ich auf jeder Funkfrequenz, die mir einfiel. Dann hörte ich das *wupp, wupp, wupp* des Helikopters den Berg herab zurückkommen. Da Luftfahrzeuge andere Frequenzen benutzen als Schiffe, hörte mich niemand, und ich sah entsetzt zu, wie der Pilot seine Ladung löschte. Der Stamm fiel mit Wucht in den Bereich, in den soeben die Wale hineingeschwommen waren. Hilflos hielt ich nach Blut und Blubber Ausschau. Doch als der Hubschrauber wieder aufstieg, hörte ich die Wale blasen und wirbelte herum, um zu sehen, wie sie sich ruhig direkt hinter dem Schwimmbaum wälzten. Sie hatten ihren Durchzug zeitlich perfekt abgestimmt. Vielleicht waren all die durch die ins Wasser stürzenden Stämme erzeugten Blasen eine außerordentliche Lightshow, die man nicht verpassen sollte. Vielleicht amüsierten sie sich köstlich. Die Wale hätten nach toten Fischen suchen können, oder war es schiere Neugier gewesen? Ganz sicher war es ein gefährlicher, absichtlicher und präzise choreographierter Schritt gewesen, der mich daran zweifeln ließ, daß Wale Furcht kennen.

Nichtansässige Orcas fordern die Tiere in ihrer Umgebung ständig heraus, teils aus einem Spieltrieb heraus und teils, weil ihr Überleben davon abhängt, sich jedem Neuzuwachs ihrer Umgebung anzupassen und ihn sich zunutze zu machen. Nichtansässige wurden gesehen, wie sie schwimmende Elche töteten, versuchten, Hunde von einem Strand wegzureißen, und auf einem Felsen gestrandete Hirsche einkreisten. Sie töten Seevögel zum Vergnügen.

Selbst mich machten sie zum Ziel ihrer listigen Manöver. Einmal verschwanden vier Nichtansässige im Tribune Channel, als ich sie verfolgte. Ich hatte sie nicht identifizieren können, also saß ich da und ließ mich treiben, in der Hoffnung, daß sie nahe genug für eine Identifizierung wieder auftauchten.

Fünfundzwanzig Minuten hockte ich da ohne das leiseste Anzeichen für einen Wal-blas. Der Tag war so ruhig, daß ich den Flügelschlag fliegender Raben hören konnte, lange bevor sie über mir erschienen. Dann brachen plötzlich alle vier Wale ohne Vorwarnung wenige Zentimeter von meinem Boot entfernt an die Oberfläche. Ich war umzingelt. Der Stoß ihres Ausatmens warf mich unversehens aus meinem Sitz. Sie drehten ihre großen braunen Augen zu mir empor. So erwischen sie nichtsahnende Seelöwen. Hätte ich mich herübergebeugt, hätte ich ihre Schnäbel streicheln können. Das Quartett beäugte mich ein paar Sekunden lang und entschwand dann in die trüben, nährstoffreichen Gewässer des Tribune Channel. Ich folgte ihnen nicht – ich hatte meine Identifizierung vorgenommen.

Aus Angst, die Wale könnten denken, daß ich einen schmackhaften Seehund an Bord habe, erlaube ich meinem Hund niemals, einen Blick über den Bootsrand auf Nichtansässige zu werfen.

Ein paar Monate später hatte ich eine zweite aggressive Begegnung. Jarret und ich fuhren in meinem neuen Boot, der *Blackfish Sound*, raus, nachdem wir über das Haus-Hydrophon Wale gehört hatten. Wir entdeckten eine nichtansässige Familie, die mit hohem Tempo in den Tribune Channel schwamm, und erhaschten einen kurzen Blick auf ein winziges neugeborenes Kalb, das zwischen ihnen versteckt war. Die Flecken des kleinen Burschen waren noch blaßrot-orangefarben. Ursache für diesen rötlichen Schimmer im Säuglingsalter ist eine extrem dünne Blubberschicht; wenn das Kalb dann von der nahrhaften Milch seiner Mutter fetter wird, verdickt sich der isolierende Blubber und färbt die Flecken weiß.

Da kleine Wale oft in ihren ersten Lebensjahren spurlos verschwinden, fühlte ich mich verpflichtet, das Jungtier zu fotografieren. Eine genaue Registrierung der Geburten und Todesfälle bei Walen ist für ein Verständnis der Gesundheit und Dynamik wilder Wal-Populationen unerläßlich, und das genaueste Instrument ist die Fotografie. Zu oft hatte ich gehört, wie Graeme Ellis irgendwelchen flüchtigen Wal-Identifizierungen entgegenhielt: »Kein Foto, kein Beweis.«

In meiner Hast brach ich mit einer meiner eigenen Kardinalregeln. Ich raste. Die Wale schwammen schnell; um sie also einzuholen, brachte ich meinen Motor auf Touren. Heute weiß ich, was unter Wasser passiert, wenn man einen Motor hochjagt. Geschieht es in der Nähe meines Hydrophons, tut es meinen Ohren weh. Aber ich mußte diese Foto haben.

Bevor ich nahe genug herankam, um die Kamera heben zu können, löste einer der Wale sich von der Gruppe. Es war ein halbwüchsiges Männchen namens Arrow, mit ziemlicher Sicherheit der ältere Bruder des Kleinen. Es gab keinen Zweifel, worauf er zusteuerte: direkt auf mich. Seine Rückenfinne war, weithin sichtbar, hoch aufgerichtet. Seine Schwanzwurzel zerteilte das Wasser, und sein Rücken pflügte eine Furche. Ich beobachtete, wie das Wasser in Kaskaden von seinem Schädel stob. Ich erhielt einen solchen Adrenalinstoß, daß ich einen elektrischen Schlag in Fingerspitzen und Kopfhaut verspürte. Jarret erstarrte.

Ich habe Wale in Höchstgeschwindigkeit erlebt, und ich wußte, daß es auf diese Entfernung kein Entkommen vor dem großen Bruder gab. Als Reaktion wandte ich mich von der Familie ab und steuerte das Boot parallel zum Kurs des jungen Männchens, ohne Gas zu geben. Sobald ich meine Neunzig-Grad-Wende vollendet hatte, tauchte der junge Orca und verschwand. Ich vergrößerte meinen Abstand zu der Familie und blickte kurz zu Jarret herüber, um mich zu vergewissern, daß er seine Schwimmweste trug. Es gibt keine Berichte darüber, daß Schwertwale in jüngster Zeit Boote oder Menschen angegriffen hätten, aber ich wußte, daß dieser Bursche uns hatte, wenn er uns wollte. Die nächsten paar Minuten dehnten sich zu einer angstvollen Ewigkeit. Warum tauchte er nicht auf? Mein Körper spannte sich in Erwartung eines Stoßes.

Kwuusch. »Da ist er«, sagte Jarret. Arrow war an der Seite seiner Mutter wieder an die Oberfläche gekommen.

Ich schätzte, daß mein Manöver ihn beruhigt hatte. Ich brachte das Boot wieder auf einen parallelen Kurs zu der nichtansässigen Pod und fuhr langsam weiter. Mißtrauisch beobachtete ich das junge Männchen und hielt einen respektvollen Abstand – den, den der Orca für mich vorgesehen hatte. Nachdem sie eine Stunde weiter durch den Kanal geschwommen waren, wandte die ganze Famiie sich langsam zu mir um. Als ich stoppte, kreuzten sie direkt vor meinem Bug. Ich riß die Kamera hoch und hielt den kostbaren Beweis des Tages im Bild fest. Da Jarret und ich unsere Lektion in kulturübergreifenden Umgangsformen gelernt hatten, wendeten wir anschließend und fuhren heim. Wenn er uns hätte Schaden zufügen wollen, hätte der halbwüchsige Nichtansässige mein Boot leicht zum Kentern bringen können. Statt dessen kam er, seine Rückenfinne hoch aufgerichtet wie einen Wimpel, auf uns zu und überbrachte eine simple Botschaft: Laßt uns in Ruhe – sonst...

Mehr als um Paarung, mehr als um Nahrung und mehr als um das heimatliche Territorium dreht sich die Welt eines Schwertwals um die Familie. Und wie bei den meisten Familien sind Geburten und Todesfälle die Ereignisse mit den tiefgreifendsten Folgen. Nach all den Jahren, in denen ich die Wale beobachtet und ihnen gelauscht habe, berühren mich die Interaktionen zwischen Müttern und ihrem Nachwuchs nach wie vor am tiefsten.

Ich will keinesfalls behaupten, daß Nicolas A-Pod-Familie die beherrschende Gruppe in der Johnstone Strait war, aber als ich ihr begegnete, schien sie bei den sommerlichen Zusammenkünften der Gemeinde der nördlichen Ortstreuen eine wichtige Rolle zu spielen. Nicola und ihre Nachkommen sind durch außergewöhnlich elegante Finnen gekennzeichnet. Clio und Minstrel haben beide die wunderschöne, extrem geschwungene Rückenfinne ihrer Mütter. Das Merkmal ist so stark, daß man es ansatzweise noch in der hohen Finne eines der Söhne von Tsitika, Blackney, entdecken kann. Sie erschienen jeden Sommer als erste am Versammlungsort der Johnstone Strait und schienen die ewige Ehre zu haben, Wellen entfernterer Familienangehöriger zum Fressen und geselligen Verkehr in die Meerenge zu geleiten.

Doch als Nicola im Winter 1988/89 starb, gab die Familie ihre Führungsposition auf. Wie bei den meisten Schwertwalen, wurde auch der Leichnam der zweiundsechzigjährigen Matriarchin niemals gefunden; sie verschwand im Laufe des Winters und kehrte nie mehr zu den sommerlichen Zusammenkünften zurück. In diesem Herbst, als Tsitika und ihre Söhne durch den Archipel schwammen, wurden ihre Bewegungen weniger vorhersagbar. Statt in die Rolle ihrer Mutter zu schlüpfen, überließ Tsitika, vielleicht von ihrem neuen Kalb abgelenkt, die Führung der Familie oft ihren Söhnen. Sie schwammen in Buchten und Kanäle, in denen ich sie noch nie zuvor gesehen hatte. Ich hatte den Eindruck, daß die Burschen neugierig auf all die Plätze waren, an die Oma sie nie geführt hatte.

Im Jahr 1993 sah ich ein Ereignis, das die Familie weiter veränderte. Unter ständigem Auftauchen und Springen kamen Tsitika und ihre fünf Kinder in ausgelassener Stimmung durch den Fife Sound. Alle paar Minuten stoppten sie und schwammen herum. Ich folgte ihnen an den Burdwoods vorbei und in den Tribune Channel, dann sah ich, daß sie anhielten und sich im tiefen Wasser in der Nähe eines steilen Kliffs zu einer dichten kleinen Gruppe zusammendrängten. Ich spürte, daß etwas im Gange war. Jarret, inzwischen acht Jahre alt, war ein fantastischer Video-Kameramann geworden, was mir die Freiheit verschaffte, zu beobachten, Ton aufzunehmen und Einzelbilder zu schießen. Er filmte, während ich langsam zu den Walen zurückfuhr.

Nachdem die zu einer dichten Traube zusammengedrängten Wale ein paar Minuten lang das Wasser aufgewühlt hatten, erhaschten wir einen äußerst flüchtigen Blick auf einen winzigen Wal. Er kam in einem Fünfundvierzig-Grad-Winkel vor dem Schnabel von Tsitikas Sohn Strider an die Oberfläche. Ich konnte nicht hundertprozentig erkennen, ob es ein Orca-Kalb oder ein Dall-Hafenschweinswal war. Strider nahm das kleine Wesen mehrmals auf den Rücken, aber es glitt bei jedem Versuch ins Wasser. Was immer es war, es bewegte sich nicht aus eigener Kraft.

Die Wale wurden aufgeregt, tauchten schnell auf und eilten in verschiedene Richtungen hin und her. Nach zwanzig Minuten verließ Striders jüngerer Bruder Blackney die Gruppe und strebte der Küste zu. Dort schob er seine Schnauze in einen Spalt in der Felswand, wendete und gesellte sich wieder zu den anderen.

Die Wale rotteten sich locker zusammen und schwammen denselben Weg zurück, den sie gekommen waren. Das war höchst ungewöhnlich; Wale drehen fast immer eine vollständige Runde durch den Tribune Channel, es sei denn, sie sehen sich einer starken Vollmondflut gegenüber. Es gab keine solche Flut. Die drei Brüder und zwei Schwestern drängten sich um Tsitika. Ihre Stimmung war jetzt merklich gedämpft – kein Springen, kein schnelles Auftauchen. Sie schienen darauf versessen zu sein, aus dem Archipel herauszukommen, und bewegten sich schnell und leise. Strider war mehrere Zentimeter von seiner Mutter entfernt. Die beiden müssen einander fast auf gesamter Körperlänge berührt haben. Jedesmal wenn sie auftauchten, hielt ich Ausschau nach dem Kalb, in der Hoffnung, es werde durch das Getümmel aus Rückenfinnen verborgen.

An diesem Abend sahen Jarret und ich uns nochmals sein Video an. Da war eindeutig ein neugeborener Orca gewesen. Wir konnten nicht ausmachen, ob er lebend aufgetaucht oder an die Oberfläche getrieben worden war. Als ich in dieser Nacht wach lag, wurde mir klar, daß ich den kleinen Wal nicht mehr gesehen hatte, nachdem Blackney zum Strand geschwommen war. Bei seiner Rückkehr hatte sich das Verhalten der Wale drastisch verändert.

»O mein Gott. Er hat den Körper des Neugeborenen in dieser Spalte in der Felswand abgelegt.«

Beim ersten Tageslicht fuhr ich zurück zu der Stelle, an der Blackney mit seiner Schnauze gerieben hatte, fand aber nirgends einen Hinweis auf das Neugeborene. War es fortgespült worden? War es überhaupt jemals dort gewesen? »Begraben Orcas tatsächlich ihre Toten?«

Am nächsten Tag kehrte Tsitika zurück, dicht gefolgt von C5, einer siebzigjährigen Matriarchin und Altersgenossin von Tsitikas verstorbener Mutter. Die beiden schwammen nicht in den Tribune Channel, sondern glitten statt dessen auf dem Weg vom Fife zum Pemphrase daran vorbei. Heute ist Tsitika eine gesunde vierundfünfzigjährige Matriarchin, die ich noch immer häufig in der Johnstone Strait sehe, aber in die Gewässer des Broughton-Archipels ist sie seit jenem Tag mit C5 nie mehr zurückgekehrt.

Für den Rest des Sommers verhielt Tsitika sich untypischerweise ungesellig und blieb oft hinter anderen Familien zurück. Es war verlockend, ihr Verhalten als tiefe Trauer zu interpretieren, aber es waren bloße Vermutungen. Alles mögliche konnte dieses Verhalten hervorgerufen haben; beispielsweise könnte sie körperlich erkrankt sein.

Tsitika erinnerte mich an die Schimpansenmutter Flo in Jane Goodalls Feldforschungsarbeit. Sowohl Flo als auch Tsitika waren außergewöhnliche Mütter, die Familien gründeten, welche ihrerseits eine zentrale Bedeutung für das Wohlergehen der größeren Gemeinde um sie herum erlangten. Goodall hatte die Größe und das Ansehen der Familie Flos liebevoller und dauernder Bemutterung zugeschrieben. Ich hatte das Gefühl, daß für Tsitika dasselbe galt. Andere Wal-Kühe hatten viel mehr Kälber verloren, aber in Tsitikas Familie erreichten fünf Jungwale das Erwachsenenalter, eine Familiengröße, die in der nördlichen Gemeinde kaum übertroffen wurde. Niemand aus dieser Gruppe war gefangengenommen worden, so daß ihre Familie zu den seltenen intakten gehörte. Wenn ich Tsitika beobachte, habe ich das Gefühl, gleichzeitig vollkommene Familienbande und die beträchtlichen Auswirkungen von Verlust mitzuerleben.

Nach Robins Tod war ich nicht besonders erpicht darauf, in die Johnstone Strait zurückzukehren, um mit Walen zu arbeiten, aber es gab noch einen anderen Grund, warum ich diesen Ort mied, auch wenn dies oft bedeutete, Tage ohne Wale zu verbringen. Ich stellte fest, daß ich immer weniger Lust hatte, dem Lärm-Sperrfeuer, das in diesem Gewässerabschnitt herrschte, das Geräusch meines Außenbordmotors hinzuzufügen. Die Walbeobachtung, die 1980 mit einem einzigen Boot von Jim Borrowman und Bill MacKay begann, hatte sich bis zum Beginn der 1990er Jahre zu einer Industrie mit Dutzenden von Schiffen aller Größen und Formen entwickelt. Zehn örtliche Boote fuhren die Leute von Juli bis Ende September täglich raus, um Wale zu sehen. Für die einheimische Wirtschaft war das gut, und in den Köpfen vieler in der Holzverarbeitung Beschäftigter und ihrer Familien trug es dazu bei, den Walen eine Existenzberechtigung zu verschaffen. Dann kamen die leistungsstarken, mit Zwillingsmotoren ausgerüsteten Zodiacs, die sich mit heulenden Außenbordern von Campbell River aus auf den strapaziösen Trip Richtung Norden über eine oftmals rauhe Meerenge machten, und viele Boote, darunter auch meine alte *Blue Fjord,* fingen an, die Johnstone Strait und die Wale zum Höhepunkt mehrtägiger Ausflüge zu machen.

Paul Spong und Helena Symonds reagierten auf die wachsende Belastung, der die Wale ausgesetzt waren, indem sie ihr Boot vom Wasser nahmen und landgestützte Walbeobachtungscamps einrichteten. Heute kommen Freiwillige aus der ganzen Welt, um in diesen strategisch gelegenen Außenposten zu hocken und das OrcaLab von Paul und Helena mit Informationen zu versorgen. Bill MacKay und Jim Borrowman erkannten, daß sie Teil von etwas waren, das zu einem Problem für die Wale werden konnte, wußten sie doch, daß Wale, um zu fressen und miteinander in Kontakt zu treten, darauf angewiesen sind, sich gegenseitig zu hören. Diese beiden Männer übernahmen Verantwortung für die Walbeobachtungsbranche. In enger Zusammenarbeit mit Mike Bigg und später mit Graeme Ellis und anderen entwarfen sie einen Verhaltenskodex und machten klar, daß man, wenn man sich nicht an diese Richtlinien hielt, zweifellos einen zweitklassigen Betrieb führte. Sie hatten damit größtenteils Erfolg.

Die Regeln sind einfach: Nicht auf die Wale losgehen, sich ihnen mit dem Boot nicht in den Weg stellen, keine Bocksprünge mit ihnen machen, hundert Meter Distanz halten, mit niedriger Geschwindigkeit fahren und den Motor folglich weiter drosseln, wenn man in der Nähe von Walen ist, und nicht auf Wale zuhalten, die eine Ruheformation gebildet haben. Bills und Jims Beispiel folgend, schafften die meisten Betreiber sich Hydrophone an; auf diese Weise machten sie ihre Gäste sowohl mit dem Wunder sprechender Wale als auch dem schrecklichen Lärm, den wir Menschen mit unseren Booten veranstalten, bekannt. Kein Automobilhersteller würde auf die Idee kommen, einen Pkw oder Lastwagen zu konstruieren, der soviel Lärm machte wie Bootsmotoren unter Wasser. Ein solches Fahrzeug würde überall Fahrverbot erhalten. Doch das kreischende Geplärr von Bootsmotoren bleibt unterhalb der Wasserlinie, außer Hörweite des Menschen, und so wurden »leise« Motoren niemals auch nur in Erwägung gezogen.

Während Bill und Jim mit gutem Beispiel vorangehen, sehen Paul und Helena mit Hilfe ihrer Freiwilligen alles. Jedes Boot, das Wale bedrängt, kann sich auf einen Funkruf von ihnen gefaßt machen. »Das weiße Fünfeinhalb-Meter-Boot mit dem blauen Verdeck neben den Walen in Izumi Rock, bitte kommen Sie zurück zur *Shachi*«, sagt Helena dann mit ihrer sanften Stimme. Ich bewundere ihre Beherrschung. Sie steht auf dem Standpunkt, daß jeder freundlich zu den Walen sein *möchte*, aber vielleicht nicht weiß, wie. Zusätzlich zu den Walbeobachtungsbooten gibt es Hunderte von Leuten mit eigenen kleinen Booten, die einfach nur ein paar schöne Minuten mit

Walen auf Video haben möchten, bevor sie sich wieder dem Angeln zuwenden. Ich bin mir sicher, daß viele sich umschauen und denken: »Wo ist diese Frau, und woher weiß sie, wie nahe ich den Walen bin?« Die meisten kann sie überzeugen, und sie danken es ihr am Schluß.

An den wenigen Tagen, an denen ich tatsächlich inmitten der Flotte arbeitete, habe ich einige schöne Begegnungen erlebt, bei denen Boote mit abgestellten Motoren leise zwischen herumtollenden Walen dahintrieben. Ich bin aber auch Zeuge von äußerst ärgerlichen Szenen gewesen, wo eine einzige Pod unablässig gejagt und im blauen Dunst krebserregender Auspuffabgase aus Außenbordern gegen die Küste gedrängt wurde. Die Einstellung: »Ich bin ja bloß ein paar Minuten bei den Walen, also mache ich, was ich will« kann tödlich für Wale sein, weil sie tagein, tagaus eine Flotille nach der anderen anlocken und bei der Nahrungsaufnahme gestört werden. Wenn sie ihre Blubberschicht nicht aufbauen, bleiben sie den Winter über nicht warm. Ein guter Freund und Kollege, Rob Williams, hat nachgewiesen, daß ein herannahendes Boot Wale selbst auf hundert Meter Entfernung veranlaßt, schneller zu schwimmen und auszuweichen. Tatsächlich, so beschrieb er in einem wissenschaftlichen Aufsatz, »erinnern manche Routen von Schwertwalen und Versuchsboot (das in 100 m Entfernung folgt) an Fotografien mit langen Belichtungszeiten von Nachtfaltern, die Fledermäusen ausweichen«. Unser Bedürfnis, das am höchsten entwickelte Raubtier des Ozeans zu sehen, hat zu einer Raubtier-Beute-Beziehung geführt, die es für diese Spezies vorher nicht gab.

Weil Zurückhaltung ein Verhalten ist, das wir Menschen – als Gruppe – freiwillig nicht an den Tag legen, werden in Kanada gegenwärtig Walbeobachtungsgesetze mit harten Strafen ausgearbeitet, ähnlich jenen, die es in den Vereinigten Staaten gibt. Einen Wal zu »bedrängen« ist bereits illegal, aber der Ausdruck ist so vage, daß Einzelpersonen und ganze Industrien genau damit bis zu dem Punkt ungestraft davongekommen sind, an dem sie Schwertwale aus weiten Gebieten vertrieben hatten.

Es ist wichtig, sich klarzumachen, daß selbst »Zuschauen« allzuoft gerade für das Geschöpf, das zu sehen wir gekommen sind, eine unwiderrufliche Veränderung bewirken kann. Manchmal ist es die schiere Masse unserer Anwesenheit; manchmal machen unsere Beobachtungen Jäger auf eine Spezies aufmerksam oder machen die Geschöpfe zu politischen Schachfiguren oder zu Zielen für Gewaltakte. Manchmal lockt eine seltene Sichtung scharenweise Menschen an und führt dazu, daß die Umwelt unseres begehrten Wilds zerstört wird. An schlechten Tagen denke ich, daß die Walbeobachtung den Walen schadet, aber dann erfahre ich, wie tief bewegt sehr viele Besucher auf den Anblick von Walen in freier Wildbahn reagieren. Die kommerziellen Skipper erzählen mir von Menschen, die weinten, von sterbenden Kindern, die lächelten, und von Leuten, die Jahr für Jahr kämen, bis sie Enkelkinder mitbrächten. Ich habe mich umgedreht, um vierzig strahlende Gesichter an Deck eines Schiffes zu sehen, das über mir aufragte, und aller Blicke waren auf den schwächer werdenden Abdruck der Fluke eines wilden Wals gerichtet. Bei fünfundzwanzig Prozent der in Gefangenschaft gestorbenen Wale stellte sich heraus, daß Kugeln tief in ihrem Körper steckengeblieben waren, ein anschaulicher Beleg dafür, auf wie viele wilde Wale früher einfach geschossen wurde! Wie ich weiß, besteht heute die größte Hoffnung für jede Spezies auf Erden darin, daß irgendeine Gruppe von Menschen sie liebt. Aber es ist ein schmaler Grat zwischen dem Bemühen, eine Spezies zu schützen, und der Gefahr, sie wirklich im wahrsten Sinne des Wortes zu Tode zu belästigen.

Jedes Jahr im September richten Paul Spong und Helena Symonds im OrcaLab eine Zusammenkunft von Orca-Forschern aus. Drei Tage lang machen wir uns in Pauls und Helenas erstaunlichem Heim breit, erzählen Geschichten über das, was wir im letzten Sommer gesehen haben, und diskutieren über die Notwendigkeit von Beschränkungen der Walbeobachtung, der Gefangennahme von Orcas und unserer eigenen Forschungsmethoden.

Nachdem Paul in den 1970er Jahren den Kampf von Greenpeace für Wale geleitet hatte, wandte er seine Aufmerksamkeit in den 1990er Jahren der Freilassung gefangener Wale zu. Im Jahr 1990 starteten Paul und Helena eine internationale Kampagne für die Rückgabe Corkys an ihre Familie in der A5-Pod. Natürlich weigert SeaWorld sich, Spongs Forderung nachzukommen. Corky blieb in ihrem Betonbecken eingeschlossen. Nach Orkys Tod hatte sie keinen Eisprung mehr und erhielt so nie die Gelegenheit, ein Kalb aufzuziehen. Sie kam dem am nächsten, als ein isländisches Orca-Weibchen sie angriff und sich dabei einen tödlichen Kieferbruch zuzog. Corky »adoptierte« das Kalb des isländischen Wals, und ein paar Monate lang genoß sie es, diese kleine Waise zu bemuttern, bis auch er ihr weggenommen wurde.

Bei einem der jährlichen Treffen im OrcaLab gab ich eine Übersicht über das, was ich in den Meerengen gesehen hatte. Ich erwähnte, daß ich mit Ausnahme der Cramer Passage, der schmalen Wasserstraße direkt vor meinem Haus, in jeder wichtigen Wasserstraße des Archipels Wale beobachtet hätte.

Obwohl in British Columbia seit 1976 keine Wal-Gefangennahme mehr genehmigt worden ist, heißt das nicht, die Ozeanarien hätten aufgehört, Anträge zu stellen. Im Jahr 1983 stellte SeaWorld den ungeheuerlichen Vorschlag in den Raum, nicht weniger als einhundert Orcas aus den Gewässern Alaskas gefangenzunehmen. Der Meerespark schlug vor, die Wale drei Monate lang dazubehalten; in dieser Zeit sollten Blutproben entnommen, Leberbiopsien durchgeführt und jedem Wal ein Zahn gezogen werden. Weiterhin wurde vorgeschlagen, bei den Walen eine Gefriermarkierung vorzunehmen, womit man die Fortschritte bei der Identifizierung, die Mike Bigg und seine Kollegen im voraufgegangenen Jahrzehnt gemacht hatten, völlig ignorierte. (Die US-Regierung lehnte letztendlich den SeaWorld-Antrag ab.)

Angesichts der Tatsache, daß die Nachricht von der SeaWorld-Suche nach neuen Möglichkeiten, sich lebende Orcas zu verschaffen, die Runde machte, diskutierten einige der Forscher im OrcaLab in jenem Jahr zum ersten Mal darüber, welche Wege die Meeresparks übriggelassen hätten. Ein Forscher fragte, ob denkbar sei, daß die Gefangennahme einer ganzen Familie für die Wale weniger traumatisch sei als die Ergreifung ein einzelnes Mitglieds. Sollte sich herausstellen, daß dies der Fall sei, argumentierte er, warum nicht eine alles andere als intakte Familie wie die A4-Pod in Betracht ziehen?

Das brachte mein Blut zum Kochen.

»Wie können Sie Kelsy und Yakat opfern, nach allem, was die beiden durchgemacht haben?« sagte ich. »Ihr Onkel ist gestorben. Ihre Mutter wurde erschossen. Kelsy hat drei ihrer Jungen verloren. Sie haben das Recht, in Ruhe gelassen zu werden!«

Paul Spong schaltete sich ein, um mich zu beruhigen. »Alex, Alex, Alex«, sagte er. »Das ist doch bloß hypothetisch.«

Hätte ich nicht Jahre damit zugebracht, den Überlebenskampf der A4-Familie zu beobachten, wäre meine Reaktion vielleicht etwas ruhiger ausgefallen. Als ich zum ersten Mal in den Archipel gekommen war, war die Familie von einer alten Matriarchin angeführt worden, die nur als A10 bekannt war. Im Jahr 1983 wurden A10 und ihr jüngstes Kalb von einem Bootsfahrer erschossen. Dave »Adlerauge« Briggs, der in Kalifornien sitzende Forscher, der jeden Sommer auf einem Kliff gegenüber Robson Bight thront, hörte die Schüsse. Dave hielt ein Walbeobachtungsboot an, und gemeinsam suchte man nach den Walen. Als das Boot sich näherte, wendeten die Wale und kamen direkt auf sie zu. Die Passagiere sahen in ehrfürchtigem Entsetzen zu.

»A10 schubste ihr verwundetes Kalb zu meiner Seite des Bootes«, erzählte Dave mir später. »Wir konnten sehen, wie Blut aus der Wunde sickerte. Es sah wirklich so aus, als zeigte sie uns: Seht her, was ihr Menschen uns angetan habt.« Dave schickte der Polizei einen Bericht, aber der Typ kam davon. Keine Bilder, kein Beweis.

A10 und ihr Kalb starben beide in jenem Winter. Die beiden

Schwestern, Yakat und Kelsy, übernahmen die Rolle der Clan-Matriarchinnen, obwohl sie noch in den Dreißigern waren, bei Orcas ein junges Alter für Familienoberhäupter.

Im Laufe der Jahre sah ich die beiden Schwestern und ihren Nachwuchs viele Male im Archipel. Oft tauchten die Schwestern mehrere hundert Meter voneinander entfernt auf, umgeben von ihren herumtollenden Jungtieren. Es war die einzige Familie, die häufig »Pinks« (Buckellachse) fischte, die kleinste, kurzlebigste Lachsart hier oben. Weil ihre kurze Lebensspanne die Ansammlung umherirrender Toxine auf ein Minimum beschränkt, gehören Buckellachse zu den gesündesten tierischen Proteinen, die auf der Welt zu bekommen sind. Sie wandern in großen, dichten Schwärmen, und Yakat und Kelsy erwiesen sich als ausgezeichnete Treiberinnen. Ich beobachtete die beiden Schwestern oft, wie sie die Lachse direkt unter meinen Bootsrumpf und schnurstracks vor die nackten Felswände der Meeresarme des Archipels trieben. Ihre Kinder und Enkelkinder trafen nach ihnen ein, strichen langsam am Fuße der Kliffs herum und holten sich die Fische, die eingeschlossen worden waren oder durch den Aufprall auf die Felsen das Bewußtsein verloren hatten.

Kelsy ließ ihre Kälber mehr umherstreifen als jede andere Orca-Mutter, die ich gesehen hatte, und ich vermutete, daß die lockeren Zügel, an denen sie sie hielt, möglicherweise zum Verlust ihres Nachwuchses beitrugen. Sie hat jetzt sieben Kälber zur Welt gebracht, und nur drei haben überlebt.

Langsam begann ich diese Familie, die so viele Verluste erlitten hatte, zu lieben. Ich weiß, daß ich keine menschlichen Werte auf sie projizieren sollte, aber ich konnte mich zärtlicher Gefühle gegenüber einer Familie nicht erwehren, die so viele enge Gefährten verloren hatte.

Oft beneide ich Biologen, die Landtiere erforschen. Sie haben so viel, womit sie arbeiten können. Sie können ihre Objekte sogar bei Tag und (manchmal) Nacht sehen, ihren Bewegungen mittels Fährten auf der Erde oder im Schnee folgen, ihren

Kot prüfen, um festzustellen, was sie gefressen haben, und die Kadaver von Angreifern wie Beute untersuchen. Wale hinterlassen nichts als den Dreißig-Sekunden-Abdruck ihrer Fluke auf dem Wasser. Wenn Wale sterben, verschwinden sie meistens.

Der Leichenfund eines einzigen Schwertwals kann für das gesamte Gebiet der Orca-Forschung einen gewaltigen Sprung nach vorn bedeuten. Von den 167 Schwertwalen, die in den neunundzwanzig Jahren seit Beginn der Erhebungen von Bigg und Ellis gestorben sind, wurden nur elf tot geborgen, so daß mich, als ich im November 1990 einen Anruf von Bob Field erhielt, einem Künstler, der auf Malcolm Island lebt, seine Nachricht gleichermaßen mit Schrecken und Erregung erfüllte.

»Alex, ich habe gestern direkt oberhalb von Donegal Head einen Wal gefunden«, sagte er. »Wahrscheinlich möchtest du rüberkommen und ihn dir ansehen.«

»Ist es ein Schwertwal?«

»Ja.«

»Hat er irgendwelche Narben, anhand derer ich ihn identifizieren kann?« fragte ich.

Er beschrieb tiefe, muldenförmige Male auf dem Rücken. Das Herz wurde mir schwer. Es klang ganz nach Eve.

Auch Jim Borrowman bekam einen Anruf wegen des Wals, und er mobilisierte in aller Eile ein Autopsie-Team: Ann Pabst von der University of British Columbia, Pam Stacey von einer Walforschungsgruppe am südlichen Ende von Vancouver Island sowie Graeme Ellis und seine Frau, Jane Watson. Sie waren einverstanden, mich am nächsten Morgen in Port McNeill abzuholen, die Fähre nach Malcolm Island zu nehmen und nach Donegal Head zu fahren, dem abgelegenen Strand an der fernen östlichen Spitze der Insel. Jim sagte, er würde die anderen in seinem neuen Walbeobachtungsboot, der *Lukwa,* mitnehmen, und uns dort am Strand treffen – um den Kadaver zurück nach Telegraph Cove zu ziehen.

Es war bereits ein schwerer Herbst gewesen, Mike Bigg, der seit einer Reihe von Jahren gegen Leukämie angekämpft hatte, erlag der Krankheit schließlich im Oktober. Ich war erschüttert über den Verlust meines Schwertwal-Mentors. Als wir den Anruf wegen Eve erhielten, hatten fast alle in der Wal-Gemeinschaft denselben Gedanken: zu schade, daß Mike jetzt nicht dabeisein kann.

An jenem Abend sprach ich mit Helena Symonds, die unwissentlich die Nachwirkungen von Eves Tod beobachtet und aufgezeichnet hatte. Ein paar Tage, bevor Bob Field Eves Kadaver entdeckte, hatte Helena gesehen, wie die Söhne der Matriarchin, Top Notch und Foster, unter unablässigem Rufen Hanson Island umrundeten. Zum ersten Mal seit dreiunddreißig Jahren hörte Top Notch keine Antwort von seiner Mutter. Zum ersten Mal in seinem Leben hörte er nicht mehr den gähnenden Seufzer des Atems seiner Mutter neben sich, während er die Wellen teilte.

Der Wind blies heftig aus Südosten. Die Meteorologen hatten die höchste Flut des Jahrhunderts vorhergesagt. Zusammen mit zwei ehrgeizigen Filmemachern von der University of Florida, den Zwilligen John und Joe Dee, sowie Ann Pabst zwängten Jarret und ich uns in Port McNeill in meinen International Harvester.* Über überflutete Straßen suchten wir vorsichtig unseren Weg nach Donegal Head.

Als wir Eve fanden, lag sie mitten zwischen dem Treibholz auf dem Strand. Jemand hatte versucht, ihre Zähne herauszuschneiden, aber für das kleine Messer, das benutzt worden war, waren sie zu fest verankert gewesen. Vögel hatten mit ihren Schnäbeln überall auf ihren weißen Flecken ein gekritzeltes Muster hinterlassen, die schwarzen Bereiche hingegen ausgespart. Ich spürte, wie mich ein Gefühl der Ehrfurcht überkam, als wir näher herangingen. Vor mir lag vollkommen entblößt und ungeschützt ein wilder Orca, mit dessen Beobachtung ich Jahre zugebracht hatte. Ich hatte Eve fressen, schlafen, spielen und ihre ausgedehnte Familie begrüßen sehen. Sie hatte die letzten Augenblicke im Leben meines Man-

* Klassischer amerikanischer Pick-up.

nes erlebt. Und dennoch hatte ich sie nie vollständig und so verletzlich wie hier gesehen. Sie hatte viel miterlebt – viele Veränderungen in der Einstellung meiner eigenen Art der ihren gegenüber. Als sie ein junger Wal gewesen war, hatten Menschen ihresgleichen sofort erschossen. Jetzt folgten wir den Orcas auf ihren Reisen, und an die Stelle unserer Feindseligkeit war eine anmaßende Neugier getreten. Ich fragte mich, welche Einstellung Eve lieber gewesen war.

So gut wir konnten, nahmen wir Messungen in dem peitschenden Hagel vor und machten Fotos. Als Jim Borrowman eintraf, blies es mit mindestens fünfzig Knoten. Die *Lukwa* ist wie ein riesiges Rennboot gebaut, bei dem der größte Teil des Rumpfes sich über dem Wasser befindet. Der Wind schleuderte das Boot zur Seite und trieb es gefährlich nahe an die gewaltigen Brecher heran, die auf den Strand schlugen. Wir hatten vor, ein Polyesterseil an der Schwanzwurzel des Wals, direkt vor der Fluke, zu befestigen, so daß Jim ihn vom Strand runter und rüber nach Telegraph Cove schleppen konnte, wo wir die Autopsie vornehmen und das Skelett konservieren wollten. Wir schätzten, daß es leichter wäre, den kompletten Kadaver über See zu transportieren, als ihn zu zerlegen und Stück für Stück durchs Unterholz zu befördern.

Aber es gelang Jim nicht, die *Lukwa* durch die Brandung zu bekommen, um das Seil werfen zu können. Also zog Jane Watson, eine hochgewachsene, sportliche junge Seeotter-Forscherin, ihren Taucheranzug an, nahm das Seil zwischen die Zähne und schwamm damit an Land.

Ich band das Seil rasch um den Wal, wobei ich die Technik anwandte, die Billy Proctor mir beigebracht hatte, um Baumstämme vom Strand zu schleifen. Ich betete, daß der Knoten hielt. »Fertig?« rief Jane. Das andere Ende des Seils wieder zwischen die Zähne nehmend, schwamm sie raus zu der stampfenden *Lukwa.* Graeme sicherte das Seil und zog Jane aus dem Wasser. Jim brachte das Boot in Fahrt. Langsam glitt der Kadaver der Matriarchin über den Steinstrand und verschwand in den schäumenden Brechern.

Die Fähre von Sointula lief auf ihrem Weg nach Port McNeill gegen einen Baumstamm, und der Strom fiel aus. Wir rollten in dem Sturm, bis die Ingenieure des Schiffes das große Boot wieder manövrierfähig gemacht hatten. Im gesamten Norden von Vancouver Island fiel der Strom aus, und die Straßen waren stark überflutet. Es war, als wären die Götter erzürnt über unser Vergehen. Erschöpft kamen wir in Telegraph Cove an.

»Seht zu, daß ihr den verdammten stinkigen Scheiß-Schwarzwal von der Rampe runterkriegt!«

»Das muß die Stelle sein«, sagte ich. Der betrunkene Einheimische wetterte ein paar Minuten und schob dann ab, um seine Couch zu wärmen.

Der tote Wal bot einen unheimlichen, makabren Anblick. Von einer Straßenlaterne beleuchtet, lag Eve dort auf der Betonrampe, das Maul leicht geöffnet, ohne sich zu bewegen, nach dreiundfünfzig Jahren unablässiger Bewegung.

Am nächsten Tag erkundeten wir ihre Geheimnisse. Es war barbarisch und respektlos, sich diesem wunderbaren Geschöpf mit einem Sortiment scharfer Messer zu nähern. Graeme Ellis' norwegisches Flensmesser (zum Abschälen der Speckschicht von Walen), das aussah wie ein großer Hockeyschläger, erinnerte uns daran, daß in anderen Teilen der Welt Wale nach wie vor regelmäßig mit solchen Instrumenten zerlegt werden.

Ich berührte die sanfte Wölbung ihrer Schnauze, Eves prägnantestes Merkmal. Der hervorragende Bau ihres Körpers offenbarte sich uns. Unter ihrer knapp zwei Zentimeter dicken Haut war Eve von einer etwa fünfzehn Zentimeter dicken Isolierschicht aus weißem Blubber umschlossen. So war sie im Wasser warm geblieben, das einen Menschen binnen Minuten umgebracht hätte. Darunter lag eine kräftige rote Muskelschicht, die von einem Netz aus Blutgefäßen versorgt wurde. Große Rippen spannten sich schützend über ihre weichen inneren Organe.

Mit Eve mußte die Orca-Ernährungsforschung neu geschrieben werden. Wir zogen eine erstaunliche Ansammlung von Meeresgetier aus ihrem Magen. Insgesamt waren es neunundfünfzig einzelne Fische, die dreizehn verschiedenen Arten angehörten. Zusätzlich zu neunzehn einzelnen Lachsen fanden wir fünfzehn Lengdorsche (Lingcod), sieben Arten Seezunge und Flunder sowie Stücke von Kohlenfisch, Büschelbarsch und Großem Skorpionfisch. Der Skorpionfisch hatte seinen Weg in den Wal vielleicht im Bauch des Lengdorsches gefunden, aber wir konnten uns nicht alle Fische so erklären. Wer hätte gedacht, daß diese Lachsfresser so viele am Meeresboden lebende Fische essen? Besonders reizvoll fand ich die Vorstellung, wie die betagte Matriarchin Eve eine flache kleine Seezunge über den Grund der Meerenge verfolgte. Sog sie sie in ihr Maul, oder schnippte sie sie mit ihrem Unterkiefer vom Grund hoch, oder schnappte sie sie einfach auf, wenn sie sich vom Meeresboden wegwagte?

Unterhalb ihres Blaslochs fand ich die Luftsäcke, die wie luftgefüllte Ping-Pong-Schläger funktionierten und Eves volltönende Stimme – sowohl ihre Rufe als auch die starke Echoortung – vorwärts schnellen ließen. Eve hatte die Größe und den Umfang dieser Säcke verändert, um die Schallwellen nach vorn zu lenken, womit sie gleichzeitig ein wirkungsloses Ausströmen nach unten oder hinten verhinderte. Außerdem hatte sie die Luftsäcke benutzt, um ihr Gehirn vor der eigenen großartigen Stimme zu schützen. Von den Luftsäcken war Eves Stimme in die ölgefüllte akustische Linse gelangt, die ihre Schnauze war. Während die Oberfläche ihrer Schnauze sich in einer bedeutungsvollen Wölbung nach außen bog, krümmte ihr Schädel sich tatsächlich nach innen und barg eine aus fetthaltigem Gewebe bestehende Kugel (Melone), die einerseits mit einer spiralförmigen Struktur aus unterschiedlich dichten Lipiden (Fetten) den Schall verstärkte und andererseits bei seiner Übertragung eine reibungslose Impedanzanpassung von der höheren Dichte des Wals an die niedrigere Dichte des Meerwassers vornahm. Eve war ein Wunder der Evolution.

Eves »Finger« waren in ihren paddelartigen Flippern verborgen, kleine, kurze, in vollkommener Ordnung angelegte Knochen. Niemals benutzt, völlig unversehrt. Diese Finger unterstrichen einen der großen Unterschiede zwischen unseren Spezies. Menschen benutzen ihren Körper, um ihre Umwelt zu verändern. Wale verändern ihren Körper, um sich ihrer Umwelt anzupassen.

Der ekelhafte Gestank eines verwesenden Walkadavers ist schwer zu beschreiben; mir ist nie im Leben etwas Derartiges begegnet. Der Blubber erhält auch nach dem Tod weiter die Körperwärme des Wals, wodurch wahrhaft üble Gase entstehen. Die Erfahreneren unter uns hüllten sich von Kopf bis Fuß in Regenzeug samt Gummistiefeln. Ich machte den Fehler, schwere Lederstiefel zu tragen, die den durchdringenden Geruch wie ein Schwamm aufsogen. Die Stiefel konnte ich wegwerfen, aber nicht unsere beiden Hunde, Kelsy und Tiger. Jarret war es gelungen, nichts von dem widerlichen Geruch anzunehmen, aber die beiden Hunde stanken. Während der Autopsie hielten Leute in Gummihandschuhen gelegentlich inne, um die Hunde zu streicheln – *braver Hund* –, so daß ihr Fell am Schluß von Walöl glänzte. Diese Hunde sahen das Innere unseres Hauses wochenlang nicht.

Wir retteten alle Knochen. Sie wurden gereinigt und zum Sidney Museum am südlichen Ende von Vancouver Island gebracht, wo man sie rekonstruierte und öffentlich ausstellte. Obwohl wir nie genau herausfanden, was die große Matriarchin getötet hatte, hatte Eve, indem sie uns ihren Kadaver finden ließ, meine Spezies im Tod ebensosehr aufgeklärt, wie sie es zu Lebzeiten getan hatte.

18 Nachdem sein Vater gestorben war, erzählten die Leute Jarret, er sei jetzt der Mann im Haus. Ich war anderer Meinung.

»Du bist das Kind im Haus«, sagte ich. »Hör nicht auf sie.«

Für ihn war es wichtig, daß er sich sicher fühlte. Er sollte sich weder um Geld noch um Essen oder ein Dach über dem Kopf Sorgen machen. Ich wollte sicherstellen, daß er sich darauf konzentrieren konnte, Kind zu sein, und ließ ihn die Welt entdecken und herausfinden, wo seine Interessen lagen. Ständig hatte ich Angst, daß unser Heimstätterleben ihm die Möglichkeiten der Stadt vorenthielt – Pfadfinder, Musikunterricht, Kino, Partys. Doch als ich ihn aufwachsen sah, wurde mir klar, daß aus einer Kindheit am Rande der heutigen Gesellschaft enorme Vorteile gezogen werden können. Echo Bay war zu abgelegen für den Fernsehempfang, so daß Jarret und seine Freunde nie dem Sperrfeuer der Werbung ausgesetzt waren, das ihren Appetit auf Actionfiguren, Pistolen, Gewehre und zuckerüberzogene Frühstücksflocken geweckt hätte. Sie hatten die Freiheit, kreativ zu sein. Jarret und seine Kumpels schnitzten Schwerter, fertigten Schilde, bauten Forts, gingen auf Expeditionen in die Wälder, und welche Realität auch immer sie sich wünschten, sie erschufen sie aus eigener Fantasie. Als ich sah, wie in Jarret und allen Kindern seiner Umgebung Selbstvertrauen und Kreativität gediehen, konnte ich mit gutem Grund hoffen, daß meine Lebensweise ihm nicht schadete. Es gelang Jarret, eine Kindheit zu haben, aber mit mir ging er immer sehr behutsam um. Er wollte mich nie wieder traurig sehen.

Etwa um diese Zeit fuhr ich per Anhalter mit Billy Proctor rauf zum Wakeman Sound. Ich machte mein Boot hinter dem von Billy fest – das sparte jede Menge Geld für Benzin –, und unsere Wege trennten sich an Steve Vesselys Anlegeplatz. Als Billy aus seinem Boot sprang, murmelte er etwas in meine Richtung.

»Du solltest als Matrose bei mir mitfahren.«

»Was?«

Dann tauchte Steve auf, und es war zu spät, um nachzufragen. Ich bin mir sicher, daß Billy es so geplant hatte. Er wollte, daß ich über das Angebot nachdachte. Ich, ein Matrose?

»Ich hab mit einem Typen gearbeitet, und es hat einfach nicht hingehauen«, sagte Billy mir später. »Also, was meinst du?«

Es steckte mehr dahinter, als daß Billy einen zusätzlichen Helfer brauchte. Billys Vater war ertrunken, als Billy etwa in Jarrets Alter gewesen war, und er kannte die finanziellen Belastungen, vor denen eine alleinstehende Mutter stand.

»Ich hab' zwei Fragen«, sagte ich. »Ist deine Frau einverstanden, und kann Jarret mitkommen?«

»Ja und ja«, gab Billy zurück.

Die kommerzielle Lachssaison begann am 1. Juli, und zwei Tage früher brachen wir in Billys hölzernem Zwölf-Meter-Schleppangel-Boot *Twilight Rock* auf, um Vorräte abzuholen und uns vorzubereiten. Jarret kam einen Tag nach dem Ende seines ersten Schuljahres direkt an Bord. Wir brauchten fünf Stunden bis Port Hardy, wo wir einen Vorrat an Lebensmitteln anlegten und den Frachtraum mit Eis füllten, und weitere sechs Stunden, um die Fischgründe zu erreichen, eine breite, flache Sandbank vor der Nordostküste von Vancouver Island, die als Yankee Bank bekannt ist.

Billy, der jetzt fünfundfünfzig war, lebte seit seinem fünften Lebensjahr vom Fischfang, aber die Westküste von Vancouver Island war ihm ziemlich neu. Er war mit dem Boot immer oben im Archipel herumgefahren, aber als immer weniger Fische in diese Binnengewässer zurückkehrten, war er gezwungen gewesen, auf den offenen Pazifik hinauszufahren.

Billy ist Schleppangler. Statt Netze zu verwenden, rollt er sechs Stahlleinen mit nicht weniger als zwölf Haken an jeder Schnur aus. Wenn Fische anbeißen, schnippt der Angler den Rollenhebel nach vorn und holt die Schnur ein. Billy bringt die Fische von Hand über die Seite ins Boot. Schleppangler werden auch »Drehhälse« genannt, weil sie den Kopf ständig von der Spitze einer Schlepprute zur nächsten drehen. Am Wippen der Ruten konnte Billy genau ablesen, wie viele Fische von welcher Sorte an jedem einzelnen seiner zweiundsiebzig Haken gebissen hatten, wie groß sie waren und wo in dem Spinnennetz der Vorrichtung sie sich befanden.

Ich befestigte Vorfächer, nahm Fische aus und bediente eine Seite der Vorrichtung. Ein Vorfach bestand normalerweise aus einem Wirbel, mehreren Metern Schnur, einem Fünfundzwanzig-Zentimeter-Blinker (ein verchromtes Stück Metall oder Plastik), noch mehr Schnur und dann einem Fünf-Zentimeter-Haken, getarnt durch etwas, das im Handel als »Hoochie« bekannt ist, ein kleiner Tintenfisch aus Plastik. Billy verwendete außerdem »Flasher« oder »Wobbler«, Metallköder, die wackelten, damit sie einem verletzten Hering ähnelten. Entscheidend war die Schnurlänge zwischen jedem Zubehörteil. Die sechs Leinen senden elektrische Impulse aus, die Fische anlocken oder abstoßen können. Billy variierte die Anordnung täglich, manchmal stündlich, je nachdem, wie die Fische bissen – oder nicht bissen.

An unserem ersten Tag draußen bissen die Königslachse wie Sandflöhe. An einem einzigen Tag zogen wir vierundfünfzig Fische an Land, der beste Königslachs-Fang, den Billy je gemacht hatte. Im Gegensatz zu den meisten Skippern hielt er viel davon, seine Helfer/in an Deck jeden Fisch an Land ziehen zu lassen, der an seiner/ihrer Seite des Bootes hereinkam. Wenn ich überlastet wäre, würde er es mit Freuden selbst machen. Aber er wollte gern, daß ich meine eigenen an Land zog.

»Diese großen Smileys«, sagte er jedesmal, »die werden dich auf Touren bringen!«

Billy tötete die Fische, sobald er sie an Bord holte, und ließ sie ausbluten. Ich sah lange Zeit zu, bevor ich mich traute, einen auszunehmen. Man mußte es nur richtig machen: jedes Hängenbleiben der Klinge an den Flossen oder Einschneiden der Rippen würde den Wert des Fisches vernichten. Billy warf stets einen Blick in den Magen, um zu sehen, was sie fraßen, dann stimmte er das Angelgerät darauf ab.

Leider erwischte mich der Koloß so heftig, wie diese Chinooks Billys Schnur erwischten. Der »Koloß« – so nennt man hier oben die Dünung des Ozeans. Wenn die aufgestaute Wellenbewegung des Pazifiks mit den seichten Stellen der Yankee Bank zusammenstößt, türmt sie sich zum Koloß auf. Erfahrenen Fischern macht das nichts aus, aber ich wäre am liebsten gestorben. Als der Auspuff auch noch eine Dieselfahne ausstieß, dachte ich, ich würde ohnmächtig. Am Ende des Tages dichteten Jarret und ich ein Lied zu der Melodie von »Home on the Range«: »Barf, barf on the Yankee Bank...« [»Kotzen, kotzen auf der Yankee Bank«].

»Ich habe einen Riesenfehler gemacht«, dachte ich, während ich mich in meiner Koje in den Schlaf wiegen ließ. »Das halte ich nicht aus.«

Billy zeigte mir, daß ich es aushalten konnte. Er schulte mich in der hohen Kunst, Fische an Bord zu holen. Wenn er sah, daß ein Fisch am Haken wirklich an der Schnur zerrte, ließ er ihn ein paar Minuten dran, bis er völlig erschöpft war. »Laß ihn ein bißchen länger einweichen«, sagte er mir immer. Anschließend holte er das Vorfach mit der Hand herein, lehnte sich über das Heck, schlug den Lachs mit einem schnellen, präzisen Knüppelhieb tot, stieß ihm einen Landungshaken durch den Kopf und hievte den Dreißigpfünder mit einer einzigen schwungvollen Bewegung an Bord. Es war eine knifflige und finanziell riskante Arbeit. Man konnte den Fisch aus Versehen vom Haken knüppeln und damit den Fisch ebenso beseitigen wie den eigenen Anteil an den hundertzwanzig Dollar, die er eingebracht hätte.

Die eine Arbeit, die Billy niemals jemand anderen machen ließ, war das Verpacken des Fischs. Er bedeckte sie höchstpersönlich im Frachtraum mit Eis. Von dem Moment an, wo wir den ersten Fisch fingen, bis zu dem Zeitpunkt, wo wir alle am Anlegeplatz des Großhändlers in Port Hardy haben mußten, blieben uns zehn Tage. Der frühe Fang mußte in Eis gepackt und genau im richtigen Winkel angeordnet werden, damit das Eis, während es schmolz, die Bauchhöhle des Fischs auswusch. Wenn man einen Fisch falsch hinlegte, wurde er möglicherweise über eine Woche lang in seinen eigenen Säften mariniert. Solche Kleinigkeiten spielten eine Rolle: Schleppangler waren bekannt dafür, daß sie schöne Fische hereinbrachten, und keine sahen besser aus als die von Billy. Ein mit dem Netz gefangener Lachs kann beim Herumzappeln in den Maschen oder an Deck seine Schuppen beschädigen oder sich selbst Quetschungen zufügen. Billys von Hand gefangene und von Hand verpackte Fische erzielten Spitzenpreise beim Großhändler, und die Königslachse landeten am Ende in den feinsten Restaurants von New York. Ich mochte Billys Arbeitsweise nicht bloß ihres finanziellen Wertes wegen. Er richtete jeden Fisch so her, daß er seine maximale Qualität behielt. Kein Fisch, der an Bord seines Schiffes kam, wurde vergeudet.

Zehn Tage nach unserer Ausfahrt machten wir bei Seafood Packing in Port Hardy fest, den alten Frachtraum voll mit Chinooks. Nachdem wir den Fisch ausgeladen hatten, ging Billy hinein, um einen Preis auszuhandeln. Eine Stunde später kam er heraus und überreichte mir einen Scheck über fast zweitausend Dollar.

»Na, was hältst du davon?« sagte er. »Du hast es verdient.«

Obwohl Billy mich niemals bloßstellte, wenn ich einen Fehler machte, überschüttete er mich auch niemals mit Lob. Wenn er gesagt hatte, ich hätte es verdient, dann war es so. Ich kam zu dem Schluß, daß das Geld die Übelkeit wert war.

Mit Billy Proctor zu fischen war, als unternähme man eine Fahrt mitten hinein in die Seele der Küste British Columbias. Ich spürte, daß ich eine Grenze überschritt. Ich war keine Außenseiterin mehr. Wie so vieles an dieser Küste wurde auch mein Leben mit dem pazifischen Lachs verflochten. Die Gewässer, in denen wir fischten, wimmelten von Leben, und das meiste davon fraß Lachse oder wurde von ihnen gefressen. Das Überleben jeder Siedlung, in die wir uns wagten – Coal Harbour, Quatsino, Kyuquot, Winter Harbour –, hing vom Fisch ab. Und das galt auch für die Adler, Bären, Wölfe, Nerze, Eisvögel, Seelöwen, Schwertwale, Douglastannen, Sitkafichten und Zedern. Je vertrauter mir die Lachse wurden, desto dankbarer wurde ich. Welch ein Geschenk. Die Fische verlassen ihre Ursprungsgewässer, drehen ein paar Runden durch den Nordpazifischen Strom und führen anschließend eine reiche Ausbeute an lebenspendenden Nährstoffen zur Küste zurück. Da es auf Billys Boot weder Dusche noch Bad gab, hatte ich gewöhnlich am Ende die Haare voller Lachsschuppen. Wir aßen Fisch zum Mittag- und zum Abendessen. Da das Boot mit ihrem Geruch imprägniert war, atmeten wir Fische. Die Lachse, der Lebensnerv der Küste, fanden auch einen Weg in unser Blut.

Als Meisterangler kannte Billy das Wasser und seine Eigenheiten wie seine Westentasche. Ständig prüfte er die – zu blau, schlechte Querströmung, genau der richtige Braunschimmer. Er konnte einen Lachs hochziehen und allein an der Färbung des Rückens oder dem Schnitt der Schnauze den Heimatfluß des Fisches nennen. Wir fischten in einem losen Verbund mit anderen Schleppanglern, die über Funk einen unentwegten Strom von Geschwätz aufrechthielten. Man konnte die anderen Boote nicht immer sehen, aber man wußte, wo sie dort draußen, unmittelbar hinter dem Horizont, waren. Ich wußte, wenn meinem Skipper etwas zustieße, wären diese Burschen zur Stelle. Billy paßte auf, wohin die »Highliner« (Boote, die ständig die größten Fänge anlandeten) fuhren, und kriegte heraus, ob die Funkmeldungen über andere Fänge seriös waren.

»Du mußt genauso auf das achten, was sie sagen, wie auf das, was sie nicht sagen«, sagte Billy.

Jeder erfolgreiche Skipper prahlte für sein Leben gern,

konnte es sich aber nicht leisten, die ganze Flotte an seine heiße Stelle zu locken. Also war das einzige, das man bereitwillig mitteilte, das Menü fürs Abendessen.

Das dramatischste Schauspiel der Saison boten jedesmal die Rotlachse. Wie eine Springflut bewegten sie sich die Küste hinunter. Wir warteten tagelang darauf, daß sie anbissen, und dann plötzlich – zack! – bissen die Socks, und wir zogen sie ins Boot, einen nach dem anderen, zwölf Stunden hintereinander. Boote des staatlichen Fischereiministeriums verfolgten, wie viele Rotlachse aus den einzelnen Flüssen zurückkehrten, so daß die kommerziellen Fischer per Funk laufend Meldungen über den Stand der Wanderungen erhielten.

Billy hielt ständig die Temperaturanzeige im Auge. Strömte an der Westküste warmes Wasser herein, würden die Rotlachse die Ostseite von Vancouver Island hinunter ausweichen. Wenn es kühl bliebe, würden sie zur Westseite umschwenken.

Als der August herannahte, ging Billys inneres Rotlachs-Radar an. »Man muß zur richtigen Zeit am richtigen Ort sein, sonst verpaßt man die Socks«, erklärte er.

Außerdem mußte man sicherstellen, daß der eigene Frachtraum leer war, damit man keine wertvolle Angelzeit mit Abliefern verlor, wenn die zehn Tage vorbei waren. Billy vertrieb sich die Zeit mit Gesprächen am Funkgerät. Ich schlief während der flauen Zeiten. Die Tage waren lang. Um 4 Uhr 30 raus, um 23 Uhr 30 ins Bett. Jarret befestigte Angelschnur an seinen Pfeilen und erprobte seine Treffsicherheit an der Takelung. An einem Nachmittag langweilten Jarret und ich uns so sehr, daß wir einen Wettbewerb veranstalteten, wer mit einem geschlossenen Auge die meisten verfaulten Weintrauben aus dem Fenster werfen konnte.

Bill Ford, Matrose auf einem Schleppangler in der Nähe, rief uns zum Zeitvertreib ein paar Neuigkeiten herüber. »Hey, Alex«, sagte er, »ich hab grad mal ein bißchen überschlagen. Nach dem, was wir bis jetzt gefangen haben, arbeiten wir für vier Cents die Stunde.«

In Augenblicken wie diesen versuchte ich, zu lächeln und die Aussicht zu genießen.

Wenn die Rotlachse bissen, dann mit voller Wucht. Billy bewegte sich wie ein Schatten. Rollhebel nach vorn knallen, Vorfach aushaken, den Fisch mit Schwung durch die Luft direkt in den Frischfisch-Frachtraum befördern, dann weiter zum nächsten Vorfach. Obschon es mir gelang, diese großen Königslachse an den Landungshaken zu bekommen, kriegte ich den richtigen Dreh bei diesen sich windenden, nur acht bis neun Pfund schweren Sockeyes nie hin, und meine Ausbildung hätte zuviel verlorenen Fisch gekostet. Also nahm ich die Fische aus, während Billy zog.

Um Rotlachse zu fischen, muß man die Illusion eines Schwarms erzeugen. Wir präparierten unsere Haken mit einem dichten Sammelsurium an »rotem Zubehör« – zweiundsiebzig Flasher und winzige rote Hoochies. Wir hofften, daß das Ganze wie ein Rotlachs-Schwarm aussah, der durch einen Haufen Garnelen schwamm, ihre Lieblingsnahrung. (Deshalb ist das Fleisch eines Sockeye so tiefrosa.) Wenn man einen Rotlachs-Schwarm dazu brachte, dem nachgemachten Schwarm zu folgen, kam *jeder* Haken beladen nach oben. Selbst frei schwimmende Fische folgten ihren am Haken zappelnden Schwarmgenossen an die Oberfläche. Albatrosse, schwarze Sturmtaucher und Möwen folgten dem Boot in großen, kreischenden Wolken und verschlangen die Innereien, sobald ich sie über Bord warf. Jarret prüfte jeden ausgenommenen Fisch auf irgendwelche übriggebliebenen Fetzen – »Hast eine Stelle vergessen, Mom!« – und brachte die Sache zu Ende. Hin und wieder schob er mir ein Plätzchen in den Mund, damit ich nicht schlappmachte. Wir konnten keine Pause machen, um zu essen, solange die Fische da waren, weil der Rotlachs-Strom jeden Augenblick völlig versiegen konnte.

Inmitten dieser hektischen Fließbandarbeit hob ich den Kopf, um einen Krampf im Nacken zu lockern, als zwei Rükkenfinnen am Horizont meine Aufmerksamkeit erregten.

Es war, als würde ich in eine andere Welt eintauchen: Plötzlich gab es nichts außer diesen beiden Finnen. Wer waren sie? Wohin waren sie unterwegs?

Ich sah zu Billy hinüber und hatte Angst, irgend etwas zu sagen. Er schaute mich an, dann die Wale, lachte und sagte: »Na, in Gottes Namen, dann mach schon, los.«

Ich sprang aus dem Cockpit und watete durch die Decksladung Lachse, um Fernglas und Kamera zu holen. Meine Ausrüstung umklammernd, stieg ich über die Fischberge und auf den Deckel der Ladeluke, die etwa einen Meter höher war als das Deck. Die Wale waren so weit weg, daß ich, um sie zu sehen, abwarten mußte, bis das Boot genau den Kamm der Dünung erreicht hatte. Schließlich zeichnete sich eine Rückenfinne scharf ab. Ich lachte. Es war Top Notch, der draußen mit seinem Bruder Foster und Lickas Familie Sockeyes fischte.

Ich nahm mir vor, nicht mehr davon auszugehen, die Wale seien »zu Hause«, wenn sie im Archipel waren. Hier fischten sie Hunderte von Meilen entfernt von der Echo Bay. Zu Hause war für einen Orca offensichtlich ein sehr weit gefaßter Begriff.

Während ich die Wale kritisch musterte, beschlich mich ein Gefühl der Angst. Fischer erschossen Wale, war es nicht so? Sie sprachen über Funk darüber. Ich schwenkte mein Glas auf die Flotte. Oje. Ich sah, daß Skipper und Matrosen auf ihren eigenen Kabinendächern und Lukendeckeln thronten und die Wale beobachteten. Zwanzig Tage nach Saisonbeginn war dies der erste Tag, an dem alle Geld verdienten. Die Sockeyes waren wie Zwanzigdollarnoten, die an Bord flogen. Wer wollte diesen Lohn schon mit den Walen teilen?

»Ich muß etwas tun«, dachte ich. »Ich kann nicht zulassen, daß diese Wale abgeschossen werden.« Doch bevor ich nach dem Funkgerät langte, warf ich einen genaueren Blick durchs Fernglas. Wenn ich ein paar Bootsnamen entziffern könnte, wäre mein Funkspruch konkreter. In diesem Moment erkannte ich, daß die Besatzungen auf den anderen Booten Ferngläser und Kameras, keine Gewehre, in Händen hielten. Ich verspürte eine Woge der Dankbarkeit. Sie *waren* gewillt, die

Sockeyes mit den Walen zu teilen. Nicht ein einziger Schuß ertönte. Ich dankte Billy im stillen und machte mich wieder ans Ausnehmen der Fische.

Mein Respekt vor den Lachsen wuchs mit jedem Fisch, den ich über die Bordwand zog. Im Laufe ihrer lebenslangen Reise von den Bergen zum Meer und wieder zurück decken diese Fische den Tisch für Zusammenkünfte der Orcas, verschaffen einem Grizzly auf dem Weg zum Winterschlaf eine Fettschicht, ernähren die Adlerküken, deren Flugfedern sich entwickeln, beruhigen die Mägen von Robbenjungen, die ihre Mütter verlassen. Ihr getrocknetes Fleisch ermöglichte es eingeborenen Völkern, in einem rauhen Land reiche Kulturen zu errichten. Wenn Wölfe und Adler ihre Kadaver von den Flußufern, an denen sie ihr Leben ausgehaucht haben, wegschleppen, sickern Tropfen ihres kostbaren Lebenssaftes in die Erde ein und nähren die Wurzeln mächtiger Zedern und Tannen. Große Lachsschwärme sind als breite Jahresringe in tausend Jahre alten Zedern dokumentiert. Die Bäume wiederum bieten Lachsen den lebenserhaltenden Schatten, der ihre Ursprungsgewässer kühlt und die Wucht der sintflutartigen Regenfälle abmildert. Es ist ein nahezu vollkommenes System, und es hängt ganz vom Leben und Sterben der Lachse ab.

Von meinem Fanggeld kaufte ich mir ein schwimmendes Haus. Ich war es leid geworden, neben dem Generator des Echo Bay Resort zu wohnen, und ein Holzfäller oben in Scott Cove suchte gerade nach einem Käufer für seine leerstehende Hütte. Zu der Zeit, als ich ihm meine zehntausend Dollar aushändigte, war das Haus mittlerweile zu einem Schlafplatz für Otter heruntergekommen. Der Boden war schwarz von Schmutz und Otterkot, durch das Dach hatte man freie Sicht auf den Himmel, und die Innenwände waren herausgerissen worden. Es gab weder Strom- noch Wasserleitungen und keinen Ofen.

»Aber«, sagte Billy, nachdem er es inspiziert hatte, »diese Stämme werden das Haus gute zehn Jahre über Wasser halten.«

Billy kannte dieses Haus – er war in Freshwater Bay darin aufgewachsen, wo es das Postamt gewesen war. Das Haus war 1919 gebaut worden, um Arbeiter einer Konservenfabrik darin unterzubringen. Billy und seine Mutter zogen es 1956, als sie Freshwater Bay verließen, auf ein Floß.

Es hieß, in dem Haus spuke es. Bevor ich eine Anzahlung machte, ging ich rüber, setzte mich mitten in der Nacht in das Haus und überprüfte es auf gute Schwingungen und Atmosphäre. Ich ging weg, ohne ein Gespenst gesehen zu haben, und kaufte es am nächsten Tag mit allem Drum und Dran.

Die Währung, durch die Gemeinschaften wie Echo Bay gedeihen, ist die Nachbarschaftshilfe. Zwei Tage nachdem ich die Hütte gekauft hatte, kreuzten fünf Nachbarn mit Hämmern auf. Wir trugen das leckende Blechdach ab und nagelten ein dichtes Dach aus Zedernschindeln an seine Stelle. Seitdem hatte ich das Vergnügen, beim Decken von vier Dächern im ganzen Archipel mithelfen zu dürfen. Es ist eine gebräuchliche Form des Austauschs: Je mehr man gibt, desto mehr erhält man als Gegenleistung zurück. Es ist der einzige Weg, wie wir hier draußen überleben.

Das Beste an einem schwimmenden Haus ist, daß man es, wenn man die Aussicht satt hat, hinter ein Boot hängen und irgendwo anders hinziehen kann. Ich fing neben Yvonne Maximchuk und ihrem Mann Al, einem Aquarellmaler und Fischer, an. Im Laufe der nächsten vier Jahre probierte ich zwei andere Buchten im Archipel aus. Ich drehte das Haus immer so, daß mein Büro auf dem Dachboden in die Richtung blickte, aus der höchstwahrscheinlich Wale auftauchten.

An die Risiken in einem schwimmenden Haus gewöhnte man sich. Alles bewegte sich. Badewannenwasser produzierte kleine Wellen, Bilder führten ein schiefes Dasein, und die Katzen kamen statt mit Mäusen mit Fischen an. Von Zeit zu Zeit lag eine Ecke des Hauses bei Ebbe auf einem Felsen auf, wodurch alles in eine verrückte Schräglage kippte. Man konnte nichts machen, als auf die hereinkommende Flut zu warten, damit sie uns wieder ins Gleichgewicht brachte. Wenn es zu schlimm wurde, nahm ich Geschirr und Glassachen aus den Regalen und zog mich in das Haus einer Nachbarin zurück. Manchmal rutschte das Haus mit einem gewaltigen Beben von dem Felsen herunter, aber es machte niemals einen angeschlagenen Eindruck.

Ich arbeitete, soviel ich konnte, im Garten, wo ich gelbe Narzissen, Grünkohl und Zuckererbsen zog. »Schaufel dir nicht zuviel Erde auf dein Floß, Alex«, warnten Freunde mich. »Du wirst diese guten Stämme noch versenken.«

Ein Schlauch, der im nächsten Wasserlauf steckte, diente als Wasserleitung. Um Wasser heiß machen zu können, halfen Bill MacKay und Jim Borrowman mir, ein Kupferrohr durch den Holzofen zu stecken.

Wir waren umgeben von den Geräuschen und Gerüchen ozeanischen Lebens: Unter unseren Fußböden lebten Seeanemonen, Muscheln, Rankenfüßer, Stichlinge und Heringe. Oft fraßen Otter auf den Stämmen unter unserem Haus Fische und erfüllten unsere Nächte mit ihrem Zirpen und Grunzen. Manchmal zwang die Nähe dieser Nachbarn uns, auf die Annehmlichkeiten des modernen Lebens zu verzichten. Dasselbe Bleichmittel, das vielleicht meine Spüle blitzen ließ, würde die Burschen, die unten lebten, vergiften. Wir lernten, ohne spiegelblanke Spüle auszukommen.

Vor seinem Tod hatte Robin Billy Proctor gebeten, an uns zu denken, sollte er sich je entschließen, seinen Grundbesitz zu unterteilen. Billys Familie hatte eine Heimstätte von 142 Morgen gekauft, die im Jahr 1979 den Landrücken zwischen Echo Bay und Cramer Passage umspannte. Weil die kanadische Regierung mit ihrem Land hier oben extrem knauserig ist, galt Billy als einer der größten nichtkommerziellen Landbesitzer im Archipel.

Zu Beginn des 20. Jahrhunderts hatte die kanadische Regierung Heimstätter ermutigt, die Küste zu bevölkern. Aber in den 1980er Jahren gelangten einige Bundesbeamte zu der Ansicht, daß die Küste bereits genug Bewohner habe. Jarret und ich mußten das feststellen, als wir nach Victoria reisten und uns erkundigten, ob wir einen Pachtvertrag bekommen könnten, um unser schwimmendes Haus an der Küste festzumachen.

»Was wollen Sie machen?« fragte uns der Mann hinter dem Schreibtisch. »Das geht leider nicht.«

»Menschen leben seit hundert Jahren in Echo Bay«, erklärte ich ihm. »Wir haben eine Schule. Wir haben ein Postamt. Wir sind eine Gemeinde. Und jetzt erzählen Sie mir, wir könnten in unserer eigenen Stadt nicht legal leben?«

Freundlich erklärte er, daß auf höchster Regierungsebene eine Absichtserklärung unterzeichnet worden sei, die jegliche Verpachtung zu Wohnzwecken verbiete.

»Also darf an den Tausenden von Kilometern Küstenlinie in British Columbia niemand in einem schwimmenden Haus wohnen?« wollte ich wissen.

»Ja, so in etwa.«

»Wie sieht es mit dem Kauf von einem Stück Land aus?«

»Oh, das können Sie vergessen.«

Als alleinstehende Mutter wollte ich einen eigenen Platz, einen Ort, von dem keine Bürokratenlaune mich vertreiben konnte. Also ging ich wieder zu Billy und fragte ihn noch einmal wegen der Unterteilung seines Landes. Er dachte darüber nach und entschied, daß jetzt der Zeitpunkt gekommen war. Er brauchte sieben Jahre, um sich durch den Papierkram zu kämpfen, aber am Ende erhielt Billy die Genehmigung, seinen Grundbesitz in Parzellen aufzuteilen.

Der Verkauf an wohlhabende Sommerfrischler hätte Billy einen saftigen Geldregen beschert, aber er bestand darauf, daß das Land ausschließlich an Leute gehen dürfe, die das ganze Jahr über hier oben lebten. Ihm lag eher an einer Gemeinschaft als an einem dicken Scheck. »Zum Teufel«, sagte er. »Das Geld ist nichts wert, wenn Yvonne und ich irgendwann die letzten alten Säcke sind, die noch übrig sind.«

Ich heuerte Billy an, damit er mein Haus von den Stämmen runter und auf mein Stück Land zog. Er planierte mit seinem

Traktor einen Abschnitt des Steilhangs und konstruierte dann mit Hilfe alter Blöcke und Rollen vom Abtransport gefällter Stämme und fast tausend Metern Seil behelfsmäßig ein gewaltiges Trossensystem. »Wir können deine kleine blaue Hütte überall aufstellen«, versicherte er mir. Billy hatte das Haus in seinem Leben bereits dreimal versetzt: vom Land aufs Wasser, wieder aufs Land, dann wieder zurück aufs Wasser.

Das Haus bestand aus Tannenholz, wodurch es schwerer war, als irgend jemand geahnt hatte. Und der Anstieg den Strand hoch war steil. Billy zog ein bißchen, stoppte dann, um nachzusehen. Zog ein bißchen mehr, sah dann nach. Plötzlich, *Peng!* Mit einem Knall zerbarst der Baumstamm-Flaschenzug. Das Haus rutschte den Hügel wieder herunter und kam in einem gefährlichen Winkel zum Stehen. Ein Fenster ging zu Bruch. Dann noch eines. Meine Einmachgläser purzelten aus den Regalen. Rote-Bete- und Lachssaft lief aus der Hintertür.

»Sollten wir einfach Feuerholz draus machen, Billy?« sagte ich, während ich zusah, wie mein Haus den Strand runterrutschte.

»Ach, Herrgott, nur keine Panik!« erwiderte er. »Geh lieber los und hol Jack Scott.«

Der alte Holzfäller war hocherfreut, daß man ihn fragte. »Bin schon unterwegs, Schätzchen!« rief er von seinem schwimmenden Haus. Er nannte alle Frauen Schätzchen.

Die beiden probierten einen neuen Plan aus. Ein Spleiß in der Trosse löste sich. Das Haus verbrachte die Nacht in der Niedrigwasser-Zone am Strand, teils unter Wasser.

Am nächsten Morgen sprach Billy nicht mehr von meiner »kleinen blauen Hütte«.

»Heute«, kündigte er an, »werden wir das Mistding bewegen.«

Er und Jack probierten noch einen neuen Plan aus. Die Wände des Hauses bogen sich nach außen, das Dach krümmte sich, die Dielenbalken hoben und senkten sich verwegen, aber am Ende zogen sie es den Hügel hoch. Neun Jahre später steht es zwar immer noch nicht gerade, dafür aber fest.

»Dieses Haus verrücken wir nie wieder«, verkündete Billy. Und das haben wir auch nicht getan.

19

Als im Jahr 1987 im Archipel die ersten Fischfarmen eingerichtet wurden, gefiel mir die Idee. Die Fischfarmen würden neue Arbeitsplätze schaffen – gute Arbeitsplätze, angeboten von unabhängigen Betreibern –, und ihre Kinder könnten unsere Schule am Leben erhalten. Außerdem versprach die Aquakultur, ein wenig Druck von den wilden Lachsbeständen British Columbias zu nehmen. Ich nahm Kontakt zu einer Aquakultur-Vereinigung im Norden von Vancouver Island auf und bot an, neuen Fischzüchter-Familien beim Umzug hierher zu helfen. Ich ahnte damals kaum, daß die von genau diesen Fischfarmen eingeführten Praktiken eines Tages meine Forschungsarbeit zum Erliegen brächten, die Wale aus dem Archipel vertreiben und das gesamte Leben an der Küste gefährden würden.

Die Chinesen züchten seit Tausenden von Jahren in Süßwasserteichen pflanzenfressende Karpfen, aber erst in den frühen 1970er Jahren begannen Firmen in Norwegen damit, Aquakultur-Techniken zur Aufzucht von fleischfressenden atlantischen Lachsen zu nutzen. Von ihren Anfängen vor dreißig Jahren entlang der skandinavischen Küste hat sich die Lachszucht zu einer weltweiten Vier-Milliarden-Dollar-Industrie entwikkelt. Im Jahr 1997 stammten 35 Prozent des weltweit verzehrten Lachses aus einheimischen Fischfarmen. Im Jahr 1994 belief sich der Ertrag an domestiziertem atlantischem Lachs auf 300 000 Tonnen, etwa 90 Millionen Fische. Bis 1999 hatte sich diese Zahl mehr als verdoppelt, auf fast 800 000 Tonnen.

Zuchtlachse sehen nie einen Fluß. Sie werden in Süßwasser-Laichbottichen künstlich aufgezogen. Nach achtzehn Monaten erreichen sie eine Länge von etwa zwölf Zentimetern und werden in Salzwassergehege umgefüllt – mit Nylonnetzen versehene Gehege, die zu den Gezeitengewässern der Küste British Columbias hin offen sind – und auf Marktgröße gezüchtet. Gefüttert werden die Fische mit Pillen aus Fischmehl (gemahlene Sardellen, Sardinen und Makrelen), vermischt mit Fischöl, Nebenprodukten aus Schlachthöfen – Blutmehl, gemahlene Hühnerfedern und Geflügelmehl –, Sojabohnen und vielen Vitaminen und Mineralien. Oft werden den Pillen massive Dosen Antibiotika beigemischt; bei keiner land- oder wassergestützten Zuchtmethode kommen mehr Antibiotika pro Pfund Lebendtierbestand zum Einsatz als bei der Lachszucht. Wildlachse erhalten ihre vertraute blaßrosa Farbe von den Karotinoiden, die auf natürliche Weise in dem Zooplankton vorkommen, das sie fressen. Da Zuchtlachse kein Zooplankton fressen, wird ihnen mit jeder Pille eine geringe Menge Pigmentierung zugeführt. Diese Fische sind tiefrosa.

Für die Lachszucht braucht man Salzwasser, eine geschützte Küstenlinie und ein gemäßigtes Klima, weshalb die Industrie sich in Ländern wie Norwegen, Chile, den Vereinigten Staaten, Japan, Irland, Schottland und Australien zügig entwickelte. Und weshalb große multinationale Aquakultur-Konzerne, als die Branche in den späten 1980er Jahren eine rasche weltweite Expansion erlebte, just in dem Land Grund und Boden an sich rissen, das weltweit die längste Küstenlinie hat: Kanada.

Die ersten Züchter, die im Archipel eintrafen, achteten darauf, ihre Betriebe den örtlichen Umweltgegebenheiten anzupassen. John und Nadine Ebbel, die an der Nordküste von Midsummer Island schon früh eine Lachsfarm betrieben, berieten sich mit Billy Proctor, um eine Stelle zu finden, wo ihr domestizierter Lachs die Lebensgrundlage wilder Fische nicht gefährdete. Obwohl die Lachszucht eine direkte Konkurrenz für Billys Arbeit darstellte, vertraute er den Züchtern freimütig seine Kenntnisse von Wind, Gezeiten und Wildlachsen an. Seiner Ansicht nach gab es im Archipel Platz für fünf Lachsfarmen. Jeder Standort, auf den er hinwies, verfügte über ausreichend Strömungstätigkeit, um die Zucht zu unterhalten und gleichzeitig die eingesperrten Fische von den Wanderrouten der Wildlachse fernzuhalten.

Die Ebbels legten acht bis zwanzig Gehege an, jedes ungefähr so groß wie ein Tennisplatz, die durch schwimmende Gehsteige miteinander verbunden waren. Das Ganze sah aus wie ein kleiner Bootshafen.

Die Züchter, die auf die Ebbels folgten, waren nicht so feinfühlig. Zu Beginn der 1990er Jahre beobachteten wir, wie eine Parade von Schleppern lange Reihen von Flößen mit Stahl-, Styropor- und Plastiknetzen durch die Cramer Passage zog. Die Neuankömmlinge machten sich nicht die Mühe, die Fischer um Rat zu fragen. Es schien sie überhaupt nicht zu kümmern, was die Einheimischen dachten.

»Sie legen all diese Fischfarmen an den falschen Stellen an«, warnte Billy. »Das sind Plätze, wo Wildlachse hinschwimmen.« Billy wußte, wo die nomadischen Wildlachse einen Stop einlegten, um zwischen den Gezeiten auszuruhen, und stellte fest, daß die Fischzüchter ein Händchen dafür hatten, ihre Gehege genau an diesen Stellen zu verankern. Plötzlich mußte eine kleine Ausbuchtung in der Küstenlinie, die Hunderte von Lachsen ein paar Stunden lang hätte verkraften können, ein dichtgedrängtes Knäuel von 150000 bis 250000 Lachsen 365 Tage im Jahr verkraften.

Mit jedem neuen Betrieb wurde klar, daß dies nicht die umweltfreundliche Industrie war, als die sie anfänglich erschienen war. Obwohl Bundes- wie Provinzregierung die Lachsfarmen als die Retter unserer abgelegenen Küstengemeinden priesen, wohnten die neuen Züchter weder in den Gemeinden in der Nähe ihrer Netzgehege noch verkehrten sie gesellschaftlich mit deren Bewohnern. Statt dessen zogen sie es vor, in größeren Städten im Süden, wie Campbell River, zu leben und in Zehn-Tages-Schichten per Boot zu pendeln. Alert Bay, Sointula oder Echo Bay kamen nicht in den Genuß der versprochenen Vorteile, obwohl die Fischfarmen weiterhin überall um uns herum aus dem Nichts auftauchten.

Wir hätten es besser wissen müssen. Im Dezember 1990

sagte ein Mitglied des Umweltausschusses des norwegischen Parlaments vor dem kanadischen Parlament über die kommende Industrie aus: »Wir sind sehr streng, was Qualitäts- und Umweltfragen betrifft«, führte die Parlamentarierin aus. »Deshalb sind einige Fischzüchter nach Kanada gegangen. Sie meinten: ›Wir wollen größere Fischfarmen, und dort können wir schalten und walten, wie wir wollen.‹« Das war ein früher Hinweis auf die Pläne, welche die Industrie für unsere Gegend hegte.

Fischfarmen sind für den traditionellen kommerziellen Fischfang, was landwirtschaftliche Konglomerate für den bäuerlichen Familienbetrieb sind. Die Gesellschaften, welche die Industrie beherrschen, verwandeln eine der ältesten, achtbarsten menschlichen Beschäftigungen in eine gesichtslose, umweltzerstörerische, von Profitinteressen getriebene Industrie, die Nahrung zweifelhafter Qualität produziert. Der größte Fischzucht-Konzern der Welt war bis vor kurzem Norsk Hydro, ein skandinavisches Acht-Milliarden-Dollar-Unternehmen mit weitgefächerten Interessen, die von Öl bis zu Dünger reichen. Im März 2000 wurden Norsk Hydros Fischfarmen von einem holländischen Unternehmen namens Nutreco gekauft, dem weltgrößten Futterlieferanten für die Fischzucht-Industrie. Nutreco kontrolliert heute ungefähr ein Fünftel des Marktes für atlantischen Zuchtlachs. Ein anderes skandinavisches Unternehmen, Scanmar, brachte in den 1990er Jahren acht Fischfarmen nach British Columbia. Stolt Sea Farm, eine Tochtergesellschaft des norwegischen Chemietransport-Giganten Stolt-Nielsen, spielt die Hauptrolle im Archipel und betreibt achtzehn ihrer zweiundzwanzig Fischfarmen in British Columbia, nur wenige Kilometer von der Echo Bay entfernt. International Home Foods, ein Unternehmen aus New Jersey, mischt gleichfalls in der einheimischen Industrie mit. Zu Beginn des Jahres 1999 kaufte International Home Foods in British Columbia die vormals im Besitz der kanadischen Fischverarbeitungsfirma B. C. Packers befindlichen Lachsfarmen auf.

Mit dem Aufkommen der Massentierhaltung in der Aquakultur wurde der Wildlachs zu nichts weiter als einer »Konkurrenz« für diese skrupellosen Konglomerate. Solange die wilden Pinks und Sockeyes weiterhin im Überfluß vorhanden waren, würden die Züchter niemals den Markt beherrschen.

Meine Besorgnis wegen der Fischfarmen steigerte sich mit jedem Fischer, mit dem ich sprach. Bill Ford, der in seinem kleinen Ruderboot *Thumper* nach Felsendorschen fischt, erwähnte, daß die besten Dorschplätze allesamt von den Fischfarmen übernommen worden seien. »Es ist ein bißchen gespenstisch«, sagte er, »denn es sind die fischreichsten Plätze an der Küste, die Stellen, wo Wasser aus der Tiefe hochsteigt.« Ein Garnelenfischer namens Al merkte, wie seine beste Stelle versiegte, nachdem sich oberhalb der Strömung eine Fischfarm angesiedelt hatte. »Normalerweise erwische ich in meinen Reusen 'ne Menge unterschiedlicher Tiere«, erzählte er mir. »Nicht bloß Garnelen, auch Wellhornschnecken, Seesterne, Aale. Jetzt kommen sie leer hoch.« Beunruhigender als die leeren Reusen sei der schwarze, übelriechende Schlamm, der am Netzgewebe von Als Reusen haftete und jetzt hochkam.

Lachsfischer waren besorgt wegen Krankheiten, die von den eingehegten Lachsen auf die Wildlachse übertragen werden konnten. Fischfarmen sind berüchtigt dafür, daß sie Krankheiten verbreiten. In der Wildnis werden Krankheitsausbrüche bei Lachsen durch den eingeschränkten Kontakt unter den Fischen und die natürliche Aussonderung, zu der es kommt, weil gefährdete Fische von Räubern gefressen werden, eingedämmt. Ein kranker Fisch ist ein langsamer Fisch, und ein langsamer Fisch ist das Mittagessen für einen Seehund. In einem Netzgehege, in dem Hunderttausende von Lachsen Flosse an Flosse schwimmen, breitet sich eine Krankheit wie ein Buschfeuer aus, der natürliche Aussonderungsmechanismus wird durch das Netz vereitelt, und Medikamente sorgen dafür, daß kranke Fische am Leben und weiter ansteckend bleiben.

Meine Hauptsorge war anfangs das Gewehrfeuer. Manchmal hörte ich, während ich auf Wale horchte, daß in Fischfarmen zu beiden Seiten des Kanals Flinten losgingen. Daß die Regierung strenge Vorschriften über den Gebrauch von Feuerwaffen in der Nähe von Wasser erläßt, hat einen Grund: Kugeln haben die unheimliche Fähigkeit, auf lange Entfernungen über das Wasser zu hüpfen. Aber die Fischfarmen hatten vom Ministerium für Fischereiwesen und Ozeane die Genehmigung zur Kontrolle natürlicher Feinde erhalten, die ihnen gestattete, alle Tiere zu töten, die ihre Fische angriffen oder ihnen nahe kamen. Die Zahl der »natürlichen Feinde«, die sie legal töten dürfen, ist unbegrenzt.

Es ist kein Geheimnis, daß manche der Robben des Archipels die atlantischen Lachse für einen leichten Fang hielten. Wenn eine Robbe neben einem Gehege schwamm, wichen die domestizierten Lachse aus, tauchten und sammelten sich auf dem Grund des Netzes. Die Robbe tauchte daraufhin ebenfalls auf den Grund, schnappte sich mit den Zähnen einen Fisch und sog das wäßrige Zuchtlachsfleisch durch das Geflecht. Blaureiher, Kanadische Fischotter, Nerze, Seelöwen, Eisvögel und Krähen kriegten ebenfalls Kugeln ab. Jarret und ich kamen einmal an einer Fischfarm vorbei, wo außerhalb der Gehege Möwen im Wasser trieben. Wir versuchten einen der verletzten Vögel zu retten; trotz Einschußlöchern im Kopf war er noch am Leben und zappelte. Er starb am nächsten Tag.

Natürlich machte ich mir Sorgen über die Wale inmitten all dieser unerfahrenen, schießfreudigen jungen Züchter. Erstaunlicherweise betrachteten die fischfressenden Pods der Ortstreuen die domestizierten Lachse niemals als Nahrung. Aus welchem Grund auch immer – sie ignorierten die Fischfarmen einfach.

Doch als die Fischfarmen erst einmal Seehunde anlockten, folgten bald auch die nichtansässigen Orcas.

F1, der Nichtansässige, der mich nach Robins Tod wieder aufs Wasser gelockt hatte, mauserte sich zum berüchtigten Fischfarminspektor. Mehrere Male beobachtete ich ihn, wie er auf der Suche nach Beute die Fischfarmen umkreiste. Ich war von dem Tempo beeindruckt, mit dem der alte F1 lernte, sich diese Robbenfreßstationen zunutze zu machen, aber ich wußte, die bewaffneten Züchter hätten wenig Verständnis für den cleveren Orca. Sie konnten einfach nicht wissen, daß F1 wahrscheinlich eher gestorben wäre als einen Lachs zu fressen. In ihren Augen war er ein bedrohlicher Neun-Tonnen-Räuber, der ihren Bestand inspizierte.

Ich verbrachte Wochen damit, bei Züchtern vorbeizuschauen und sie auf die Anwesenheit von F1 aufmerksam zu machen. »Ja«, sagten sie. »Wir haben ihn gesehen. Er kommt nur ein paar Zentimeter vor den Netzen nach oben. Er muß unsere Fische inspizieren.«

Ich sagte ihnen, daß diese Orca-Art niemals Fische anrührte.

»In Wirklichkeit«, sagte ich, »verscheucht er wahrscheinlich mehr Robben als Ihre Flinte.« Die Züchter ließen mich ausreden, aber nur wenige glaubten mir.

Als Reaktion auf die zunehmende Empörung über die Ausbreitung der Lachsfarmen schickte das Umweltministerium der Provinz im Jahr 1989 ein Team von Außendienstmitarbeitern der Behörde aus Victoria rauf zum Broughton-Archipel, um verschiedene »Nutzergruppen« zu interviewen und eine Lösung für den Konflikt auszuarbeiten. »Sagen Sie uns, wo Sie keine Lachsfarmen haben wollen«, sagten die Beamten.

Sie mußten eine Flut von Beschimpfungen über sich ergehen lassen. Schlepperkapitäne hatten die Plätze eingebüßt, wo sie bei Sturm festmachen konnten. Kommerzielle Fischer mußten mit ansehen, wie ihr Fang schrumpfte und der Marktpreis in den Keller fiel, als die atlantischen Lachse den Markt überschwemmten. Vergnügungsjachten verloren ihre Ankerplätze an Netzgehege. Und Garnelenfischer konnten zwischen dem Spinnennetz aus Ankern, die strahlenförmig von den Fischfarmen abgingen, ihre Reusen nicht mehr ausbringen.

»Ich begreife nicht, welches Recht diese Leute haben, die

natürliche Tier- und Pflanzenwelt hier in der Gegend zu beseitigen«, sagte Jim O'Donnell.

Ich bot an, den Beamten zu zeigen, wo die Buckelwale sich sammelten, wo die Orcas reisten, wo die Seehunde und Seelöwen und Kajakfahrer an Land kamen. Und ich flehte die einheimischen Fischer an, mit dem Team zu reden.

»Das ist eure Chance, Gebiete zu benennen, die frei von Lachsfarmen sein sollen«, sagte ich ihnen.

Ich verstand nicht, warum sie sich weigerten. Ein paar waren am Ende einverstanden – Chris Bennett, der Spitzen-Sportangler der Gegend, Al und Billy Proctor, Vorsitzender der hiesigen kommerziellen Flotte. Alle vier gingen wir an Bord von Billys Boot, der *Twilight Rock*, und kämpften uns durch einen wütenden Südoststurm, um uns in Alert Bay mit den Leuten von der Behörde zu treffen.

Ich war stolz auf die Bewohner von Echo Bay. Die schiere Fülle an Informationen, die bei dieser Versammlung von den altgedienten Fischern beigesteuert wurde, war überwältigend. Die Beamten machten sich reichlich Notizen und verbrachten Stunden mit dem Studium komplizierter Karten des Archipels. Als wir in dieser Nacht durch den Sturm nach Hause stampften, waren wir alle von einem neuen Gemeinschaftsgefühl durchdrungen.

Ein paar Monate später traf mit der Post eine Hochglanzkarte ein. Die im Auftrag des Umweltministeriums erstellte Studie über die Ressourcen der Küste und divergierende Interessen bestand aus einer Karte, die den Archipel in ein farblich chiffriertes Mosaik roter, gelber und grüner Zonen unterteilte, die skizzierten, wo Lachsfarmen sich ansiedeln durften und wo nicht. Als meine Nachbarn und ich uns die Karte ansahen, konnten wir sehen, daß wir einige Gebiete gewonnen und andere verloren hatten. Alles in allem machte der Kompromiß keinen gar so schlechten Eindruck.

Doch die Ansiedlung neuer Fischfarmen in der Gegend hörte im Laufe der nächsten paar Monate keinesfalls auf. Die neuen »Zonen« schienen für die Züchter ohne Bedeutung zu sein. Neue Betriebe tauchten in roten Zonen auf, wo die Zucht angeblich verboten war. Die Sargeaunt Passage, eine schmale Wasserfurche zwischen Viscount Island und der Festlandsküste und eine entscheidende Stelle, an der die Königslachse aus dem Knight Inlet sich zwischen den Gezeiten zu einem Schwarm vereinigen, erlebte, wie sich eine Zucht mit 300 000 Lachsen in ihre geschützte rote Zone hineindrängelte. Carrie Bay, Conally Point, Eden Island, Glacier Falls – überall war es dasselbe.

Im Jahr 1994 gab es mehr Fischfarmen in roten als in nichtroten Zonen. Jetzt wußte ich, warum so viele Fischer keine große Lust gehabt hatten, mit der Regierung zu reden. Aus Sicht der Fischzüchter hatten die Alteingesessenen nichts anderes getan, als ihnen die besten Zuchtplätze zu verraten – sie hatten sie auf einer Karte verzeichnet und rot markiert. Die Fischer hatten ein ganzes Leben gebraucht, um die geheimen Plätze in Erfahrung zu bringen, wo Strömungen Strudel bildeten und nach oben stiegen und dadurch reichlich Sauerstoff und Nährstoffe lieferten. Die Fischzüchter eigneten sich dieses Wissen an, indem sie einfach eine Karte entfalteten. Und die Regierung unternahm nichts, sie daran zu hindern, diesen unverzichtbaren Lebensraum in Zuchtgewässer zu verwandeln. Man hatte uns für dumm verkauft.

Ich war wütend und schämte mich. Wer waren hier die Guten? Diente die Regierung nicht dem Volk, ging es in der Demokratie nicht darum? Die Leute lachten. »Herrgott, Alex, wie konntest du nur so naiv sein?« Ich schätze, ich hatte mein ganzes Leben lang Tiere beobachtet und der menschlichen Rasse nicht genug Aufmerksamkeit geschenkt.

Brutstationen sind oft die größte verbliebene Hoffnung für einen Wildlachs-Schwarm, der durch das Treiben des Menschen gefährdet ist. Damit die Schwärme wilder Silberlachse, die einst den Scott Cove Creek und dreizehn andere Wasserläufe, welche die Gilford- und Broughton-Inseln entwässerten, flußaufwärts geströmt waren, sich erholen konnten, legte eine Gruppe von Fischern, Holzfällern und anderen Anwohnern des hiesigen Archipels im Jahr 1979 die Scott Cove Hatchery an. Durch einen im Jahr 1918 im Zuge des Holzeinschlags errichteten hölzernen Damm war der Schwarm von ursprünglich zehntausend Silberlachsen bis zum Beginn der 1960er Jahre auf zehn Fische zusammengeschmolzen. Im Jahr 1964 sah Billy Proctor zufällig, wie diese zehn Fische sich gegen den Damm warfen, weil sie unbedingt stromaufwärts wollten. Billy ignorierte die Anweisung des Ministeriums für Fischereiwesen und Ozeane, den Damm stehenzulassen, warf seine Kettensäge an und legte los. Als der letzte Holzklotz aus dem Damm brach, schwammen die Lachse zwischen Billys Beinen hindurch stromaufwärts.

Als Jahre später ein amerikanischer Sportangler fünfzigtausend Dollar für die Wiederansiedlung des Silberlachses spendete, legte die Gemeinde von diesem Geld eine Aufzuchtstation an. Durch Mischen von Eiern und Sperma ausgewachsener, in dem Wasserlauf gefangener Lachse werden junge Silberlachse gezüchtet. Die Eier werden sorgsam gehütet und die Winzlinge gefüttert, bis sie ein Gewicht von etwa zwei Gramm erreichen. Dann werden die kleinen Silberlachse in den Wasserläufen ausgesetzt. Seit der Einrichtung der Aufzuchtstation ist die Zahl wilder Silberlachse kontinuierlich gestiegen; in den frühen 1990er Jahren kehrten jährlich mehr als siebentausend zum Scott Cove Creek zurück.

Das erste Anzeichen für Schwierigkeiten bei den wiederangesiedelten Silberlachsen tauchte im Jahr 1991 auf.

»Wir verlieren unseren ganzen Zuchtvorrat«, rief Billy Proctor über Funk von der Scott Cove Hatchery. »Könnten Sie mit Medikamenten helfen?«

Die Scott-Cove-Silberlachse waren zehn Jahre lang krankheitsfrei gewesen. Plötzlich jedoch verendeten achtundzwanzig Prozent der ausgewachsenen Lachse, die wegen der Eier und des Spermas gesammelt worden waren, an häßlichen Furunkeln, die aus ihrer Haut hervorbrachen. Wir schickten Proben der toten Fische an die Pacific Biological Station, das

Forschungslaboratorium des Ministeriums für Fischereiwesen und Ozeane in Nanaimo. Die Diagnose lautete: Furunkulose, eine Krankheit, die Lachse in der Wildnis in geringem Ausmaß befalle, unter Smolts* von atlantischen Lachsen in der schottischen und norwegischen Fischfarm-Industrie jedoch ein allbekanntes Problem sei.

Neuigkeiten machen schnell die Runde in Echo Bay. Binnen weniger Tage erfuhren wir, daß eine Reihe von Farmen für atlantische Lachse in der Nähe – in Deep Harbour, Notice Point und Watson Cove – Ausbrüche von Furunkulose verzeichneten. Um nach Scott Cove zu gelangen, schwammen die wilden Silberlachse direkt an den Fischfarmen von Deep Harbour und Notice Point vorbei, die dem Lachsfarm-Unternehmen IBEC gehörten. Diese Fischfarmen waren mit erkrankten atlantischen Lachsen beliefert worden.

Ironischerweise hatte IBEC Mitte der 1980er Jahre an der Spitze der erfolgreichen lobbyistischen Bemühung gestanden, das Importverbot der Regierung für Eier atlantischer Lachse aus Brutstationen in Übersee aufzuheben. Weil sie die Einschleppung einer europäischen Krankheit in die Gewässer von British Columbia fürchteten, hatten sich Wissenschaftler am Ministerium für Fischereiwesen und Ozeane vehement für eine Aufrechterhaltung des Verbots eingesetzt. Der Regionaldirektor des Ministeriums hatte indes über den Protest seiner eigenen Wissenschaftler hinweg den jährlichen Import von dreihunderttausend Eiern atlantischer Lachse genehmigt.

Unsere in Gefangenschaft lebenden Silberlachse konnten mit Antibiotika behandelt werden, aber ich fragte mich, was wohl draußen in den Flüssen geschah. Da vor dem Ausbruch in den Fischfarmen niemand diese Krankheit in heimischen Gewässern erlebt hatte, bat ich um Einzelheiten über die Art von Furunkulose, welche die atlantischen Lachse tötete. Das

* Junge, ein bis zwei Jahre alte, meist silbrige Lachse auf ihrer ersten Reise ins Meer.

Ministerium weigerte sich, mir die Informationen zu geben. »Betriebsgeheimnis«, hieß es.

Im Januar 1993 hielt ich mit meinem Boot am Ostende des Fife Sound und schaltete das Hydrophon ein. Sofort durchbohrte ein schmerzhaftes Klingeln meine Ohren. Ich riß mir den Kopfhörer ab. Was zum Teufel war das? Ich drehte die Lautstärke so weit wie möglich runter und lauschte wieder. Was ich hörte, klang wie eine Grille. Der Stärke des Signals folgend, kam ich der Quelle des Geräuschs auf die Spur: eine Lachsfarm von B.C. Packers am Westende der Burdwood-Inselgruppe.

Ich fragte einen der Fischzüchter, die ich kannte, was es mit dem Lärm auf sich habe.

»Oh, die Dinger heißen Robben-Schreck. Sie sind das letzte Mittel, Robben von unseren Fischen fernzuhalten. Der Typ, der sie eingebaut hat, meinte, man solle sie nicht aufdrehen, wenn eine Robbe zu nahe dran sei, weil sie taub davon würde, und dann sei der Apparat nicht mehr zu gebrauchen, um sie fernzuhalten.«

»Was ist mit den Walen?« fragte ich.

»Weiß nicht.«

Ich wußte es sehr wohl. Angesichts ihres empfindlichen Gehörs wußte ich, daß dies hier für sie nichts Gutes bedeutete.

Geräte zur Erzeugung von Lärm unter Wasser waren nichts Neues. Sie werden seit den frühen 1980er Jahren eingesetzt, um Konflikte zwischen Meeressäugern und Fischereiwirtschaft zu »lösen«. Aber noch nie waren sie in einem Gebiet mit einer so hohen Konzentration von Walen verwendet worden. Es gibt zwei Arten von Lärmerzeugern. Geräte zur akustischen Abschreckung (ADD; *acoustic deterrent devices*) produzieren schwachen Lärm, um Meeressäuger auf das Vorhandensein unnatürlicher Gebilde, wie ein einfaseriges Synthetiknetz, aufmerksam zu machen. Es handelt sich um ein relativ harmloses Warnsignal. Akustische Lärmbelästiger (AHD; *acoustic harassment devices*) andererseits sind speziell dafür ausgelegt, Schmerz zu verursachen. Sie funktionieren nach einer simplen Theorie: Man quäle das Gehör nur ausreichend, und schon vertreibt man Seehunde, Seelöwen, Otter, Schweinswale, Wale und andere potentielle Raubtiere. Die Züchter nennen sie »Robben-Schreck«. Wissenschaftler sprechen von »akustischen Besen«.

Um genau herauszufinden, was diese AHDs in der akustischen Umwelt anrichteten, fuhr eine Gruppe von Wissenschaftlern, Regierungsbeamten und Fischzüchtern eines Tages raus zur Retreat Passage und testete unter ruhigen Bedingungen einen akustischen Lärmbelästiger der Marke Airmar. Die meisten Menschen kennen Dezibel, die Maßeinheit für die Lautstärke eines Geräuschs. Ein Flüstern erzeugt 20 Dezibel, ein Hausstaubsauger 80 und die Turbine eines abhebenden Düsenjets kommt auf kurze Distanz auf etwa 140 Dezibel, was gemeinhin als Schmerzgrenze gilt. Das von dem Airmar ausgesandte Signal lag bei 194 Dezibel. Die Studie der Gruppe ergab, daß die winzigen Hafenschweinswale, die das ganze Jahr in der Retreat Passage zubringen, vor dem Lärm flüchteten. Die »Vertreibung« von Cetaceen verstößt gegen das Fischereigesetz. Doch statt ihre eigenen Forschungen zu nutzen, um den Schweinswal zu schützen, entschied das Ministerium für Fischereiwesen und Ozeane sich dafür, die Studie unter Verschluß zu halten und weiteren Fischfarmen die Genehmigung für AHDs zu erteilen. Als ich dem Fischereiminister schrieb, um ihn an die Einhaltung des Fischereigesetzes zu erinnern, lautete seine gleichgültige Antwort, daß die Vertreibung der Schweinswale in Ordnung gehe, da sie zurückkämen, sobald die Geräte abgeschaltet würden. Ich fragte mich, wie ihm wohl zumute wäre, würde man ihn für ein paar Jahre aus seinem Haus werfen und in Ottawa auf die Straße setzen. Wäre es »in Ordnung«, wenn man ihm erlaubte zurückzukommen?

Wie gut funktionieren AHDs? Hängt davon ab, mit wem man redet. Manche Fischzüchter schwören darauf; ohne das Airmar, behaupten sie, würden die Seehunde noch den letzten Penny Profit wegschlürfen. Andere Züchter schalteten ihre AHDs aus, nachdem sie festgestellt hatten, daß sie eher als

Glocken, die zum Essen läuteten, fungierten denn als Mittel der Abschreckung. Leider fielen die Züchter in den Orca-Kanälen nahe der Echo Bay in die erste Kategorie. Innerhalb von wenigen Monaten hatten Fischzüchter vier akustische Lärmbelästiger installiert, die ununterbrochen 194-Dezibel-Schreie durch den ganzen Broughton-Archipel schickten.

Während dieser Monate verschwanden die fischfressenden Orcas beinahe gänzlich aus diesem Gebiet. Lachsfarmen säumten ihre Fischgründe, und diese Wale konnten den Lärm nicht ertragen. Die Säugetierfresser waren weniger betroffen, weil ihre Beute in einem weiteren Umkreis lebt. Sie änderten einfach ihre Reiserouten, um den Fischfarmen aus dem Weg zu gehen, die AHDs einsetzten.

Durch diese von Konzernen kontrollierte Industrie gingen achttausend Jahre Walgeschichte im Archipel zu Ende. Ich fragte mich, wohin die A5-Pod im Winter zöge. Ich fragte mich, ob Verwandte sie in ihre heimischen Meeresarme mitnähmen oder ob sie Streifgebiete in anderen Meeresarmen fänden. Ich fragte mich, wie lange die Verschmutzung durch die menschliche Industrie bräuchte, um sie auch von diesen Plätzen zu vertreiben.

Später in jenem Jahr verendeten die frisch gelieferten atlantischen Lachse in einem Scanmar-Gehege bei Conally Point, einer »roten Zone« gegenüber dem exklusiven Sullivan Bay Resort im Sutlej Channel, an einer Furunkulose-Art, die resistent gegen Antibiotika war. Innerhalb weniger Tage war die Krankheit über einen großen Salzwasser-Aufzuchtbereich wilder Königslachse gewandert und hatte die knapp zehn Kilometer entfernten Fischfarmen von B.C. Packers infiziert – Zuchten, die mit atlantischen Lachsen von völlig unterschiedlichen Aufzuchtstationen beliefert worden waren. Diese spezielle Furunkulose-Art erwies sich allen drei Antibiotika gegenüber als resistent, die für die Verwendung in der Fischzucht freigegeben worden waren. Statt anzuordnen, daß die Fische vernichtet werden, gestattete das Ministerium für Fischereiwesen und

Ozeane den Züchtern, die Lachse mit einem Antibiotikum namens Erythromycin zu behandeln. Erst ein Jahr zuvor hatte das Ministerium in seinem vierteljährlichen Mitteilungsblatt zur Verbesserung der Lachsqualität, *Streamtips*, eine Warnung, was den Einsatz von Erythromycin betraf, veröffentlicht. »Mit Erythromycin behandelter Fisch«, erklärte die Behörde, »ist für den menschlichen Verzehr nicht geeignet.«

Größere Probleme sollten noch kommen.

Ich stellte fest, daß immer mehr Fischfarmnetze sich rot färbten. Nachdem ich ein wenig nachgeforscht hatte, entdeckte ich, daß die Züchter die Netze in eine Schutzfarbe namens Flexgard* tauchten, die das Wachstum von Muscheln und Rankenfüßern verhindert. Das Problem bei Flexgard ist, daß die Farbe nicht an den Netzen haftenbleibt. Sie blättert binnen weniger Monate ab und treibt in die Strömung. Anlaß zur Sorge gibt dies, wenn man den auf jeden Eimer Flexgard gedruckten Warnhinweis liest. *»Für Wasserorganismen tödlich«*, heißt es auf dem Etikett. *»Verseuchen Sie kein Wasser. Lassen Sie keine Farbpartikel ins Wasser gelangen.«* Für den Fall, daß diese Warnung noch nicht deutlich genug sein sollte, unterstreicht ein Totenkopf mit gekreuzten Knochen den Hinweis. Es war schwer zu begreifen, wie Lachse, die in Netzen gezüchtet worden waren, die mit giftiger Farbe behandelt wurden, in Supermärkten verkauft werden durften.

Das Beunruhigendste an alledem war die simple Tatsache, daß diese Fischfarmen atlantische Lachse in pazifischen Gewässern aufzogen. Etwa zwanzig Prozent der Lachszüchter British Columbias züchten pazifische Cohos oder Chinooks, aber die meisten bevorzugen atlantische Lachse, weil sie schneller Marktgröße erreichen – ein gutgenährter atlantischer Lachs bringt binnen achtzehn Monaten nach seiner Aussetzung in

* Solche Schutzanstriche, sogenannte Antifoulings, finden normalerweise Verwendung als Anstrich für Schiffsrümpfe, wo sie den Organismenbefall verhindern sollen.

einem Netzgehege zwei bis fünf Kilogramm auf die Waage. Atlantische Lachse sind fügsamer als ihre pazifischen Verwandten, was bedeutet, daß die Züchter eine »größere Bestandsdichte« erreichen können: mehr Fisch pro Gehege.

Wahrscheinlich folgen die atlantischen Lachse dem Muster, das zahlreiche andere Arten auf Erden vorgegeben haben, und passen sich ihrer Umwelt an. Obwohl der atlantische Lachs es toleriert, zusammengepfercht zu werden, legt er gegenüber anderen Salmoniden-Arten eine bemerkenswerte Aggressivität an den Tag. Womöglich gibt es deshalb im Atlantik nur eine einzige Lachs-Art und nicht fünf wie im Ostpazifik. In Anbetracht ihrer aggressiven Natur und ihrer schieren Menge ist es vielleicht nur eine Frage der Zeit, bis die atlantischen Lachse die bereits geschwächten Bestände wilder pazifischer Lachse aus ihrem natürlichen Lebensraum verdrängen.

In den Anfangsjahren der Lachsfarmen versicherten Industrie und Regierungsbeamte, daß ein gezüchteter atlantischer Lachs keine Möglichkeit habe zu entwischen. Die Geschichte exotischer Arten überall auf der Welt hat dieses Vertrauen widerlegt. Wenn irgendeine Chance besteht, daß ein Tier entwischen kann, dann wird es entwischen. Einmal frei, paßt es sich unter Umständen an, überlebt und vermehrt sich stark. Und es verhindert, daß einheimische Arten das ebenfalls tun.

Als ich erstmals Beamte im staatlichen Ministerium für Fischereiwesen und Ozeane kontaktierte, dachte ich: »Sie wissen sicher nicht, was hier oben vorgeht.« Im Fischereiministerium arbeiteten die Guten. Sie hatten in den 1970er Jahren die Studien durchgeführt, die zum strengen Schutz von Schwertwalen und anderen Meerssäugern geführt hatten. Mike Bigg hatte in der Pacific Biological Station für das Ministerium gearbeitet, und Graeme Ellis setzte in der Dienststelle in Nanaimo nach wie vor hohe Standards für die Forschung. Der Auftrag des Ministeriums war der Schutz der gesamten ozeanischen Tier- und Pflanzenwelt, und die Leute, die ich bei der Behörde kannte, nahmen diesen Auftrag ernst.

Ich trug alle Informationen und Daten zu dem Thema zusammen – die Zuchten, die den Lebensraum wilder Lachse übernahmen, der schwarze Schlamm, den Al heraufholte, das Verschwinden der Wale, die giftigen Algenblüten, die mit den Fischgehegen kamen, das wiederholte Entwischen von Zuchtlachsen – und schrieb Briefe an Beamte des Ministeriums.

Ein paar Wochen später erhielt ich eine Antwort von Jim Boutillier, einem leitenden Forscher in der Pacific Biological Station. Kein Grund zur Sorge, schrieb Boutillier. Es sei alles in Ordnung. Mein Beitrag, meinte er, würde »bei der Entwicklung einer leistungsfähigen, gesunden Aquakultur-Industrie helfen, die in Harmonie mit der Umwelt und den wilden Fischbeständen wächst«.

Harmonie? Das gesamte Ökosystem des Archipels wurde angegriffen. Wilde Lachse sind der Lebensnerv der Küste. Wenn sie verschwinden, wird alles andere verkümmern und sterben. Daran ist nichts Harmonisches.

Sobald ich mit etwas konfrontiert werde, worüber ich nicht Bescheid weiß, erwacht mein Forscherinstinkt. Die Provinzregierung von British Columbia und das staatliche Ministerium für Fischereiwesen und Ozeane hatten mir zurückgeschrieben und behauptet, daß über die Auswirkungen von Lachsfarmen sehr wenig bekannt sei. Was bekannt sei, behaupteten sie, bereite ihnen wenig Kopfzerbrechen.

Viel wissen wir nicht, aber was wir wissen, gefällt uns. Für mich klang das nicht richtig. Ich beschloß herauszufinden, was *tatsächlich* bekannt war. Dann würden wir sehen, ob es uns gefiel.

20

Als die akustischen Lärmbelästiger im Jahr 1993 die Wale vertrieben, überlegte ich, ob es nicht auch für mich an der Zeit sei, meine Zelte abzubrechen.

Jarret hatte die siebte Klasse abgeschlossen und damit die höchste Klasse der Echo-Bay-Schule absolviert, und ich war der endlosen Routinearbeiten überdrüssig, die notwendig waren, um auf einer abgelegenen Heimstätte zu überleben. Der Wiederaufbau unseres Hauses war eine Herausforderung gewesen, aber jetzt ging unser Heim langsam zu Bruch. Winterstürme knickten Hunderte der drei Meter hohen Pflöcke im Jägerzaun des Gartens um. An dem Floß, das mein Haus über Wasser gehalten hatte und jetzt als Anlegeplatz für die *Blackfish Sound*, mein Sechseinhalb-Meter-Rennboot im Dory-Stil, diente, mußten die Ketten ersetzt werden. Die Wasserleitung fror zu und wurde von Bären zertrampelt, von Luftblasen unterbrochen, durch Ungeziefer verstopft und dort, wo sie auf dem Strand scheuerte, völlig verschlissen. Jedes Jahr mußte ich eine weitere Isolierschicht hinzufügen. In einem Jahr trennte ich mit der Kettensäge die ganze Außenverkleidung auf, stopfte Isoliermaterial hinein und brachte die Verkleidung anschließend mit Hilfe von Billys jüngster Tochter Patty Proctor wieder an. In einem anderen Jahr kroch ich unter das Haus und stopfte Isoliermaterial in die Dielenbalken. Als die Waschbären alles ein paar Wochen später wieder herausrissen, mußte ich noch einmal von vorn anfangen, und trotzdem gefror im Winter das Wasser auf dem Fußboden.

Ich dachte langsam, daß es schön wäre, statt meines Systems aus UKW-Funk, Autotel und Mobiltelefon, das nur funktionierte, wenn das Wetter gut war, ein richtiges Telefon zu besitzen. Daß es schön wäre, in einen Laster zu springen und hinzufahren, wo ich hinwollte, statt einem Wintersturm zu trotzen, um Vancouver Island zu erreichen.

Auf Malcolm Island fand ich eine Stelle, die vielversprechend aussah. Es war eine ruhige Lichtung am Ende einer Forststraße, oben auf einem exponierten Kliff, wo ich mit Hilfe eines Teleskops nach Walen Ausschau halten konnte. Das Land stand nicht zum Verkauf, aber der Besitzer erlaubte mir, einen Wohnwagen auf das Grundstück zu ziehen.

Der einzige Nachteil war der Wind: Ich mußte den Wohnwagen festzurren, damit er nicht umgeworfen wurde. Es gab weder Strom noch eine Telefonverbindung, aber ich konnte Jarret in zwanzig Minuten zur Schulfähre nach Port McNeill fahren. Ich haßte den Gedanken, den Archipel zu verlassen, aber die Wale waren weg, mir ging die Puste aus, und die Einsamkeit machte sich jeden Tag ein bißchen mehr bemerkbar.

Dann lernte ich einen Mann kennen. Als ich mich in jenem Sommer in Echo Bay an Bord des Hausbootes meiner Freundin Kate Pinnsoneault, der *Sea Horse,* erholte, sah ich, wie der Schlepper *Gabriola* anlegte. Ich hatte die *Gabriola* schon früher gesehen. Ihr Skipper, Eric Nelson, hatte mir vor ein paar Jahren geholfen, einen neuen Außenborder an meinem Boot anzubringen.

Eric war groß, schlank, gutaussehend und von unerschütterlichem Selbstbewußtsein. Er vermittelte den Eindruck, mit jeder Situation fertig werden zu können. Während Eric die *Gabriola* am Kai festmachte, suchte ich das Schiff nach Hinweisen auf Erics Freundin ab. Interessanterweise gab es keine.

»Kate«, sagte ich, »könntest du ihn zum Abendessen einladen?« Sie lächelte. »Sicher.«

Später an diesem Abend, als wir zusammengequetscht um den Kombüsentisch der *Sea Horse* saßen, merkte ich, daß ich vergessen hatte, wie man flirtet. Kate baggerte Eric fröhlich an und fand heraus, daß er auf der Suche nach einem neuen Platz war, wo er sich niederlassen konnte. Seine Heimatstadt Sechelt, ein kanadischer Küstenort, etwas mehr als dreißig Kilometer nördlich von Vancouver, habe sich von einer unabhängigen Kleinstadt zur Schlafstadt für Pendler aus der Großstadt gewandelt. »Letzten Monat ging ich in meinen Gummistiefeln in den Baumarkt und schaute mich um«, sagte er. »Da war nicht ein Mensch, den ich kannte. Nur lauter Yuppies. ›Hier gehöre ich nicht mehr hin‹, dachte ich und ging raus.«

Eric sah aus wie jemand, auf den ich mich verlassen könnte. Ich sagte ihm, daß ich ihn gern irgendwann wiedersehen würde.

Ein paar Wochen später erhielt ich einen Funkspruch: »*Blackfish Sound*, hier ist die *Gabriola*.« Mir schlug das Herz bis zum Hals. »Was meinst du, könnte ich wohl ein paar Stämme an deinem Floß festmachen?«

Hmm. Hier in der Gegend gab es ungefähr anderthalbtausend Kilometer Küstenlinie, wo man Stämme festmachen konnte. Jarret lachte. »Ich glaube, er mag dich, Mom.«

Als der schwarz-rote Schlepper sich gemächlich der Anlegestelle näherte, war mein Haar untypischerweise ordentlich frisiert. »Du weißt«, warnte ich Eric, »wenn du deine Stämme hier festmachst, sorgst du für Gesprächsstoff in der Gemeinde.«

Er grinste. »Laß sie reden.«

Es war ein schwieriges Werben. Ich hatte die vergangenen neun Jahre damit zugebracht, meine Weiblichkeit zu verbergen. An der Küste lebten nicht viele alleinstehende Frauen, und was ich nicht wollte, waren irgendwelche Mißverständnisse. Ich hatte zuvor schon versucht, mich zu verlieben, aber ich hatte bis zu diesem Augenblick gebraucht, um ausreichend Abstand von Robins Tod zu bekommen.

Und es war wirklich schwierig, den richtigen Mann zu finden. Meine Mutter und meine Schwestern forderten mich einmal bei einem Familientreffen auf, meinen Traummann zu beschreiben.

»Na ja«, erzählte ich ihnen, »außer daß er nett und in mich verliebt sein sollte, muß er es aus eigener Kraft bis Echo Bay schaffen. Er muß wissen, wie man dort draußen lebt. Ich glaube, keine Beziehung könnte es überstehen, wenn ich ihm alles beibringen müßte. Könnt ihr euch das vorstellen? Hier

Eric beim Bootsbau 1998.

ist die Axt, hier ist die Kettensäge, so macht man ein Boot im Sturm fest, du mußt auf Bären acht geben, wenn du ein Glas Lachs aufmachst, sieh nach, ob es hinterher richtig verschlossen ist, sonst wird es dich umbringen.«

»Okay«, sagten meine Schwestern. »Dann bewahre dieses Bild in deinem Herzen.«

Wochen später kreuzte Eric auf und füllte es mit Leben.

Er wußte, was es hieß, ein abgeschiedenes Leben zu führen. Er hatte sich im Laufe der Jahre seinen Lebensunterhalt als Zimmermann, Bootsbauer und mit dem Zersägen von Zedernstümpfen zu Rundhölzern für die Schindelherstellung verdient. Außerdem besaß er eine Lizenz zum Bergen von Stämmen, weshalb er gefragt hatte, ob er das Holz vorübergehend an meinem Floß festmachen dürfe.

Den Holzverarbeitungsfirmen gehen ständig Stämme verloren. Sie reißen sich im Wasser los, stürzen Abhänge herab. Mit einer Bergungslizenz darf man das lose Nutzholz einsammeln, es mit einem von der Regierung ausgegebenen Stempelhammer markieren und zum Verkauf hereinschleppen. Würden die Stämme nicht geborgen, würden die Wasserwege British Columbias durch sie verstopft. Für Eric war es eine Möglichkeit, für etwas bezahlt zu werden, das er für sein Leben gern tat: in seinem Boot die Küste entlangzustreifen.

Bis zum Winter war mein Anlegeplatz zum Heimathafen für seine *Gabriola* geworden. Ich begrub meine Malcolm Island-Pläne. Jarret war froh, daß wir nicht an einen Ort zogen, wo der Wind einmal beinahe die Tür unseres Lasters abgerissen hätte. Seine Schullaufbahn setzte er per Post fort. Zwar war es ein wenig eintönig ohne Klassenkameraden, aber seine Noten waren weiterhin hervorragend.

Die Wale mieden den Archipel immer noch, und ich begann mir Gedanken darüber zu machen, was geschehen sein könnte. Jarret und ich fuhren weiter hinaus, um sie zu finden, und kehrten für einen Großteil des Sommers in die Johnstone Strait und die Queen Charlotte Strait zurück. Am 1. August 1993 kreuzten Jarret und ich über eine spiegelglatte Wasserfläche in der Queen Charlotte Strait, als Bud Butler, ein ruppiger Holzfäller und Sportangler aus Port McNeill, eine Delphinsichtung bei Gore Rock am westlichen Ende des Fife Sound durchgab. Die Delphine fanden wir nicht, aber wir erspähten ein paar Wale. Auf dem Rückweg über die Queen Charlotte Strait entdeckte ich einige schwarze Rückenfinnen, die direkt auf mich zukamen.

Ich ließ das Hydrophon ins Wasser und gab die Sichtung über Funk an die sommerliche Gemeinschaft der Walforscher durch. »Wale aus Richtung Queen Charlotte Strait«, sagte ich. »Ich melde mich wieder, wenn ich weiß, wer sie sind.«

Als die Wale in Reichweite kamen, musterte ich jede Rükkenfinne eingehend, ohne auch nur eine einzige identifizieren zu können. Sehr seltsam. Ich blätterte im Bestimmungsbuch mit den Fotos, daß ich immer griffbereit im Boot liegen hatte.

Auch hier wurde ich nicht fündig. Das war peinlich; Leute warteten an ihren Funkgeräten auf meinen Identifizierungs-Funkspruch. Seit mehr als fünfzehn Jahren beobachtete ich jetzt diese Pods; eigentlich sollte ich wissen, wie sie aussehen. Ich sah die Bilder südlicher ortstreuer Wale durch, Orcas, die fast nie so weit nach Norden kamen. Immer noch nichts.

Aus meiner Verlegenheit wurde Verwunderung, als über fünfzig Wale unser Boot passierten. Jarret blickte mich fragend an. Ich zog das Hydrophon hoch und fuhr näher ran, um besser sehen zu können.

»Das müssen die Offshores sein«, sagte ich und hoffte, daß ich recht hatte.

Die Offshore-Gemeinde der Orcas war erst fünf Jahre zuvor entdeckt worden. Der Buckelwalforscher Jim Darling stieß im Juli 1988 etwa achtzig Kilometer vor der Südwestecke von Vancouver Island auf eine große Orca-Pod. Darling wollte nicht viel Zeit mit der Identifizierung der Schwertwale verschwenden, aber er wußte, daß Mike Bigg dankbar für ein paar Fotos wäre, also verschoß er schnell eine Rolle Film und schickte sie runter an Bigg in Nanaimo.

Die Bilder rissen Bigg vom Hocker. Diese Wale hatte er noch nie gesehen. Nach zwanzigjähriger Arbeit war er gewohnt, auf den Fotografien, die man ihm schickte, jeden Wal wiederzuerkennen. Darlings Fotos deuteten darauf hin, daß es direkt draußen vor der Küste (deswegen »offshore«) möglicherweise eine völlig unbekannte Orca-Gemeinde gab.

Die Offshore-Orcas schwammen in Formation, alle auf gleicher Höhe, bis sie den äußeren Rand des Broughton-Archipels erreichten. Dann drehten sie und zogen nach Süden in Richtung des OrcaLab auf Hanson Island. Ich erfuhr später, daß Helena Symonds zur gleichen Zeit beobachtete, wie Tsitika und ihre Familie in die Blackney Passage zurückwichen, als die Offshore-Orcas sich näherten.

Die Offshores unterscheiden sich etwas von Nichtansässigen und Ortstreuen. Ihre Männchen schienen kleiner zu sein; keine ihrer Rückenfinnen war höher als einen Meter fünfzig.

Die Rückenfinne eines Offshore war oben abgerundet wie die eines Ortstreuen, aber tief eingekerbt wie die eines Nichtansässigen. In der Nähe unserer kleinen Boote war ihr Verhalten äußerst unvorhersagbar, obwohl sie in der Nähe größerer Boote, wie Bill MacKays *Gikumi*, einen entspannteren Eindruck machten, vielleicht weil sie draußen vor der Küste schon großen Schiffen begegnet waren.

Als sich das Meer durch den nachmittäglichen Westwind zu über einem Meter hohen Wellen auftürmte, stoppten Jarret und ich an der windgeschützten Küste von Donegal Head am Ostende von Malcolm Island, und ich ließ das Hydrophon ins Wasser, um zu horchen.

Ihre Rufe klangen vollkommen fremdartig. Einer klang exakt so wie das *Gong!* eines Raben. Sie stießen eine Serie hoher, flötenartiger Töne aus, die jeweils ganze Oktaven hinabstürzten.

Als die Offshores sich wieder nach Westen wandten, drängten Tsitika und ihre Familie vorwärts und schwammen in respektvoller Entfernung hinter ihnen her. Ich fragte mich, ob Tsitika das Territorium ihrer Gemeinde verteidigt hatte, wenn auch etwas zaghaft.

Das wäre nicht gänzlich ungewöhnlich gewesen. Nachdem die erste Pod nördlicher Ortstreuer alljährlich im Sommer in der Johnstone Strait angekommen ist, scheint man sich gemeinschaftlich darum zu bemühen, daß mindestens eine stellvertretende Pod in dem Gebiet zwischen der Robson Bight und Telegraph Cove verbleibt. Dies ist keine verbindliche Regel, aber möglicherweise schwimmt eine einzelne Pod wochenlang zwischen diesen Orten hin und her, bis eine zweite eintrifft. Die beiden Pods vereinigen sich kurz, vielleicht lange genug, um jeweils die Stimmen der anderen zu hören, bevor die erste Pod nach Norden aufbricht. Im Grunde ist es eine Wachablösung.

Das Verhalten der Offshore-Orcas hatte etwas von einer Erkundungsmission: Es war die Art und Weise, wie sie immer alle auf gleicher Höhe schwammen, bis sie Land erreichten, dann nach Süden abdrehten, bis sie erneut Land erreichten, und dieses Manöver fortführten, bis sie wieder aufs Meer hinausschossen. Sie hatten erfolgreich jeden Quadratzentimeter der Queen Charlotte Strait und der Blackney Passage abgegrast und dabei sämtliche lokale Fisch-Populationen geprüft, die wachehaltende ortstreue Pod registriert und für zukünftigen Bedarf vielleicht eine mentale Karte der Gegend angelegt.

Bis zum nächsten Frühjahr sichtete ich die Offshores nicht mehr. An einem Aprilmorgen im Jahr 1994 hielt ich Eric auf seinem Weg zur Arbeit mit einem Baumpflanztrupp an, um ihn zu fragen, was er sich für sein Geburtstagsdinner wünschte.

»Zitronenbaisertorte, bitte«, sagte er.

Du meine Güte, ich hatte keine Ahnung, wie man eine Zitronenbaisertorte machte. Bis zum Nachmittag hatte ich dann endlich in einer alten Ausgabe des *Fannie Farmer Cookbook* ein Rezept aufgestöbert und kam gut voran mit der Torte. Dann, als ich mit dem Baiser halb fertig war, erhielt ich auf UKW einen Wal-Funkspruch.

»Blackfish Sound, Tyler Two.« Es war einer meiner Nachbarn.

»Alex, dachte mir, du wüßtest gern, daß da draußen im Fife Sound ein paar von deinen Freunden sind.«

Das Timing von Walen stellt meine Entschlossenheit oft auf die Probe. Es vergehen wallose Wochen, bis sie exakt in dem Moment auftauchen, wo Jarrets Schulaufführung oder sein Baseballspiel ansteht. Bei Jarret hielt ich mich an eine unumstößliche Regel: Erst kam Jarret, dann kamen die Wale. Bei allen anderen ging ich Verabredungen stets unter folgendem Vorbehalt ein: »Ich werde dort sein, falls keine Wale vorbeikommen.«

Diesmal war ich hin- und hergerissen. Ich hatte eine fantastische neue Beziehung; ich wollte nicht, daß Eric glaubte, er zählte weniger als die Wale. »Oh, ich flitze schnell raus, sehe, wer es ist, und kehre dann zum Baiser zurück«, dachte ich.

Als ich ihre Rückenfinnen in der Nähe der Burdwood-Inselgruppe entdeckte, wurde es bereits langsam dunkel. Während ich näher heranmanövrierte, um sie mir genauer anzusehen, stellte ich fest, daß ich nicht erkennen konnte, wer sie waren – und es kamen einfach immer mehr. Es müssen mehr als siebzig Wale gewesen sein, doppelt so viele, wie ich jemals zusammen im Archipel gesehen hatte. Das Licht war zu trübe für Fotos, also ließ ich das Hydrophon ins Wasser und nahm bis lange nach Einbruch der Dunkelheit die seltsamen Laute von Offshore-Orcas auf.

Die Wale waren in Hochstimmung und kamen in schaumigen, weißen Gischtexplosionen an die Oberfläche. Ich folgte ihnen, als sie nahe bei den Burdwoods in alle Richtungen ausschwärmten. Kurz vor Einbruch der Nacht beobachtete ich, wie eine Gruppe von drei Delphinen zu einem Orca-Weibchen mit zwei Jungtieren flitzte und sich neben sie schmiegte. Ich war erstaunt. Es war das erste Mal, daß ich Delphine irgend etwas anderes hatte tun sehen außer vor einem Schwertwal, gleich ob Ortstreuer oder Nichtansässiger, Reißaus zu nehmen. Die Delphine müssen die Offshore-Orcas an ihren Rufen wiedererkannt haben.

Diese flüchtige Interaktion zwischen den Delphinen und den Offshore-Orcas erhellte eine Theorie, die damals unter Schwertwalforschern kursierte. Weil die Kerben und Risse in den gezackten Rückenfinnen der Offshore-Orcas den Kerben in der Finne eines Nichtansässigen ähnelten, hielt eine Reihe von Forschern es für möglich, daß Offshore-Schwertwale ebenfalls Säugetierfresser waren. In meinen Augen stellte die obige Begegnung diese Theorie in Frage. Jene Delphine hatten sich viel zu wohl gefühlt bei den Offshores, um jemals von ihnen angegriffen worden zu sein. Sie hatten eher wie alte Bekannte gewirkt.

Ein paar Jahre später stieß David Bain, ein Forscher aus dem US-Bundesstaat Washington, auf eine Gruppe von Offshore-Orcas, die verendet waren, nachdem sie in einer Lagune eingeschlossen worden waren. Bei seiner Obduktion stellte Bain fest, daß ihre Zähne übermäßig abgewetzt waren, selbst die von recht jungen Orcas. Seine Befunde warfen die Möglichkeit auf, daß Offshores vielleicht Haie fraßen, deren schleifpapierartige Haut die Abnutzung der Zähne verursacht haben könnte und deren Aggressivität vielleicht der Grund für die Kerben in den Rückenfinnen der Wale war.

Den Kopf voller Fragen, kehrte ich in der Dunkelheit langsam zu dem ruinierten Baiser und einem beunruhigten Mann nach Hause zurück. Waren die Offshores den Delphinen gefolgt, die ebenfalls neu im Archipel waren, oder war es eine Zufallsbegegnung gewesen? Waren beide hierhergelockt oder irgendwo anders vertrieben worden?

Dies waren auf Jahre hinaus die letzten Wale, die ich sah.

Weil die Wale dem Archipel fernblieben, rang ich weiter mit der Frage, ob ich ebenfalls gehen sollte. War es wichtig, das *Fehlen* von Walen zu erforschen? Möglicherweise. Wie sonst sollten wir den Einfluß der Lachszucht-Industrie auf sie erkennen? Ich weitete meine Nachforschungen über die Aquakultur aus und nahm Kontakt zu Wissenschaftlern in Schottland, Chile, Irland, Norwegen, Ostkanada und im US-Bundesstaat Washington auf. Ein irischer Zahnarzt und erfahrener Kritiker der Lachszucht erteilte mir schriftlich einen kleinen Rat: »Liebe Mrs. Morton«, schrieb er, »Ihre Briefe sind viel zu höflich. Um zu gewinnen, werden Sie Ihre Samthandschuhe mit ein bißchen Stahl auspolstern müssen.«

Im Jahr 1994 nahmen die Probleme noch zu. In jenem Frühjahr donnerten Schwärme wilder Chinooks durch das mit Furunkulose infizierte Gebiet. Die Anzeigetafel, die traditionell große Chinook-Fänge außerhalb des Echo Bay Resort festhielt, blieb den ganzen Frühling, Sommer und Herbst über leer. Mehr als sechs Monate lang wurde kein einziger Chinook über fünfundzwanzig Pfund gefangen.

Chris Bennett war empört. »Als kleiner Junge«, erzählte er mir, »hat man mich glauben lassen, die Regierung engagiere sich für den Schutz der Wildlachse. Ich kam hier hoch und habe mit meinen eigenen Händen eine Lodge gebaut, bloß um festzustellen, daß man mich belogen hat.«

»Der Kingcom Inlet, einer der großen Lachs-Fanggründe«, sagte er, »ist ausgestorben. Die paar Lachse, die ich fange, sind voller wunder Stellen und wimmeln von Seeläusen.« Die Seelaus ist ein nur bei Lachsen vorkommender parasitärer Ruderfußkrebs. Diese Läuse sind im allgemeinen gutartig, außer dort, wo Lachsfarmen vorkommen, welche die Zahl der Läuse auf ein tödliches Niveau ansteigen lassen.

Im Zuge meiner Nachforschungen erfuhr ich, daß der Befall von Lachsfarmen mit Seeläusen die wilden Meeresforellen- und Lachs-Populationen in Schottland, Norwegen und Irland beinahe ausgerottet hatte.

Ein paar Monate später hatte Billy Proctor eine beunruhigende Nachricht.

»Ich war gestern gerade dabei, meinen Fischfrachtraum abzuspritzen«, sagte er, »als, verdammt noch mal, meine Lippen taub wurden. So was habe ich in sechzig Jahren nicht erlebt.« Wir blickten beide hinunter auf das Wasser rings um meine eigene Anlegestelle. Es war rot von einem Mosaik aus einer trüben, schwebenden Substanz direkt unter der Wasseroberfläche. »Sieht aus wie Tomatensuppe«, sagte ich.

Ich schöpfte eine Probe in ein Einmachglas und ließ sie per Wasserflugzeug dem Forschungslabor des Ministeriums für Fischereiwesen und Ozeane in Nanaimo zukommen. Ungefähr zehn Tage später kam der Bericht zurück: *»Heterosigma carterae.«*

Diese speziellen Algen vermehren sich stark in Umgebungen, die extrem reich an Nitrogen und Phosphor sind – genau das, was Lachsgehege tonnenweise in Form von Fischexkrementen und nicht gefressenen Futterpillen abwerfen. Sie produzieren ein Nervengift, das Fische tötet und Proctors Lippen hatte taub werden lassen.

Dieses »ungewöhnliche Auftreten« entbehrte nicht einer gewissen Ironie. Das *Heterosigma*-Plankton war dafür verantwortlich, daß die Fischfarmen überhaupt erst in den Archipel gekommen waren. Mitte der 1980er Jahre hatte sich die im Entstehen begriffene Lachszucht-Industrie British Columbias an einer Reihe von Standorten rings um Sechelt, Erics Heimatstadt in der Nähe von Vancouver, angesiedelt. Dann rottete ein spektakulärer *Heterosigma*-Ausbruch die Branche praktisch aus. Die Algen töteten etwa ein Drittel der domestizierten Fische in der Umgebung von Sechelt und vernichteten Lachs im Wert von 2,5 Millionen Dollar. Da *Heterosigma* in warmen Gewässern gut gedeihen, zog eine Reihe von Aquakultur-Unternehmen sich aus Sechelt zurück und verlegte ihre Gehege in die kühleren Gewässer vor Nord-Vancouver Island und dem Broughton-Archipel.

Die Einwohner von Sechelt waren überglücklich, sie abziehen zu sehen. Nach dem, was viele, mit denen ich sprach, mir erzählten, hatten die Leute dort wildes Gewehrfeuer erduldet und offene Siebenhundert-Liter-Tonnen mit Lachskadavern gefunden, die von Maden durchlöchert waren und über die Piers ihrer Gemeinden schwappten. Über Nacht seien vor ihren Häusern Farmen aufgetaucht, deren Generatoren die ganze Nacht liefen. Züchter hätten das Meer mit Bergen verfaulender Futterpillen verschmutzt, weil sie Eimer voller Pillen in leere Gehege kippten, um für die Investoren die Illusion gesunder Bestände aufrechtzuerhalten. Als die Branche sich aus Sechelt zurückzog, habe sie an der Küste Zuchtplätze zurückgelassen, die mit Fischexkrementen, nicht gefressenem Futter, Hunderten von Kilometern Polypropylen-Leinen verschmutzt waren und deren Gehege voller verhungernder Fische waren.

Als ich Regierungsbeamte über die giftige Blüte informierte, taten sie das Ganze achselzuckend mit einer vagen Bemerkung über Nährstoffe vom offenen Meer ab, die irgendwie, aus irgendeinem unbekannten Grund in den Archipel strömten. Meine Kontaktperson in Schottland, Alan Berry, selber Erzeuger von Schalentieren und Meerestoxikologe, berichtete, daß überall dort, wo es in schottischen Seen Lachsfarmen gebe, die Algenblüte vorkomme und die Schalentiere verderbe.

Mit je mehr Leuten ich über die Fischfarmen sprach, desto mehr Dokumente fanden allmählich ihren Weg in meinen Briefkasten. Jemand leitete den vertraulichen Bericht eines jungen Beamten im Ministerium für Fischereiwesen und Ozeane weiter, der ausführlich Fälle auflistete, wo es zu unkontrollierten Ausbrüchen gekommen war, wo Wildlachse von Zuchtlachsen gefressen worden waren und man die Laichgründe von Heringen zerstört hatte. Zum ersten Mal erhielt ich Anrufe von Forschern der Regierung, die wegen der Umweltschädigung durch Fischfarmen besorgt waren, aber nicht über mein Mobiltelefon mit mir reden konnten, weil sie Angst hatten, sich ihren beruflichen Aufstieg zu verbauen oder gefeuert zu werden. »Falls Sie meine Stimme wiedererkennen«, sagten sie jedesmal, »rufen Sie mich im Festnetz zurück.«

Allmählich kristallisierte sich ein Muster heraus. Zuerst behaupteten Lachszüchter und Beamte des Ministeriums, die atlantischen Lachse würden nicht entwischen. Wenn die Lachse entwischten, behaupteten sie, die Fische würden nicht überleben. Wenn sie überlebten, behaupteten sie, sie würden sich nicht vermehren. Wenn die Lachse sich vermehrten, behaupteten sie, es bestehe kein Grund zur Sorge, weil es nicht genug seien, um die einheimischen Lachse zu vertreiben. Ron Ginetz, ein Beamter im Fischereiministerium, in einem Memo, das der Forscher Graeme Ellis sich über eine Recherche nach dem Informationszugangsgesetz beschafft hatte, wollte von seinen Regierungskollegen wissen, welche Strategie sie bevorzugten: die Öffentlichkeit zu warnen, daß atlantische Lachse unweigerlich die Küste kolonisieren würden, oder Stillschweigen bewahren und die öffentliche Empörung hinnehmen, sobald die Übernahme durch den atlantischen Lachs eine vollendete Tatsache sei.

Warum geschah das? Weil die kanadische Regierung es förderte. Während der 1990er Jahre gelangte die Bundesregierung zu der Ansicht, daß die Zukunft der Fischerei-Industrie in der Zucht, nicht im kommerziellen Fang liege, weil Lachse in Gehegen keinen Lebensraum außerhalb der Netze benötigten. Im Gegensatz zum Wildlachs könne Zuchtlachs problemlos neben Ölquellen, Dämmen, Holzeinschlag, Bergbau und anderen Industrien existieren. All diese Unternehmen hatten ihre Vorstellung von der Küste als gewerblicher Zone durch Lobbyarbeit erfolgreich durchgesetzt. Das Ministerium für Fischereiwesen und Ozeane startete ein enormes Rückkaufprogramm, durch das die kanadische Pazifikflotte fünfzig Prozent ihrer kommerziellen Fangboote einbüßte, während die Fangquote unberührt blieb. Diese Strategie brachte die eine starke politische Stimme für den Wildlachs, nämlich die der kommerziellen Fischer, erfolgreich zum Schweigen. Gleichzeitig förderte die Regierung die Ansiedelung von Fischfarmen an der 25 000 Kilometer langen Salzwasserküste British Columbias. Die Fischfarmen erhielten von der Provinz- und der Bundesregierung Pachten an der Küstenlinie, zinslose Darlehen und Subventionen sowie Unterstützung für aquakulturfreundliche Forschungen. Mit zunehmender Trinkwasserknappheit in den Vereinigten Staaten dürfte die Nachfrage nach verfügbaren kanadischen Flüssen in Zukunft noch steigen.

Die Wut in meiner Gemeinde wuchs, als Fischzüchter Pachtverträge für ebenjene Plätze erhielten, die Anwohnern verweigert worden waren.

Am Ende des Jahrzehnts dominierte Zuchtfisch die Fischereiwirtschaft British Columbias. Im Jahr 1999 produzierte die Provinz 39 000 Tonnen Zuchtlachs im Wert von 300 Millionen Dollar – mehr als das Dreifache des Wertes des kommerziellen Lachsfangs in British Columbia. Der Wert des kommerziellen Fangs ging im selben Zeitraum stark zurück, nach unten getrieben durch den im Überfluß vorhandenen billigen atlantischen Lachs. Im Jahr 1989 hatte Billy Proctor seine Königslachse für 4,10 Dollar pro Pfund verkauft. Im Jahr 2000 brachte derselbe Fisch bloß noch 1,40 Dollar pro Pfund.

Ich schrieb Brief um Brief, mehr als zehntausend Seiten. Nur wenige wurden beantwortet. Einige Beamte sagten mir, daß ihnen nicht erlaubt sei, mir auf Briefpapier der Regierung zu antworten. Ich wachte mitten in der Nacht auf, um fünfundzwanzigseitige Schreiben herunterzuhämmern. Ich bekam ein nervöses Zucken unter dem linken Auge. Freunde sorgten sich, ich könnte den Kampf verlieren. Kollegen erzählten mir, meine Bestürzung über die Zerstörung des Archipels koste mich meine wissenschaftliche Glaubwürdigkeit.

»Du hast keinen Beweis«, sagten sie.

»Wenn der Beweis kommt, wird es zu spät sein«, erwiderte ich. »Wenn alles um uns herum zerstört ist, dann stehen wir da mit nichts als dem Beweis.« Die wissenschaftliche Literatur, die bereits existierte, verwies darauf, daß, wo auch immer es Fischfarmen gebe, die wilden Populationen sich im freien Fall Richtung Ausrottung befanden. Die Politiker ließen es geschehen, weil der Zuchtlachs ihnen erlaubte, die Flüsse, die Wälder und den Kontinentalsockel an den Meistbietenden zu versteigern.

Im Herbst 1995 beschloß Jarret, bei Bill und Donna MacKay in Telegraph Cove zu wohnen und mit ihrem Sohn Tyson in Port McNeill auf die High School zu gehen. Ich bot an, mit ihm umzuziehen, aber davon wollte er nichts hören. »Du gehörst hierher, Mom. Außerdem würde ich gern bei Tyson wohnen.«

Ich vermißte ihn schrecklich. Um die durch den Wegzug Jarrets und der Pods ortstreuer Orcas gerissenen Löcher zu füllen, verbrachte ich jede freie Minute in meinem Boot draußen bei den Delphinen.

Zu Beginn der 1980er Jahre war eine Population pazifischer Weißstreifendelphine in den Archipel gekommen, was mich überrascht hatte. Nach dem wenigen, was ich über die Spezies wußte, lebten sie im offenen Meer in Gruppen, die Hunderte und manchmal Tausende von Kilometern weit wanderten. Diese Delphine verhielten sich überhaupt nicht wie ihre hiesigen Vettern, die Schweinswale und Dall-Hafenschweinswale, die sich in der Gegend des Archipels lieber im Hintergrund hielten. Im Gegensatz dazu liebten es die Delphine, mit dem

Körper gegen Boote zu stoßen und auf den Bugwellen fahrender Schiffe zu reiten.

Ich fing an, die flinken Cetaceen zwecks Identifizierung zu fotografieren, doch erwiesen sie sich als zu schnell und schwer faßbar für meine Wal-Methoden. Ich probierte etwas Neues aus und benutzte ein ferngelenktes Segelboot, das Eric gebaut hatte. Die Delphine behandelten das Spielzeug wie jedes andere Boot und eskortierten das winzige Schiff auf ihre forsche Art, ganz gleich wohin ich es steuerte (und brachten sich selbst in perfekte Porträtposition). In siebzehn Jahren habe ich 920 Delphine identifiziert.

Mit der Ankunft der Delphine begann ein aufschlußreiches Kapitel im Leben des Archipels. Fast sechs Jahre lang beobachteten die nichtansässigen Orcas in dem Gebiet die Neuankömmlinge, bevor sie anfingen, die äußerst kalorienhaltigen Torpedos zu fressen. Die Delphine wiederum lernten, zwischen den fischfressenden Ortstreuen und den (für sie) tödlichen Nichtansässigen zu unterscheiden.

Tatsächlich wurden die Delphine zu einer Plage für die Ortstreuen, die sie so stark belästigten, daß man sich in der Walbeobachtungsbranche Sorgen machte, die umherstreifenden Delphinbanden könnten die Orcas vertreiben und ihnen das Geschäft verderben. Als ich eines Tages dem nichtansässigen Weibchen Wahkana und ihrem Sohn Rainy durch den Tribune Channel folgte, lockte das Kielwasser meines Bootes einen Trupp ausgelassener Delphine an. Ich stellte fest, daß ich diese munteren Kanarienvögel direkt zu den Katzen führte. Als Rainy entdeckte, was sich ihm näherte, stoppte er und ließ sich leise dahintreiben, während er auf seine Mutter wartete. Er schien nicht recht zu wissen, wie er mit dieser wohlschmeckenden Meute, die ihm da über den Weg schwamm, umgehen sollte.

In dem Moment, wo die Delphine Rainys Rückenfinne entdeckten, stieg die ganze Gruppe steil in die Luft und machte sich wie von der Tarantel gestochen aus dem Staub. Das Ganze erinnerte mich an einen Roadrunner-Comic: steil hoch und *zack!* – weg.

Im November machten Eric und ich die *Gabriola* in Port McNeill fest, um auf die Geburt unserer Tochter zu warten.

Das Warten schien endlos. Ich nutzte die Zeit in der Stadt, um mir jeden Film auszuleihen, den ich im Laufe der letzten fünfzehn Jahre in Echo Bay und auf der *Blue Fjord* verpaßt hatte.

»Ist das Baby immer noch nicht gekommen?« fragten die Leute im Lebensmittelladen jeden Tag. »Wissen Sie, was Sie tun sollten? Nehmen Sie Rizinusöl.« Jeder hatte einen Ratschlag parat. Wischen Sie den Fußboden. Schlagen Sie sich richtig den Bauch voll. Spielen Sie Volleyball. Ich kam mir vor wie ein städtisches Projekt.

Endlich, nach dreißig Tagen, beschloß mein kleiner Passagier, sich die Welt anzusehen. Clio kam mit bemerkenswerter Ruhe heraus, schaute von ihrem Bruder zu ihrem Vater und dann wieder zu ihrer Mutter. Zwei Tage später lag ich, berauscht vom Duft meines neugeborenen Babys, verträumt in der Koje der *Gabriola*. Ich war glücklich, mit Eric, dem Baby und Jarret rechtzeitig zu Weihnachten daheim zu sein.

Zehn Tage danach fuhren Clio und ich mit den Walen raus.

Da die Lachszucht-Industrie weiter wuchs und die Population der Wildlachse und der Wale weiter schrumpfte, setzte ich meine Brief-Kampagne fort. Im Jahr 1993 wurde selbst der Regierung klar, daß die mit der Lachszucht verbundenen Probleme zu gewaltig waren, um sie zu ignorieren. Die Provinzialministerien für Umwelt und Landwirtschaft, Fischereiwesen und Ernährung starteten den Versuch, einen »Aktionsplan« für die Lachs-Aquakultur auszuarbeiten. Doch statt einer weiteren Serie hohler Vorschläge zuzustimmen, drängte eine Koalition aus Umweltgruppen die Regierung, einen umfassenden Umweltbericht über die Branche zu erstellen. Bis zur Fertigstellung dieses Berichts verfügte die Regierung einen befristeten Ausbaustop sämtlicher neuer Fischfarmen.

Wie bei allen Projekten der Regierung wurde auch mit dem Bericht über die Lachs-Aquakultur spät angefangen (erst drei

Clio badet im Spülbecken der Gabriola 1997.

Jahre später, 1996, kamen die Dinge ins Rollen). Obwohl seit dem Kartendebakel mit den »roten Zonen« ein gebranntes Kind, gab Billy Proctor dem Verfahren eine weitere Chance und nahm eine Einladung an, bei der Berichtskommission unseren Distrikt zu vertreten.

Sechs Monate lang nahmen Billy, Clio und ich an monatlichen Dreitagestreffen teil, die überall an der Küste von British Columbia veranstaltet wurden. Zu manchen Versammlungen mußten wir zehn Stunden durch Schnee und Wind reisen, erst in Billys Boot, dann in meinem Laster. Um Clio zu beschäftigen, ließ Billy im Auto Cheerio-Frühstücksflocken ihren Kindersitz hinunterkullern.

Auf den Versammlungen erhielt ich eine Ausbildung in der Manipulation der öffentlichen Meinung. Fischer, pensionierte Wissenschaftler, Abgesandte indianischer Gemeinden, Tourveranstalter, Großmütter, sogar ein paar Lachszüchter sagten der Regierung: Bitte, setzt die Zuchtlachse in Becken aus. Das

Halten der Fische in Gehegen, die zu den wilden Gewässern hin offen sind, stellt eine zu große Gefahr für unsere heimischen Fische dar. Und diese sind zu wichtig, um sie zu verlieren.

Manche Leute bettelten und weinten sogar.

Forscher im Dienste von Unternehmen und Regierung verbogen die Wissenschaft in einer Weise, die ich nicht für möglich gehalten hätte. Ungläubig hörte ich zu, wie ein »Experte« behauptete, die akustischen Lärmbelästiger, die Seehunden Schmerz zufügen sollten, könnten unmöglich Wale und Schweinswale vertreiben, Lebewesen, deren Gehörsinn unendlich viel empfindlicher ist. Ein anderer erklärte ohne irgendeinen untermauernden Beweis, das Eindringen atlantischer Lachse in den Lebensraum der pazifischen Lachse sei harmlos.

»Wir nennen sie Biostituierte«, erzählte mir ein Kollege bei diesem Treffen in einer Pause. »Sie verkaufen ihren Doktortitel an den Meistbietenden und verschaffen der Unternehmensagenda wissenschaftliche Glaubwürdigkeit.«

In jenem Winter nahm Clio eine Menge Adrenalin mit ihrer Milch auf.

Wieder daheim, begannen Lachszüchter die Hosen runterzulassen, wenn ich an ihren Betrieben vorbeikam. Einer schaute bei mir zu Hause vorbei und meinte, ich solle aufhören, mir Sorgen zu machen.

»Massenausrottung hat es auf diesem Planeten schon viele Male gegeben«, erklärte er, »und sehen Sie, alles ist wunderbar.«

Ein anderer Züchter kam vorbei, um zu fragen, wie mir zumute wäre, wenn er meine Hunde erschießen würde. Ich dachte mir, daß meine Arbeit etwas Gutes bewirkte, wenn sie die Züchter derart in Rage brachte.

Ich erhielt auch anonyme Anrufe von Leuten, die ihre Identität nicht preisgeben konnten, mich aber bestärken wollten. »Sie sind meine Heldin« – klick, aufgelegt. Selbst ein paar Lachszüchter riefen an, weil die Entwicklungen auf ihren Farmen ihnen Sorge bereiteten. Wie sie behaupteten, sei ich für sie die letzte Möglichkeit, weil sie weder von ihren Arbeitgebern noch von der Regierung irgendwelche Antworten bekommen könnten. »Ich werde Ihnen nicht sagen, wer oder wo ich bin, aber Sie müssen das Umweltministerium veranlassen, zu überprüfen, wo die Abwasserrohre auf diesen Fischfarmen enden. Als wir Farbstoff durch die Toilette spülten, kam er in den Gehegen wieder hoch. Die Menschen werden durch uns krank werden. Ich kann niemanden dazu bewegen, irgend etwas zu unternehmen, also habe ich Sie angerufen.«

Die Menschen, die all diese schwierigen Zeiten hindurch dafür sorgten, daß ich weitermachte, gehörten zu einer bemerkenswerten Klasse von Frauen und Männern. Wir lernten uns kennen und schlossen uns zusammen, weil wir gegen dieselbe unbezwingbare Macht kämpften. Laurie MacBride, eine ehemalige kommerzielle Fischerin und Vorsitzende der Georgia Strait Alliance, sprach bemerkenswert flüssig Behördenchinesisch, eine Sprache, die sich mir stets entzog. Wenn ich blind darin herumtappte, warf Laurie mir oft eine Rettungsleine zu. Catherine Stewart, die örtliche Greenpeace-Direktorin für Fischereifragen, stürmte mit ihrer blonden Löwenmähne, die ihr ausdrucksstarkes Gesicht umrahmte, wie eine Wikingerkriegerin in jede Versammlung. Mit ihrer rauhen Stimme stellte sie klar, daß sie Unwahrheiten erkannte, wenn sie sie hörte. Karen Wristen, eine Anwältin, die hohe Honorare in den Wind geschlagen hatte, um mit dem Sierra Legal Defense Fund den Planeten zu verteidigen, führte uns durch die Komplexitäten des Rechts und der Umwelt. Ihre Stimme war aus Stahl, umhüllt von Samt. Lynn Hunter, ein ehemaliges Parlamentsmitglied von Süd-Vancouver Island, kleidete sich in Pechschwarz und Knallrot und ging keinem Kampf aus dem Weg. Teresa Ransome, Abgeordnete im hiesigen Stadtrat und Arbeiterin in einem Verarbeitungsbetrieb für Wildfisch, brachte ihre bohrenden Fragen so sanft vor, daß niemand erriet, worauf sie hinauswollte, bis ein Bürokrat nach dem anderen sich im Netz seiner eigenen nichtssagenden Phrasen gefangen wiederfand.

Diese tapferen Menschen machten mir Mut. Obwohl sie mir wie großartige Heldinnen erschienen, welche die Erde verteidigten, erfuhr ich, als ich einige von ihnen näher kennenlernte, daß sie alle außerdem versuchten, ein Heim zusammenzuhalten, wie Frauen überall es tun, indem sie Socken stopften, sich um kränkelnde Ehemänner und Kinder kümmerten und um acht das Abendessen auf den Tisch stellten. Sie und ihre männlichen Landsleute waren der einzige Hoffnungsschimmer am Horizont.

21 An einem Spätsommermorgen des Jahres 1997 fand ich mich im Fife Sound wieder, wo ich in westlicher Richtung über eine ruhige See dahinglitt. Neben mir schlief Clio in ihrem mollig warmen Steppbett. Jarrets Lego-Steine in den hängenden Netztaschen waren durch Clios Puppen und Bücher ersetzt worden. Die aufgehende Sonne übergoß den Himmel mit einer Palette aus zarten Rosa- und Silbergrautönen. Ich lehnte mich gerade aus dem Fenster, um das frische See- und Waldaroma einzuatmen, als ich merkte, wie unter mir ein Fischschwarm blinkte. Buckellachse? fragte ich mich. Dann tauchte in einem Kaleidoskop vereinzelter Formen plötzlich ein weiterer Schwarm auf. Neugierig geworden, verlangsamte ich meine Fahrt und kehrte um. In einem Bereich fein gekräuselten Wassers sah ich, wie Hunderte von Fischen mit offenen Mäulern schwammen und dabei die Oberfläche abgrasten. Sie mochten etwa fünfundzwanzig Zentimeter lang sein und hatten einen blaugrünen Schimmer. Als ich heranfuhr, um sie näher in Augenschein zu nehmen, zerstreute sich der Schwarm. Stundenlang kreiste ich mit dem Boot und probierte verschiedene Strategien aus, um mit einem Käscher an sie heranzukommen. Die schiere Anzahl der Fische, was für welche auch immer es waren, stellte eine erhebliche Bereicherung des Archipels dar, und ich wollte wissen, was für welche es waren. Ein Freund, der vorbeikam, sah, daß ich Kreise drehte, und dachte, meine Steuerung sei kaputt.

»Brauchst du Hilfe?« funkte er.

»Nein, danke«, sagte ich. »Aber weißt du, was das hier für Fische sind, die rings um uns Schwärme bilden?«

»Hab sie noch nie vorher gesehen.«

Ich überlegte, ob der Archipel von jenen Makrelenschwärmen überschwemmt worden war, die, wie verlautet, in die Gewässer British Columbias eindrangen, indem sie mit warmen Strömungen hereinkamen und sich von jungen Lachsen ernährten.

Am nächsten Morgen meldete sich über Funk eine Nachbarin, Pat Ordano, um zu sagen, daß sie gehört habe, wie ich über die ungewöhnlichen Fischschwärme im Fife Sound gesprochen hätte. Pat und ihr Mann Gary arbeiteten als Hausverwalter im Holzfällercamp von Scott Cove. Pat ist eine der besten Sportanglerinnen auf dem Wasser.

»Gary hat früh heute morgen einen gefangen«, erzählte sie mir. »Und wir kriegen nicht raus, was für einer es ist. Willst du ihn dir ansehen?«

Eric und ich klaubten alle Fisch-Bestimmungsbücher zusammen, die wir finden konnten, packten die zwanzig Monate alte Clio warm ein und fuhren in der *Blackfish Sound* rauf nach Scott Cove. Unterwegs blinkten unter uns weitere Schwärme. Was auch immer sie waren, es gab jede Menge von diesen Fischen.

Pat begrüßte uns auf dem Kai mit heißem Kaffee, Plätzchen für Clio und einem der schönsten Fische, die ich je gesehen habe. Er war ungefähr fünfundzwanzig Zentimeter lang und hatte große, einander überlappende Schuppen. Statt abgeflachter Flanken, wie ein Hering oder Lachs, besaß dieser Fisch eine rundliche, zylindrische Form. Bemerkenswert war die Farbe: oben ein dunkles, metallisches Blau mit einer Reihe schwarzer Flecken, die sich längs des Bauches zu Silber aufhellten. Seine Backen waren von einem Muster gezeichnet, das aussah wie Regentropfen, die an einer Glasscheibe hinunterrinnen.

Als ich die Bücher durchblätterte, konnte ich sehen, daß dies nicht die gefürchtete Makrele war. Und es war auch sonst keine Art, die wir finden konnten. Nachdem ich ihn fotografiert hatte, wickelte ich ihn sorgfältig ein, um ihn in meiner Tiefkühltruhe zu konservieren.

Ein paar Tage später fing ein kleiner Junge vor dem Pier in Port McNeill einen merkwürdigen Fisch. Niemand erkannte ihn, bis ein Alteingesessener daherkam und ihn ungläubig anstarrte.

»Aber das ist ja ein Pilchard!« sagte er. »Davon hab ich seit fünfzig Jahren keinen mehr gesehen.«

Pilchard ist der einheimische Name für Sardinen. Der Pilchard ist ein Verwandter des Herings, der etwa hunterfünfzig bis vierhundert Kilometer vor der Küste Kaliforniens laicht. Während die jungen Fische sich entwickeln, unternehmen sie jahreszeitliche Wanderungen nach Norden und Süden, wobei sie sich jedes Jahr in jede Richtung ein wenig weiter vorwagen. Sie fressen Plankton, Kieselalgen (winzige gepanzerte Algen) und Ruderfußkrebse (mikroskopisch kleine Crustaceen), was erklären würde, warum sie die Wasseroberfläche abschöpften, als ich ihnen im Fife Sound zufällig begegnete: Sie waren dabei, ihr Mittagessen auszusieben.

In den 1920er und 1930er Jahren spielte der Pilchard eine wichtige Rolle in der Fischereiwirtschaft British Columbias. Der einheimische Fang erreichte 1929 mit mehr als 86 000 Tonnen einen Höchststand. Durch seinen hohen Fettgehalt war der Fisch in einem kalten nördlichen Meer eine reiche Energie- und Kalorienquelle. Der Pilchard war kein Fisch für den abendlichen Eßtisch. Ein kleiner Prozentsatz wurde eingedost, aber der Großteil des Fangs wurde zu Öl und Mehl verarbeitet. Das Öl wanderte in Seifen und Backfett, und das Mehl wurde zu Hühnerfutter. Im Jahr 1929 begann der Zusammenbruch der Pilchard-Fischerei, und 1945 war es vorbei damit. Seit 1950 war in den Gewässern vor Nord-Vancouver Island kein Pilchard mehr gesichtet worden.

Ein paar Wochen, nachdem der Port-McNeill-Pilchard bestimmt worden war, fuhr ich raus und folgte Houdini, dem Buckelwal. Während ich in meinem Boot mit abgeschaltetem Motor dahintrieb und versuchte, das Geräusch eines Walblases auszumachen, tauchte unter mir ein Pilchard-Schwarm auf. Die Fische strömten mit unvorstellbarer Anmut direkt unter der Wasseroberfläche dahin. Wie ein einziger lebender Organismus schlängelte sich der Schwarm in Serpentinen durchs Wasser und schwamm dabei manchmal spiralförmig durch sich selbst.

Pilchards meiden Schatten. Der Schwarm teilte sich gleichmäßig nahe beim Heck meines Bootes und fügte sich am Bug wieder zusammen. Dann plötzlich, ohne Vorwarnung, brach es direkt neben mir in leuchtendem Rosa aus dem Wasser hervor – ich starrte unverwandt in das Maul eines Wals, der kaum mehr als anderthalb Meter entfernt war.

Wasser schoß in einem kaskadenartigen Sprühnebel hoch und schleuderte Dutzende von Fischen in die Luft. Ihre Schuppen reflektierten die leuchtenden Strahlen der Mittagssonne. Ich machte einen so heftigen Satz, daß ich von meinem Sitz auf den Boden fiel.

Es war Houdini bei seinem Mittagsmahl. Zufällig trieb ich mitten in seinem Hauptgang und blickte direkt in seinen riesigen, weit aufgerissenen Rachen. Er schloß sein Maul und preßte Tausende Liter Wasser durch seine Barten, welche die für den Magen bestimmten Pilchards einschlossen.

Houdini tauchte ab, und einen Augenblick später war alles ruhig. Künftig hielt ich mich von den Pilchards fern, wenn ich glaubte, daß ein Buckelwal in der Nähe war.

Auch andere Spezies stellten sich auf die Neuankömmlinge ein. Schweinswale folgten den Pilchards beharrlich. Zunächst wußten sie nicht, was sie mit dieser neuen Delikatesse anfangen sollten, aber nach ein paar Monaten preschten sie selbstbewußt durch die Schwärme. Seehunde folgten ihrer eigenen Lernkurve. Sie brauchten eine Weile, um eine Strategie auszuhecken, die darin bestand, einen Pilchard-Schwarm einzukreisen und unter ihm emporzusteigen. Die Pilchards versuchten zu entkommen, indem sie scharenweise an die Oberfläche sprangen und dabei exakt das *Kwuuuschsch*-Geräusch eines Walblases erzeugten. Zu wiederholten Malen hörte ich nahe der Küste das Blasgeräusch eines Buckelwals und lief runter zur Anlegestelle, bloß um nichts zu sehen als einen kleinen Seehund auf Pilchardjagd, der sich zu mir umwandte.

Dieses kleine Wunder von Leben, das in den Archipel zurückkehrte, blieb ein Rätsel, bis mir ein Aufsatz über das zyklische Auftreten von Sardinen auf den Schreibtisch flatterte. Bei der Untersuchung einer Bohrprobe vom Meeresboden auf der Höhe von Santa Barbara, Kalifornien, waren Meeresbiologen auf ein Muster gestoßen, bei dem sich Schichten, die Schuppen von Sardinen und Sardellen enthielten, mit solchen ohne Schuppen abwechselten, und dieses Muster wiederholte sich über mehr als siebenhundert Jahre alle fünfzig bis siebzig Jahre. Dieser pulsschlagartige Fischreichtum war im gesamten pazifischen Raum aufgetreten.

Beim ersten Blick auf ein Ökosystem erkennt man nicht, ob eine Spezies, die plötzlich auftaucht, neu ist oder ob sie in einem Zyklus wiederkehrt, der so groß ist, daß man seinen Rhythmus nicht erkennt. Wenn man jedoch weiß, wo man nachsehen muß, lagert oft irgendwo ein Beleg für diesen Zyklus. Was die Pilchards betraf, lagerte er im Meeresboden. Was die Buckelwale betraf, lagerte er im Gedächtnis der älteren Küstenbewohner, doch was war mit den Delphinen? Waren sie vorher hiergewesen? Hing ihre Ankunft mit diesen Fischen zusammen? Kein Lebender erinnerte sich, sie gesehen zu haben, aber einst hatten hier zehntausend Angehörige der Kwakwaka'wakw-Nation gelebt. Hatten sie sie gesehen? Wenn Delphine früher hiergewesen waren, könnten an den Stätten uralter Dörfer Zeugnisse von ihnen vergraben sein. Die Anthropologin Becky Widgon vom Royal Victoria Museum hatte die Antwort: »O ja«, sagte sie, »Delphinzähne verteilen sich gleichmäßig auf alle Abfallschichten der letzten zweitausend Jahre in Ihrer Gegend.« Da wurde mir die Sache klar: Vermutlich richteten die Delphine ihr Kommen und Gehen im Archipel am zyklischen Auftreten von Pilchard, Sardelle und Capelin aus. Wie sich herausstellte, war es ein weitverbreitetes Szenario. Wenn die Tintenfische von Los Angeles aus nordwärts zogen, folgten ihnen die Indischen Grindwale. Ihren Platz nahmen Rundkopfdelphine ein und wollten ihn später den Grindwalen nicht mehr überlassen. Während Fische mit ihren Wanderungen auf Strömungen und Temperatur reagieren, schieben Cetaceen-Populationen sich gegenseitig entlang der Küste nach Norden, nach Süden, zur Küste hin und aufs Meer. Wo ich auch hinschaute: Alles Leben steht in Wechselbeziehung zueinander, ist eine ausgewogene Gleichung, das Auf und Ab von Energie. Ich war sehr glücklich, daß ich mir die »Schicht« mit Pilchards und Delphinen teilte!

Nach vier Jahren kommerziellen Fischfangs beschloß ich, den Beruf des Matrosen aufzugeben und andere Wege zu finden, meinen Lebensunterhalt zu bestreiten. Zusammen mit Billy Proctors ältester Tochter Joanie eröffnete ich einen Laden für Geschenkartikel. Wir verkauften einheimisches Kunstgewerbe, Backwaren und Kleidung. Ich fing an, Fische, die ich gefangen hatte, auf T-Shirts zu drucken und diese zum Verkauf anzubieten. Die Hemden wurden beliebt, und am Ende produzierte ich etwa tausend pro Jahr, ein paar Jahre lang, bis ich von dem ständigen Kontakt mit dem Färbemittel eine Allergie bekam.

Auch meine Schreiberei brachte mir etwas Geld ein. Zeitschriften wie *Smithsonian* und *International Wildlife* schickten Schecks für Artikel und Fotografien von Schwertwalen, und allmählich boten sich mir andere, unvorhergesehenere Einnahmequellen. Ich erhielt einen Brief von Patagonia, einer Firma für Outdoor-Bekleidung, die anfragte, ob ich finanzielle Unterstützung für meine Umweltarbeit benötigte. Das Unternehmen spendete ein Prozent seines Umsatzes an Basisorganisationen, und irgend jemand hatte einen meiner berühmt-berüchtigten Fischfarm-Briefe an Patagonia weitergegeben. Konnte ich ein bißchen Unterstützung bei den Unkosten gebrauchen? Aber sicher! Zehntausende von Briefseiten zu versenden konnte teuer werden. Was auch für meine Telefonrechnung galt; das einzige, womit wir hier draußen arbeiten können, sind Mobiltelefone, und die Einheiten kosten jede Menge.

Eine andere Organisation zum Schutz der Wale, die englische Whale and Dolphin Conservation Society, rekrutierte mich für ihr Programm »Adoptieren Sie einen Wal«, ein Spendenprojekt, bei dem man einen bestimmten Wal »adoptierte« und über das Leben dieses Wals auf dem laufenden gehalten wurde. Sie kümmerten sich gerade darum, die nördlichen Orcas von British Columbia in das Programm aufzunehmen, und brauchten jemanden, der die aktuellen Informationen verfaßte. Man konnte das Geld nicht gerade als Gehalt bezeichnen, aber es reichte, um mein Boot zu unterhalten und die Kosten meiner Forschungsarbeit, der Foto-Identifizierung, zu decken. Mehrmals im Jahr schrieb ich aktuelle Berichte über Tsitika, Top Notch, Sharky und andere A-Pod-Berühmtheiten, und im Gegenzug erhielt ich erfreute Mitteilungen von Kindern in Spanien, Familien in Australien und anderen, die einen Wal »adoptiert« hatten, darüber, wie sehr es ihnen gefalle, von »ihrem« Wal zu hören.

Es zeigte sich, daß die Fischfarmen lediglich der erste von vielen Angriffen auf den Archipel war. Im Frühjahr 1998 zeigte mir Billy Proctor eine Bekanntmachung, die in der *North Island Gazette*, der Lokalzeitung von Port Hardy, veröffentlicht worden war und die Gemeinde davon in Kenntnis setzte, daß der Forstkonzern Interfor beabsichtigte, einen Nebenfluß des nahe gelegenen Kakweikan River mit Herbiziden zu besprühen. Billy war fuchsteufelswild.

»Am 17. Mai 1957 sprühten sie ein Pfund 2,4-D* pro Morgen auf alle Stromgebiete von Nord-Vancouver Island. Ich sah, wie es von den Flugzeugen niedersank. Teufel auch! Sie haben *mich* eingesprüht. Sie sagten uns, es würde den Lachsen nicht schaden. Eine Woche später säumten Schubkarrenladungen toter junger Babylachse die Ufer einiger dieser Flußsysteme.« Er zählte die Flüsse auf, die nach den Pestizid-Anwendungen aufgehört hatten, Lachse hervorzubringen. »Der Keogh, Nimpkish, Suquash, Nahwitti, Stranby.« Es war, als spräche er von alten Freunden, die gestorben waren.

* Dichlorphenoxyessigsäure; ein Pflanzenschutzmittel.

Die Gesundheit der Uferzone eines Flusses kann für eine Lachsspezies oftmals den Unterschied zwischen Leben und Tod bedeuten. Wenn kleine Silberlachse in einem Fluß schlüpfen, schwimmen sie in die winzigsten Abschnitte des Wasserlaufs, um Nahrung zu finden und nicht zur Beute von Forellen zu werden. Diese Tümpel werden oft vom Hauptstrom abgeschnitten, wenn in stark abgeholzten Stromgebieten der Wasserspiegel fällt. Außerdem benötigen diese Tümpel ein üppiges Nadeldach, um an heißen Sommertagen Schatten zu spenden, wodurch das Wasser kühl genug bleibt, damit die Fische überleben können. Wenn diese Mikro-Lebensräume bewahrt werden, gedeihen die jungen Silberlachse. Nach einem Jahr ungefähr schwimmen sie flußabwärts, um die Salzwasserphase ihres Lebens zu beginnen.

Wenn ein holzverarbeitendes Unternehmen jeweils nur kleine Abschnitte eines Waldes schlüge und ihn natürlich nachwachsen ließe, würde folgendes passieren: Laubbäume, zum Beispiel Erlen, würden die Abfolge des Lebens wieder in Gang bringen. Ihnen würden sich Sträucher wie Prachthimbeere, Holunderbeere und Teufelsklaue anschließen. Diese Pflanzen wachsen schnell und können dem Wasserlauf Schatten spenden, womit sie die Temperaturen auf einen Bereich absenken, der den Silberlachsen das Überleben ermöglicht. Außerdem erneuern ihre Wurzeln das Flechtwerk, das an den Hängen die Bodenerosion verhindert. Fehlen die Wurzeln, würde der Regen das Erdreich in den Fluß schwemmen, wo es sich im Kies absetzt und eine asphaltartige Oberfläche erzeugen würde, die Lachseier nicht halten und ausbrüten kann. Schließlich erscheinen junge immergrüne Pflanzen und Nadelbäume, die langsam mit Hilfe der wegbereitenden Arten wachsen und sich von deren organischem Kompost aus den alljährlich abfallenden Blättern ernähren.

Dieser natürliche Zyklus braucht Zeit, etwas, das zu gewähren Forstkonzerne sich weigern. Nach der Abholzung des Waldes versuchen sie, die Dinge zu beschleunigen, indem sie alle wegbereitenden Pflanzen mit Herbiziden besprühen und gleichförmige Reihen genetisch veränderter immergrüner Bäume pflanzen. Es dauert Jahre, bevor diese Bäume groß genug werden, um der Uferzone Schatten zu spenden. Doch das ist nur eines der Probleme der Silberlachse. Wenn in der Nähe der winzigen Tümpel, in denen die Silberlachse heranwachsen, Pflanzenschutzmittel versprüht werden, kann das tödlich sein für die Fische. Und nichts davon läßt nachweislich einen kräftigen Wald wachsen.

Als frischernannte Vertreterin des Archipels im Mount Waddington Community Resource Board, einem Gremium, das Bürgermeister und Provinzialminister in Fragen natürlicher Ressourcen berät, hielt ich es für meine Pflicht, wegen des Sprühens etwas zu unternehmen. Ich rief Karen Wristen vom Sierra Legal Defense Fund in Vancouver an. Gemeinsam mit einer Koalition der First Nations reichten wir Beschwerde gegen die Herbizid-Anwendung ein. Ein paar Wochen später stellte ich ein Team aus Sierra-Legal-Anwälten, Echo-Bay-Bürgern und einem Hydrologen zusammen, das rauf zum Kakweikan River fahren und das Gelände dort inspizieren sollte. Dort stellten wir fest, daß der Abholzungsbetrieb gegen seine Genehmigung verstoßen hatte, weil er nicht alle Flüsse in den vorgesehenen Sprühgebieten kartographisch erfaßt hatte. Diese unmarkierten Wasserläufe wären in Chemikalien ertränkt worden.

Das Umweltministerium gab unserer Beschwerde statt, was bedeutete, daß wir unseren Fall einem Umwelt-Berufungsausschuß, dem Environmental Appeal Board in Port Hardy, vorlegen durften. Kate Pinnsoneault, meine Freundin, die an Bord der *Sea Horse* lebte, befaßte sich mit der wissenschaftlichen Literatur über Pestizide. Als ein Interfor-Anwalt eine Studie anführte, welche die unerhebliche Wirkung von Pflanzenschutzmitteln auf junge Lachse »beweise«, wies Kate darauf hin, daß die ersten der Fische, die mit dem Herbizid in Kontakt gekommen seien, erst am zwanzigsten Tag der Studie gestorben seien. An Tag 21 sei die Studie abgeschlossen worden. »Man beendet eine Untersuchung nicht gerade dann, wenn man anfängt, genau die Ergebnisse zu erhalten, auf die hin man untersucht«, sagte Kate. Es überraschte niemanden, daß die Studie von einem großen Herbizid-Hersteller und einem holzverarbeitenden Unternehmen gemeinsam finanziert worden war.

Wir argumentierten, daß die Fische aussterben würden, nicht die Bäume. Wenn der Forstkonzern sein Herbizid nicht versprühte, das sich als tödlich für Fische erwiesen habe, dann seien das einzige, was das Unternehmen wahrscheinlich verlöre, fünf Jahre in dem einhundertjährigen Wachstumszyklus seiner neu gepflanzten Bäume.

Wir gewannen ein bißchen, und wir verloren ein bißchen. Obwohl Interfor das Recht zu sprühen nicht gänzlich verweigert wurde, begrenzte der Umwelt-Berufungsausschuß das Gesamtgebiet der Herbizidbehandlung deutlich und lehnte den Antrag des Unternehmens, die tödlichere Chemikalie Triclopyr einzusetzen, ab. In seiner schriftlichen Entscheidung charakterisierte der Ausschuß die Haltung des Umweltministeriums gegenüber dem Erhalt der Königslachse als »leichtfertig«.

Statt noch einmal über sein Herbizid-Programm nachzudenken, suchte Interfor die Schuld für seine Niederlage woanders. Ein paar Tage, nachdem der Berufungsausschuß seine Entscheidung verkündet hatte, feuerte der Holzkonzern unvermittelt die beiden Förster, die für den Fall zuständig gewesen waren.

Mit jeder Schlacht gewannen meine neuen Verbündeten und ich an Erfahrung. Nach und nach wurde ich geschickter darin, dem System zuzusetzen, um unsere Heimat zu retten. Als ein paar Monate später das nächste Stück Lachs-Lebensraum besprüht werden sollte, legte ich wieder Einspruch ein. Diesmal war es das Umweltministerium selbst, das sprühen wollte. Die Behörde traf ohne Umschweife eine Vereinbarung mit mir. Zwar wollte man nicht gänzlich auf die Chemikalien verzichten, aber ich luchste dem Ministerium ein Stückchen Lachs-Lebensraum ab.

Beim dritten Einspruch fing das Umweltministerium an, bei

mir nachzufragen, bevor es irgendwelche weiteren Herbizid-Anwendungen genehmigte.

Manchmal kann einem schwindelig werden von den Dingen, mit denen Unternehmen hier oben versuchen, ungestraft davonzukommen. Carmen Burrows, Mutter zweier Kinder, die im hiesigen Stadtrat sitzt, rief mich eines Morgens an, um zu fragen, ob ich schon gehört hätte, daß das Umweltministerium vorhabe, die Verteilung der festen Klärabfälle der Stadt Vancouver auf den Schwemmebenen des Klinaklini River zu genehmigen.

»Könnte das vielleicht so schlimm sein, wie es klingt?« fragte Carmen.

Es konnte. Als sie mir eine Kopie des Antrags zufaxte, fragte ich mich, ob die Welt jetzt vollkommen übergeschnappt war.

Der Klinaklini River mündet in das obere Ende des Knight Inlet und bietet nicht nur Laichgründe für Lachs und Eulachon, sondern ist auch der Lebensraum von Elchen und Grizzlybären. Für die Angehörigen der First Nations ist der Eulachon oder Kerzenfisch außerdem nach wie vor ein wichtiger Teil ihrer Ernährung und ihrer Zeremonien.

Irgend jemandem war beim Anblick dieses mächtigen Stromgebietes eine brillante Geschäftsidee gekommen: Man transportiere den Schlamm der Stadt Vancouver ab (gegen eine saftige Gebühr) und lasse sich anschließend noch einmal dafür bezahlen, daß man ihn auf einer kahlgeschlagenen Schwemmebene als »Dünger« für genetisch veränderte Fichten verwendet. Unter den Bestandteilen dieses städtischen Schlamms aufgelistet waren Arsen, Kupfer, Blei und verschiedene andere Schwermetalle – genug Gift, um das gesamte Gebiet jeglicher lebenserhaltender Funktion zu berauben.

Sobald ich das Fax gelesen hatte, rief ich Yvon Gesinghaus an, geschäftsführende Direktorin des Rates des Musgamagw Tsawataineuk Stammes in Alert Bay. Yvon hörte sich an, was ich zu sagen hatte, und meinte dann: »Die Welt ist verrückt geworden. Ich werde den Ältesten diese Sache vortragen.«

Yvon hat den Beschützerinstinkt einer Grizzlybärenmutter. Sie hat in ihrem Leben mehr als genug persönliche Tragödien erlebt und in Alert Bay zwei Generationen von Kindern und Pflegekindern großgezogen. Ich bin mir nicht ganz sicher, was sie unternahm, aber als ich das nächste Mal mit einem Beamten vom Umweltministerium sprach, erzählte der mir, daß der Schlammverteilungs-Antrag zurückgezogen worden sei. »Warum?« wollte ich wissen.

»Zuviel Widerstand«, war alles, was er sagte.

Leider gibt es noch heimtückischere Chemikalien, die ihren Weg in die Orcas von British Columbia gefunden haben. Fettbindende Polychlorbiphenyl-Moleküle (PCB) und Dioxine haben bei den meisten Walen dieser Küste ein zuträgliches Niveau überschritten. Die von Lance Barrett-Lennard mittels einer Armbrust vorgenommenen Biopsien enthüllten ein schreckliches Kontaminationsmuster. Obwohl die nichtansässigen Orcas heute die am stärksten verseuchten Säuger aller Zeiten sind, drohen die südlichen ortstreuen Wale auszusterben. Die Toxin-Belastung beginnt bei der Geburt mit der Muttermilch. Bei weiblichen Jungtieren steigt dieser Pegel, bis sie gebären, der Zeitpunkt, an dem sie die Gifte an ihren eigenen Nachwuchs weitergeben. Die Männchen hingegen weisen einen kontinuierlichen Anstieg auf und sterben heute so schnell, daß es vielleicht schon bald keine sich vermehrenden Männchen mehr gibt. Obwohl sich zahlreiche dieser Gifte in der Luft befinden, sind die Gewässer vor Seattle, Vancouver und Victoria ebenfalls verseucht. Jeder, der glaubt, unsere Gifte wirkten sich nur auf Wale und andere Tiere aus, verkennt die Wahrheit. Auch unser Körper sammelt sie an.

22 Nachdem ich ein Vierteljahrhundert mit dem Studium von Walen verbracht habe, neige ich dazu, alles vom Standpunkt tierischen Verhaltens aus zu betrachten. Wale, Delphine und Schweinswale sind schwer zu durchschauen. Menschen andererseits stellen ihre Gefühle und Absichten zur Schau wie Neon-Reklametafeln. Wenn ich Leuten bei öffentlichen Versammlungen gegenübersitze und beobachte, wie sie versuchen, für Pflanzenschutzmittel und eine Expansion der Lachsfarmen zu werben, stelle ich fest, daß ich aus ihrer Körpersprache mehr erfahre als aus ihren Worten. Bei jeder Halbwahrheit huschen die Augen hin und her. Wissenschaftler im Dienste von Unternehmen starren ihre Wohltäter an, schürzen die Lippen, umklammern ihre Finger und schlagen die Beine übereinander – eindeutig nervöse Verhaltensmuster. Es ist immer wieder erfrischend zu hören, wie jemand aufrichtig, mit freimütigem, unverwandtem Blick seine Aussage macht.

Unsere Strategien wurzeln in den Dominanzhierarchien der Tierwelt. Was bekommt der oberste Hund, Schimpanse oder Seelöwe? Sex und Nahrung. Unsere Führer sind so anders nicht. Man ersetze einfach Nahrung durch Macht. Viele Spezies fördern Allianzen innerhalb ihrer Gesellschaften und kämpfen um Macht. Wir tun so, als seien wir vom Verhalten unserer Politiker schockiert, aber als Spezies sind wir so ungewöhnlich eigentlich auch wieder nicht. Über Äonen von Jahren hat sich nicht viel verändert.

Wenn ich mir auf der anderen Seite Unternehmen anschaue, sehe ich eine gefährliche, selbstverschuldete Anomalie. Das korporative Tier existiert nur in den zwei Dimensionen von Papier, doch es ernährt sich von der feuchten und ungezähmten dreidimensionalen lebenden Welt. Im Gegensatz zu jedem anderen Nutzer der Ressourcen der Erde haben Unternehmen sich unberührt von den unerbittlichen Regeln herausgebildet, die jede Spezies zwangen, mit jeder anderen zu koexistieren. Ihr Wachstum ist krebsartig, aber statt an der Zerstörung, die sie verursachen, zu verkümmern, entgehen Unternehmen dem Tod, indem sie die Köpfe recken und sich einem weiteren unberührten, energiereichen Lebensraum zuwenden.

Das darf nicht so weitergehen.

Die natürlichen Systeme, von denen wir alle abhängen, werden in nicht allzu ferner Zukunft zerstört sein. Sie werden kein Leben mehr ernähren können. Das räuberische Wachstum der Unternehmen hat klaffende Löcher in das Nervensystem des Planeten gefressen, das unentbehrliche Auf und Ab von Energie zerstört und das Wesen unserer Existenz als Teil eines geschlossenen Kreislaufs ignoriert.

Der Trumpf der Natur heißt Diversität (Vielfalt). Ob es ein Wald ist, eine Lachs-Spezies oder eine Karibu-Herde, die Natur hat dafür gesorgt, daß die Organismen nicht alle gleich sind. Wenn eine bestimmte Virus- oder Bakterien-Art eine Vorliebe für Karibus entwickelt, garantiert die Diversität innerhalb der Spezies, daß zumindest ein paar Karibus überleben. Unternehmen jedoch schätzen Einheitlichkeit – einheitliche Baum-Arten, einheitliche Becken mit atlantischen Lachsen. Dies erscheint als der Höhepunkt der Torheit, weil es auf der Annahme basiert, wir hätten sämtliche Krankheitserreger unter Kontrolle. Das haben wir nicht. Und wenn die Unternehmen fortfahren, die natürlichen, auf Diversität basierenden Systeme der Welt zu zerschlagen, werden wir eines Tages einen sehr hohen Preis dafür bezahlen.

Mit dem zunehmend tieferen Fußabdruck der Unternehmen auf dem Broughton-Archipel verspürte ich Panik angesichts dieser Macht, die manchmal vollkommen unaufhaltsam erscheint. Ich glaube, daß die Macht, die dieser unersättlichen korporativen Dynamik Einhalt gebieten wird, Liebe ist. Gespeist aus einer unbezwingbaren Energiequelle, gelingt es der

Liebe auf geheimnisvoll unbestechliche Weise zu obsiegen. Während ich zusehe, wie meine Nachbarn, einige ohne formale Bildung, einige an der Schwelle zur Armut, sich den Protagonisten der korporativen Welt widersetzen, wundere ich mich über ihre großartige innere Kraft. Ich verspüre Hoffnung.

Ich bin keineswegs der einzige Mensch, der den verheerenden menschlichen Einfluß auf die Wale und ihre Umwelt registriert. Am 24. März 1989 lief der Tanker *Exxon Valdez* am Blight Reef im Prince William Sound, Alaska, auf Grund. Mehr als 40 000 Tonnen Rohöl aus der Prudhoe Bay strömten in diesen unberührten Archipel. Innerhalb weniger Wochen verbreiteten Wind und Gezeiten das Öl über 1900 Kilometer Küstenlinie. Wenn sich Öl über den Ozean verteilt, setzt es giftige Dämpfe frei, von denen einige krebserregend sind. Die Menschen, die versuchten, die Strände von dem schädlichen, dickflüssigen schwarzen Schlamm zu reinigen, wurden ohnmächtig von den Gasen. Die kalten Gewässer Alaskas verlangsamten diese todbringende Vergasung und machten den Ölteppich dadurch fast eine Woche lang hochgiftig. Die Walforscher Craig Matkin und Eva Saulitis mußten mit ansehen, wie fünf Mitglieder einer genetisch eigenständigen und sozial einmaligen Population nichtansässiger Schwertwale, die T1-Pod, durch die erstickende Schicht hindurch an die Oberfläche kamen und Zentimeter oberhalb des tödlichen Ölteppichs zu atmen versuchten. Schwertwale sind Herren ihrer Umwelt, aber sie hatten keinerlei Erfahrung darin, das stille Leichentuch zu entdecken oder zu umschwimmen, das von dem aufgerissenen Schiff hertrieb. Nur einer dieser fünf Wale überlebte. Andere Pod-Gefährten waren wahrscheinlich in der Nähe, und von den zweiundzwanzig Mitgliedern dieser ungewöhnlichen Gruppe ist die Hälfte verschwunden. Diese nichtansässige Pod brachte nie wieder ein lebendes Neugeborenes hervor und ist zum Aussterben verurteilt.

Eine Woche nachdem das Öl ausgeströmt war, wurde auch

eine Familie fischfressender Ortstreuer, bekannt als AB-Pod, in der Nähe des Wracks der *Exxon Valdez* gesehen. Vierzehn ihrer sechsunddreißig Mitglieder starben. Einige wurden unmittelbar vergiftet, und seit diesem Tag lag die Zahl der Todesfälle in dieser Pod zweimal über der für den Rest der ortstreuen Wal-Population normalen Sterblichkeitsrate. Obwohl einige Kälber geboren wurden, sterben mehr Wale, als geboren werden. Zwar hat man die Kadaver der Wale nie gefunden, doch glauben Wissenschaftler, daß bei denen, die sofort starben, die empfindlichen Schleimhäute irreversibel geschädigt wurden, als sie die giftigen Gase tief in ihre Lungen einsogen. Viele dieser Wale litten wahrscheinlich an starken, chronischen Atembeschwerden, die sie am Ende tödlich schwächten. Weil Schwertwale einander so eng verbunden sind, löst der Tod von Müttern darüber hinaus einen Dominoeffekt aus und tötet neugeborene, jugendliche, sogar ausgewachsene Söhne. Einige Mütter und alle ihre Kinder, ganze matrilineare Abstammungslinien, starben. Einige Neugeborene wurden zu Waisen und starben anschließend. Eine Mutter nahm ihre Kinder, verließ die Pod und schloß sich einer anderen, gesunden Gruppe an, etwas, das man bei Schwertwalen von Kalifornien bis zum Beringmeer nie zuvor oder danach gesehen hatte. Nicht eine einzige ältere Matriarchin blieb übrig, um die Familie zusammenzuhalten.

Das ausströmende Öl tötete unmittelbar auch dreihundert Seehunde und reduzierte diese Population im Laufe der nächsten elf Jahre um fünfunddreißig Prozent. Seehunde waren die Hauptnahrungsquelle der Nichtansässigen. Tausende von Vögeln starben. Das Öl der *Exxon Valdez* überzog Heringseier, die an den felsigen Gestaden des Prince William Sound frisch abgelegt worden waren, und verursachte Mißbildungen, genetische Schäden, Dottersäcke, die zu klein waren, um die jungen Fische zu nähren, Schwimmbehinderungen und tödliche Krankheiten, wodurch die Larvenproduktion beim Prince-William-Sound-Hering in jenem Jahr um 99,9 Prozent zurückging. Für viele Arten waren diese Heringe eine unentbehrliche Energiequelle. Buckellachse, die normalerweise in Mündungen von Wasserläufen laichen, dort, wo das Süßwasser auf den Ozean trifft, wurden ebenfalls geschädigt. Bei jeder Flut wurde Öl auf ihre Nester gespült, just zu der Zeit, in der die winzigen Fische sich bereit machten zu schlüpfen. Nicht nur, daß diese Generation deformiert und getötet wurde, auch ein hoher Prozentsatz der Eier und Spermien nachfolgender Generationen wurde durch das Öl, in das ihre Vorfahren unmittelbar vor dem Schlüpfen gerieten, unfruchtbar gemacht. Der Effekt wird auf unzähligen Wegen von einer Generation zur nächsten weitergegeben. Die vor vierzehn Jahren aus diesem Tanker freigesetzten Kohlenwasserstoffe haben jede trophische Ebene mit einem sich wiederholenden Zyklus des Todes in Mitleidenschaft gezogen. Im Sommer 2001 fanden Forscher achtunddreißig Tonnen von dem Öl, die noch unter den Stränden begraben waren, stießen auf Leberschäden bei Seeottern und auf frisch aufgenommenes Öl bei den vom Aussterben bedrohten Kragenenten. Weder der Prince William Sound noch die vielen anderen von Ölteppichen verseuchten Ökosysteme werden sich zu unseren Lebzeiten erholen. Die tatsächlichen Kosten des Öls sind so unermeßlich viel höher als das, was wir an der Zapfsäule bezahlen, daß jeder im Namen des Lebens auf der Erde einen Sonnenkollektor pro Jahr kaufen sollte.

Mit dem Anbruch eines neuen Jahrhunderts zeigt die Fischzucht-Industrie keinerlei Ermüdungserscheinungen. Und die ökologische Zerstörung des Archipels ebensowenig. Zu Beginn des Jahres 2001 drängten sich einhunderteinundzwanzig Netzgehege an der Küstenlinie von British Columbia. Im Broughton-Archipel bieten heute zweiundzwanzig Standorte Platz für insgesamt etwa sechzehn Millionen Fische, und die Industrie drängt auf weitere.

»Bieten Platz« ist allerdings relativ. Seit der Einführung der Lachsfarmen an der Küste von British Columbia in den späten 1980er Jahren haben mehr als eine Million domestizierte

Lachse ihren Weg in die Gewässer Westkanadas gefunden. Die atlantischen Lachse sind da, und sie passen sich an. John Volpe, ein Lachsforscher von der University of Victoria, fand junge atlantische Lachse in drei Flüssen an der Ostküste von Vancouver Island – unter anderem auch im Tsitika River, der in das Walschutzgebiet Robson Bight mündet. Volpes Entdekkung deutet darauf hin, daß entwischte atlantische Lachse in der Wildnis laichen.

Heute kommt es alle paar Monate zu Ausbrüchen von Lachsen. Im Jahr 1997 entwischten 370000 atlantische Lachse aus einer Farm in der Rich Passage im Puget Sound. Im Jahr 1999 entkamen über 49 000 atlantische Lachse von Farmen an der Küste British Columbias. Da kontinuierlich atlantische Lachse entwischen, hat das Fischereiministerium aufgehört, die genaue Zahl der Fische zu nennen, und sich auf Prozentangaben verlegt. Im Jahr 1991 seien fast zwei Prozent Zuchtfische entflohen, aber im Jahr 1999, so der Hinweis, seien es nur noch ganze 0,2 Prozent gewesen. Das klingt wie eine gute Nachricht – ein exponentieller Rückgang! –, bis einem klar wird, daß in absoluten Zahlen im Jahr 1999 mehr als doppelt so viele entflohen wie 1991. So schnell ist die Fischzucht-Industrie gewachsen.

Jeden Sommer höre ich zufällig mit, wie kommerzielle Fischer sich per Funk über die atlantischen Lachse beklagen. »Die Sockeyes rammen auf dem Weg nach Süden die eine Seite meines Netzes, und diese schleimigen Atlantiklachse rammen auf dem Weg zum Meer die andere Seite«, erzählte ein Fischer einem anderen. Am Ende eines jeden Jahres schien die vom Fischereiministerium gemeldete Zahl entwischter atlantischer Lachse nie zu dem zu passen, was ich von den Fischern hörte. Im Sommer 2000 beschloß ich, die atlantischen Lachse selbst zu zählen.

Saison-Eröffnungstag in der Johnstone Strait war der 2. August. »Könnten alle Schiffe, die atlantische Lachse gefangen haben«, verkündete ich über Funk, »sich bitte bei der *Blackfish Sound* melden?«

Die alten Fischer waren anfangs mißtrauisch. »Sind Sie eine Fischzüchterin, die ihre stinkigen Fische zurückhaben will?« brüllte ein Fischer mich an.

Nachdem sie erst einmal erfahren hatten, daß ich lediglich versuchte, das Ausmaß der Atlantiklachs-Plage abzuschätzen, riefen Boote jeglicher Größe über Funk die *Blackfish Sound*. Die *Outsider* meldete 30 atlantische Lachse, die *Dream Weaver* 37. Die *Winning Edge* meldete, daß sie 60 gefangen hätte, die *Surf Isle* 28. Die *Brenda Mae* hatte am Strand in der Robson Bight auf einen Satz 12 gefangen – »auch ungewöhnlich große Brocken«, sagte der Skipper. Die *Jody Lee* hatte am Naga Creek 48. Die *Montego Bay* gab telefonisch vier von der Nordseite von Malcolm Island durch. Die *Bojangle Too* funkte durch: »Ich hab einen, und ich behalte ihn nur für dich, Alex!«

Während des Sommers 2000 registrierte ich 10 256 Fänge von atlantischen Lachsen. Und das waren bloß die Boote, die sich die Mühe einer Meldung machten. Mehr als 800 der Fische schlitzte ich höchstpersönlich den Bauch auf. Wenn schon sonst nichts, so hatte ich in der Zeit, als ich für Billy Proctor Lachse ausgenommen hatte, zumindest eine Ausbildung in Lachs-Anatomie erhalten. Sie hatte mich jedoch nicht auf die bizarren Verhältnisse vorbereitet, auf die ich im Inneren dieser Fische stieß. Manche hatten Fleisch, das so weich war, daß ich meinen Finger nehmen und es ausschaben konnte wie Kartoffelbrei. Andere hatten eine klumpige Milz, eine orange verfärbte Leber, lebenswichtige Organe, die völlig zusammengeschmolzen waren.

Trotz der Versicherungen seitens des Fischereiministeriums und führender Vertreter der Industrie, entflohene Zuchtfische fräßen niemals wilde Nahrung, stellte ich fest, daß manche Mägen voll mit jungen pazifischen Lachsen, Heringen, Garnelen und anderen Fischen und Krustentieren waren.

Von den beiden atlantischen Lachsen, die Billy Proctor im Scott Cove Creek gefangen hatte, machte ich Bakterienabstriche. Die Fische waren mit wunden Stellen bedeckt. Ich schickte die Hälfte ans Labor der Provinzregierng und bezahlte die Tests an der anderen Hälfte in einem privaten Labor an der University of Guelph in Ontario. Der Laborexperte rief mich aus Ontario an, sobald er die Ergebnisse bekommen hatte.

»Wo zum Teufel haben Sie diese Fische her?« sagte er. »Jeder Abstrich, den Sie gemacht haben, wimmelt von Bakterien. Sie schwärmen in der Petrischale umher.«

Die Bakterie heißt *Serratia* und ist gegen elf der achtzehn an ihr getesteten Antibiotika, einschließlich Penicillin, resistent.

Aus dem Labor der Provinzregierung kamen überraschenderweise andere Ergebnisse. Man habe in den Proben, die ich geschickt hatte, keine Bakterien entdecken können. Die gelben, mit Eiter besetzten wunden Stellen, hieß es, dürften von »scheuernden Stengeln« verursacht worden sein.

Ich stellte das Ganze ins Internet und erhielt eine Antwort von einem schottischen Arzt. Er hatte *Serratia* auf Lachsfarmen gefunden, wo die Abwässer der Personalunterkünfte in die Gehege gesickert waren. Ich beschloß, daß ich besser Handschuhe tragen sollte, wenn ich Zuchtlachse anfaßte.

Die Lehren aus Katastrophen in anderen Fischzuchtregionen müssen in British Columbia erst noch gezogen werden. Im Jahr 1997 fegte ein Virus, ansteckende Lachs-Anämie, durch Fischfarmen in New Brunswick an Kanadas Nordostküste. Am Ende zahlten Provinz- und Bundesregierung etwa zehn Millionen Dollar, um die Züchter für den Verlust von mehr als einer Million Fische zu entschädigen. Im Jahr 2001 griff das Virus auf Maine über, wo es die letzten übriggebliebenen atlantischen Lachse bedroht.

Aus Norwegen, das die meiste Erfahrung mit der Lachszucht und weit strengere Umweltkontrollen besitzt, kommen noch schlechtere Nachrichten. Die Auswirkungen der Fischzucht auf norwegische Flüsse und den Bestand an Wildlachsen sind geradezu verheerend. In norwegischen Flüssen gibt es inzwischen viermal so viele Zuchtlachse wie Wildlachse. Jedes

Jahr entwischen bis zu vier Millionen gezüchtete Fische in die Wildnis, und Kreuzungen zwischen Entwischten und wilden Spezies sind ausgiebig dokumentiert. Zu Beginn der 1990er Jahre wurde mit einer Lastwagenladung Lachs-Smolts ein parasitärer Plattwurm aus Schweden eingeschleppt, der als *Gyrodactylus* bekannt ist und auf mehr als fünfunddreißig norwegische Flüsse übergriff. Manche Flüsse waren so stark infiziert, daß Offizielle darauf zurückgriffen, sie mit Rotenon zu »behandeln«, einer Chemikalie, die alles Leben zerstört, infiziertes und nichtinfiziertes. Nachdem die Fische und Insekten vernichtet waren, versuchten Offizielle anschließend, in den Flüssen wieder einheimische Bestände einzuführen. Durch den Parasiten und die Behandlung wurden mehr als dreißig wilde Lachsbestände ausgerottet.

Die von den Fischfarmen in British Columbia ausgehende Verseuchung verschmutzt den Archipel weiterhin in erstaunlichem Tempo. Im Jahr 1999 erstattete Lynn Hunter von der David Suzuki Foundation Anzeige nach dem kanadischen Fischereigesetz gegen Stolt Sea Farm; sie beschuldigte den Lachszucht-Giganten, mit der von seiner Zucht in der Carrie Bay, etwa sechseinhalb Kilometer südlich der Echo Bay, verursachten Verseuchung dem Lebensraum der Fische zu schaden. Lynn verwendete die Studie des Umweltministeriums gegen Stolt. Laut Ministerium entstand bei der Carrie-Bay-Lachsfarm, wie viele andere auch, unter Wasser ein gewaltiger Haufen aus Lachsexkrementen und nicht gefressenen, mit Antibiotika versetzten Futterpillen, der sich knapp fünfzig Meter über die Grenzen der Netzgehege von Stolt hinaus erstreckte. Im Jahr 2000 produzierte die Fischzucht-Industrie British Columbias dieselbe Menge ungeklärter Abwässer wie eine Stadt mit einer Million Einwohner.

Der Kronrat der kanadischen Bundesregierung wies Lynns Anzeige mit der Begründung ab, daß die Regierung Stolt die Genehmigung zur Zucht in der Carrie Bay in vollem Wissen um die negativen Auswirkungen eines solchen Betriebes auf die Umwelt der Gegend erteilt habe. Mit anderen Worten, die

Verschmutzung ging in Ordnung, weil die Regierung vorher schon gewußt hatte, daß die Zucht wahrscheinlich Verschmutzung verursachen würde.

Ich brauchte elf Jahre für die Erkenntnis, daß es sinnlos war, mit der Bürokratie zu verhandeln. Im Jahr 2000 begann ich, die einheimische Regierung zu umgehen und direkt mit der Weltgemeinschaft der Wissenschaftler zu reden. Wenn ich jetzt ein Problem bemerke, gehe ich ins Internet und treibe einen Experten auf, mit dem ich mich zusammentun kann. Dieser »Partner« führt mich durch Datensammlungen, ganz gleich um welchen Organismus es sich handelt – von sich stark vermehrenden Bakterien bis zu Copepoden (Ruderfußkrebse) –, und gemeinsam schreiben wir einen Artikel über die Beziehung dieser Lebensform zu Lachsfarmen und Umwelt. Auf diese Weise können kontroverse Erkenntnisse ohne Verzögerung oder gewaltige Fördermittel Eingang in die wissenschaftliche Diskussion und Literatur finden.

In allen Ländern, in denen Lachse gezüchtet werden, hat ein kleiner, normalerweise gutartiger Parasit, die Seelaus, stark zugenommen. Zu Tausenden entweichen diese Läuse aus den Netzgehegen und fressen wilden Salmoniden (Meeresforelle und Lachs) die Haut ab. In Schottland, Irland und Norwegen macht man die Seeläuse für den dramatischen Rückgang der Wildlachse in der Nähe von Fischfarmen verantwortlich. Diese Länder haben strenge Vorschriften über die Anzahl der pro Zuchtlachs erlaubten Läuse erlassen. In British Columbia hat die Regierung einen anderen Weg eingeschlagen – die Augen vor dem Problem verschließen. Im Jahr 2001 tat ich mich mit Wissenschaftlern aus Schottland, Norwegen und Alaska zusammen, um 924 noch nicht ausgewachsene Wildlachse im Broughton-Archipel, der inzwischen von Lachsfarmen überschwemmt wird, zu untersuchen. Bei den meisten der wilden Fische überstieg der Läusebefall ein tödliches Ausmaß. Doch statt nach einem Weg zu suchen, ein Entweichen der Läuse von den Farmen zu unterbinden, hat das Fischereiministerium Nachforschungen über mich eingeleitet. Die Botschaft lautete: Interessieren Sie sich nicht zu sehr für diese Industrie, Alexandra Morton, sonst wird das Konsequenzen haben.

Vor ein paar Jahren ging ein Kindheitswunsch von mir in Erfüllung: Ich sprach mit Jane Goodall. Als ich hörte, daß sie an der Universität von Victoria sprechen sollte, rief ich eine Freundin an, die zum dortigen Lehrkörper gehörte. »Gibt es irgendein Dinner nach dem Vortrag, zu dem ich mich einladen könnte?«

»Es gibt ein Lunch bei den Batemans«, sagte sie, »aber wenn es darum geht, eingeladen zu werden, mußt du dir selbst helfen.«

Robert Bateman ist der führende Landschaftsmaler in Kanada, und er und seine Frau zählen zu den bedeutenden Umweltschützern des Landes. Obwohl ich Mr. Bateman nicht kannte, schrieb ich den vielleicht lächerlichsten Brief, den ich je verfaßt habe, um zu fragen, ob ich nicht zum Lunch mit Mrs. Goodall kommen könnte, und sparte auch nicht mit dem Hinweis auf meine guten Tischmanieren. Ich dachte mir, fragen kostet nichts. Ein paar Tage später rief Batemans Sekretärin zurück, mit Anweisungen, wie ich am besten zum Haus der Batemans auf Salt Spring Island in der Nähe von Victoria käme.

Ich war Jane Goodall zuvor einmal begegnet, als sie an der Hotchkiss, der privaten College-Vorbereitungsschule in meiner Heimatstadt Lakeville, eine öffentliche Vorlesung gehalten hatte. Damals war ich wahrscheinlich ganze zwölf Jahre alt gewesen. Nach ihrem Vortrag hatte ich inmitten der Schülerschar gestanden, während irgendwelche scheinbar schrecklich anspruchsvollen Fragen zu ihrer Forschungsmethode gestellt wurden. Schließlich waren alle Schüler davongeschlendert, bis auf mich, eine Einheimische, die nicht einmal auf die Hotchkiss ging. Als nur noch Jane Goodall und ich dagewesen waren, hatte es mir derart die Sprache verschlagen, daß mir nichts eingefallen war, das ich hätte sagen können. Sie hatte mich angelächelt, bevor sie sich abwandte, um ihre Dias zu holen.

Zwanzig Jahre später war ich soweit. Goodalls Brillanz hatte mit den Jahren nicht nachgelassen. Sie strahlte die Anmut und Weisheit der Erde aus.

Ich wartete auf den geeigneten Moment, lehnte mich zu ihr hinüber und fragte: »Jane, glauben Sie, es gibt Hoffnung?« Ich hielt den Atem an.

»Ja«, sagte sie. »Ich jedenfalls habe Hoffnung. Die Natur ist ungeheuer zäh, die Menschen sind äußerst intelligent, die Energie und Begeisterung, die unter jungen Menschen geweckt werden können, scheinen grenzenlos zu sein, und der menschliche Geist ist unbezähmbar. Aber wenn wir das Leben wollen, werden wir aufhören müssen, uns bei der Rettung der Welt auf jemand anderen zu verlassen. Es hängt von uns ab – von Ihnen und von mir, von uns allen. Was mich betrifft, so habe ich mein Vertrauen in die Kinder gesetzt.«

Wenn ich meine eigenen Kinder betrachte – ein Sohn in seinem dritten Jahr an der Universität und eine Tochter, die noch in meinen Armen einschläft –, denke ich, daß es Hoffnung für unsere Spezies geben muß, und sei es nur um ihretwillen. Die Chronik des Durchzugs der Wale hat bei mir ein Verständnis dafür geweckt, daß wir – als Spezies – heute an einem Scheideweg stehen. Wir können uns der Möglichkeit unserer eigenen Auslöschung stellen und daran arbeiten, sie abzuwenden, oder wir können dem traditionelleren Weg der Organismen der Erde folgen und blindlings über den Rand stürzen. Wenn es einen für den Menschen typischen Charakterzug gibt, dann ist es der Wille zum Überleben. Ich bin überzeugt davon, daß diese Eigenschaft uns motivieren wird, *mit* der natürlichen Welt zu arbeiten und nicht gegen sie, und mehr müssen wir nicht tun, um den Kindern – aller Spezies – der Erde die Chance zu geben, sich zu entwickeln.

23

Ich kam hierher, um die Familie eines Schwertwals zu finden. Ich bin geblieben und habe sowohl eine eigene Familie gegründet als auch neuen Sinn in der Welt gefunden. Nach fünfundzwanzig Jahren Walforschung stehe ich noch immer am Anfang, lerne noch immer hinzuschauen. Die Welt der Wale ist so fremd, daß sie sich unserem Begriffsvermögen stets ein wenig entziehen wird, aber die methodische, kooperative Zusammenführung von Erkenntnissen durch die Wissenschaft konnte der Erde viele ihrer Geheimnisse entreißen. Während die Anfangsphase der Walforschung sich dem Ende zuneigt, bleibt das für ihre Existenz zentrale Rätsel ungelöst. Was fängt ein tauchendes Säugetier mit einem so großen Gehirn an? Gehirne verbrauchen Unmengen Sauerstoff; sie erfordern eine stetige und reichliche Versorgung. Dies macht selbst ein einfaches Gehirn für ein Tier, das sein Leben mit Luftanhalten verbringt, zu einer »kostspieligen« Angelegenheit. Daß Wale, die in ständiger Bewegung sind, so viel kostbaren Sauerstoff von den Muskeln umleiten, um ein gewaltiges Denkorgan zu unterhalten, ist kein Versehen. Diese prachtvollen Köpfe in der salzigen Tiefe verdienen sich ihren Lebensunterhalt, aber wie?

Wir haben diese Frage lediglich gestreift. Wir wissen, daß Delphine über ein langes, genaues Gedächtnis, komplexe Beziehungen und eine gewisse Empfänglichkeit für unsere Sprache, einschließlich Syntax und Namen, verfügen. Sie zeigen Gefühle und erkennen sich in einem Spiegel (ein kognitiver Meilenstein); sie retten uns sogar. Ist das wichtig? Dr. Denise Herzing von der Florida Atlantic University, die fünfzehn Jahre lang wilde Zügeldelphine erforschte, hat uns aufgefordert, Delphinen eine »Persönlichkeit« zuzugestehen. Auf der

Grundlage ihrer Beobachtungen sieht sie in ihnen eindeutig Mitglieder unserer Gemeinschaft. Das Problem besteht ihrer Ansicht nach einfach darin, daß wir hoffnungslos voreingenommen und darauf beschränkt seien, nur ein terrestrisches – auf Feuer, Elektrizität und einem opponierbaren Daumen* basierendes – Intelligenzmodell anzuerkennen.

Eine der interessantesten Hypothesen darüber, wie Delphine ihr Gehirn nutzen, wurde von Dr. Peter Tyack vom renommierten Woods Hole Oceanographic Institute in Massachusetts vorgetragen. Vor dem Hintergrund seines beträchtlichen Wissens über die Dynamik von Schall unter Wasser meint Tyack, daß zwei Wale zusätzlich zur Laserstrahl-Echoortung möglicherweise weite Streifen Ozean zwischen sich aufhellen, wenn sie miteinander sprechen. Dies würde eine genaue Übereinstimmung zwischen der zeitlichen Abstimmung und der Frequenz jedes Rufs erfordern. Walen gelinge genau das. Wenn ein Laut sich in einem Raum ausbreite, würden überall dort, wo er auf ein Objekt stoße, Löcher »ausgestanzt«. Durch einen Vergleich des Gesagten mit dem Gehörten könnten zwei Orcas erfahren, daß zwischen ihnen zweihundertdrei Buckellachse mit einer Geschwindigkeit von vier Knoten Richtung Westen reisen. Dies wäre eine Erklärung für die Orca-Dialekte, eine präzise Reihe von Lauten, die sich jede Familie einprägt.

Wenn die Schwestern Yakat und Kelsy in den Fife Sound schwimmen, teilen sie sich, und jede übernimmt eine Küstenlinie. Anschließend rufen sie hin und her. Jeder Ruf könnte wie auf einem Radarschirm Fische, Nichtansässige und Inseln zeigen. Die ölgefüllten Antennen, die ihre Unterkiefer sind, bringen akustische Schwingungen in direkten Kontakt mit den tiefliegenden inneren Ohren. Dort in elektrische Impulse umgewandelt, bewegen sich die Schwingungen blitzartig durch einen kräftigen Nervenstrang zur akustischen Hirnregion. Von dort wird das Signal auf einer »Autobahn« zum

* Der opponierbare Daumen, der gegen die einzelnen Finger gesetzt werden kann, ist ein Kennzeichen von Primaten.

Neocortex – dem Zentrum höheren Denkens – verstärkt. Und dort könnten die Löcher in jedem Laut wie Blindenschrift gelesen werden, um einen Schwarm Lachse zu erkennen.

Weil Cetaceen eine von nur drei Säugetier-Arten sind, die einen Laut nachahmen können (die anderen beiden sind Fledermäuse und Menschen), könnte ein Wal ein durch den zurückgelegten Weg schwächer gewordenes Signal mit einer Genauigkeit weiterleiten, die ausreicht, einem dritten Wal anzuzeigen, wo die Fisch-Mutterader zu finden sei. Die Möglichkeiten vermehren sich exponentiell, wenn man die Projektion dreidimensionaler Bilder zwischen Walen berücksichtigt.

Wissenschaftler fragen sich, ob das monotone Rufen von Grönlandwalen in den von Eis übersäten Gewässern der Arktis möglicherweise Eisberge zwischen den Rufern »erhellt«. Es könnte auch erklären, warum Buckelwale, die ihre Gesänge jedes Jahr ändern, sich bemühen, daß in jeder Saison alle denselben Gesang anstimmen. Vielleicht übermitteln ihre dröhnenden Rufe Informationen über den Ozean, die wir uns nicht einmal vorstellen können.

Wer sind diese Säugetiere, die vor fünfzehn Millionen Jahren ins Meer zurückkehrten, um diese erstklassigen Instrumente der Wahrnehmung und des Denkens zu entwickeln? Bei der Untersuchung des Aufbaus von Cetaceen-Gehirnen erkennen wir charakteristische Merkmale der überragenden Qualität unseres eigenen Gehirns. Mit der stetigen Zunahme unseres Wissens dürften wir zu immer genaueren Annahmen hinsichtlich der Wahrnehmung und Intelligenz von Delphinen gelangen. Doch auch gestützt auf das, was wir heute wissen, wären wir alles andere als ehrlich, würden wir behaupten, bei dieser Spezies seien nicht die Grundlagen menschlichen Bewußtseins gefunden worden. Sind wir inzwischen reif genug, um Bewußtsein in jemandem zu erkennen, der nicht so aussieht oder handelt wie wir? Sind wir menschlich genug, die Rechte der Menschheit auf eine andere empfindungsfähige Spezies auszuweiten? Sind wir bereit, das Schweigen zu beenden? Ich bin es.

An einem windigen Dezembernachmittag kam ein süßer Ton aus dem Lautsprecher, der mit meinem Hydrophon in der Cramer Passage verbunden war.

Adrenalin vermischte sich mit Ungläubigkeit. Das wird wohl einer der quietschenden Puffer zwischen der *Gabriola* und dem Kai gewesen sein, dachte ich. Dann war der Ton wieder da.

Oh, mein Gott – es ist *ein Wal.* Seit sechs Jahren hatte mich kein Wal mehr gerufen.

Ich verpackte die drei Jahre alte Clio in Pullover, Mantel, Wollsocken und Stiefel, schnappte mir meinen Mantel und fiel vor lauter Eile aus der Tür. Ich rappelte mich hoch und machte mich mit der *Blackfish Sound* davon. Ich hielt nach Blaswolken von Walen Ausschau, stoppte, um unter Wasser zu horchen, und schließlich fand ich die Wale. Das Licht war schwach, und durch die Wärme meiner Augen beschlug das Fernglas jedesmal, wenn ich es mir vors Gesicht hielt, aber ich erblickte eine Rückenfinne. Und dann weitere Rückenfinnen.

Ich konnte nicht gut genug sehen, um die Wale zu identifizieren, also ließ ich das Hydrophon hinab und hörte einfach zu.

Während ich die Atemzüge von etwa fünfundzwanzig Orcas zählte, vermengten sich die Rufe dreier Clans – A, G und R – und hallten in einer bewegenden Sinfonie der Wale wider.

Die Fischzüchter hatten im Frühjahr 1999 ihre akustischen Lärmbelästiger in der Nähe meines Hauses abgestellt. Sie sagten mir später, es sei meinetwegen gewesen. Ich bin dankbar für die Rückkehr der natürlichen Stille und zuversichtlich, daß sie sich eines Tages über die ganze Küste erstrecken wird. Die Wale des A-Clans hatten sechs Monate gebraucht, um zu entdecken, daß der Archipel wieder bewohnbar war, und sie hatten Freunde mitgebracht.

In ausgelassenen Zweier- und Dreiergruppen brachen die Wale an die Wasseroberfläche, sprangen hoch aus dem Wasser, schlugen mit dem Schwanz und schleuderten Wasserfontänen in die Luft. Freudentränen vermischten sich mit Regentropfen.

Während das Boot in dem Wintersturm sanft schaukelte, drückte ich Clio fest an mein Herz und brachte sie zum Bootsrand, wo die Orcas die Gewässer der Heimat durchschwammen.

»Schau, mein kleines Mädchen«, sagte ich zu ihr. »Da ist eines der Wunder der Welt.«

Konrad Lorenz

Das Jahr der Graugans

182 Seiten mit 147 Farbfotos von Sybille und Klaus Kalas. Serie Piper

Seit seiner Jugend hat sich Konrad Lorenz, vor hundert Jahren geboren, mit Wildgänsen befaßt. Der große Verhaltensforscher und Nobelpreisträger hat die Graugänse so leidenschaftlich wie kein anderes Tier beobachtet. Über die Lebens- und Verhaltensweisen der Graugänse in ihrer natürlichen Umwelt veröffentlichte er diesen mittlerweile legendären Text- und Bildband: 147 hervorragende Farbfotos aus dem Jahresablauf des Familien- und Gesellschaftslebens der Wildgänse und ein bewegender, anschaulicher Text von Konrad Lorenz.

»Bei dem Wort Verhaltensforschung dürften die meisten an Konrad Lorenz denken, beim Namen Konrad Lorenz an Graugänse.«

Dieter E. Zimmer, Die Zeit

05/1551/01/L

Fergus Fleming

Neunzig Grad Nord

Der Traum vom Pol. Aus dem Englischen von Michael Hein und Bernd Rullkötter. 566 Seiten mit zahlreichen Abbildungen. Serie Piper

Ist der Nordpol eine Insel, ein offenes Meer oder einfach ein großes Loch, in das man womöglich hineinfallen kann? Mitte des 19. Jahrhunderts machte man sich auf, das herauszufinden. Kapitäne und Abenteurer, italienische Adlige und amerikanische Zeitungsbarone erlagen der magischen Anziehungskraft dieses Orts – aber bis 1948 scheiterten letztlich alle. Hervorragend recherchiert und voller Wortwitz erzählt Fergus Fleming die packende Geschichte von der Suche des Menschen nach dem nördlichsten Punkt der Erde.

»Fleming gliedert den ausufernden Stoff souverän und einprägsam, sein Sinn für Komik und Absurdität ist erfreulich gut entwickelt.«

Neue Zürcher Zeitung

05/1785/01/R

Jon Krakauer

In die Wildnis

Allein nach Alaska. Aus dem Amerikanischen von Stephan Steeger. 302 Seiten. Serie Piper

Im August 1992 wurde die Leiche von Chris McCandless im Eis von Alaska gefunden. Wer war dieser junge Mann, und was hat ihn in die gottverlassene Wildnis getrieben? Jon Krakauer hat sein Leben erforscht, seine Reise in den Tod rekonstruiert und ein traurig-schönes Buch geschrieben über die Sehnsucht, die diesen Mann veranlaßte, die Zivilisation hinter sich zu lassen, um tief in die wilde und einsame Schönheit der Natur einzutauchen.

»Ein zutiefst bewegendes, ganz unsentimentales Abenteuerbuch.«
Die Woche

05/1516/01/L

Julie Harris

Der lange Winter am Ende der Welt

Roman. Aus dem Englischen von Hans-Joachim Maass. 314 Seiten. Serie Piper

Beim Versuch, im Jahr 1926 einen neuen Rekord im Alleinflug aufzustellen, schafft es John Robert Shaw bis Alaska. Doch dann gerät er in einen Sturm und gilt fortan als verschollen. Völlig unvermutet wird John siebzehn Jahre später gefunden – siebzehn Jahre, in denen er mit den Inuit gelebt hat, in einer Einöde aus ewigem Eis und Schnee. Nun sieht er sich gezwungen, zum zweiten Mal ein völlig neues Leben zu beginnen … Ein bewegender Roman über die Macht der Liebe und den Mut, den eigenen Träumen und Passionen zu folgen.

»Ein großer, berührender Roman über die ureigensten menschlichen Gefühle.«
Ostthüringer Zeitung

05/1519/01/R

Mike Horn

Breitengrad Null

Auf dem Äquator um die Welt. Aus dem Französischen von Enrico Heinemann. 296 Seiten und 8 Seiten Farbbildteil. Serie Piper

Die Idee ist ebenso verrückt wie einleuchtend: einfach dem Äquator zu folgen, einmal um die gesamte Erde, ohne motorisierte Hilfe. Mike Horn wanderte, segelte, schwamm, radelte und paddelte über 46 000 Kilometer und folgte in erster Linie der fixen Idee in seinem Kopf. Lebensbedrohlichen Gefahren trotzte er dabei ebenso, wie er die vielen kleinen Strapazen des Alltags meisterte, um seinen Traum zu verwirklichen. In der mitreißenden und farbigen Schilderung seiner spektakulären Reise läßt er uns teilhaben am letzten großen Abenteuer des 20. Jahrhunderts.

»Ein verblüffendes Buch, das einen träumen läßt von fernen Welten und Abenteuern und wo man in manchen Passagen den Kopf schütteln muß, wenn man sich bewußt macht, daß es sich hier nicht um Fiktion, sondern um tatsächlich Erlebtes handelt.«

Facts

05/1616/02/L

Bertrand Piccard, Brian Jones

Mit dem Wind um die Welt

Die erste Erdumkreisung im Ballon. Aus dem Englischen von Anja Hansen-Schmidt und Thomas Pfeiffer. 397 Seiten und 60 Farbfotos. Serie Piper

Am 1. März 1999 starteten der Schweizer Bertrand Piccard und der Engländer Brian Jones in eines der größten Abenteuer, das die Welt noch zu bieten hatte – die erste Nonstop-Umrundung der Welt per Ballon. Im fairen Wettstreit mit ihren Konkurrenten gelang das ehrgeizige Vorhaben. Nach genau 19 Tagen, 21 Stunden und 47 Minuten waren die beiden am Ziel und haben damit wahrgemacht, wovon schon Jules Verne träumte. Ein atemberaubender dokumentarischer Bericht über das letzte Abenteuer des 20. Jahrhunderts.

Süddeutsche Zeitung

05/1721/01/R

Nicolas Vanier

Das Schneekind

Eine Familie unterwegs durch die Schneewüsten von Kanada und Alaska. Aus dem Französischen von Reiner Pfleiderer. 351 Seiten mit 35 Farbfotos. Serie Piper

Die Geschichte von der Erfüllung eines Lebenstraums: Der weltberühmte Abenteurer Nicolas Vanier zieht mit seiner Frau Diane und der kleinen Tochter Montaine für ein Jahr in die Wildnis von Kanada und Alaska. Sie bauen sich ein Blockhaus und ernähren sich wie die Menschen früherer Zeiten: vom Jagen, Fischen und Sammeln. Es ist ein Leben im Einklang mit der gewaltigen Natur des hohen Nordens, voller Einfachheit, Klarheit und Poesie.

»Nicolas Vanier ist ein ebenso unerschrockener Abenteurer wie einfühlsamer Chronist seiner Erlebnisse. Bei Vanier wird aus dem Trip eine große Liebeserklärung an die Natur.«
Vogue

05/1537/01/L

Chauncey Loomis

Verloren im ewigen Eis

Der rätselhafte Tod des Arktisforschers Charles Francis Hall. Mit einer Einführung von Andrea Barrett. Aus dem Amerikanischen von Gaby Wurster. 350 Seiten mit 15 Abbildungen. Serie Piper

Als Charles Francis Hall im November 1871 unter mysteriösen Umständen starb, war der exzentrische Geschäftsmann und Forscher bereits zum dritten Mal in der Arktis. Von seiner Suche nach Überlebenden der legendären Franklin-Expedition kehrte Hall nicht wieder zurück. Hundert Jahre später macht der Forscher Chauncey Loomis eine grausige Entdeckung …

»Eine hervorragende Einführung in jene Zeit, jenen Ort. Vor allem ist es eine Annäherung an eine tragische Figur, an einen erstaunlichen Mann.«
Andrea Barrett

05/1535/01/R

SERIE PIPER

Ryszard Kapuściński

Die Welt im Notizbuch

Aus dem Polnischen von Martin Pollack. 336 Seiten. Serie Piper

Kaum ein Mensch hat so viel von der Welt gesehen wie Ryszard Kapuściński, einer der bedeutendsten Journalisten der Gegenwart. In »Die Welt im Notizbuch« beobachtet er globale Entwicklungen wie mikroskopische Details, stellt sie nebeneinander, verbindet oder reflektiert sie, bezieht sie in verblüffender Weise aufeinander. Aus Gedankensplittern, Reportagen, Fragmenten und Essays vieler Jahre formt sich eine Welt, die wir zu kennen meinten, die wir so aber noch nie gesehen haben.

»Manchmal ist Ryszard Kapuściński mehr als ein Reporter, sicher kein Soziologe, aber ein erzählender, reisender, phantasierender Geschichtsdenker.«
Frankfurter Allgemeine Zeitung

05/1420/01/L

John David Morley

Nach dem Monsun

Eine Kindheit in den britischen Kolonien. Aus dem Englischen von Bernd Rullkötter. 287 Seiten. Serie Piper

Fünf-Uhr-Tee im Garten, malaiische Kindermädchen und Schlangen im regennassen Gras: David wächst als Sohn eines Kolonialbeamten in Singapur und Wetsafrika auf – bis er den warmen Tropenregen, die Häuser auf Stelzen und das verwilderte Leben eines Kolonialkindes eintauschen muß gegen die strenge Disziplin eines Internats im Süden Englands. John David Morley erweckt Bilder der Sehnsucht, die an E. M. Forster und Michael Ondaatje erinnern.

»John David Morley macht sich auf die Suche nach dem verlorenen Glück in einer verlorenen Zeit. Ein seltener Lektüregenuß, unter dem beim Leser die Erinnerung an die eigene Kindheit wieder lebendig wird.«
Johannes Willms

05/1576/01/R

Holger Afflerbach

Das entfesselte Meer

Die Geschichte des Atlantik. 358 Seiten mit 62 teils farbigen Abbildungen. Serie Piper

Als Christoph Kolumbus 1492 auf Guanahani landete, hatte er mehr entdeckt als eine neue Welt: Der Atlantik, die bisherige Grenze der Welt, war überwunden, ein neuer Horizont hatte sich der Menschheit eröffnet. Unterstützt von eindrucksvollen historischen Bildern und Landkarten, schildert Holger Afflerbach die Geschichte des Atlantik von der Antike bis zur Gegenwart: Mythen und Legenden, Piraten und Abenteurer, Drachenboote, Segelschiffe und Luxusliner – ein Buch, das die Faszination des Meeres in seiner ganzen Spannbreite zeigt.

»Ein wahrhaft grenzüberschreitendes Buch.«
Neue Ruhrzeitung

05/1533/01/L

Joachim Feyerabend

Das Jahrtausend der Orkane und Fluten

Entfesselte Stürme bedrohen unsere Zukunft. 306 Seiten mit 28 Abbildungen. Serie Piper

Orkane und Fluten gehören zu den Naturgewalten, die der Mensch nicht zähmen kann. Wenn ein Hurrikan seine Schneise der Zerstörung schlägt, bleibt nur die Flucht. Joachim Feyerabend beschreibt als ausgewiesener Kenner der Materie äußerst lebendig das Wüten der Stürme auf unserem Globus. Er erzählt von Jahrhundertorkanen und Jahrtausendfluten und erklärt, welche Arten von Stürmen es gibt, wo sie auftreten und wie sie entstehen. In seinem fesselnden und informativen Buch blickt Feyerabend auch in die Zukunft: Denn die Zahl der Stürme wird noch dramatischer zunehmen – Europa steht vor einem Jahrtausend der Orkane.

»Feyerabends Buch ist eine Warnung – mit deutlicher Botschaft.«
Die Presse, Wien

05/1534/01/R

Jim Carrier

Das Schiff und der Sturm

Die letzten Tage des Luxusschoners Fantome. Aus dem Amerikanischen von Karl-Heinz Ebnet. 387 Seiten. Gebunden

»Von irgendwoher tönte Kalypso-Musik, in der Luft hing der Geruch von altem Holz und der salzigen Brise, die über das Schiff wehte.« Eine Karibik-Kreuzfahrt an Bord der »Fantome« ist ein einmaliges Erlebnis. Mit ihren 282 Fuß Länge, ihren Edelholzplanken und ihren vier Decks ist sie eine der luxuriösesten Yachten der Welt.
Doch was im Oktober 1998 als entspannte Kreuzfahrt begann, endete in einer Tragödie. Die »Fantome« geriet in einen der wütendsten Stürme des 20. Jahrhunderts: Hurrikan Mitch. Anfangs ein einfaches Tiefdruckgebiet über der Elfenbeinküste, entwickelt der Sturm eine ungeahnte Kraft, je weiter er über den Atlantik in Richtung Amerika zieht. Als er mit 300 Stundenkilometern die Karibik erreicht, verwüstet er einen Großteil Honduras' und reißt über 18 000 Menschen in den Tod. Darunter: der Kapitän der »Fantome« und seine Crew. Von der Yacht fehlt bis heute jede Spur.
Ergreifend erzählt der preisgekrönte Journalist Jim Carrier von den letzten Tagen der »Fantome« und vom Heldenmut eines Mannes im Kampf gegen die Elemente.

02/1054/01/R